Verena Haug
Am „authentischen“ Ort

Verena Haug

Am „authentischen“ Ort

Paradoxien der Gedenkstättenpädagogik

METROPOL

Gedruckt mit freundlicher Unterstützung der Axel Springer Stiftung

Umschlagbild:
Gestaltete Barackenfundamente, Gedenkstätte und Museum Sachsenhausen
Fotograf: Martin Schellenberg

ISBN: 978-3-86331-267-1

Ansbacher Straße 70
10777 Berlin
www.metropol-verlag.de

Druck: Arta Druck, Berlin

Inhalt

Meinen Eltern

Einleitung

Nachdem die Orte der ehemaligen Konzentrationslager zumindest in der alten Bundesrepublik Deutschland lange Zeit nur wenig öffentliche Aufmerksamkeit erhalten hatten, sind sie seit der deutschen Vereinigung zu wichtigen Manifestationen des bundesrepublikanischen Selbstverständnisses geworden. KZ-Gedenkstätten sind längst nicht mehr nur Flächendenkmale und Orte öffentlichen Gedenkens. Die Gedenkstättenkonzeption des Bundes von 1999 erkennt nicht nur „die herausragende Bedeutung der Gedenkstätten an den authentischen Orten in der demokratischen Erinnerungskultur" an, sondern bescheinigt ihnen ebenso eine „herausragende Bedeutung als Lernorte".[1] Beides hängt eng zusammen, wie sich in der Fortschreibung der Gedenkstättenkonzeption von 2008 zeigt: Den „authentischen"[2] Orten wird eine weiter wachsende Bedeutung als „Zeitzeugnisse" prognostiziert, ihr „Erhalt" und ihre „Sicherung" werden als „zentrale Voraussetzungen für die historisch-politische Bildungsarbeit" benannt.[3] Auch in der erziehungswissenschaftlichen Literatur sind die Gedenkstätten bereits als „Katalysatoren historisch-politischer Bildung" bezeichnet worden.[4]

Was aber macht die Gedenkstätten zu geeigneten Lernorten? Aus der Perspektive kulturwissenschaftlicher Gedächtnis- und Erinnerungsforschung bündeln sie in ihrer gegenwärtigen Gestalt als Institutionen am „authentischen" Ort mindestens zwei zentrale Merkmale, die sie für die Bestandssicherung und Weitergabe des für erhaltenswert erachteten Wissens über den Nationalsozialismus und Holocaust prädestinieren. Zum einen sind Orte und Räume von besonderer Bedeutung für Erinnerung und Vergangenheitsbezug. Zum anderen ist das kulturelle Gedächtnis auf die gezielte Vermittlung angewiesen. „Das Gedächtnis,

1 Unterrichtung durch die Bundesregierung. Konzeption der künftigen Gedenkstättenförderung des Bundes und Bericht der Bundesregierung über die Beteiligung des Bundes an Gedenkstätten in der Bundesrepublik Deutschland, Deutscher Bundestag, Drucksache 14/1569, 27. 7. 1999, S. 3.

2 Der Begriff „authentische" Orte ist in dieser Arbeit in Anführungsstriche gesetzt, um seine Bedeutungsaufladung, die eine Wirkung an sich unterstellt, zu markieren.

3 Vgl. Unterrichtung durch den Beauftragten der Bundesregierung für Kultur und Medien, Fortschreibung der Gedenkstättenkonzeption des Bundes. Verantwortung wahrnehmen, Aufarbeitung verstärken, Gedenken vertiefen, Deutscher Bundestag Drucksache 16/9857, 19. 6. 2008, S. 3.

4 Hanns-Fred Rathenow/Norbert Weber, Gedenkstättenpädagogik – Versuch einer Bilanz, in: Jahrbuch für Pädagogik (1995): Auschwitz und die Pädagogik, S. 273–304, hier S. 296.

um das es hier geht, wird durch Lernen erworben, das vor allem durch die Bildungsinstitutionen abgestützt wird."[5] Die Gedenkstätten sind heutzutage also beides: Erinnerungsorte und Bildungsinstitutionen.

Aleida Assmann bezeichnet den Raum als zentrales mnemotechnisches Medium und als eine der wichtigsten Gedächtnismetaphern seit der Antike.[6] Gedächtnis wird lokalisiert. An Orte heftet sich das familiäre, individuelle und offenbar auch das kollektive Gedächtnis. Erinnerungsorte übersteigen, so Assmann, „die vergleichsweise kurzphasige Erinnerung von Individuen, Epochen und auch Kulturen, die in Artefakten konkretisiert ist", und stellen damit „eine Kontinuität der Dauer" her.[7] Wer aber von einem „Gedächtnis der Orte" rede, bediene sich „einer ebenso bequemen wie suggestiven Formel", die unterstellt, die Orte könnten „selbst zu Subjekten, Trägern der Erinnerung werden und womöglich über ein Gedächtnis verfügen, das weit über das der Menschen" hinausgehe.[8] Die Suggestion eines den Orten inhärenten Wissens oder Bedeutung hat den Publizisten Karl Markus Michel schon 1987 dazu bewogen, die Sehnsucht nach „authentischen Gedenkstätten" als „Verkürzung unseres Bewusstseins auf Orte, in denen der Sinn nisten soll", zu beschreiben.[9] Auch der Kunsthistoriker Detlef Hoffmann, der sich eingehend mit der Frage der „Authentizität" der Orte ehemaliger Konzentrationslager befasst hat, betont, dass „der Begriff von Echtheit [...] weder auf Bauten noch auf Orte übertragbar [ist]. Allerdings kann sich unserer Phantasie die Vorstellung aufdrängen, wir näherten uns, indem wir die räumliche Distanz vermindern, den Ort des Geschehens betreten, auch dem Geschehen selbst."[10]

Trotz aller Kritik der Suggestion und der einschränkenden Präzisierungen, was mit „Authentizität" gemeint sei, wird eine Wirkung des als authentisch Bezeichneten auch im „professionellen Diskurs" nur selten gänzlich negiert.[11]

5 Aleida Assmann/Ute Frevert, Geschichtsvergessenheit – Geschichtsversessenheit. Vom Umgang mit deutschen Vergangenheiten nach 1945, Stuttgart 1999, S. 50.

6 Aleida Assmann, Zur Metaphorik der Erinnerung, in: dies./Dietrich Harth (Hrsg.), Mnemosyne. Formen und Funktionen der kulturellen Erinnerung, Frankfurt a. M. 1991, S. 13–35.

7 Aleida Assmann, Erinnerungsräume. Formen und Wandlungen des kulturellen Gedächtnisses, München 1999, S. 299.

8 Ebenda, S. 298.

9 Karl Markus Michel, Die Magie des Ortes. Über den Wunsch nach authentischen Gedenkstätten und die Liebe zu Ruinen, in: Die Zeit, 11. 9. 1987.

10 Detlef Hoffmann, Das Gedächtnis der Dinge, in: ders. (Hrsg.), Das Gedächtnis der Dinge. KZ-Relikte und KZ-Denkmäler 1945–1995, Frankfurt a. M./New York 1998, S. 6–35, hier S. 10.

11 Vgl. Cornelia Siebeck, „Im Raume lesen wir die Zeit"? Zum komplexen Verhältnis von Geschichte, Ort und Gedächtnis (nicht nur) in KZ-Gedenkstätten, in: Alexandra Klei/

Für die öffentliche Perzeption und Rezeption der Orte ist es scheinbar ohnehin unerheblich, ob man die Orte ehemaliger Konzentrationslager nun als „authentisch“ bezeichnen kann oder nicht. Die Besucherinnen kommen weiterhin mit einer Erwartung, die offenbar in der Lage ist, eine entsprechende Wirkung auch erzeugen zu können.[12]

Diese den Orten unterstellte Wirkmächtigkeit machen sich die Gedenkstätten zunutze, „weil sie der Erlebnislust sinnlicher Wahrnehmung eines breiten Publikums entgegenkommt“.[13] Sie sind aber durchaus mit Folgeproblemen konfrontiert. Während Hoffmann für die Deutung der von ihm so bezeichneten Spuren plädiert, um Distanz zu der eigenen Fantasie zu erhalten, formuliert Assmann programmatisch:

> „Um nicht zu verfälschenden Erlebnisorten zu werden, muss die Illusion einer unmittelbaren Anschauung zerstört werden. Die Differenz zwischen dem Ort der Opfer und dem der Besucher, die die Einfühlung stets zu überspringen bereit ist, muss sinnfällig gemacht werden, wenn das affektive Potential, das der Erinnerungsort mobilisiert, nicht zu einer ‚Horizontverschmelzung‘ und einer illusionären Identifikation führen soll.“[14]

Assmanns Hinweis liest sich wie die neuere gedenkstättenpädagogische Programmatik, die eine Identifikation mit den Opfern ablehnt und stark auf die kognitive Reflexion des Gedenkstättenbesuchs setzt. Tatsächlich bieten die Gedenkstätten mehr als ein Versprechen auf eine wie auch immer geartete Wirkung durch „Authentizität“: Das (mediale) Wissensangebot von Gedenkstätten ist heutzutage beträchtlich. In Archiven, Bibliotheken und Ausstellungen sind schriftliche und filmische Dokumente, Erinnerungsberichte und Literatur gesammelt, die eine detaillierte Beschäftigung mit historischen Fragen ermöglichen, und es gibt eine breite Palette pädagogischer Angebote und Veranstaltungen zur vertiefenden

Katrin Stoll/Annika Wienert (Hrsg.), Die Transformation der Lager. Annäherung an die Orte nationalsozialistischer Verfolgung, Bielefeld 2011, S. 69–77.

12 Vgl. Günter Morsch, Authentische Orte von KZ-Verbrechen. Chancen und Risiken aus der Sicht der Besucherforschung, in: Eduard Fuchs/Falk Pingel/Verena Radkau, Holocaust und Nationalsozialismus, Wien 2002, S. 42–47; Bert Pampel, „Mit eigenen Augen sehen, wozu der Mensch fähig ist“. Zur Wirkung von Gedenkstätten auf ihre Besucher, Frankfurt a. M./New York 2007.

13 Peter Reichel, Politik mit der Erinnerung. Gedächtnisorte im Streit um die nationalsozialistische Vergangenheit, Frankfurt a. M. 1999, S. 15.

14 Aleida Assmann, Der lange Schatten der Vergangenheit. Erinnerungskultur und Geschichtspolitik, München 2006, S. 224.

Beschäftigung mit den NS-Verbrechen an den jeweiligen Orten. Geht man aber mit Klaus-Peter Horn davon aus, dass „die erste und dominierende Prämisse der Gedenkstättenarbeit heißt, dass der Authentizität des Ortes eine besondere Bedeutung für die Ermöglichung von Lernprozessen zukomme",[15] dann erstaunt es nicht, dass dieser spezialisierte Wissens- und Materialbestand sowie die (pädagogische) Kompetenz nicht an erster Stelle genannt werden, wenn die besondere pädagogische Bedeutung von Gedenkstätten hervorgehoben wird.

Bedeutsamer scheint die räumliche Kongruenz von Archiv und historischem Ort, also „im Grunde die alte Idee der ganzheitlichen Erfahrung. Sinnliche Anschauung, emotionale Anmutung und kognitive Wissensvermittlung können miteinander verschmelzen und so besonders nachdrücklich wirken".[16] Dies wiederum hat zur Folge, dass zwei verknüpfte, aber gegenläufige Ansprüche miteinander verbunden werden sollen: Durch Wissensvermittlung soll – sowohl historisches wie auch gegenwarts- und zukunftsorientiertes – Lernen und durch die Auseinandersetzung mit dem Ort und den damit verbundenen Opferbiografien ein hinwendendes Gedenken gefördert werden.[17] Dabei werden die Gedenkstätten keineswegs als kompensatorisch gedacht. Sie sollen und wollen gewissermaßen das ganze Spektrum der Beschäftigungsmodi abdecken und nicht etwa der affektive Appendix eines faktenorientierten Unterrichts sein. Was aber in den gedenkstättenpädagogischen Veranstaltungen geschieht, worüber wie gesprochen wird und wie sich Ansprüche und Erwartungen in den pädagogischen Interaktionen zeigen, liegt noch weitgehend im Dunkeln.

Stand der Forschung

Ein Blick auf die empirische Forschung zur Gedenkstättenpädagogik zeigt, dass bislang vor allem von einem sehr weiten Verständnis von Pädagogik ausgegangen wird. Das Forschungsinteresse richtet sich zumeist auf die Seite des Lernens

15 Klaus-Peter Horn, Authentizität und Symbolisierung, Gedenken und Lernen. Anmerkungen zu Gedenkstätten in Deutschland und ihre Pädagogiken, in: Jahrbuch für historische Bildungsforschung Bd. 7 (2001), S. 329–350, hier S. 339.

16 Morsch, Authentische Orte, S. 42.

17 Diese Ansprüche und Ziele werden hin und wieder auch infrage gestellt: „Man sollte nicht vergessen, daß man in den Gedenkstätten den Besuchern das einzige vorführt, was im Nationalsozialismus wirklich verläßlich geklappt hat: das systematische Quälen und Ermorden von Menschen", Jan-Philipp, Wozu Gedenkstätten?, in: Mittelweg 36 (2004) 2, S. 49–63, hier S. 55.

bzw. auf das Wissen[18] und die Einstellungen jener, die mit den Bildungsveranstaltungen erreicht werden sollen.[19] Die Seite des Erziehens und erst recht der Blick auf Erziehung als Zusammenspiel von Erziehen und Lernen[20] bleiben unterbelichtet. Bereits in dem 1995 erschienenen Sammelband „Praxis der Gedenkstättenpädagogik“[21] ist auf die „Notwendigkeit von Wirkungsforschung“ hingewiesen worden.[22]

Ingo Dammer und Cornelia vom Stein plädierten nicht nur dafür, zwischen der Wirkung von Gedenkstätten als gestaltete Orte und der Wirkung von Gedenkstättenbesuchen im Rahmen des Schulunterrichts zu differenzieren, sondern auch und vor allem dafür, die Gedenkstättenpädagoginnen und -pädagogen in den Blick zu nehmen. Wirkungsforschung verstanden sie nicht vor allem als Forschung über die Effekte bei den Lernenden, sondern – tiefenpsychologisch orientiert – als Erkenntnis über die Erwartungen und Intentionen der verantwortlichen Pädagoginnen und Pädagogen und deren Wirkung auf die Jugendlichen. Statt eines solchen Blickes auf komplexere Zusammenhänge von Bildungsprozessen und -interaktionen haben Gedenkstätten mit internen, mehrheitlich quantitativen Verfahren und Befragungen immer wieder versucht, sowohl Besucherstruktur als auch Besuchererwartungen und Wirkungen zu erfassen.[23]

18 Vgl. Renata Barlog-Scholz, Historisches Wissen über die nationalsozialistischen Konzentrationslager bei deutschen Jugendlichen. Empirische Grundlage einer Gedenkstättenpädagogik, Frankfurt a. M. u. a. 1994; Alphons Silbermann/Manfred Stoffers, Auschwitz: Nie davon gehört? Erinnern und Vergessen in Deutschland, Berlin 2000.

19 Vgl. etwa Sven Gareis/Malte von Vultejus, Lernort Dachau? Eine empirische Einstellungsuntersuchung bei Besuchern der KZ-Gedenkstätte Dachau, Berlin 1987.

20 Vgl. Klaus Prange, Die Zeigestruktur der Erziehung. Grundriss der Operativen Pädagogik, Paderborn 2005; zur Verwendung des Erziehungsbegriffs in dieser Arbeit vgl. Kap. III.

21 Annegret Ehmann u. a. (Hrsg.), Praxis der Gedenkstättenpädagogik. Erfahrungen und Perspektiven, Opladen 1995.

22 Ingo Dammer/Cornelia von Stein, Blinde Flecken beim Gedenken. Zur Notwendigkeit von Wirkungsforschung, in: Ehmann u. a. (Hrsg.), Praxis, S. 323–333.

23 Die meisten dieser Untersuchungen sind unveröffentlicht, inzwischen aber zumindest bis 2006 systematisch erfasst, vgl. Pampel, Mit eigenen Augen, S. 408 ff., vgl. auch ebenda S. 85 f.; Zusammenfassungen der Ergebnisse unterschiedlicher Erhebungen in der KZ-Gedenkstätte Sachsenhausen finden sich in Sigrid Müller, Besucher/innenforschung in Gedenkstätten – Ein Pilotprojekt in der Gedenkstätte Sachsenhausen, in: Gedenkstätten-Rundbrief Nr. 74 (1996), S. 3–9; eine neuere, groß angelegte Besucherbefragung wurde in der KZ-Gedenkstätte Dachau durchgeführt, vgl. Waltraud Burger/Rebecca Ribarek, Besucherinnen- und Besucherstudie der KZ-Gedenkstätte Dachau 2012/2013, in: GedenkstättenRundbrief Nr. 177 (2015), S. 34–42. Die Frage, welche Art Besucherforschung für Gedenkstätten „angemessen“ ist, wird durchaus kontrovers diskutiert, vgl. Stiftung Haus der Geschichte der Bundesrepublik Deutschland (Hrsg.), Gedenkstätten und Besucher-

Damit wiederum sind aber nur ansatzweise Teilnehmerinnen und Teilnehmer gedenkstättenpädagogischer Veranstaltungen gemeint und keine Aussagen über das pädagogische Geschehen vor Ort möglich. Eine erste größere, qualitative Studie zur Wirkung von Gedenkstättenbesuchen auf Schülerinnen und Schüler hat bereits Anfang der 1990er-Jahre Vorwissen, Erwartungen und (schulischen) Kontext erforscht sowie deren Eindrücke vom Gedenkstättenbesuch erhoben.[24] Seit einigen Jahren ist eine Zunahme qualitativer, akademischer Forschungsarbeiten zu verzeichnen, die ebenfalls vor allem die Seite der Nutzerinnen von Gedenkstätten – seien sie Besucher oder Teilnehmerinnen gedenkstättenpädagogischer Angebote – untersuchen. Methodisch wurde dabei im Wesentlichen mit Einzel- und Gruppeninterviews gearbeitet.[25]

forschung, Bonn 2004 sowie Thomas Lutz, Zwischen Vermittlungsanspruch und emotionaler Wahrnehmung. Die Gestaltung neuer Dauerausstellungen in Gedenkstätten für die NS-Opfer in Deutschland und deren Bildungsanspruch, Berlin 2009, S. 14 f.

24 Vgl. Cornelia Fischer/Hubert Anton, Auswirkungen der Besuche von Gedenkstätten auf Schülerinnen und Schüler. Breitenau – Hadamar – Buchenwald. Bericht über 40 Explorationen in Hessen und Thüringen, o. O. 1992. Zu nennen ist in diesem Zusammenhang auch die noch zu DDR-Zeiten von der Nationalen Mahn- und Gedenkstätte Buchenwald in Auftrag gegebene Studie des Zentralinstituts für Jugendforschung Leipzig, die die Wirksamkeit antifaschistischer Erziehung am Ort erheben sollte, vgl. Wilfried Schubarth, Wirkungen eines Gedenkstättenbesuches bei Jugendlichen, Zentralinstitut für Jugendforschung ZIJ 15 (1990), Leipzig 1990; ders., Besuche in ehemaligen Konzentrationslagern – „Knochentourismus" oder wirksame Form antifaschistischer Erziehung?, in: GedenkstättenRundbrief Nr. 38 (1990), S. 5–7.

25 Jochen Fuchs, Auschwitz in den Augen seiner Besucher. Eine Untersuchung von Teilnehmerinnen und Teilnehmern an Exkursionen nach Auschwitz in den Jahren zwischen 1994 und 2002 und zum Beitrag von Gedenkstättenbesuchen zur politischen (Bewusstseins-)Bildung nebst Vorschlägen zur Optimierung solcher Veranstaltungen, Magdeburg 2003; Pampel, Mit eigenen Augen; Annette Eberle, Pädagogik und Gedenkkultur. Bildungsarbeit an NS-Gedenkorten zwischen Wissensvermittlung, Opfergedenken und Menschenrechtserziehung. Praxisfelder, Konzepte und Methoden in Bayern, Würzburg 2008; FRA – Agentur der Europäischen Union für Grundrechte, Die Vergangenheit für die Zukunft entdecken. Die Rolle historischer Stätten und Museen in der Holocaust- und Menschenrechtsbildung in der EU, Wien 2010 und Alexander Pollak, Die Verknüpfung von historischem Wissen und Reflexion über Menschenrechte – Herausforderungen für Gedenkstätten und Schulen. Eine empirische Studie der EU-Grundrechteagentur (FRA), in: Bert Pampel (Hrsg.), Erschrecken – Mitgefühl – Distanz. Empirische Befunde über Schülerinnen und Schüler in Gedenkstätten und zeitgeschichtlichen Ausstellungen, Leipzig 2011, S. 237–254; Marion Klein, Schülerinnen und Schüler am Denkmal für die ermordeten Juden Europas. Eine empirisch rekonstruktive Studie, Wiesbaden 2012 sowie zusammenfassend Bert Pampel, Gedenkstätten als „außerschulische Lernorte". Theoretische Aspekte – empirische Befunde – praktische Herausforderungen, in: ders.,

Neben der Besucherforschung im weiteren Sinne sind unterschiedlich intensiv und fokussiert an mehreren Stellen Befragungen von gedenkstättenpädagogischen Expertinnen über ihr pädagogisches Selbstverständnis, ihre pädagogischen Ziele, Ansprüche und deren Umsetzung durchgeführt worden.[26] Eine Pilotstudie zu subjektiven Erfahrungen von Schülerinnen und Lehrern mit Unterricht zum Thema Nationalsozialismus und in dessen Rahmen stattfindender Gedenkstättenfahrten, die im Auftrag der ITF[27] durchgeführt worden ist, lenkt den Blick auf die an Erziehungs- und Unterrichtsprozessen Beteiligten und macht deutlich, dass beide Seiten durchaus unterschiedlichen Interessen und Bedürfnissen folgen.[28] Sie liefert aber keine Einblicke in das tatsächliche Unterrichts- oder gedenkstättenpädagogische Geschehen. Eine erste Untersuchung, die das Thema Nationalsozialismus und Holocaust auf der Ebene der unterrichtlichen Interaktion beleuchtet hat, stellt die Pilotstudie von Hollstein u. a. dar.[29] Inhaltlich und methodisch daran anschließend, aber um einen thematischen wie institutionellen Vergleich

Erschrecken, S. 11–58 und ders., Was lernen Schülerinnen und Schüler durch Gedenkstättenbesuche? (Teil-)Antworten auf der Basis von Besucherforschung, in: GedenkstättenRundbrief Nr. 162 (2011), S. 16–29.

26 Helen Zumpe, Tagesveranstaltungen der Gedenkstättenpädagogik – Konzeption, Zielsetzungen, Arbeitsformen und Nutzergruppen, in: Politisches Lernen (2003) 1–2: Denk mal! Politische Bildung in Gedenkstätten, S. 35–82; Ulrike Schneider, Gedenkstättenpädagogik in Deutschland – Ergebnisse einer Umfrage, in: GedenkstättenRundbrief Nr. 132 (2006), S. 21–28; FRA, Vergangenheit für die Zukunft. In dieser Studie gehörte auch die Hospitation gedenkstättenpädagogischer Angebote zur Datenerhebung. Die Beobachtungen wurden aber nicht systematisch ausgewertet, sodass die Studie keine validen Aussagen über die pädagogische Praxis in Gedenkstätten machen kann.

27 Die ITF (Task Force for International Cooperation on Holocaust Education, Remembrance and Research; inzwischen umbenannt in IHRA – International Holocaust Remembrance Alliance) wurde 1998 als internationales Netzwerk gegründet, dessen Aufgabe als „Politikfeldformulierung und -implementation holocaustbezogener Politik auf internationaler Ebene" bezeichnet wird, vgl. Jens Kroh, Transnationale Erinnerung. Der Holocaust im Fokus geschichtspolitischer Initiativen, Frankfurt a. M. 2008.

28 Vgl. Einsichten und Perspektiven, Bayerische Zeitschrift für Politik und Geschichte, Themenheft 1/08: Holocaust Education. Wie Schüler und Lehrer den Unterricht zum Thema Nationalsozialismus und Holocaust erleben, hrsg. von der Bayerischen Landeszentrale für politische Bildungsarbeit 2008.

29 Vgl. Oliver Hollstein/Wolfgang Meseth/Christine Müller-Mahnkopp/Matthias Proske/Frank-Olaf Radtke, Nationalsozialismus im Geschichtsunterricht. Beobachtungen unterrichtlicher Kommunikation. Bericht zu einer Pilotstudie (Reihe: Frankfurter Beiträge zur Erziehungswissenschaft. Forschungsberichte 3), Frankfurt a. M. 2002; Wolfgang Meseth/Matthias Proske/Radtke, Frank-Olaf (Hrsg.), Schule und Nationalsozialismus. Anspruch und Grenzen des Geschichtsunterrichts, Frankfurt a. M. 2004.

erweitert wurde von 2005–2007 das DFG-Projekt „Der Umgang mit den Paradoxien politisch-moralischer Erziehung“ an der Goethe-Universität Frankfurt am Main durchgeführt.[30] Hieraus sind eine Reihe von Veröffentlichungen zur interaktiven Aushandlung im Themenfeld Nationalsozialismus und Holocaust entstanden, die sich zum Teil dezidiert auf Gedenkstätten beziehen, nicht zuletzt die vorliegende Arbeit.[31]

Die bis dato einzige Studie zur Interaktion bei Gedenkstättenführungen stammt von Christian Gudehus.[32] Sie beruht auf der Begleitung, dem Audiomitschnitt, der Transkription und der Auswertung von sechzehn Führungen in vier verschiedenen NS-bezogenen Gedenkstätten im Bundesgebiet. Gudehus betrachtet die untersuchten Führungen allerdings nicht als pädagogisches Angebot, sondern als Orte der Tradierung kollektiven Gedächtnisses. Seine Rekonstruktion konkreter Führungsnarrative trägt gleichwohl dazu bei, Sach- und Sozialdimension gedenkstättenpädagogischer Kommunikation zu erhellen, indem sie

30 Vgl. Verena Haug/Juliane Hogrefe/Oliver Hollstein/Wolfgang Meseth, Forschungsprojekt „Der Umgang mit den Paradoxien politisch-moralischer Erziehung“, in: Newsletter zur Geschichte und Wirkung des Holocaust. Informationen des Fritz Bauer Instituts Nr. 29 (2006), 28–30.

31 Vgl. Wolfgang Meseth, Schulisches und außerschulisches Lernen im Vergleich. Eine empirische Untersuchung über die Vermittlung der Geschichte des Nationalsozialismus im Unterricht, in außerschulischen Bildungseinrichtungen und Gedenkstätten, in: Kursiv – Journal für politische Bildung (2008) 1, S. 74–83; Matthias, „Wieso müssen wir uns jedes Mal wieder dafür entschuldigen. Wir können doch gar nicht mehr dafür“. Geschichtsunterricht zwischen erinnerungspädagogischen Herausforderungen und Wirksamkeitsphantasien, in: Widerstreit – Sachunterricht 4 (2006) 7; Verena Haug/Wolfgang Meseth, Schulklassen in Gedenkstätten. Routinen des Unterrichts als Herausforderung der Gedenkstättenpädagogik – Empirische Erkundungen, in: Linda Erker/Klaus Kienesberger/Erich Vogl/Fritz Hausjell (Hrsg.), Gedächtnis-Verlust? Geschichtsvermittlung und -didaktik in der Mediengesellschaft, Köln 2013, S. 41–60; Verena Haug, Erlebniserwartung und Erwartungsproduktion. Zur kommunikativen Herstellung des „authentischen Ortes“ in gedenkstättenpädagogischen Veranstaltungen, in: Beiträge zur Geschichte der nationalsozialistischen Verfolgung in Norddeutschland 16 (2015), S. 90–99; vgl. auch Kapitel III.

32 Christian Gudehus, Dem Gedächtnis zuhören. Erzählungen über NS-Verbrechen und ihre Repräsentation in deutschen Gedenkstätten, Essen 2006. Zur noch laufenden Forschung über Führungserzählungen in KZ-Gedenkstätten vgl. Moritz Lautenbach, „Ich bin heute hier und ihr nicht mehr.“ Eine linguistische Fallanalyse: Zur Funktion einer Redewiedergabe in einer KZ-Gedenkstätten-Führung, in: Michael Becker/Dennis Bock/Henrike Illig (Hrsg.), Orte und Akteure im System der NS-Zwangslager. Ergebnisse des 18. Workshops zur Geschichte und Gedächtnisgeschichte nationalsozialistischer Konzentrationslager, Berlin 2015, S. 256–278.

Auskunft gibt über die Frage, was eigentlich Gegenstand der Vermittlung ist und wie dieser gemeinsam verhandelt wird.[33]

Dennoch muss die Gedenkstättenpädagogik im Sinne eines sozialen Geschehens, als „Kommunikation unter Anwesenden",[34] bislang „insbesondere im Setting des schulischen Gedenkstättenbesuchs, als weithin unerforscht gelten".[35] Dass die „Produktivität der Bedeutungen erst in der Nutzung der Orte des Gedenkens ihre gesellschaftliche Relevanz" erweise, darauf hat Insa Eschebach im Zusammenhang mit der Untersuchung öffentlicher Gedenkformen hingewiesen.[36] Um die Relevanz und Leistungsfähigkeit von Gedenkstättenpädagogik im engeren Sinne zu bestimmen, reicht allerdings das Wissen um Nutzung und Rezeption der Orte nicht aus. Was Gedenkstättenpädagogik ist und kann, erweist sich – nicht nur, aber vor allem – auf der Interaktionsebene und damit in der Betrachtung dessen, was eigentlich in der black box gedenkstättenpädagogischer Kommunikation vor Ort geschieht.[37]

33 Vgl. Wolfgang Meseth/Matthias Proske/Frank-Olaf Radtke, Kontrolliertes Laissez-faire. Auf dem Weg zu einer kontingenzgewärtigen Unterrichtstheorie, in: Zeitschrift für Pädagogik 58 (2012) 2, S. 223–241, hier S. 229.

34 Vgl. André Kieserling, Kommunikation unter Anwesenden. Studien über Interaktionssysteme, Frankfurt a. M. 1999.

35 Matthias Heyl, Mit Überwältigendem überwältigen? Emotionen in KZ-Gedenkstätten, in: Juliane Brauer/Martin Lücke (Hrsg.), Emotionen, Geschichte und historisches Lernen. Geschichtsdidaktische und geschichtskulturelle Perspektiven, Göttingen 2013, S. 239–259, hier S. 242.

36 Insa Eschebach, Öffentliches Gedenken. Deutsche Erinnerungskulturen seit der Weimarer Republik, Frankfurt a. M./New York 2005, S. 18.

37 Die Ausblendung der pädagogischen Praxis bzw. ihr Überspringen etwa in Vorher-Nachher-Befragungen ist keine Besonderheit der Forschung zu Gedenkstätten, sondern hat lange Zeit auch die Unterrichtsforschung geprägt. So hat Georg Breidenstein noch 2002 auf die „angesichts der zentralen Bedeutung der Unterrichtssituation für das Projekt ‚Schule'" durchaus überschaubare Forschungslage auch im Bereich der qualitativen Unterrichtsforschung hingewiesen. Der technische Aufwand der Datenerhebung ebenso wie die „extensive" Datenauswertung führten dazu, dass qualitative Unterrichtsforschung vor allem über drittmittelfinanzierte Projekte realisiert werde, vgl. Georg Breidenstein, Interpretative Unterrichtsforschung – eine Zwischenbilanz und einige Zwischenfragen, in: ders./Arno Combe (Hrsg.), Forum qualitative Schulforschung 2, Opladen 2002, S. 11–27, hier S. 11 f. Diese sind im Bereich der außerschulischen Bildung insgesamt und in einem Nischenbereich wie der Gedenkstättenpädagogik noch rarer gesät als in der Unterrichtsforschung, für die in den letzten Jahren eine deutliche Zunahme an qualitativer Forschung zu verzeichnen ist, vgl. Manfred Lüders, Unterricht als Sprachspiel. Eine systematische und empirische Studie zum Unterrichtsbegriff und zur Unterrichtssprache, Bad Heilbrunn 2003; Georg Breidenstein, Teilnahme am Unterricht. Ethnographische Studien zum Schülerjob, Wiesbaden 2006; Fritz-Ulrich Kolbe/Sabine Reh/Bettina Fritzsche/Till

Fragestellung und Aufbau der Arbeit

Der Blick in diese *black box* ist das zentrale Anliegen der Arbeit. Er soll Strukturprobleme von Gedenkstättenpädagogik rekonstruieren und zugleich zeigen, welche Formen kommunikativ ausgebildet worden sind, um diese zu bearbeiten. Es geht insofern nicht um Wirkungen, sondern ausschließlich um die Beschreibung von Kommunikation im Sinne eines grundsätzlich kontingent gedachten sozialen Geschehens. Der Wunsch nach verbindlichem Wissen darüber, welche Lernwirkungen durch Gedenkstättenbesuche und, genauer, durch gedenkstättenpädagogische Bemühungen erreicht werden, ist verständlich, weil die kurzzeitpädagogischen Interventionen oft genug enden, bevor eine Rückmeldung darüber erfolgen kann, was eigentlich mitgenommen wird, und selbst in Abschlussrunden von Tages- oder Mehrtagesveranstaltungen offenbleibt, ob die Beteiligten sagen, was sie denken.

Gleichwohl hat es Pädagogik immer mit ergebnisoffenen Prozessen zu tun. „Lernen ist unvertretbar individuell“[38] und insofern ein eigensinniger Prozess, der durch Vermittlungsabsichten zwar beeinflusst, dessen Erfolg aber nicht vorausgesagt werden kann. Diese Prämisse gilt für jegliche Erziehung und dient als Ausgangspunkt auch meiner Betrachtung gedenkstättenpädagogischer Interaktion: Wie wird am Ort Gedenkstätte im Rahmen der dezidiert pädagogischen Angebote Lernen ermöglicht? Wie konstituiert sich die neue Lernsituation vor Ort? Wie wird der Gegenstand kommunikativ hergestellt? Wie wird der Ort in der Kommunikation sichtbar? Wie spiegeln sich die hohen und zum Teil widersprüchlichen Ansprüche der gedenkstättenpädagogischen Programmatik in der Kommunikation und, wenn ja, wie werden sie kommunikativ bearbeitet?

Die Arbeit geht der von außen häufig unterstellten, aber auch von Gedenkstättenmitarbeitern postulierten besonderen Eignung der Gedenkstätte als „Lernort“ kritisch nach, indem sie die pädagogische Interaktion vor Ort in den Blick nimmt. Dabei ist nicht nur beabsichtigt, den skeptischen Blick auf die „Authentizität“ der Orte aufrechtzuerhalten und nach der Suggestivkraft auch pädagogischer Angebote zu forschen. Vielmehr geht es auch darum, welche pädagogischen Schwierigkeiten damit verbunden sind, wenn an den „authentischen“ Orten erzogen werden soll.

Idel/Kerstin Rabenstein, Lernkultur. Überlegungen zu einer kulturwissenschaftlichen Grundlegung qualitativer Unterrichtsforschung, in: Zeitschrift für Erziehungswissenschaft 11 (2008) 1, S. 125–143.

38 Klaus Prange/Gabriele Strobel-Eisele, Die Formen des pädagogischen Handelns. Eine Einführung, Stuttgart 2006, S. 89.

Die Studie gliedert sich in zwei Teile. Der erste Teil umfasst die Kapitel I bis III und dient der Annäherung an den empirischen Gegenstand „Gedenkstättenpädagogik". Im zweiten Teil, der mit einer Darstellung des erhobenen Datenmaterials in Kapitel IV beginnt, wird die Frage erörtert, wie Pädagogik in Gedenkstätten auf der operativen Ebene möglich (gemacht) wird. Kapitel V bis IX beruhen auf der detaillierten Analyse der erhobenen Daten. Formal sind sie so konstruiert, dass jedes Kapitel einen thematischen Fokus hat. Die Kapitelreihenfolge orientiert sich aber auch am Aufbau der Veranstaltungen und bildet so auch deren Verläufe ab.

Kapitel I fasst die Entwicklung der (KZ-)Gedenkstätten zu pädagogisch genutzten Orten und schließlich Institutionen zusammen. Nicht nur haben die Gedenkstätten der DDR und der alten Bundesrepublik unterschiedliche Entstehungsgeschichten. Auch der Rückgriff auf Erziehung stellt sich in beiden deutschen Staaten grundsätzlich ungleich dar. Wie sich die „Geschichte von oben" mit der „Geschichte von unten" nach 1989 zu einer neuen Nationalerzählung verbunden hat, zeigt bemerkenswerte Auswirkungen auf die Bedeutung der Gedenkstätten insbesondere auch in ihrer Funktion als öffentliche Bildungseinrichtungen.

Kapitel II versucht den Begriff der Gedenkstättenpädagogik vor dem Hintergrund der an eine „Erziehung nach Auschwitz" allgemein gerichteten öffentlichen Erwartungen zu erfassen. Dabei wird zum einen deutlich, dass die erinnerungs- und gedächtnistheoretischen Überlegungen zu den auf Vermittlung angewiesenen Inhalten des kulturellen Gedächtnisses nicht ausreichen, um die Etablierung eines eigenständigen gedenkstättenpädagogischen Programms zu erklären. An der Ausdifferenzierung nicht nur des „Lernorts" Gedenkstätte als Kontrapunkt zum schulischen Unterricht, sondern auch an der Ausdifferenzierung einer orts- und institutionenspezifischen Pädagogik zeigen sich zum anderen auch Reibungspunkte, Widersprüche und Dilemmata einer institutionalisierten Gedenkstättenpädagogik, die den Blick auf die Empirie lenken.

Kapitel III dient der erziehungswissenschaftlichen Einordnung der Arbeit. Entfaltet wird darin die theoretische Perspektive auf die pädagogische Praxis, die als soziales Handeln und damit als „Kommunikation unter Anwesenden" verstanden wird. Es wird davon ausgegangen, dass die beobachtbare und beobachtete Praxis kommunikative Lösungen spezifischer, oft nur teilbewusster Probleme entwickelt (hat). Diese werden durch die Rekonstruktion von Kommunikationssequenzen sichtbar. Damit ist bereits darauf hingewiesen, dass in diesem Kapitel auch die methodologischen Bezugspunkte der Studie sowie das methodische Vorgehen bei der Erhebung und Auswertung vorgestellt werden, die sodann zum zweiten Teil der Arbeit überleiten: zu den Ergebnissen der Untersuchung.

Kapitel IV gibt einen knappen Überblick über das erhobene Material, und die beobachteten Veranstaltungen werden einer ersten Systematisierung unterzogen. Dieser Vergleich des Ungleichen soll einen Eindruck der Varianz dessen vermitteln, was in der gedenkstättenpädagogischen Praxis auffindbar ist, ohne allerdings Anspruch auf Vollständigkeit und Repräsentativität zu erheben. Das Kapitel bietet außerdem Verlaufsbeschreibungen der im Zentrum der empirischen Untersuchung stehenden Veranstaltungen, die einen Gesamteindruck von den Seminaren verschaffen sollen.

Kapitel V betrachtet das erste Zusammentreffen der Beteiligten in der neuen sozialen Konstellation: Die beobachteten gedenkstättenpädagogischen Veranstaltungen sind außerschulische Arrangements mit schulisch geprägten Teilnehmerinnen. Durch die gleichzeitige Anwesenheit von gedenkstättenpädagogischen Mitarbeitern und Lehrerinnen entsteht eine spezifische soziale Konstellation. Bereits hier zeigt sich ein Rückgriff auf den „besonderen" Ort, für den sich die gedenkstättenpädagogischen Mitarbeiterinnen mit verschiedenen kommunikativen Strategien als Experten erweisen und damit gleichzeitig den Ort charakterisieren können.

Auch Kapitel VI befasst sich mit der Anfangsphase gedenkstättenpädagogischer Veranstaltungen. Hier geht es um den Abgleich von Teilnehmererwartungen und Seminarplanung, im engeren Sinne aber um die gemeinsame Herstellung einer gültigen Wertebasis für die Beschäftigung mit dem Thema der nationalsozialistischen Verbrechen an dem jeweils konkreten Ort. Das Kapitel beleuchtet insofern nicht allein die Erwartungen der Teilnehmer an die Veranstaltung bzw. den Aufenthalt vor Ort, sondern ebenso die Erwartungen, die seitens der Einrichtungen und konkret der pädagogischen Mitarbeiterinnen an sie gerichtet werden. In der Aushandlung dieser gegenseitigen Erwartungen wird der Ort Gedenkstätte/historischer Ort Konzentrationslager in spezifischer Weise konturiert.

Kapitel VII behandelt die Frage von Motivierung und Disziplinierung in gedenkstättenpädagogischen Veranstaltungen. Es kann gezeigt werden, dass auf die moralische Aufladung des Ortes durch die Geschichte, die dort stattgefunden hat, Bezug genommen wird, um zur Fortsetzung von Seminarprogramm oder Führung zu motivieren. Deutlich wird dabei auch, dass die Disziplinierungen durch den Verweis auf historische Ereignisse an bestimmten Orten nicht allein von den pädagogischen Mitarbeiterinnen der Gedenkstätten initiiert werden. Die an den Veranstaltungen beteiligten Personen machen in ihren unterschiedlichen Rollen davon Gebrauch und modellieren die Disziplinierung, die eine notwendige Voraussetzung für gruppenförmige Lehr-Lernprozesse darstellt, in ganz unterschiedlicher Weise.

Kapitel VIII thematisiert eine Kernaufgabe der gedenkstättenpädagogischen Programmatik: die Verbindung von Lernen und Gedenken. An zwei Fallbeispielen wird gezeigt, wie Gedenken als integraler Bestandteil einzelner Seminareinheiten operationalisiert wird. Dabei tritt zum einen ein fortwährendes Changieren zwischen Gedenken und Erziehung auf: Die zeremonielle Bekräftigung des von den ehemaligen Häftlingen erfahrenen Leids wird immer wieder durch die kommunikative Rückversicherung durchbrochen, dass man sich nach wie vor in einer pädagogischen Veranstaltung befindet. Gedenken wird aber auch als persönliches Innehalten inszeniert, indem die Teilnehmer der betrachteten Veranstaltung zu einer kreativen Verarbeitungsphase angehalten werden.

Kapitel IX fragt, wie die Veranstaltungen enden. Behandelt wird dabei einerseits, was die Teilnehmerinnen selbst als Ergebnis oder Lernerfolg des Aufenthalts in der Gedenkstätte und der Teilnahme an einem gedenkstättenpädagogischen Angebot kommunizieren. Andererseits geht es um die Rückmeldungen der pädagogischen Mitarbeiter und der Lehrerinnen. Dabei zeigt sich nicht nur (wieder) die besondere soziale Konstellation der Veranstaltungsform. Vielmehr kann die vorläufige These formuliert werden, dass trotz der Wissensvermittlung, die in der programmatischen Selbstbeschreibung im Vordergrund steht, vor allem die Bekundung innerer Haltungen und persönlicher Reflexionen als wesentliches pädagogisches Ziel gelten muss.

Kapitel X fasst die Ergebnisse zusammen.

I. Der Tatort als Lernort – Gedenkstätten als Mittel öffentlicher Erziehung

Dass Gedenkstätten für die Opfer des Nationalsozialismus neben ihrer Funktion des öffentlichen wie privaten Gedenkens auch Orte und Einrichtungen sind, die von Schulklassen und anderen Gruppen zum Zwecke des Lernens besucht werden, scheint heute geradezu selbstverständlich. Die Entstehung der Gedenkstätten kann und soll an dieser Stelle nicht im Detail rekonstruiert werden.[1] Als Ergebnis einer historischen Entwicklung soll aber die spezifische Institutionalisierungsform der Gedenkstätten an den „authentischen" Orten mit dezidiert pädagogischer Funktion zumindest knapp nachgezeichnet werden.

Mit der Erinnerung an die NS-Verbrechen beginnt auch der erzieherische Impuls des mahnenden Erinnerns. Die Bedeutung der Orte für die Erinnerung, Mahnung und Aufklärung sowie als Beweis für die hier verübten Massenverbrechen war nach der Befreiung der Lager vor allem den ehemaligen Häftlingen, aber auch den Alliierten bewusst. Bereits unmittelbar nach der Befreiung der Lager kam es zu ersten Versuchen, die nationalsozialistischen Verbrechen vor Ort zu vergegenwärtigen. Volkhard Knigge verweist am Beispiel Buchenwalds auf die kurze Phase, in der sich dort in einem „Geflecht von kriminalistischen, museologischen und erzieherischen Praktiken"[2] der Versuch einer Repräsentation der Lagerwirklichkeit und der hier begangenen Verbrechen zeigen lässt, für die es „außer dieser selbst keine angemessenen Mittel gab".[3] Neben der Sicherung von Tatbeweisen

1 Vgl. zu Sachsenhausen Günter Morsch (Hrsg.), Von der Erinnerung zum Monument. Die Entstehungsgeschichte der Nationalen Mahn- und Gedenkstätte Sachsenhausen, Berlin 1996; zu Buchenwald Volkhard Knigge, „Opfer, Tat, Aufstieg". Vom Konzentrationslager Buchenwald zur Nationalen Mahn- und Gedenkstätte der DDR, in: ders./Jürgen M. Pietsch/Thomas A. Seidel (Hrsg.), Versteinertes Gedenken. Das Buchenwalder Mahnmal von 1958. Bd. 1, Spröda 1997; ders., Buchenwald, in: Detlef Hoffmann (Hrsg.), Das Gedächtnis der Dinge. KZ-Relikte und KZ-Denkmäler 1945–1995. Frankfurt a. M./New York 1998, S. 92–173; zu Ravensbrück Insa Eschebach/Sigrid Jacobeit/Susanne Lanwerd, Die Sprache des Gedenkens. Zur Geschichte der Gedenkstätte Ravensbrück 1945–1995, Berlin 1999; zu Dachau Harold Marcuse, Legacies of Dachau. The uses and abuses of a concentration camp, 1933–2001, Cambridge 2001; zu Flossenbürg Jörg Skriebeleit, Erinnerungsort Flossenbürg: Akteure, Zäsuren, Geschichtsbilder, Göttingen 2009.

2 Volkhard Knigge, Gedenkstätten und Museen, in: Norbert Frei/ders., Verbrechen erinnern. Die Auseinandersetzung mit Holocaust und Völkermord, München 2002, S. 378–389, hier S. 379.

3 Ebenda.

wurde das befreite Lager von den Alliierten auch dazu genutzt, Teile der Weimarer Bevölkerung mit den Verbrechen, die vor ihrer Haustür begangen wurden, zu konfrontieren, ihnen also am Ort des Geschehens ihre Schuld und Mitverantwortung vor Augen zu führen. Ähnliche Maßnahmen, die Bestrafung, Pragmatismus und Volkserziehung verbanden, hat es auch in anderen ehemaligen Haupt- und Außenlagern oder entlang der Routen der sogenannten Todesmärsche gegeben, auf denen sich zu Kriegsende die Konzentrationslager gewissermaßen durch die Ortschaften bewegten. Die dahinterstehende volkserzieherische Figur ist die der Konfrontation mit den Verbrechen, die in Schuldeingeständnis, Scham und Betroffenheit münden soll. Die Maßnahmen wurden in Buchenwald mit der Begründung eingestellt, dass ihre erzieherische Wirkung nicht mehr als sicher galt.[4]

Aus Sicht vieler ehemaliger Häftlinge waren die Lager-Orte von besonderer Bedeutung; sie zu erhalten – oder vor Ort zumindest Gedenkstätten bzw. Denkmale zu errichten – war das Anliegen der sich nach der Befreiung organisierenden Lagergemeinschaften. Neben dem Erhalt der Orte ihres Leidens und des massenhaften Sterbens waren die Denkmalsinitiativen und -forderungen meist auch mit der mahnenden Funktion „Nie wieder!“ begründet, die sich sowohl an die Generation der beteiligten Bevölkerung als auch, und nicht zuletzt, an die nachfolgenden Generationen richten sollte. Auch darin zeigt sich bereits bei den frühen Initiativen für Denkmalsetzungen und Gedenkstättenerrichtungen ein pädagogisches Motiv.

„Sozialistisches Geschichtsbewusstsein“ – Die Nationalen Mahn- und Gedenkstätten als staatsbürgerliche Erziehungsinstanzen in der DDR

Zwischen 1958 und 1961 wurden an den Orten der ehemaligen Konzentrationslager Buchenwald, Ravensbrück und Sachsenhausen drei große sogenannte Nationale Mahn- und Gedenkstätten (NMG) der DDR eingeweiht.[5] Die Gedenkstättengründungen fallen damit in eine Zeit, die retrospektiv als Phase des „versteinerten Gedenkens“ bezeichnet worden ist. Damit ist gemeint, dass die geschichtspolitische Ausrichtung der DDR im Hinblick auf den Nationalsozialismus „im Grunde

4 Vgl. ebenda.

5 Ausstellungen auf dem ehemaligen Lagergelände gab es in Buchenwald bereits seit 1954, ebenso eine Gedenkstätte für Ernst Thälmann, der 1944 im Krematorium des Konzentrationslagers hingerichtet worden war. Auch an die Befreiung der Lager wurde in öffentlichen Gedenkveranstaltungen bereits deutlich vor der Einweihung der NMGs erinnert. *Vor Ort* wurde aber etwa in Ravensbrück erst der 10. Jahrestag der Befreiung begangen. Vgl. Insa Eschebach, Jahrestage. Zu den Formen und Funktionen von Gedenkveranstaltungen in Ravensbrück 1946–1995, in: dies./Jacobeit/Lanwerd, Sprache des Gedenkens, S. 69–107.

schon Anfang der fünfziger Jahre, spätestens aber nach dem Verbot der VVN 1953[6] abgeschlossen“ war.[7] Das bedeutet vor allem die Verengung des Blicks auf die Opfer des kommunistischen Widerstands und die Erklärung des Faschismus durch die „Monopolstellung des Finanzkapitals“.

Als staatliche Institutionen unterstanden die Gedenkstätten dem Ministerium für Kultur der DDR. Die Richtlinienkompetenz lag beim Zentralkomitee der SED, inhaltlich entscheidungsbefugt waren vor allem das Komitee der Antifaschistischen Widerstandskämpfer[8] und die ihm unterstellten Lagerarbeitsgemeinschaften. Die Errichtung der Gedenkstätten war eng verbunden mit dem Aufbau einer sozialistischen Gesellschaft, in deren Selbstverständnis der Antifaschismus eine zentrale und tragende Rolle spielte. Der Antifaschismus diente dabei sowohl als Ausdruck der Tatsache, den Nationalsozialismus (Faschismus) überwunden zu haben, als auch zur Abgrenzung gegenüber der Bundesrepublik. „Die Repräsentation der DDR als das ‚andere Deutschland‘ verlangte nach einem Ort, der mit dieser historischen Deutung symbolisch zu besetzen war.“[9] Annette Leo bezeichnet die Gedenkstätten der DDR als „Wallfahrtsorte, an denen immer wieder die Symbiose hergestellt wurde zwischen dem sozialistischen Staat und seinem antifaschistischen Erbe“.[10] Sie hat darauf hingewiesen, dass in dem 1961

6 Die VVN, Vereinigung der Verfolgten des Naziregimes, bestand seit 1947 aus Angehörigen unterschiedlicher Gruppen von NS-Verfolgten. Neben dem kommunistischen Widerstand waren dies zum Beispiel Angehörige der sogenannten Bibelforscher, Remigrantinnen und Remigranten sowie überlebende Jüdinnen und Juden. In der DDR wurde die VVN 1953 auf Beschluss des SED-Politbüros aufgelöst, vgl. Jürgen Danyel, Die Opfer- und Verfolgtenperspektive als Gründungskonsens? Zum Umgang mit der Widerstandstradition und der Schuldfrage in der DDR, in: ders. (Hrsg.), Die geteilte Vergangenheit, Berlin 1995, S. 31–46.

7 Günter Morsch, Von der Erinnerung zum Monument. Eine Einführung, in: ders., Erinnerung, S. 12–25, hier S. 25.

8 Das Komitee der Antifaschistischen Widerstandskämpfer war nach Auflösung der VVN die durch die SED legitimierte Interessenvertretung der ehemaligen (KZ-)Häftlinge in der DDR. Es repräsentierte fast ausschließlich den kommunistischen Widerstand. Folglich richtete sich das Gedenken in erster Linie auf die politisch Verfolgten, vor allem die „antifaschistischen Widerstandskämpfer“ und hier besonders auf die deutschen Antifaschisten unter weitgehender Ausblendung anderer Opfergruppen. In dieser Art des Gedenkens an die „eigenen Toten“ waren die Nationalen Mahn- und Gedenkstätten durchaus traditionell, wenngleich das Opferkollektiv stärker ideologisch als streng national definiert wurde.

9 Ulrike Köpp, Das Gedenken wird zur nationalen Aufgabe erklärt. Das Kuratorium für den Aufbau nationaler Gedenkstätten und die Gedenkstätte Sachsenhausen, in: Morsch, Erinnerung, S. 133–147, hier S. 133

10 Annette Leo, Geschichtsbewußtsein „herstellen“ – ein Rückblick auf die Gedenkstättenarbeit in der DDR, in: Heidi Behrens-Cobet (Hrsg.), Bilden und Gedenken. Erwachsenenbildung in Gedenkstätten und an Gedächtnisorten, Essen 1998, S. 35–50, hier S. 36.

erlassenen, sieben Schwerpunkte umfassenden „Statut der Nationalen Mahn- und Gedenkstätten" lediglich zwei das historische Geschehen in den Konzentrationslagern thematisierten.[11] Der größere Teil der Aufgaben von Gedenkstätten richtete sich danach auf staatsideologische Ziele wie etwa „den wiedererstandenen Faschismus und Militarismus in Westdeutschland" oder „die historische Rolle der Deutschen Demokratischen Republik darzustellen und zu erläutern".[12]

Edgar Wolfrum erklärt den nicht nur relativ frühen, sondern „exzessiven Einsatz" kultureller Gedächtnisträger wie Gedenkstätten damit, dass es auch in der DDR-Bevölkerung keinen nennenswerten Widerstand aus der deutschen Bevölkerung gegen die NS-Diktatur gegeben habe und der „Mythos von der Geburt der DDR aus dem antifaschistischen Widerstand in den Köpfen der Menschen"[13] nicht über das kommunikative Gedächtnis zu verankern gewesen sei. Die Gedenkstätten hatten im Rahmen des *nation building* gewissermaßen folgerichtig von Beginn an einen öffentlichen Erziehungsauftrag. Er spiegelte sich in ihrer räumlichen Gestaltung[14] und manifestierte sich darin, dass die Gedenkstätten der „Herstellung" sozialistischen Geschichtsbewusstseins dienen sollten, wofür die Einrichtungen von vornherein mit pädagogischen Abteilungen geplant wurden.

Gestaltung

Die symbolische Besetzung der Mitte der 1950er-Jahre noch weitgehend erhaltenen Lager-Orte fußte auf „einem einheitlichen, inhaltlich sehr genau überlegten Konzept"[15] des Buchenwald-Kollektivs, einer von der SED eingesetzten

11 Vgl. ebenda, S. 40.

12 Zit. nach Annette Leo (Red.), Geschichte wird Erinnerung. Zum 50. Jahrestag der Befreiung im Land Brandenburg, hrsg. vom Ministerium für Wissenschaft, Forschung und Kultur des Landes Brandenburg und Brandenburgische Landeszentrale für politische Bildung Potsdam 1995, S. 183.

13 Edgar Wolfrum, Die beiden Deutschland, in: Knigge/Frei, Verbrechen erinnern, S. 133–149, hier S. 143.

14 Zur „Pädagogik des Raums" von KZ-Gedenkstätten vgl. Franz-Josef Jelich/Heidemarie Kemnitz (Hrsg.), Die pädagogische Gestaltung des Raums. Geschichte und Modernität. Bad Heilbrunn 2003, darin: Bernd Faulenbach, Die Gedenkstätten Sachsenhausen und Ravensbrück als pädagogische Räume, S. 521–534; Hasko Zimmer, Die Modellierung einer Landschaft zum pädagogischen Raum des Gedenkens. Buchenwald und der Ettersberg 1945–1989, S. 535–554 und, bezogen auf die NS-Zeit, Klaus-Kiran Patel, Die pädagogische Gestaltung des Raumes in Lagersystemen für „Volksgenossen" während der NS-Herrschaft, S. 447–462.

15 Günter Morsch, Der Umgang mit dem Erbe der DDR in den früheren Mahn- und Gedenkstätten: Das Beispiel Sachsenhausen, in: Bernd Faulenbach/Franz-Josef Jelich (Hrsg.), „Asymmetrisch verflochtene Parallelgeschichte?" Die Geschichte der Bundesrepublik und der DDR in Ausstellungen, Museen und Gedenkstätten, Essen 2005, S. 123–144, hier S. 124.

Architektengruppe. Dabei spielte die originale Bausubstanz eine deutlich untergeordnete Rolle im Vergleich zur architektonisch-künstlerischen Gestaltung der Gelände. Das Buchenwald-Kollektiv begründete dies, durchaus pädagogisch, mit der vermuteten Wirkung auf die Besucher. „Beim Vergleich der Aussagekraft erhaltener Baulichkeiten mit der Aussagekraft künstlerischer Darstellungen zeigt sich immer wieder die Überlegenheit der künstlerischen Darstellung."[16] Der Abriss der noch vorhandenen Baracken und anderer baulicher Reste ist nach 1989 als bewusste Entkonkretisierung und Entkontextualisierung der Geschichte zugunsten eines eindeutigen Geschichtsnarrativs rekonstruiert worden. Knigge prägte dafür die Formel einer „Minimierung der Relikte als Voraussetzung für die Maximierung historischer Sinnstiftung":[17] Von den ehemaligen Lagern wurden diejenigen Teile erhalten, die aussagekräftig in die neue Staatserzählung eingepasst werden konnten. „Fragt man nach den Gründen für den Abriß des ehemaligen KZ Buchenwald, dann ist ernst zu nehmen, daß es nicht vollständig ausgetilgt werden sollte. Neben der Auslöschung steht die gezielte Erhaltung ausgesuchter Relikte, und erst das Ineinander von Auslöschung und Erhaltung ergeben die Bedeutung des Häftlingslagers als Monument."[18]

Die historischen Ereignisse in den jeweiligen Konzentrationslagern dienten „nur als historische Versatzstücke einer viel weiter greifenden antifaschistischen Legitimationsideologie".[19] Dennoch bürgten die Orte und gerade auch die erhaltenen Relikte für die Tatsächlichkeit der nationalsozialistischen Verbrechen, die durch Hervorhebungen und Auslassungen in der Weise unterstrichen wurden, die für das verfolgte Ziel der Stabilisierung des politischen Systems am eindrucksvollsten erschien. Während den baulichen Überresten der Lager kaum Vermittlungswert zugesprochen wurde, legten die Gestalter großen Wert auf

16 Buchenwald-Kollektiv, zit. nach Ulrike Köpp, „Eine Dunkelzelle ist nicht dunkel, wenn sie gezeigt wird ...". Die Studien des Buchenwald-Kollektivs für die Gestaltung der Gedenkstätte Sachsenhausen 1956, in: Morsch, Erinnerung, S. 158–216, hier S. 188.

17 Volkhard Knigge, Tatort – Leidensort – Friedhof – Gedenkstätte – Museum. Notizen für eine KZ-Gedenkstättenarbeit der Zukunft, in: Bundesministerium für Unterricht und kulturelle Angelegenheiten, Erinnern in Gedenkstätten. Beiträge zum Thema anlässlich der Tagung der ZeitzeugInnen 1997, Wien 1998, S. 53–64, hier S. 59; ders., Vom Reden und Schweigen der Steine. Zu Denkmalen auf dem Gelände ehemaliger nationalsozialistischer Konzentrations- und Vernichtungslager, in: Sigrid Weigel/Birgit R. Erdle (Hrsg.), Fünfzig Jahre danach. Zur Nachgeschichte des Nationalsozialismus, Zürich 1996, S. 193–234, hier S. 207.

18 Volkhard Knigge, „Opfer, Tat, Aufstieg", S. 43.

19 Sabine Moller, Vielfache Vergangenheit. Öffentliche Erinnerungskulturen und Familienerinnerungen an die NS-Zeit in Ostdeutschland, Tübingen 2003, S. 51.

Anschaulichkeit in den Museen. In den Studien des Buchenwald-Kollektivs für die Gestaltung der Gedenkstätte Sachsenhausen heißt es unter „Museumsstätten und ihre Wirkungsmittel“:

> „Genutzte und gepflegte Lagerbauten mit normalen Fenstern lassen durch ihr äußeres Aussehen keine Erschütterung aufkommen. [...] Aber bei jedem werden Empfindungen ausgelöst, wenn er die letzte Habe seiner unglücklichen Mitmenschen sieht. Ebenso wird der Anblick selbstgebauter Handgranaten, erlisteter Waffen und ähnlicher Gegenstände des Widerstandskampfes im Lager für den Besucher erhebliche Bedeutung haben. Stark sind auch die Eindrücke, die Photographien von Menschen hervorrufen. Das Bild eines einfachen Menschen, der unschuldig in den Tod ging, das Bild eines ausgemergelten Häftlings, Szenen aus dem Lager, das Aussehen von Kranken und Elendsgestalten und die Aufnahmen von Bergen ausgezehrter Leichen, all das bewegt die Menschen aufs tiefste.“[20]

Die museale Gestaltungsidee für die Gedenkstätten greift die Figur der – nun mittelbaren – Konfrontation mit den Schrecken der Lager wieder auf und setzt auf die emotionale Anrührung der Besucher über Identifikationsangebote durch bestimmte Exponate.

Die pädagogischen Abteilungen der Nationalen Mahn- und Gedenkstätten

Gleichwohl vertraute man nicht auf die reine Bild- und Formensprache oder die bloßen Ausstellungsnarrative, sondern richtete von Beginn an auch pädagogische Abteilungen in den Gedenkstätten ein, die mit mehreren Stellen ausgestattet waren. Die Aufgabe der pädagogischen Abteilungen der NMGs bestand in der umfassenden Betreuung der Besucherinnen und Besucher. Neben den Führungen durch die „Publikumsführer“, später pädagogische Mitarbeiterinnen, wurden etwa in Buchenwald ein Einführungsvortrag und ein Einführungsfilm genutzt. Zur Umsetzung des Anspruchs einer möglichst „lückenlosen Betreuung“ wurden in Buchenwald zusätzlich zu den Ausstellungen eine Besucheranmeldung mit Buchhandlung, ein Kino, eine Jugendherberge und ein HO-Hotel für die Besucher eingerichtet.[21]

20 Zit. nach Morsch, Erinnerung, S. 188.

21 Vgl. Yvonne Rogoll, „An der Gesamtdarstellung soll nichts verändert werden ...“ Zur Entwicklung der pädagogischen Abteilung der Nationalen Mahn- und Gedenkstätte Buchenwald von 1958–1989. Unveröffentlichte Wissenschaftliche Hausarbeit zur Ersten Staatsprüfung für das Lehramt an Gymnasien, Jena 2007, S. 36. Ich danke Yvonne Rogoll für die Zurverfügungstellung ihrer Arbeit.

Darüber hinaus bestand die Aufgabe der Abteilungen darin, Kooperationen mit Bildungseinrichtungen, den Jugendorganisationen, Betrieben und der Armee einzugehen.[22] Die inhaltliche Ausrichtung der pädagogischen Arbeit orientierte sich am Gedenkstättenstatut von 1961, das eine Art Rahmenplan auch des pädagogischen Auftrages im engeren Sinne bildete. Die Geschichtsvermittlung war untrennbar mit der staatsbürgerlichen Erziehung verknüpft: Ziel war es, „zur Herausbildung eines sozialistischen Geschichtsbewusstseins beizutragen“.[23] Die Gedenkstätten und ihre pädagogischen Abteilungen nutzten dafür nicht nur die pädagogisch-didaktischen Formate Führung, Film und Vortrag, sondern bedienten sich ebenso unterschiedlicher Inkorporationsrituale in die sozialistische Gesellschaft. In den Gedenkstätten wurden Jugendweihefeiern abgehalten und „feierliche [...] Immatrikulationen von Studenten verschiedener Hoch- und Fachschulen oder die Vereidigung von Soldaten der Nationalen Volksarmee in tiefer Erinnerung“ vollzogen.[24]

Den pädagogischen Abteilungen gehörten neben dem Abteilungsleiter und den pädagogischen Mitarbeiterinnen auch der Filmvorführer und die Mitarbeiter der Informationszentrale an.[25] Unter den hauptamtlichen Mitarbeitern waren auch Überlebende der Lager. Yvonne Rogoll bezeichnet die „Häftlingsbiografie“ sogar als wichtigstes Kriterium bei der Personalrekrutierung bis Anfang der 1970er-Jahre.[26] „Vermutlich ging man davon aus, dass die oft eindrücklich vorgetragene Schilderung des eigenen Erlebens der Sprecher eine im Sinne der verfolgten Erziehungsziele positive Wirkung hatte.“[27]

Die eingangs erwähnte These Edgar Wolfrums, dass zur Verankerung des antifaschistischen Mythos in der Bevölkerung die kulturellen Gedächtnisträger von besonderer Bedeutung waren, muss für die Gedenkstätten zumindest für die Phase bis in die 1970er-Jahre revidiert werden: Hier stützte man sich gerade auf das kommunikative Gedächtnis (eines bestimmten Teils) der ehemaligen Häftlinge und überließ ihnen die Amalgamierung von lebensgeschichtlicher Erfahrung und politischer Überzeugung. Inhaltliche oder methodische Änderungen der pädagogischen Gedenkstättenarbeit hat der in den 1970er-Jahren erfolgte

22 Vgl. ebenda.

23 Zit. nach Leo, Geschichtsbewußtsein, S. 35.

24 Ottomar Rothmann, Die Nationale Mahn- und Gedenkstätte Buchenwald – Anmerkungen zur pädagogischen Arbeit, in: Wulf E. Brebeck u. a. (Hrsg.), Zur Arbeit in Gedenkstätten für die Opfer des Nationalsozialismus. Ein internationaler Überblick, Berlin 1988, S. 127–136, hier S. 132.

25 Vgl. Rogoll, Gesamtdarstellung, S. 50

26 Vgl. ebenda, S. 37 ff.

27 Vgl. ebenda, S. 37.

Generationenwechsel hin zu jüngerem Personal nach heutigem Wissensstand kaum hervorgebracht. 1989 wurde jedoch von der Mahn- und Gedenkstätte Buchenwald eine Studie zur Wirkung von Gedenkstättenbesuchen beim Jugendforschungsinstitut in Leipzig in Auftrag gegeben, in deren Antragsbegründung eine selbstkritische Beurteilung der pädagogischen Arbeit aufscheint:

> „Wir müssen berücksichtigen, dass Zeitzeugen immer weniger zur Verfügung stehen […] und schließlich, dass sich die Rezeptionsgewohnheiten und die Wertmaßstäbe unserer Jugendlichen verändert haben. Deshalb erscheint uns die bisherige Form von Jugendstunden und Führungen, deren Wirksamkeit vor allem – neben der historischen Substanz – auf dem Vortrag des Pädagogen beruht, nicht mehr allein ausreichend.“[28]

Bis heute liegen kaum Veröffentlichungen vor, die sich explizit auf die Pädagogik in den Nationalen Mahn- und Gedenkstätten beziehen.[29] Die Auseinandersetzung mit dem staatlichen Erziehungsprogramm in den Gedenkstätten der DDR hat sich seit 1990 praktisch ausschließlich auf die Analyse der Formensprache von Gedenkanlagen, Mahntafeln und Ausstellungsnarrativen konzentriert.[30] Dies ist

28 Nationale Mahn- und Gedenkstätte Buchenwald (Hrsg.), Information, 4/1989, Weimar 1989, S. 5.

29 Die Pädagogik in den Mahn- und Gedenkstätten gilt als Unterpunkt antifaschistischer Erziehung und Staatsbürgerkunde in der DDR und ist auch von der akademischen DDR-Pädagogik offenbar kaum reflektiert worden, vgl. etwa Karl Schmitt, Politische Erziehung in der DDR. Ziele, Methoden und Ergebnisse des politischen Unterrichts an den allgemeinbildenden Schulen der DDR, Paderborn u. a. 1980; Tilmann Grammes/Henning Schluß/Hans-Joachim Vogler, Staatsbürgerkunde in der DDR. Ein Dokumentenband, Wiesbaden 2006. Ausnahmen hinsichtlich der ortsbezogenen Reflexion pädagogischer Praxis stellen die angeführten Arbeiten von Annette Leo (1998) und Yvonne Rogoll (2007) dar; Letztere ist allerdings unveröffentlicht.

30 Im Rückblick auf die Pädagogik der Mahn- und Gedenkstätte Buchenwald unterscheidet Zimmer immerhin zwischen „impliziter Pädagogik des Gedenkraums und geplanter pädagogischer Praxis in diesem Raum“, Hasko Zimmer, Die Modellierung einer Landschaft zum pädagogischen Raum des Gedenkens. Buchenwald und der Ettersberg 1945-1989, in: Franz-Josef Jelich/Heidemarie Kemnitz (Hrsg.), Die pädagogische Gestaltung des Raums. Geschichte und Modernität. Bad Heilbrunn 2003, S. 535–554, hier S. 552. Zimmer konstatiert, dass die pädagogische Praxis dem hinter der Gestaltungsidee liegenden volkspädagogischen Impetus der DDR weitgehend entsprochen habe. Ein direkter Wirkungszusammenhang zwischen Raum und Pädagogik bleibt dabei freilich Spekulation, denn dass sich „die asymmetrische Kommunikationsstruktur der Mahnmalsanlage […] in den Praxen normativer Belehrung und emotionaler Bewältigung“ (ebenda, S. 553) wiederholt habe, heißt ja nicht, dass Kommunikation vor Ort nicht auch anders hätte verlaufen können und möglicherweise verlaufen ist.

insofern bemerkenswert, als die Gedenkstätten in der DDR als besonders geeignete Orte der sozialistischen Werteerziehung für die Ausbildung von Geschichtsbewusstsein angesehen wurden: „Dafür sind in unserem Land und besonders in unserer Einrichtung gute Voraussetzungen vorhanden, die wir immer besser nutzen wollen."[31] Hier sollte mit „spezifischen Mitteln zur Entwicklung des schöpferischen Denkens und Handelns der Jugend der DDR" beigetragen werden, und die Mitarbeiter der Gedenkstätten betrachteten „es als ihre vorrangige Aufgabe, einen speziellen Beitrag" zur antifaschistischen Erziehung zu leisten.[32] Ihre Tätigkeit ging aber zumindest programmatisch in der Gesamtkonzeption der antifaschistischen Erziehung der DDR auf, und es ist bislang nicht erforscht, welche Differenzierungen in der Praxis stattgefunden haben.

„Die vergessenen KZ?" – Gedenkstätten in der alten Bundesrepublik

Die Orte der ehemaligen Konzentrationslager, die nach dem Krieg auf dem Gebiet der Bundesrepublik lagen, wurden erst sehr viel später in Form von Nationalen Mahn- und Gedenkstätten der DDR pädagogisch aufgeladen und institutionalisiert. Frühe Gedenkstätten und Mahnmale gab es auf Initiative Überlebender und der Alliierten auch hier.[33] Die Gelände wurden aber teilweise bis in die 1990er-Jahre einer ebenso pragmatischen wie geschichtsverdrängenden Nutzung überführt und die baulichen Relikte ebenfalls massiv „minimiert". Jörg Skriebeleit zeichnet am Beispiel der Nachkriegsgeschichte des ehemaligen Konzentrationslagers Flossenbürg detailliert nach, welche Nutzungsansprüche und politischen Interessen sich auf das einstige Lagergelände und den dazugehörigen Steinbruch richteten. „Dass für die Realisierung dieser Pläne die baulichen Erinnerungsträger an das Konzentrationslager Flossenbürg systematisch zerstört und abgetragen werden sollten, war […] weder Hinderungsgrund noch Hauptmotivation der Begehrlichkeiten."[34] Die Tilgung der materiellen Reste des Lagers wurde

31 Rothmann, Nationale Mahn- und Gedenkstätte, S. 133.

32 Ebenda, S. 128, (Herv. V.H.).

33 Die Entstehungszeitpunkte differieren allerdings um mehrere Jahre. Während in Flossenbürg bereits 1947 eine Denkmalanlage eingeweiht wird, die das Krematorium einbezieht, wird in Neuengamme erst 1953 ein Mahnmal, bestehend aus einer Säule ohne Inschrift, der Öffentlichkeit übergeben. Einen Überblick über die Gedenkstätten(gestaltungen) geben Ulrike Puvogel/Martin Stankowski, Gedenkstätten für die Opfer des Nationalsozialismus. Eine Dokumentation. Bd. 1, Bonn 1995 sowie http://www.gedenkstaetten-uebersicht.de [6. 6. 2013]; zu den einzelnen Orten s. Kap. I, Anm. 1.

34 Skriebeleit, Erinnerungsort Flossenbürg, S. 178 f.

aber zumindest billigend hingenommen, wenn nicht sogar als „ein wünschenswerter Nebeneffekt" angesehen.[35] Zwar konnte durch Präsenz und Forderungen ehemaliger französischer Häftlinge und ihrer Angehörigen erreicht werden, dass zumindest die Gedenkanlage auf einem kleineren Teil des ehemaligen Lagerareals 1949 unter staatlichen Schutz gestellt wurde. Der weitaus größere Teil sollte jedoch anderweitig genutzt werden.

Die Lagergelände galten den deutschen Entscheidungsträgern als nicht erhaltenswert, sondern als Schandflecken, die durch unterschiedlichste Nutzungen getilgt werden sollten. Dabei war die Idee des Erhalts der Tatorte als Gedenkstätten von Anfang an eine zentrale Forderung internationaler Häftlingsverbände. Nach jahrelangem Insistieren des Comité International de Dachau (CID), vor allem aber aufgrund des außenpolitischen Drucks, wurde 1965 in Dachau die erste „arbeitende" KZ-Gedenkstätte eingeweiht. Der Bereich des ehemaligen „Schutzhaftlagers" wurde gestaltet und zugänglich gemacht, eine von ehemaligen Häftlingen erarbeitete Dauerausstellung eröffnet, zudem wurden ein Archiv und eine Sammlung eingerichtet. Ebenfalls 1965, nach Jahren der politischen Auseinandersetzung zwischen Häftlingsverbänden und der Hansestadt Hamburg, wurde in Neuengamme ein neues Denkmalensemble eingeweiht. 1966 erhielt die Gedenkstätte Bergen-Belsen ein unbetreutes Dokumentenhaus: einen Neubau mit einer Ausstellung über die Judenverfolgung im Nationalsozialismus. Die Gedenkstätte Flossenbürg wurde erst im Juni 1969 um eine kleine Ausstellung in einem Teil des ehemaligen Arrestzellenbaus erweitert, dessen Abriss wenige Jahre zuvor verhindert werden konnte. Die relative Zeitgleichheit der Neugestaltungen der Orte ehemaliger Konzentrationslager ist kein Ergebnis übergeordneter Entscheidungen; die jeweiligen Ergebnisse stehen in unterschiedlichen Entscheidungskontexten mit ganz heterogenen Akteuren. Gerahmt sind sie freilich von gesellschaftlichen und großpolitischen Ereignissen. Dazu gehören sowohl die öffentlich wirksamen Gerichtsprozesse gegen Adolf Eichmann in Israel 1961, der Auschwitz-Prozess in Frankfurt 1963–1965, die Debatte über die Verjährung der NS-Verbrechen als auch der Ost-Westkonflikt und der Bau der Berliner Mauer.

Während das Jahr 1960 entscheidenden Einfluss auf den Unterricht zum Thema Nationalsozialismus hatte, indem die Kultusministerkonferenz die „Behandlung der jüngsten Vergangenheit" als Reaktion auf die sogenannte antisemitische Welle 1959/60[36] als verbindlichen Lerngegenstand für den Geschichts- und

35 Ebenda, S. 179.

36 Die Ausschreitungen wurden von jüdischen Organisationen und verschiedenen Staaten „zunehmend als Symptom eines noch nicht überwundenen Nazismus" gedeutet, Werner Bergmann, Antisemitismus in öffentlichen Konflikten. Kollektives Lernen in der poli-

Gemeinschaftskundeunterricht festlegte,[37] waren die Gedenkstättenneugründungen und -gestaltungen nicht bildungspolitisch oder pädagogisch motiviert. Zwar betonte der damalige Niedersächsische Innenminister Otto Bennemann bei der Eröffnung des Dokumentenhauses in Bergen-Belsen 1966, dass sich die Ausstellung und die dazu verfasste „kleine[] Schrift“ ausdrücklich an Jugendliche richte: Die Broschüre solle „vor allem den Jugendgruppen und den Schulen helfen, auf die nach einem Besuch von Bergen-Belsen bei den jungen Menschen wach gewordenen Fragen eine Antwort zu finden“,[38] und der Bayerische Landtag erließ bereits im Mai 1960 einen Beschluss „betreffend Besichtigung der Gedenkstätten der KZ-Lager in Bayern“, der die finanzielle Bezuschussung von Fahrten nach Dachau und Flossenbürg für Schulklassen zu regeln trachtete.[39] Ab 1964 empfahl das Bayerische Kultusministerium dann den Besuch der Gedenkstätten.[40]

Im Fall von Erlass und Empfehlung beschränkte sich die pädagogische Absicht angesichts des tatsächlichen Zustands der ehemaligen Lagergelände – die Gedenkstätte Dachau war noch nicht eröffnet – jedoch auf die Wirkungshoffnung einer Einsicht durch Ansicht. Die Gedenkstätten vor Ort waren in den 1960er-Jahren noch im Wesentlichen Orte der Opfer und ihrer Angehörigen, die Besucher kamen überwiegend aus dem Ausland. Die Ausstellung in der KZ-Gedenkstätte Dachau richtete sich grundsätzlich an die „Öffentlichkeit“. Museologische und pädagogische Fragen spielten kaum eine Rolle, wichtiger als die Art der Ausstellung war im Falle Dachaus, „*daß* überhaupt an einem Ort der Verbrechen eine ständige Dokumentation eingerichtet werden konnte“.[41] In ihrer Informations-

tischen Kultur der Bundesrepublik 1949–1989, Frankfurt a. M. 1997, S. 249. Im Inland wurden die Ursachen vor allem in der mangelnden Aufklärung der Jugend gesehen, vgl. Wolfgang Meseth, Aus der Geschichte lernen. Über die Rolle der Erziehung in der bundesdeutschen Erinnerungskultur, Frankfurt a. M. 2005, S. 142.

37 Vgl. Barlog-Scholz, Historisches Wissen, S. 36 ff.; Torben Fischer/Matthias N. Lorenz, (Hrsg.), Lexikon der „Vergangenheitsbewältigung“ in Deutschland. Debatten- und Diskursgeschichte des Nationalsozialismus nach 1945, Bielefeld 2007, S. 173 ff.

38 Rede des Niedersächsischen Innenministers Otto Bennemann am 25. April 1966 zur Eröffnung des Dokumentenhauses in der Gedenkstätte Bergen-Belsen, zit. nach: Rolf Keller u. a. (Red.), Konzentrationslager Bergen-Belsen. Berichte und Dokumente, hrsg. von der Niedersächsischen Landeszentrale für politische Bildung unter Mitwirkung des Wissenschaftlichen Beirates für Gedenkstättenarbeit, Hannover 1995, S. 257 f.

39 Bayerischer Landtag, 4. Legislaturperiode, Beilage 1491 vom 31. Mai 1960.

40 Vgl. Barbara Distel, Gedenkstättenarbeit – Lernen für die Zukunft, in: Hanns-Fred Rathenow/Norbert H. Weber (Hrsg.), Erziehung nach Auschwitz, Pfaffenweiler 1988, S. 137–146, hier S. 141.

41 Cornelia Brink, Ikonen der Vernichtung. Öffentlicher Gebrauch von Fotografien aus nationalsozialistischen Konzentrationslagern nach 1945, Berlin 1998, S. 188 (Herv. i. O.).

absicht adressierte sie im Wesentlichen die erwachsene Bevölkerung, vornehmlich im Sinne einer Konfrontation mit dem Grauen und einer Beweisführung der von Deutschen begangenen Verbrechen.[42]

„Grabe, wo du stehst" – Die Entdeckung der Orte als Lernprozess

Seit dem Ende der 1970er-Jahre war die KZ-Gedenkstätte Dachau dann allerdings mit deutlich ansteigenden Besucherzahlen und einer sich stark ändernden Besucherstruktur konfrontiert: Bisher kam ein Großteil der Besucher aus dem Ausland, um ihrer Kameraden und Angehörigen zu gedenken oder um sich ein Bild von einem deutschen Konzentrationslager zu machen. Nun kamen vermehrt Deutsche, darunter viele Jugendliche im Rahmen des Unterrichts oder außerschulischer Jugendgruppen.[43] Die Gedenkstätte wurde zunehmend als „Lernort" betrachtet, und die Nachfrage nach Betreuung vor Ort und nach didaktischem Vor- und Nachbereitungsmaterial stieg.[44] Ende der 1970er-Jahre entstand auch die Idee einer eigenständigen internationalen Jugendbegegnungsstätte in Dachau, der „eine weiterreichende Funktion zukommen [sollte] als der Gedenkstätte, deren Aufgabe im Wachhalten der Erinnerung an die Opfer" gesehen wurde.[45]

Parallel dazu entstanden seit Beginn der 1980er-Jahre im Zuge einer politischen Geschichtsbewegung in der ganzen Bundesrepublik sogenannte Geschichtswerkstätten und Gedenkstätteninitiativen, die sich mit der nationalsozialistischen Lokal- und Alltagsgeschichte „von unten" beschäftigten.[46] Daraus

42 Vgl. Volkhard Knigge, Gedenkstätten und Museen, in: Frei/Knigge, Verbrechen erinnern, S. 378–389, insbesondere S. 382 f.; ähnlich für Bergen-Belsen Thomas Rahe/Wilfried Wiedemann, Gedenkstätten im Wandel. Entwicklungstendenzen am Beispiel Bergen-Belsen, in: Stiftung Haus der Geschichte der Bundesrepublik Deutschland (Hrsg.), Gedenkstätten und Besucherforschung, Bonn 2004, S. 34–42, hier S. 35.

43 Vgl. Distel, Gedenkstättenarbeit, S. 139.

44 Vgl. Barbara Distel, KZ-Gedenkstätte Dachau – eingerichtet von den Überlebenden, wer übernimmt das Erbe?, in: Detlef Garbe (Hrsg.), Die vergessenen KZs? Gedenkstätten für die Opfer des NS-Terrors in der Bundesrepublik, Bornheim-Merten 1983, S. 187–198, hier S. 193 f.

45 Sven Gareis, Didaktik der Begegnung. Zur Organisation historischer Lernprozesse im Lernort Dachau, Frankfurt a. M. 1989, S. 2.

46 Vgl. etwa Gerhard Paul/Bernhard Schoßig (Hrsg.), Geschichte von unten, Spurensicherung, ökologische Geschichte, Geschichtswerkstätten, Köln 1986; Manfred Scharrer (Hrsg.), Macht Geschichte von unten. Handbuch für gewerkschaftliche Geschichte vor Ort, Köln 1988. Die Geschichtsbewegungen der 1980er-Jahre waren indes kein deutsches Phänomen und keineswegs auf die Erforschung des Nationalsozialismus beschränkt.

gingen auch neue Gedenkstättengründungen hervor, die ganz unterschiedliche Aspekte der nationalsozialistischen Verbrechen lokalisierten und thematisierten. Das Interesse richtete sich weniger auf die in der Öffentlichkeit vage bekannten ehemaligen Konzentrationslager, sondern auf andere Orte des weit verzweigten NS-Verfolgungs- und Vernichtungsapparats, die zum Teil nahezu vollständig aus dem gesellschaftlichen Bewusstsein verschwunden waren.[47] In Dokumentationen dieser „Gründerzeit“ der Gedenkstätten finden sich nicht selten Fotos von Menschen in Gummistiefeln, die mit Hacken und Schaufeln im Wortsinn „graben, wo sie stehen“.[48]

Die nationalsozialistische Geschichte wurde symbolisch, materielle Reste tatsächlich ausgegraben. Verdecktes und Verschwiegenes, das sich in den von der Vorgängergeneration nicht erhaltenen und gepflegten, jahrelang vergessenen Orten manifestierte, sollte wieder ans Tageslicht gebracht werden. Die Entdeckung war der Beginn von Nachforschungen über die Geschichte und von der Idee der Aufklärung geprägt, wodurch den Orten ein eigener Bildungswert zugeschrieben wurde. Die so entstandenen Gedenkstätten bezeichneten sich bereits sehr früh als „Lernorte“[49] und griffen damit auf einen bereits in die Bildungsdebatte eingeführten und populären Begriff zurück, mit dem sie sich sowohl von der traditionellen Gedenkstätte als auch von der Schule und dem Museum abgrenzen konnten.[50]

Auch das Motto „Grabe, wo du stehst“ stammt ursprünglich aus dem Zusammenhang der Erforschung der Arbeits- und Alltagsgeschichte der schwedischen Zementindustrie, vgl. Sven Lindquist, Grabe wo du stehst. Handbuch zur Erforschung der eigenen Geschichte, Bonn 1989. Die Erstausgabe erschien 1978 in Schweden.

47 Vgl. Garbe, Vergessene KZs.

48 So veranstaltete etwa der Verein „Aktives Museum Faschismus und Widerstand“ und die Berliner Geschichtswerkstatt zum 8. Mai 1985 die Aktion „Nachgegraben auf dem ehemaligen Gestapo-Gelände“, die auch fotografisch festgehalten wurde, vgl. Gedenkstätten-Rundbrief Nr. 100 (2001), S. 37. Zu Neuengamme vgl. Fritz Bringmann/Hartmut Roder, Neuengamme. Verdrängt – Vergessen – Bewältigt? Die zweite Geschichte des Konzentrationslagers Neuengamme 1945–1985, Hamburg 1987, S. 118 und 105.

49 Vgl. Gisela Lehrke, Gedenkstätten für die Opfer des Nationalsozialismus. Historisch-politische Bildung an Orten des Widerstands, Frankfurt a. M./New York 1988; Angela Genger, Lernen, Erinnern, Gedenken. Erfahrungen aus der Gedenkstättenarbeit, in: Annegret Ehmann u. a. (Hrsg.), Praxis der Gedenkstättenpädagogik. Erfahrungen und Perspektiven, Opladen 1995, S. 48–54; dies., Methoden und Formen der Geschichtsarbeit in Gedenkstätten, in: Standbein-Spielbein. Museumspädagogik aktuell (2005) 72, S. 4–7.

50 1974 empfahl die Bildungskommission des Deutschen Bildungsrats, dass „neben dem Lernort Schule mit der durch den sozialen, kulturellen und technologischen Wandel bedingten Notwendigkeit zu systematischer Unterweisung auch andere Einrichtungen institutionalisiert werden, in denen Lernprozesse in einer der Schule vergleichbaren Weise stattfinden“ sollten, Karlheinz Fingerle, Schule, in: Dieter Lenzen/Klaus Mollen-

> „In damals aufkommenden Begrifflichkeiten wie ‚arbeitende Gedenkstätte' oder ‚Gedenkstätte als Lernort' ist impliziert, daß die Historisierung der NS-Vergangenheit und ihre Transformation in möglicherweise interessantes, aber totes, weil der eigenen Epoche nicht mehr zugehöriges Museumsgut ebenso vermieden werden sollte, wie der Gebrauch der Gedenkstätten als rein rituelle Formen des Gedenkens."[51]

Der zeitgleich auftauchende Begriff „Gedenkstättenpädagogik", der eine spezifische und ortsbezogene pädagogische Arbeit suggeriert, beanspruchte ebenfalls einen eigenständigen Platz zwischen Schul- und Museumspädagogik. Von der Schule distanzierte man sich sowohl durch andere Lerninhalte als auch durch die davon scheinbar untrennbaren methodischen Zugänge.[52] Die Entdeckung der Orte nationalsozialistischer Verbrechen als haptische Erfahrung der Enthüllung war zunächst eine Selbsterfahrung, prägt aber das (pädagogische) Selbstverständnis zum Teil bis heute:

> „Spurensicherung ist entdeckendes Lernen. Die Beteiligten machen selbst ihre Erfahrungen und gewinnen Einsichten. Spurensicherung ist auch eine Form demokratischen Lernens. Die in Schule und Gesellschaft vermittelte Geschichtsschreibung ‚von oben' wird durch eine selbst erarbeitete Geschichtsschreibung von ‚unten' ergänzt und zum Teil auch korrigiert."[53]

Der Zugewinn an Wissen und die persönliche Prägung durch die intensive Beschäftigung mit den Geschichten der mit dem Ort verbundenen Opfer, vor allem auch der persönliche Kontakt mit Überlebenden wurde dabei als Lernprozess verstanden und erlebt. Gleichwohl waren die Gründungen der Gedenkstätten nicht in erster Linie pädagogisch motiviert, sondern untrennbar mit dem politischen Engagement verschränkt. Dazu gehörten auch und wesentlich die Solidarisierung mit den Opfern sowie der Kampf um die öffentliche Anerkennung ihres Leids und um materielle wie symbolische Entschädigung.[54] Die Orte

hauer (Hrsg.), Enzyklopädie Erziehungswissenschaft. Bd. 1, Theorien und Grundbegriffe der Erziehung und Bildung, Stuttgart 1983, S. 526–530, hier S. 527; vgl. auch Kapitel II.

51 Knigge, Gedenkstätten und Museen, S. 383 f.

52 Vgl. Kapitel II.

53 Garbe, Vergessene KZs, S. 28.

54 Vgl. Detlef Garbe, Von der Peripherie in das Zentrum der Geschichtskultur. Tendenzen der Gedenkstättenentwicklung, in: Bernd Faulenbach/Franz-Josef Jelich (Hrsg.), „Asymmetrisch verflochtene Parallelgeschichte?" Die Geschichte der Bundesrepublik und der DDR in Ausstellungen, Museen und Gedenkstätten, Essen 2005, S. 59–84, hier S. 70.

sollten insofern nicht nur die NS-Geschichte dingfest machen, sondern auch die Öffentlichkeit mit ihrem Schweigen konfrontieren, das noch in der Nachnutzung der ehemaligen Lager seinen Ausdruck fand.[55]

Dieser Konfrontation aber wurde eine pädagogische Wirkung zugeschrieben, die sich gewissermaßen natürlich einstellen sollte. „Gerade die Erfahrung, dass der Zugang zu den Quellen und Orten von NS-Verbrechen, deren Verursacher und Opfer größtenteils noch lebten, gegen den Mainstream gesellschaftlicher historischer Überlieferung erkämpft werden musste, nährte die Auffassung, Lernen an solchen Orten wohne eo ipso eine emanzipatorische oder kathartische Wirkung inne."[56]

Die Wahrnehmung und Selbstbeschreibung zunächst der kleineren Gedenkstätten als politische Lernorte beeinflussten die Entwicklung der bereits bestehenden oder um ihre Institutionalisierung kämpfenden KZ-Gedenkstätten in hohem Maße. Dies wurde wesentlich dadurch gefördert, dass die „Aktion Sühnezeichen/Friedensdienste"[57] ab 1983 ein Gedenkstättenreferat einrichtete,[58] das unter anderem die Vernetzung der unterschiedlichen Gedenkstätten und den Erfahrungsaustausch der dort engagierten Mitarbeiter zur Aufgabe hatte. ASF galt für diese Aufgabe als geeignet, weil sie „unabhängig von dem gesellschaftlich-politischen Proporz war und von unterschiedlichen Gruppen, staatlich geförderten und freien Institutionen, etablierten und im Werden begriffenen Initiativen als Koordinator akzeptiert werden konnte".[59] Die Unterstützung der ab 1982

55 Wulff E. Brebeck, Die bewusste Musealisierung der Gedenkstätten als Zukunftsaufgabe. Ein Blick zurück, in: GedenkstättenRundbrief Nr. 100 (2001), S. 62–68, hier S. 63.

56 Ebenda.

57 Die „Aktion Sühnezeichen Friedensdienste" (ASF) wurde 1958 auf der Synode der Evangelischen Kirche in Deutschland gegründet. Sie ist von zentraler Bedeutung im Zusammenhang mit der Wahrnehmung der nationalsozialistischen Lager als Lern- und Begegnungsorte. ASF lag die Vorstellung der tätigen Unterstützung als „Sühneleistung" (nicht: Wiedergutmachung) in jenen Ländern zugrunde, die besonders stark von den NS-Verbrechen betroffen waren. Unter anderem zählten seit den 1960er-Jahren Fahrten nach Osteuropa, vor allem nach Polen, zum Aufgabenspektrum, bei denen auch Erhaltungsarbeiten in Gedenkstätten durchgeführt werden. Die Freiwilligenarbeit von ASF prägt die Biografien vieler Gedenkstättenmitarbeiterinnen bis heute. Zur über 50-jährigen Geschichte von ASF vgl. Gabriele Kammerer, Aktion Sühnezeichen Friedensdienste – Aber man kann es einfach tun, Göttingen 2008.

58 Vgl. Wolfgang Raupach-Rudnick, Die Gründung des Gedenkstättenreferates der Aktion Sühnezeichen Friedensdienste e. V., in: GedenkstättenRundbrief 100 (2001), S. 9–12.

59 Ebenda, S. 10. Das Gedenkstättenreferat wurde 1993 als Arbeitsbereich in die „Stiftung Topographie des Terrors" aufgenommen. Die Kontinuität der Koordinierungsarbeit zeigt sich u. a. in der personellen Beständigkeit: Von 1984 bis heute wird das Gedenkstättenreferat von Thomas Lutz zunächst ausgefüllt und dann geleitet, vgl. Reinhard Rürup (Hrsg.),

regelmäßig stattfindenden Bundesweiten Gedenkstättenseminare durch die Bundeszentrale für politische Bildung bestätigte den selbst gegebenen Bildungsauftrag der Gedenkstätten(-Initiativen) als auch öffentlich durchaus relevant.[60]

Während aber der Gedenkstätte Dachau nach über zehnjährigem Bestehen die Veränderung hin zu einer auch pädagogisch arbeitenden Einrichtung allmählich durch die sich ändernde „Nachfrage" abverlangt wurde, wurde das – jahrzehntelang vom Häftlingsverband Amicale Internationale de Neuengamme geforderte – Dokumentenhaus von Neuengamme[61] und die Erweiterung der gleichnamigen Einrichtung in Bergen-Belsen erst zu Beginn der 1980er-Jahre realisiert. Beide Erweiterungen fallen in eine Zeit, in der das gesellschaftliche Interesse besonders an der Geschichte des Nationalsozialismus zu-, das Erfahrungswissen jedoch gleichzeitig abnahm, was die Erforschung der Geschichte vor Ort, in der Regel gegen den Widerstand der Bevölkerung, erheblich beförderte und politisierte. Mit öffentlichen Protesten etwa der 1980 gegründeten „Initiative Dokumentationsstätte Neuengamme" konnte in Neuengamme über die Jahre erreicht werden, dass die noch existierenden baulichen Reste des ehemaligen Konzentrationslagers erhalten blieben und 1989 schließlich sogar die seit 1948 auf dem Gelände befindliche Justizvollzugsanstalt zu verlegen.[62]

Das politische, aber auch das pädagogische Engagement, etwa in Form sogenannter Workcamps, hatten hier wesentlichen Anteil an der Erhaltung und

Netzwerk der Erinnerung. 10 Jahre Gedenkstättenreferat der Stiftung Topographie des Terrors, Berlin 2003.

60 1980 wurde ein „Sonderprogramm der Bundeszentrale für politische Bildung zur Aufklärung über den Nationalsozialismus und den Widerstand gegen ihn, für Ausbau und Unterhaltung von Gedenkstätten für Opfer des Nationalsozialismus, sowie über den demokratisch-parlamentarischen Neubeginn 1945" aufgelegt. Daraus entstand das Referat „Gedenkstättenarbeit" der Bundeszentrale, das die Bundesweiten Gedenkstättenseminare von Beginn an förderte und inhaltlich begleitete, vgl. Hanna Huhtasaari, Die Bundeszentrale für politische Bildung. Selbstverständnis und Auftrag im Arbeitsfeld Gedenkstättenpädagogik, in: Elke Gryglewski u. a. (Hrsg.), Gedenkstättenpädagogik. Kontext, Theorie und Praxis der Bildungsarbeit zu NS-Verbrechen, Berlin 2015, S. 82–97.

61 Vgl. Detlef Garbe, Neuengamme – Musterbeispiel für Vergessen und Verdrängen, in: ders., Vergessene KZs, S. 37–68; Bringmann/Roder, Neuengamme, insbesondere S. 93 ff.

62 Bis zur Eröffnung der durch weite Teile des ehemaligen Konzentrationslagers erweiterten, neu gestalteten und öffentlich zugänglich gemachten Gedenkstätte vergingen noch einmal 16 Jahre. Zwar wurde 1995 eine Ausstellung in einer ehemaligen Produktionshalle der Walther-Werke eröffnet, die Verlegung des Gefängnisses wurde jedoch erst 2003 realisiert. Mitte 2005 wurde die neu gestaltete Gedenkstätte eröffnet, Ende 2005 zog auch die bis dahin noch auf dem Gelände befindliche Jugendstrafvollzugsanstalt um, sodass seither das gesamte Areal der Gedenkstätte zur Verfügung steht.

Erschließung des historischen Geländes. Insbesondere die Gedenkstätte in Neuengamme, aber auch in Bergen-Belsen waren in ihrer Entwicklung in den 1980er-Jahren maßgeblich durch Initiativen der Geschichtsbewegung geprägt, die die friedhofsähnliche Gestaltung der nationalsozialistischen Tatorte als absolut unzureichend beurteilten.

1985 wurde durch den Niedersächsischen Landtag die Erweiterung des Dokumentenhauses in Bergen-Belsen um eine neue, 1990 realisierte Ausstellung, aber auch um einen Seminar- und Filmraum beschlossen. Auch in Dachau fanden die Initiatoren der Gedenkstätte, die im Wesentlichen aus ehemaligen Häftlingen bestanden, einen breiten Unterstützerkreis. Lediglich Flossenbürg blieb auch in den 1980er-Jahren eine kaum öffentlich wahrgenommene Gedenk-und Friedhofsanlage.[63]

„Unüberbietbare Authentizität“[64] – Gedenkstätten nach 1990 und die Gedenkstättenkonzeption des Bundes

Nach der deutschen Vereinigung änderten sich die (geschichts-)politischen und erinnerungskulturellen Rahmenbedingungen der Gedenkstättenarbeit erheblich. Im Einigungsvertrag wurde die Beteiligung des Bundes an der Finanzierung und Unterhaltung der Nationalen Mahn- und Gedenkstätten festgeschrieben. Eine – inhaltlich wie baulich formgebende – Umgestaltung erschien den nun Verantwortlichen unumgänglich: Der antifaschistisch tradierten Interpretation der NS-Geschichte durch die DDR sollte eine scheinbar unideologische, geschichtswissenschaftliche Darstellung entgegengesetzt werden, um Glaubwürdigkeit zu erzielen. Im Jahr 1993 billigte deswegen erstmals in der bundesrepublikanischen Geschichte der Bundestag eine „Gesamtkonzeption zur Beteiligung des Bundes an Gedenkstätten in der Bundesrepublik“. Diese war auf zehn Jahre befristet und betraf ausschließlich Gedenkstätten in den neuen Bundesländern und Berlin, allerdings sowohl jene für die Opfer des Nationalsozialismus als auch neu

63 Zwar wurde auch hier 1985 die 16 Jahre alte Ausstellung überarbeitet. Eine „arbeitende Gedenkstätte“ wurde hier aber erst nach dem 50. Jahrestag der Befreiung ab 1995 aufgebaut, eine umfangreiche historische Dauerausstellung erst im Sommer 2007 eröffnet, vgl. Skriebeleit, Erinnerungsort Flossenbürg, S. 354 ff.

64 So der damalige Bundestagspräsident Wolfgang Thierse in seiner Rede am 24. Oktober 1999 anlässlich der Neukonzeption der Gedenkstätte Buchenwald, abgedruckt in: Stefanie Endlich/Nora Goldenbogen/Beatrix Herlemann/Monika Kahl/Regina Scheer, Gedenkstätten für die Opfer des Nationalsozialismus. Eine Dokumentation. Bd. 2, Bonn 1999, S. 8.

gegründete Einrichtungen, die an Repression und staatliches Unrecht der SED-Diktatur erinnerten.

1995 setzte der 13. Deutsche Bundestag die Enquete-Kommission „Überwindung der Folgen der SED-Diktatur im Prozess der deutschen Einheit" ein.[65] Was die Beteiligung des Bundes an den Gedenkstätten mit der „Überwindung der Folgen der SED-Diktatur" zu tun hatte, analysiert Cornelia Siebeck rückblickend als umfassendes geschichtspolitisches Programm: „Im Zuge eines vielschichtigen gesellschaftlichen Aushandlungsprozesses kristallisierte sich in den 1990er-Jahren eine neue bundesrepublikanische Basiserzählung heraus",[66] die wesentlich darauf beruhe, als Nation das Schlechte hinter sich gelassen zu haben und im Wissen darum selbstbewusst in die Zukunft blicken zu können. „Aus dem Blickwinkel einer solchen Überwindungserzählung dient das öffentliche Gedächtnis an ‚die beiden deutschen Diktaturen' zweifellos weniger der kritischen Gegenwartsreflexion als einer nationalen Selbstvergewisserung *ex negativo*."[67]

Zum Auftrag der Enquete-Kommission zählte demgemäß die „Festigung des demokratischen Selbstbewußtseins, des freiheitlichen Rechtsempfindens und des antitotalitären Konsenses in Deutschland".[68] Dafür, so der Abschlussbericht, sei „die Entwicklung gesamtdeutscher Formen der Erinnerung an die beiden deutschen Diktaturen und ihre Opfer wichtig".[69] Für die Entwicklung solcher „gesamtdeutschen Formen der Erinnerung" war die Kommission damit beauftragt, Vorschläge für eine langfristige „Konzeption der künftigen Gedenkstättenförderung des Bundes" zu erarbeiten. Wesentliche Empfehlungen der Enquete-Kommission enthaltend, wurde diese 1999 vorgelegt und trat im Jahr 2000 in Kraft.[70] Sie regelt

65 Sie setzte die Arbeit der in der 12. Wahlperiode des Bundestages eingesetzten, ersten Enquete-Kommission „Aufarbeitung von Geschichte und Folgen der SED-Diktatur in Deutschland" fort.

66 Cornelia Siebeck, 50 Jahre ‚arbeitende' NS-Gedenkstätten in der Bundesrepublik. Vom gegenkulturellen Projekt zur staatlichen ‚Gedenkstättenkonzeption' – und wie weiter?, in: Gryglewski u. a. (Hrsg.), Gedenkstättenpädagogik, S. 19–43, hier S. 34.

67 Ebenda, S. 35 (Herv. im Original).

68 Schlussbericht der Enquete-Kommission „Überwindung der Folgen der SED-Diktatur im Prozeß der deutschen Einheit", Deutscher Bundestag, Drucksache 13/11000, 10. 6. 1998, S. 11.

69 Ebenda.

70 Dass die Etablierung der Gedenkstätten für die Opfer des Nationalsozialismus erst und zeitgleich mit der Etablierung der Gedenkstätten für stalinistisches und SED-Unrecht gelungen ist, ist Ausgangspunkt heftiger Kontroversen über die Nivellierung von Nationalsozialismus und Kommunismus, die sich in der Auseinandersetzung um eine Revision des Gedenkstättenkonzepts verschärft hat, vgl. etwa Anne Kaminsky, Gedenkstätten für die Opfer des Stalinismus als „Stiefkinder" der deutschen Erinnerungskultur?, in: Bernd Faulenbach/Franz-Josef Jelich (Hrsg.), „Asymmetrisch verflochtene Parallelgeschichte?"

seither auf der Grundlage festgelegter Förderkriterien die Bundesbeteiligung an den auch auf dem Gebiet der alten Bundesländer liegenden KZ-Gedenkstätten, was noch wenige Jahre zuvor undenkbar gewesen wäre.[71] Die Gedenkstättenkonzeption definiert und formuliert nicht nur öffentliche Erwartungen an Gedenkstättenarbeit; vor allem wurden damit Gedenkstätten in der Bundesrepublik zu kulturellen Einrichtungen von nationalem Rang erklärt - auch wenn weiterhin ausdrücklich betont wurde und wird, dass die Pflege der Erinnerung eine gesellschaftliche, kommunale und Landesaufgabe sei. Festgeschrieben wird in der Gedenkstättenkonzeption des Bundes,

> „die Erinnerung an die NS-Terrorherrschaft und die SED-Diktatur, das Gedenken an die Opfer und an Opposition und Widerstand Teil des demokratischen Selbstverständnisses der Bundesrepublik Deutschland sind. Die Geschehnisse an diesen Orten im historischen Zusammenhang und in ihren internationalen Dimensionen wie auch die Orte selbst sind durch Ausstellungen zu dokumentieren."[72]

Die historischen Orte treten damit ins Zentrum der Aufmerksamkeit. In Abgrenzung zum Umgang mit den Lager-Orten in beiden deutschen Staaten wird ihre Bedeutung nun daran gekoppelt, Geschichte sichtbar zu machen und zu dokumentieren. Wesentlich an diesem neuen, öffentlichen Verständnis von Gedenkstätten ist deren „unverwechselbares Profil, das sich auf die Authentizität des Ortes gründet",[73] der als erhaltenswert gilt, um Anlass und Medium der Geschichtsvermittlung in all ihren Facetten zu sein. Dadurch können die historischen Orte als sichtbare Beweise und Symbole einer staatlichen Verantwortungsübernahme für die Vergangenheit fungieren, und das vereinte Deutschland kann sich öffentlichkeitswirksam als geschichtsbewusst, glaubwürdig und demokratisch darstellen.[74]

Die Geschichte der Bundesrepublik und der DDR in Ausstellungen, Museen und Gedenkstätten, Essen 2005, S. 93–110; Arbeitsgemeinschaft der KZ-Gedenkstätten in der Bundesrepublik Deutschland, Stellungnahme zur Fortschreibung der Gedenkstättenkonzeption durch den Beauftragten der Bundesregierung für Kultur und Medien vom 22. Juni 2007, in: GedenkstättenRundbrief Nr. 139 (2007), S. 32–37.

71 Seit der „Fortschreibung" der Gedenkstättenkonzeption im Jahr 2008 werden alle großen KZ-Gedenkstätten in der Bundesrepublik institutionell gefördert, wenn eine entsprechende Unterstützung der Einrichtungen durch die Sitzländer gewährleistet ist.

72 Unterrichtung 1999, S. 3.

73 Ebenda.

74 Vgl. Cornelia Siebeck, Denkmale und Gedenkstätten, in: Christian Gudehus/Ariane Eichenberg/Harald Welzer (Hrsg.), Gedächtnis und Erinnerung: ein interdisziplinäres Handbuch, Stuttgart/Weimar 2010, S. 177–183.

Es ist der Begriff der Authentizität, der die politische Debatte um die Gedenkstätten in den 1990er-Jahren maßgeblich geprägt, ihren gesellschaftlichen Wert definiert und erhebliche Auswirkungen auf das pädagogische Selbst- und Fremdverständnis der Einrichtungen gehabt hat.[75] An den Orten lässt sich heute ablesen, wie der Begriff der Authentizität verstanden worden ist und wird: Alle KZ-Gedenkstätten in Deutschland haben sich in den 1990er-Jahren enorm verändert und messen dem Ort als Tatort große Bedeutung bei. Nachgenutzte historische Gebäude oder ganze Areale sind den Gedenkstätten übereignet worden, bauliche Überreste wurden und werden denkmalgerecht restauriert, archäologisch erschlossen und geschützt, die überall überarbeiteten Dauerausstellungen dokumentieren und erzählen konkrete Orts-Geschichte(n).[76] „Authentizität" bezeichnet damit über den schieren topografischen Ort des historischen Geschehens hinaus auch die noch auffindbaren und oft jahrelang unbeachteten Relikte.[77] Gleichzeitig wird die sogenannte Authentizität als besondere Lernchance betrachtet. Im Schlussbericht der zweiten Enquete-Kommission heißt es:

> „Die besondere Bedeutung der Gedenkstätten liegt in der Authentizität des historischen Ortes. In der unmittelbaren Begegnung mit den sichtbaren Spuren der Geschichte lassen die Menschen diese Geschichte näher an sich herankommen und werden aufnahmebereiter für das, was an diesen Orten und darüber hinaus geschehen ist. Trauern, Gedenken und Lernen sind an diesen Orten unauflöslich miteinander verbunden."[78]

Die Gedenkstätten werden nicht länger als Orte ritualisierten Gedenkens wahrgenommen, sondern als geradezu ideale Kulminationspunkte von Gedenken

75 Die Gedenkstätten erhalten durch die Bezeichnung als „authentische Orte" eine besondere Wertschätzung und ein deutliches Profil gegenüber anderen Erinnerungs- oder Gedenkorten. Dies hat sich besonders an der ebenfalls in den 1990er-Jahren breit geführten Debatte um das sogenannte Holocaust-Mahnmal gezeigt: „Authentizität" wurde hier zu einem wesentlichen Distinktionsmerkmal der Gedenkstätten gegenüber dem geplanten Denkmal, vgl. etwa Wolfgang Benz, Braucht Deutschland ein Holocaust Museum?, in: Dachauer Hefte 11 (1995): Orte der Erinnerung, S. 3–10; Skriebeleit, Erinnerungsort, S. 24.

76 Vgl. Lutz, Vermittlungsanspruch.

77 Die „Authentizität" der Orte ist allerdings durchaus kontrovers diskutiert worden. U. a. die Frage, welche „Zeitspuren" nicht nur der Lagergeschichte, sondern auch der jahrzehntelangen Geschichte der Nachnutzung als erhaltenswert gelten sollten, spielte in den Neukonzeptionen der Gedenkstätten nach 1990 eine große Rolle, vgl. Hoffmann, Gedächtnis.

78 Schlussbericht der Enquete-Kommission „Überwindung der Folgen der SED-Diktatur im Prozeß der deutschen Einheit", Deutscher Bundestag, Drucksache 13/11000, 10. 6. 1998, S. 241.

und Lernen. Rhetorisch werden sie mit einer Art Garantie der unmittelbaren Begegnung mit Geschichte belegt, die sie vor allem für pädagogische Zwecke zu prädestinieren scheint.[79] Diese Figur ist dabei keineswegs auf Gedenkstätten beschränkt,[80] in der politischen Öffentlichkeit gelten historische Orte ganz allgemein als besonders geeignet zur Vermittlung nicht nur von Geschichte. Entsprechend formulierte der damalige Ministerialdirigenten des Bundesministeriums für Bildung und Forschung, Ulrich Haase, zur Eröffnung des Symposiums „Zum Umgang mit historischen Stätten aus der Zeit des Nationalsozialismus" 1999 im Deutschen Historischen Museum: „Die Authentizität historischer Orte weckt die Neugier und fördert den Wissensdrang nicht nur bei Kindern und Jugendlichen [...] An historischen authentischen Orten sollen sich künftige Generationen ihrer Werte und mitmenschlichen Grundlagen versichern können."[81]

Der Begriff der „Authentizität" avancierte zu einem Gütesiegel pädagogischer Arbeit, indem er ganzheitliches Lernen zu garantieren scheint. Historische Orte werden zu emotionalen Resonanzkörpern für kognitiv vermittelbares Wissen, zu Verstärkern erzieherischer Absichten erklärt. Gerade aber von Gedenkstätten erhofft „man sich über den Informationswert hinaus, den ortsunabhängige Gedenk- und Dokumentationsstätten vermitteln, eine Intensitätsverstärkung durch sinnliche Anschauung."[82] Die Gedenkstätten sollen als „Scharnier oder auch Mittler zwischen Gegenwart und Vergangenheit"[83] eine emotionale Annäherung

79 Der Rückgriff auf ein pädagogisches Argument in einer Konzeption zur *Förderung* von Gedenkstätten verweist dabei weder auf den tatsächlichen pädagogischen Wert der Orte noch auf eine dahinter stehende entsprechende Überzeugung. Er zeigt aber deutlich, dass die Gedenkstätten in der öffentlichen Wahrnehmung inzwischen ganz wesentlich und „unauflöslich" pädagogisch konnotiert sind, was offenbar ein wichtiges Argument zur Erhaltung und finanziellen Unterstützung der Gedenkstätten darstellt.

80 Vgl. etwa Dirk Zache, Peenemünde – Bildung zwischen Aufklärung und Vermarktung, in: Burkhard Asmuss, Burkhard/Hans-Martin Hinz (Hrsg.), Zum Umgang mit historischen Stätten aus der Zeit des Nationalsozialismus. Orte des Erinnerns, des Gedenkens und der kulturellen Weiterbildung? Zum Umgang mit Gedenkorten von nationaler Bedeutung in der Bundesrepublik Deutschland. Symposium am 23. und 24. November 1998 im Deutschen Historischen Museum, Berlin 1999, S.110–123.

81 Ulrich Haase, Rede zur Eröffnung des Symposiums, in: Asmuss/Hinz, Umgang, S. 13–20, hier S. 17.

82 Assmann, Aleida, Erinnerungsorte und Gedächtnislandschaften, in: Hanno Loewy/Bernhard Moltmann (Hrsg.), Erlebnis – Gedächtnis – Sinn. Authentische und konstruierte Erinnerung, Frankfurt a. M./New York 1996, S. 13–29, hier S. 21.

83 Insa Eschebach/Andreas Ehresmann, „Zeitschaften". Zum Umgang mit baulichen Relikten ehemaliger Konzentrationslager, in: Petra Fank/Stefan Hördler (Hrsg.), Der Nationalsozialismus im Spiegel des öffentlichen Gedächtnisses. Formen der Aufarbeitung und des Gedenkens, Berlin 2005, S. 111–120, hier S. 112.

an die Geschichte der nationalsozialistischen Verbrechen ermöglichen, die der Überbrückung von zeitlichem Abstand und lebensweltlicher Ferne gleichkommt.

Die pädagogische Wirkungserwartung wird dabei vor allem auf den Ort selbst, weniger auf ein pädagogisches Arrangement oder gar auf die Kompetenzen der Gedenkstättenpädagoginnen und -pädagogen gerichtet. Dennoch stellt die Enquete-Kommission einen über die reine Anmutung hinausgehenden Bildungsauftrag der Gedenkstätten fest, der in seiner Vagheit doch weit über die Geschichtsvermittlung hinausgeht. Für die „Selbstvergewisserung mitmenschlicher und demokratischer Grundlagen individuellen und gesellschaftlichen Handelns" entwickelten die Gedenkstätten[84] Methoden, „die der Identität von historischem Ort und Lernort Rechnung tragen und die deshalb besonders geeignet sind, das in den authentischen Orten angelegte Erinnerungs- und Aufklärungspotential fruchtbar werden zu lassen".[85]

Damit wird zwar nicht die Aufladung der Orte im Sinne von Gedächtnisspeichern relativiert, wohl aber die oftmals suggerierte Selbstwirksamkeit. Die Förderkonzeption des Bundes betont die besondere Bedeutung von Gedenkstätten aufgrund ihrer „Authentizität", überlässt deren Wirkung aber nicht mehr dem „Ort", sondern schreibt als wesentliche Förderkriterien ein „wissenschaftlich, museologisch und *gedenkstättenpädagogisch* fundiertes Konzept" fest.[86] Die Notwendigkeit von pädagogischer Vermittlung wird grundsätzlich anerkannt. „Neben der Funktion als Gedenkorte haben die Gedenkstätten im gesellschaftlichen Kontext eine herausragende Bedeutung als Lernorte. Breitgefächerte pädagogische Angebote sind daher unerlässlich, um den Besuchern Bildung und Aufklärung zu den mit den Gedenkorten verbundenen historischen Ereignissen zu vermitteln."[87]

Die Vermittlungsform wird als spezifische, am Ort Gedenkstätte orientierte und auf ihn ausgerichtete Pädagogik verstanden. Dass die Begriffe Gedenkort und Gedenkstätte nicht synonym verwendet werden, weist darauf hin, dass Letzterer im Gegensatz zum allgemeineren „Ort" eine spezifische Aufladung erfahren hat und inzwischen mit einer (auch) pädagogisch arbeitenden Institution gleichgesetzt wird.[88]

84 Von pädagogischem Personal ist in der Gedenkstättenkonzeption nur indirekt die Rede, allerdings empfiehlt die Enquete-Kommission „pädagogische Abteilungen mit qualifizierten Mitarbeitern sowie Jugendbegegnungsstätten" als „Ausstattungsmerkmale[ ] zumindest der großen, historisch herausragenden Gedenkstätten" (Schlussbericht 1998, S. 243).

85 Ebenda, S. 243 f.

86 Unterrichtung 1999, S. 3 (Herv. V. H.).

87 Ebenda.

88 Dass der Begriff „Gedenkstätte" allerdings nicht grundsätzlich eine „arbeitende Gedenkstätte" meinte, macht bereits ein kursorischer Blick über die zweibändige Dokumentation

Während sich die Gedenkstättenkonzeption mit der Forderung nach einer museologischen Re-Konkretisierung der Orte und der wissenschaftlichen Verankerung der Gedenkstättenarbeit von den staatstragenden ideologischen Narrativen der Mahn- und Gedenkstätten der DDR und der Überhöhung der Orte für politische Zwecke distanziert, bleibt der Erziehungs- und Bildungsauftrag der Gedenkstätten, der in der DDR immer institutionalisiert war und sich in der alten Bundesrepublik mehr und mehr zu einer wesentlichen Funktion der Einrichtungen entwickelt hat, erhalten. Die Ausrichtung dieser Pädagogik ändert sich jedoch unter den politischen Vorzeichen: Waren Gedenkstätten in der alten Bundesrepublik im Selbstverständnis gegenaufklärerisch und gesellschaftskritisch, so sind sie seit der Bundesgedenkstättenkonzeption tendenziell staatstragende Einrichtungen mit einem öffentlichen Bildungsauftrag.

Die Begriffe „Gedenkstättenpädagogik" und „Lernort", die sich in der Konzeption wieder finden, verweisen dabei eindeutig auf den westdeutschen Kontext. Beide Bezeichnungen, die zunächst zur Selbstbestimmung und Erweiterung des Aufgabenspektrums der Gedenkstätten geeignet waren, sind inzwischen in den öffentlichen Diskurs eingegangen. Die „Gedenkstätte als Lernort" ist heute keine politische Selbstbezeichnung mehr, sondern auch eine weitgehend unhinterfragte Zuschreibung von außen.

Die zunehmende Bedeutung der Orte und Relikte als Beweis des Gewesenen und ihre Personifikation als „steinerne Zeugen" steht in engem Zusammenhang mit dem kulturwissenschaftlich immer wieder beschriebenen Übergang vom kommunikativen zum kulturellen Gedächtnis. In Bezug auf die Gedenkstätten ist dieser Diskurs vor allem dadurch geprägt, dass die Überlebenden der Lager nicht mehr persönlich für die Geschichtsvermittlung zur Verfügung stehen.[89] Diesen Verlust zu kompensieren, sieht die Enquete-Kommission als eine der wesentlichen Aufgaben der Gedenkstättenpädagogik: „Gerade für diese Bildungsarbeit ist die

„Gedenkstätten für die Opfer des Nationalsozialismus" deutlich, vgl. Ulrike Puvogel/Martin Stankowski, Gedenkstätten für die Opfer des Nationalsozialismus. Eine Dokumentation. Bd. I, Bonn 1995; Stefanie Endlich/Nora Goldenbogen/Beatrix Herlemann/Monika Kahl/Regina Scheer, Gedenkstätten für die Opfer des Nationalsozialismus. Eine Dokumentation. Bd. II: Bundesländer Berlin, Brandenburg, Mecklenburg-Vorpommern, Sachsen-Anhalt, Sachsen, Thüringen, Bonn 1999.

89 Dieser Verlust wird aber mindestens seit den 1980er-Jahren beklagt, und bei Weitem nicht alle Gedenkstätten haben in ihrer pädagogischen Arbeit faktisch auf „Zeitzeugen" als direkte Vermittlerinnen zurückgegriffen oder zurückgreifen können. Entscheidender dürfte sich dieser Verlust als Gefahr des Verlustes von Verbindlichkeit eines gesellschaftlichen „Vergessensverbotes" zeigen, der eine quasi gesetzliche Regelung der öffentlichen Erinnerung durch die Gedenkstättenkonzeption zur Kompensation plausibel macht.

Sicherung der authentischen Lebenszeugnisse der Überlebenden von entscheidender Bedeutung. Die große Herausforderung der Gedenkstättenpädagogik der nächsten Jahre liegt in der Vermittlung dieser authentischen Zeugnisse."[90]

Mit der Institutionalisierung der Gedenkstätten als Geschichtsspeicher und Orte der auch interpersonalen Geschichts- und Wertevermittlung soll es folglich darum gehen, bestimmte Erinnerungen wachzuhalten, die die Orte gerade nicht wachzuhalten in der Lage sind. „Ein Erinnerungsort", so Aleida Assmann in Anlehnung an Pierre Nora, „ist das, was übrigbleibt, von dem, was nicht mehr besteht und gilt. Um dennoch fortbestehen und weitergelten zu können, muß eine Geschichte erzählt werden, die das verlorene Milieu supplementär ergänzt. [...] Diese Orte sind erklärungsbedürftig; die Bedeutung der Relikte muß durch unabhängige Erinnerungen und Erzählungen gesichert werden."[91]

Der Rückgriff auf Erziehung scheint dabei nicht nur die Präsenz der Erinnerung an die nationalsozialistischen Verbrechen und ihre Tradierung zu ermöglichen. Gekoppelt wird daran auch ein staatsbürgerlicher Erziehungsauftrag und die Existenzberechtigung der Gedenkstätten: Um den Erinnerungsort Gedenkstätte öffentlich zu erhalten oder zu etablieren, muss er zum Lernort erklärt werden.[92]

90 Schlussbericht 1998, S. 243.

91 Assmann, Erinnerungsorte und Gedächtnislandschaften, S. 16.

92 Die diskursive Legitimationsfunktion von Erziehung und Bildung für die als notwendig erachtete Erinnerung an die nationalsozialistischen Verbrechen hat sich auch in der Debatte über das sogenannte Holocaust-Denkmal gezeigt (vgl. zusammenfassend Claus Leggewie/Erik Meyer, Ein Ort, an den man gerne hingeht: das Holocaust-Mahnmal und die deutsche Geschichtspolitik nach 1989, München 2005), die wesentlich durch den Rückgriff auf pädagogische Argumente zu einem Beschluss des Denkmals geführt hat, vgl. Verena Haug, Wie aus dem Denkmal ein Lernort wird. Pädagogische Aspekte der Debatte über das „Denkmal für die ermordeten Juden Europas" (1989–1999), unveröffentlichte Diplomarbeit am Fachbereich Erziehungswissenschaften, Goethe-Universität, Frankfurt a. M. 2001.

II. Verschränkungen: Öffentliche Erwartungen an den Lernort Gedenkstätte und die Selbstbeschreibung von Gedenkstättenpädagogik

Der Nationalsozialismus als Lerngegenstand

Die Entwicklung von den historischen Orten ehemaliger Konzentrationslager zu öffentlich anerkannten und geförderten Gedenkstätten mit Bildungsauftrag in der Bundesrepublik Deutschland ist weder linear noch selbstverständlich. Dennoch ist das unerwartete Moment darin weniger die Pädagogisierung der Orte als ihre Bestandssicherung auf nationaler Ebene. Denn wo und wann immer Gedenkstätten für die Opfer der NS-Verfolgung auf staatliches Geheiß hin errichtet oder gegen die Öffentlichkeit erstritten worden sind, spielte ihre pädagogische Botschaft eine wesentliche Rolle. Das liegt zum einen in der retrospektiven und prospektiven Funktion aller Denkmäler und Gedenkstätten.[1] Zum anderen aber ist die Wahrnehmung der Gedenkstätten als Lernorte von einer insgesamt deutlich pädagogisierten Auseinandersetzung mit der nationalsozialistischen Geschichte geprägt. Wolfgang Meseth hat in seiner Studie „Aus der Geschichte lernen" (2005) eindrücklich gezeigt, wie Erziehung als Medium nationaler Selbstvergewisserung auch im bundesdeutschen Bezug auf die NS-Geschichte fungiert hat und fungiert. An der Rezeptionsgeschichte des berühmten Radiovortrags Theodor W. Adornos „Erziehung nach Auschwitz" von 1966, die sich keineswegs auf die pädagogische Fachdiskussion beschränkt (hat), zeigt Meseth das Integrationspotenzial von Erziehung für die Auseinandersetzung mit dem Nationalsozialismus für die nationale Selbstbeschreibung einer lern- und erinnerungsfähigen Gesellschaft:

> „Obwohl oder gerade weil Auschwitz für das Denken der Moderne eine ungeheuerliche Irritation bedeutet, wurde Erziehung nach Auschwitz zu einem Sicherheitsanker in einer zutiefst beunruhigenden Welt. Im Schatten der Desintegrationserfahrung, die der Nationalsozialismus hinterlassen hatte, wurde Erziehung als gesellschaftliches Steuerungsinstrument nicht verabschiedet, sondern im Gegenteil bestätigt und ausgeweitet."[2]

1 Vgl. Cornelia Siebeck, Denkmale und Gedenkstätten, in: Christian Gudehus/Ariane Eichenberg/Harald Welzer (Hrsg.), Gedächtnis und Erinnerung: ein interdisziplinäres Handbuch, Stuttgart/Weimar 2010, S. 177–183.

2 Wolfgang Meseth, Aus der Geschichte lernen. Über die Rolle der Erziehung in der bundesdeutschen Erinnerungskultur, Frankfurt a. M. 2005, S. 162.

Der breite Erfolg des Radiobeitrags von Adorno sei als Anzeichen für die von pädagogischen Semantiken durchdrungene nationale Selbstbeschreibung zu verstehen, mit der es gelungen sei, den Holocaust insofern sinnstiftend umzudeuten, als er in einen Lerngegenstand transformiert wurde. In der Fortschreibung der Gedenkstättenkonzeption des Bundes von 2008 zeigt sich diese Figur geradezu mustergültig:

> „Das Verständnis der eigenen Geschichte trägt zur Identitätsbildung jeder Nation bei. Dazu gehören für uns Deutsche die Lehren, welche die Gründergeneration der Bundesrepublik Deutschland aus der verbrecherischen Herrschaft des Nationalsozialismus gezogen hat: Die unveräußerliche Achtung der Menschenwürde, das Bewusstsein für Freiheit und die Wertebildung des Grundgesetzes sind tragende Prinzipien unserer demokratischen Ordnung."[3]

Dass aus der (bzw. auch aus dieser) Geschichte zu lernen sei, habe sich „zu einer kollektiv geteilten Prämisse der bundesdeutschen Erinnerungskultur entwickelt.[4] Offensichtlich wird dies beispielweise in offiziellen Gedenkreden, die ebenso um die Möglichkeit kreisen, aus der Geschichte zu lernen, um Wiederholungen zu verhindern, wie die gesamte „Institutionalisierung der Erinnerung an den Nationalsozialismus"[5] von pädagogischen Denkmustern durchzogen ist. Der damalige Bundespräsident Roman Herzog formulierte schon zum 50. Jahrestag der Befreiung von Bergen-Belsen 1995:

> „Die Generation der Zeitzeugen geht zu Ende [...] Jetzt kommt alles darauf an, über die Vergangenheit so zu sprechen, sie so zu vermitteln und an sie so zu erinnern, daß die Jungen die Verantwortung, gegen jede Wiederholung aufzutreten, als ihre eigene Verantwortung empfinden. Das ist eine ganz entscheidende Aufgabe unserer Generation. Ihr hat sich alles, alles unterzuordnen, was in diesem Zusammenhang gedacht und geplant wird."[6]

Die „Vergangenheit" erscheint dabei als geklärter und moralisch eindeutiger Lerngegenstand, der sich traditionell an die nachfolgenden Generationen

3 Deutscher Bundestag 2008, S. 1.

4 Meseth, Aus der Geschichte lernen, S. 159.

5 Volkhard Knigge, Erinnern oder auseinandersetzen? Kritische Anmerkungen zur Gedenkstättenpädagogik, in: Eduard Fuchs/Falk Pingel/Verena Radkau (Hrsg.), Holocaust und Nationalsozialismus, Wien 2002, S. 33–41, hier S. 36.

6 Bundespräsident Roman Herzog in seiner Rede in der Gedenkstätte Bergen-Belsen zum 50. Jahrestag der Befreiung der Konzentrationslager am 27. 4. 1995, abgedruckt „Statt eines Geleitwortes" in: Puvogel/Stankowski, Gedenkstätten, S. 7.

richtet.[7] Problematisiert wird lediglich der zeitliche Abstand junger Menschen zum Nationalsozialismus, der ein Lernen über die Geschichte gewissermaßen erschwere und neue Formen der Vermittlung erfordere. Die Konstruktion eines negativen Herkunftswissens in Form der öffentlichen und gesellschaftlich getragenen Verantwortungsübernahme für die nationalsozialistischen Verbrechen geht von einer besseren Gegenwart aus und belegt damit gewissermaßen, dass „in der Bundesrepublik Deutschland aus der Geschichte institutionell wie individuell gelernt“[8] worden ist und folglich auch weiterhin aus ihr gelernt werden kann.

Öffentliche Erwartung und pädagogisches Programm

Was aus der und über die Geschichte des Nationalsozialismus und Holocaust gelernt werden soll, wird in pädagogische Programme wie Lehrpläne, Schulbücher, Unterrichtsentwürfe oder gedenkstättenpädagogische Konzepte überführt. In ihnen kondensieren sich öffentliche Vermittlungsansprüche und Adressaten bezogene Aneignungserwartungen.[9] Pädagogische Programme wandeln sich mit der Veränderung des öffentlichen Diskurses über das Thema Nationalsozialismus, der wiederum auch durch pädagogische Reflexionen beeinflusst wird. In Bezug auf die Vermittlung des Nationalsozialismus und Holocaust haben sich mit der Aufwertung der Gedenkstätten als „staatstragende Lernorte“ die Erwartungen an Schule und Gedenkstätten durchaus vereinheitlicht.

Die hohen Erwartungen an die öffentliche Erziehung richten sich vor allem auf Einstellungsänderungen und Handlungsorientierungen durch die Beschäftigung mit der Geschichte, wie etwa die Ausbildung demokratischer Haltungen und die Ablehnung rechtsradikaler/neonazistischer, rassistischer und antisemitischer Einstellungen. Sie richten sich sowohl an den (Geschichts-)Unterricht zum Thema Nationalsozialismus als auch an die Pädagogik in Gedenkstätten.

7 Vgl. Ulrike Schrader, Lästige Orte. Bedeutung und Zukunft von Gedenkstätten zur Erinnerung an die Opfer des Nationalsozialismus, in: Jens Birkmeyer/Cornelia Blasberg (Hrsg.), Erinnern des Holocaust. Eine neue Generation sucht Antworten, Bielefeld 2006, S. 95–117.

8 Oliver Hollstein/Wolfgang Meseth/Christine Müller-Mahnkopp/Matthias Proske/Frank-Olaf Radtke, Nationalsozialismus im Geschichtsunterricht. Beobachtungen unterrichtlicher Kommunikation, Frankfurt a. M. (Fachbereich Erziehungswissenschaften, Institut für allgemeine Erziehungswissenschaften) 2002, S. 13.

9 Vgl. Harm Paschen, Pädagogiken. Zur Systematik pädagogischer Differenzen, Weinheim 1997; Matthias Proske, Pädagogik und Dritte Welt. Eine Fallstudie zur Pädagogisierung sozialer Probleme, Frankfurt a. M. 2001, S. 57 ff.; Meseth, Aus der Geschichte lernen, S. 165 ff.

Zwar lassen sich kausale Verknüpfungen von historischem Wissen und politisch-moralischem Handeln weder theoretisch begründen noch empirisch belegen. Sie werden von der geschichtsdidaktischen Forschung[10] ebenso wie von der pädagogischen Alltagserfahrung[11] zurückgewiesen. „Eine politisch-moralische Nützlichkeitslehre“[12] wird aber auch als Legitimation für die pädagogische Beschäftigung mit dem Nationalsozialismus infrage gestellt: „Denn was soll geschehen, wenn die erwarteten Folgen gar nicht eintreffen? Streichen wir dann den Nationalsozialismus und Völkermord aus dem Lehrplan?“[13]

Trotz aller wissenschaftlichen und pädagogisch-praktischen Skepsis hinsichtlich der Lehren aus der Geschichte beschränken sich die pädagogischen Programme – der öffentlichen Erwartung entsprechend – nicht auf die Vermittlung historischen Wissens. Auch wenn in der Geschichtsdidaktik die Vermittlung kognitiv-analytischer Kompetenzen und fachspezifischer Methoden betont wird, um zu kompetenten Urteilen über die Geschichte kommen zu können,[14] so verfolgt doch auch der Geschichtsunterricht zum Nationalsozialismus, Joachim Rohlfes zufolge, neben einer „analytisch-aufklärerischen“ eine „kathartisch-appellative“ und eine „prophylaktisch-immunisierende“ Zielsetzung,[15] und richtet sich damit durchaus auf persönliche Einstellungen und Handlungsorientierungen. Die pädagogischen Programme verbinden daher die Vermittlung historischen Wissens[16] mit Lern-

10 Einen detaillierten Überblick über die Forschungen zum Geschichtsbewusstsein Jugendlicher unter der Fragestellung ihrer „geschichtskulturellen Sozialisation“ gibt Meik Zülsdorf-Kersting, Sechzig Jahre danach: Jugendliche und der Holocaust, Eine Studie zur geschichtskulturellen Sozialisation, Berlin 2007, S. 35 ff.

11 Vgl. z. B. Helmut Rook, Der Ort allein wirkt nicht – Erfahrungen aus der Gedenkstättenpraxis, in: Klaus Ahlheim (Hrsg.), Gedenkstättenfahrten Handreichung für Schule, Jugend- und Erwachsenenbildung in Nordrhein-Westfalen, Schwalbach/Ts. 2004, S. 110–114.

12 Falk Pingel, „Sicher ist, dass … der Völkermord nicht mit Hitler begann und leider auch nicht mit ihm endet.“ Das Thema „Völkermord“ als Gegenstand von Unterricht und Schulbuch, in: Verena Radkau/Eduard Fuchs/Thomas Lutz (Hrsg.), Genozide und staatliche Gewaltverbrechen im 20. Jahrhundert, Innsbruck u. a. 2004, S. 98–112, hier S. 102.

13 Ebenda.

14 Gerhard Henke-Bockschatz, Der „Holocaust“ als Thema im Geschichtsunterricht, Kritische Anmerkungen, in: Wolfgang Meseth/Matthias Proske/Frank-Olaf Radtke (Hrsg.), Schule und Nationalsozialismus. Anspruch und Grenzen des Geschichtsunterrichts, Frankfurt a. M. 2004, S. 298–322.

15 Vgl. Joachim Rohlfes, Geschichte und ihre Didaktik. 3. erw. Aufl.. Göttingen 2005, S. 365 f.

16 Anders verhält es sich bei dem angloamerikanischen Programm *holocaust education*, das in erster Linie auf emotionale Annäherungen an den Holocaust setzt (vgl. dazu kritisch Knigge, Erinnern oder auseinandersetzen, S. 40 f.). Allerdings ist der Begriff *holocaust education* inzwischen auch zu einem internationalen Arbeitsbegriff geworden. Die Begriffsverwendung im Rahmen der ITF/IHRA (vgl. Einleitung, Anm. 27) beinhaltet

anteilen, die eine Reflexion der Gegenwart ermöglichen sollen.[17] Die Gegenwartsdimension der pädagogischen Auseinandersetzung mit den nationalsozialistischen Massenverbrechen birgt aber deutliche Herausforderungen in sich.

Programmatisch steht die Erziehung vor einer dreifachen Aufgabe, deren Zentrum die Vermittlung und das Lernen historischer Fakten ist. Gelernt werden sollen erstens historische Zusammenhänge, Bedingungen und Folgen der nationalsozialistischen Diktatur, ihrer rassistischen und antisemitischen Ideologie, der Verfolgung missliebiger Minderheiten sowie des Versuchs einer vollständigen, industriellen wie archaischen Vernichtung der europäischen Juden. Dieses Wissen stellt zweitens die Grundlage dafür dar, Schlüsse aus der Vergangenheit für die Gegenwart und Zukunft zu ziehen. Drittens soll „das Gedenken als Selbstzweck“[18] ermöglicht werden. Angesichts der Monstrosität der nationalsozialistischen Verbrechen und der gewachsenen Anerkennung des Leidens der Opfer wird „Lernen“ nicht allein auf eine bessere Zukunft hin verstanden, sondern auch als Voraussetzung einer gedenkenden Hinwendung zu den Opfern.

Eine kognitiv-wissenschaftliche Auseinandersetzung mit dem Nationalsozialismus gilt deswegen als notwendig, aber nicht hinreichend. Eine Erziehung nach Auschwitz könne, so Brumlik, nicht bei einer detaillierten Darstellung des „historischen Ereignisses“ verbleiben, sondern müsse gleichzeitig versuchen „im Gedenken zu unterweisen“.[19] Moderne Gesellschaften seien sowohl auf den „analytisch-kognitiven, d. h. wissenschaftlichen, als auch auf den ‚synthetisch-affektiven‘, d. h. religiösen, liturgischen Umgang mit der Vergangenheit angewiesen. Beide Zugänge sind gleichermaßen notwendig, ergänzen einander, sind weder aufeinander zu reduzieren, noch durcheinander zu ersetzen.“[20] Dieser doppelte Modus gilt gegenwärtig als angemessene Form der Auseinandersetzung

wesentliche Anteile historischen Lernens (vgl. http://www.holocaustremembrance.com/educate/teaching-guidelines). In der 2010 von der Agentur für Grundrechte veröffentlichten Studie „Die Vergangenheit für die Zukunft entdecken“ wurde der Begriff für die „Gesamtheit der in den untersuchten Staaten vorfindbaren pädagogischen Annäherungen an die nationalsozialistischen Massenverbrechen“ verwendet (FRA – Agentur der Europäischen Union für Grundrechte, Die Vergangenheit für die Zukunft entdecken, o. O. 2010, S. 16).

17 Exemplarisch sei hier das Programm „Konfrontationen. Bausteine zur pädagogischen Annäherung an Geschichte und Wirkung des Holocaust“ des Fritz Bauer Instituts erwähnt, vgl. http://www.fritz-bauer-institut.de/konfrontationen.html sowie Matthias Heyl, Materialien für den Unterricht, in: Ido Abram/Matthias Heyl, Thema Holocaust. Ein Buch für die Schule, Reinbek bei Hamburg 1996, S. 165–332.

18 Micha Brumlik, Gerechtigkeit zwischen den Generationen, Berlin 1995, S. 91.

19 Ebenda, S. 93.

20 Ebenda, S. 94.

mit dem Nationalsozialismus. Ausdruck dessen verbreiteter Anerkennung ist das in öffentlichen Gedenkreden und erinnerungspolitischen Debatten regelmäßig wiederkehrende Kompositum von „Lernen und Gedenken" als formelhafter Kern einer adäquaten Beschäftigung mit der nationalsozialistischen Geschichte.

Dass das Gedenken an die Opfer der NS-Verbrechen einen so hohen Stellenwert im geschichtspolitischen Bewusstsein der Bundesrepublik erreicht hat, hat auch mit der beharrlichen Arbeit der Überlebenden selbst sowie den Gedenkstätten und Gedenkinitiativen zu tun. Sie haben die Entwicklung pädagogischer Programme, die die Perspektive der Verfolgten einbeziehen, mitgeprägt. Die veränderte gesellschaftliche Wahrnehmung der Gedenkstätten wirkt aber wiederum auch auf sie und ihre pädagogische Ausrichtung zurück. Während die öffentlichen Erwartungen an die Erziehung über den Nationalsozialismus und die NS-Verbrechen sich nicht grundsätzlich ortsbezogen ausdifferenziert, werden den Gedenkstätten in Ergänzung zur Schule jedoch spezifische Aufgaben zugeschrieben.

Gedenkstättenpädagogik als pädagogische Kritik

Wenn sich mit der Etablierung der Gedenkstätten als Bildungsinstitutionen auch eine eigene Gedenkstättenpädagogik entwickelt hat, der Begriff also nicht jegliches pädagogisches Tun in Gedenkstätten umschreibt, so müssten ihre besonderen Merkmale klar bestimmt werden können und sich von anderen Pädagogiken unterscheiden. Die Frage, was das „Spezifische gedenkstättenpädagogischer Praxis"[21] sei bzw. welchen „spezifischen Beitrag zur historisch-politischen Bildung" Gedenkstättenpädagogik leiste,[22] rückt damit in den Vordergrund. Der Erziehungswissenschaftler Harm Paschen spricht von Pädagogiken im Plural. „Spezielle Pädagogiken" zeichneten sich zunächst dadurch aus, dass sie spezielle Phänomene als entweder von einer „Ausgangspädagogik" vernachlässigt begreifen oder überhaupt erst „als defizitäres und pädagogisch zu bearbeitendes Problem" darstellen.[23] Sie leiten sich nicht alleine aus diesem (meist außerpädagogischen) Phänomen oder Defizit ab, dessen Bearbeitung auch in die vor-

21 Matthias Heyl, „Forensische Bildung" am historischen Tat- und Lernort – Ein Plädoyer gegen das Erspüren von Geschichte, in: Christian Geißler/Bernd Overwien (Hrsg.), Elemente einer zeitgemäßen politischen Bildung. Festschrift für Prof. Hanns-Fred Rathenow zum 65. Geburtstag, Berlin 2010, S. 189–202, hier S. 189.

22 Wolf Kaiser, Historisch-politische Bildung in Gedenkstätten, in: GedenkstättenRundbrief Nr. 159 (2011), S. 3–14, hier S. 3.

23 Paschen, Pädagogiken, S. 66.

findliche Pädagogik integriert werden könnte. Um ein Beispiel zu skizzieren: Die Museumspädagogik begründet sich nicht aus der Existenz der Museen, sondern unter anderem aus einem gewachsenen Bewusstsein, dass große Teile der Bevölkerung mit der Institution Museum nicht in Berührung kommen, weil ihnen der notwendige Bildungszugang fehlt. Identifiziert wird hier ein Versäumnis etwa der Schulpädagogik, die Museen als kulturelle Räume und notwendige Voraussetzungen ihrer Nutzung nicht zu erschließen vermag. Die Notwendigkeit spezieller Pädagogiken wird also pädagogisch begründet.

Die Wirkung spezieller Pädagogiken sieht Paschen aber vor allem auch in einer „Differenzierungswirkung": Durch die Ausdifferenzierung einer „allgemeinen" Pädagogik in spezielle wird auch die allgemeine spezieller. Gleichzeitig wird die spezielle allgemeiner, zumal spezielle Pädagogiken häufig einen verallgemeinernden Anspruch entwickeln und „nicht beim Speziellen bleiben [können], sie müssen es zum Allgemeinen machen. Sie müssen als Pädagogiken alle Bereiche erfassen, durchdringen und in ihrem Sinne modifizieren."[24] Gelingt dies, so sind sie keine speziellen Pädagogiken mehr. Bleiben sie aber speziell, so ist immer auch deutlich, was sie nicht leisten, und ihre Wirksamkeit kann vor die Frage gestellt werden, „ob die jeweilige Aufgabe vom Unspezifizierten auch geleistet werden kann",[25] ob sie also in ein Allgemeines, Unspezifiziertes re-integriert werden kann. Deswegen sind ihre Alternativen „nicht die anderen, bei der Ausdifferenzierung ebenfalls spezieller werdenden Pädagogiken, sondern die jeweiligen Reintegrationen".[26]

Paschens Systematik soll helfen zu verstehen, in welcher Weise nicht nur eine „Gedenkstättenbewegung" pädagogisch auf ein gesellschaftlich virulent gewordenes Defizit reagiert hat, das darin bestand, dass die Orte nationalsozialistischer Verfolgung und die damit verbundenen Geschichten und Biografien aus dem öffentlichen Bewusstsein weitgehend verschwunden waren, sondern wie gerade die Notwendigkeit einer speziellen Gedenkstättenpädagogik pädagogisch begründet worden ist. Dies lässt sich vor allem an einschlägigen Texten sehen, die seit den späten 1980er-Jahren bis etwa 2000 veröffentlicht worden sind. Hier spielt gerade die pädagogische Legitimierung der Gedenkstätten in Differenz zur Schule eine wesentliche Rolle, und dies unabhängig davon, ob Gedenkstättenpädagogik als eine außerschulische Sonderform des Unterrichts oder als eine eigenständige Disziplin verstanden wird.

Die Kritik an der – bis dahin herkömmlichen – schulischen Vermittlung des Themas Nationalsozialismus entstammt zu keinem geringen Teil aus den eige-

24 Ebenda, S. 75.

25 Ebenda.

26 Ebenda, S. 76.

nen Reihen: der Schulpädagogik, der Geschichts- und Politikdidaktik.[27] Kritisiert wird zum einen die „Lebensferne" des Schulunterrichts im Gegensatz zu einer erhofften Erlebbarkeit der Geschichte an historischen Orten. Der Klassenraum als Ort gilt als mangelhaft hinsichtlich seiner haptischen Qualitäten, die Vermittlung von Gegenständen anhand ihrer bloßen Repräsentation in Form von Texten und Bildmaterial als weniger anschaulich als reale Begegnungen. Kritisiert wird auch, dass durch die in der Schule geltenden Prinzipien von Leistung, Bewertung und Selektion sowie ihren organisatorischer Rahmen wie etwa der zeitlichen Taktung der Unterricht jeden Gegenstand, also auch die NS-Verbrechen, zum „Stoff" degradiere und dadurch das Erreichen zentraler Ziele der Pädagogik zum Nationalsozialismus verhindere.[28]

Eine emotionale und persönliche Auseinandersetzung mit dem Thema sowie die Übernahme einer empathischen Perspektive auf die Opfer werden in der Gefahr gesehen, durch den Unterricht verhindert zu werden. Infrage gestellt wird auch, ob mit der durch die Rahmenlehrpläne kognitiv ausgerichteten Wissensvermittlung „Identifikationsmuster für demokratisches Handeln entwickelt und eingeübt werden" könnten.[29] Entgegengestellt wird dem schulischen Unterricht mit der Gedenkstätte ein sinnlich erfahrbarer Ort, der auf die NS-Geschichte verweist. Argumentiert wird, dass die Gedenkstätten ein besonderes und exklusives Lernpotenzial bereithielten, das sich von der Schule wesentlich unterscheide.

> „Gedenkstätten bergen Relikte vergangener Zeit, die durch ihre Authentizität überzeugen. In ihnen wird Schülern eine Lernsituation eröffnet, die sie nicht – wie in der Schule – mit Abbildungen, sondern mit Gegenständen, den ‚steinernen Zeugen', konfrontiert, die sie befähigen, über die bloße Anschauung hinaus Begriffe, Zusammenhänge und Strukturen selbständig zu ermitteln."[30]

27 Hanns-Fred Rathenow/Norbert H. Weber, Auschwitz – eine Herausforderung für die Pädagogik, in: dies., Erziehung nach Auschwitz, S. 7–23; dies., Gedenkstättenpädagogik; Peter Dudek, „Aufarbeitung der Vergangenheit" im schulischen Unterricht?, in: Rathenow/Weber, Erziehung nach Auschwitz, S. 101–108; Dietfried Krause-Vilmar, Überlegungen zum Verständnis des Lehrens und Lernens in den Gedenkstätten für die Opfer des Nationalsozialismus, in: GedenkstättenRundbrief Nr. 72, (1996), S. 3–6.

28 „Auschwitz als Lerngegenstand unter den strukturellen Zwängen schulischer Instruktion mit dem Schielen nach Noten ist nicht begreifbar und schon gar nicht bewältigbar. Auschwitz ist kein Stoff, der behandelbar ist mit den gleichen curricularen Planungsstrategien, die quadratische Gleichungen und Hexameter zu Lernstoff modellieren.", Dudek, Aufarbeitung der Vergangenheit, S. 106.

29 Rathenow/Weber, Gedenkstättenpädagogik, S. 293.

30 Ebenda, S. 291.

Mit dem Ort Gedenkstätte wird insofern keine bloße „Erfahrbarkeit" verknüpft, sondern auch ein didaktisches Arrangement, das zur Selbsttätigkeit aktiviere.

> „Gerade durch den Besuch einer Gedenkstätte besteht die Möglichkeit, sich ‚Wirklichkeit' zu erschließen, erfolgt Erfahrungsorientierung, werden Fragen aufgeworfen, Probleme erkannt oder Aufgaben sichtbar. Auf diese Weise wird die routinisierte Alltagswelt der Schule aufgebrochen, wird die Fähigkeit der Schüler zum Staunen, zum Be-greifen geweckt. Die Kategorie der Erfahrung liefert zugleich den Schlüssel für eine andere (subjektive) Wirklichkeit von Auschwitz, die eben nicht allein im Klassenzimmer erfahren werden kann. Hier geschieht Lernen durch Veranschaulichung, und es besteht auch die Möglichkeit, ‚Bewußtsein in die Hände' zu bringen, indem Jugendliche sich an den notwendigen Erhaltungsarbeiten der Gedenkstätten beteiligen – eine Form aktiver Auseinandersetzung mit der Geschichte, die das Gesehene erträglicher werden lässt."[31]

Die Argumentation ähnelt den vielfältigen Vorläufern reformpädagogischer Schulkritik, die den schulischen Unterricht und die „Buchschule" (Kerschensteiner) als Beschneidung ganzheitlichen und lebensnahen, erfahrungsbezogenen, selbsttätigen und anschaulichen Lernens betrachtet (hat).[32] Die Kritik an der schulischen Vermittlung des Nationalsozialismus, mit der gleichzeitig auf das besondere Lernpotenzial der Gedenkstätten verwiesen wird, wird zwar weniger radikal als pragmatisch formuliert; sie konstruiert gleichwohl eine Dichotomie zwischen Schule und Gedenkstätte. Die Leistungsfähigkeit der Schule hinsichtlich der Erarbeitung systematischen Wissens und historischer Zusammenhänge wird grundsätzlich anerkannt. Angesichts der identifizierten Mängel des Schulunterrichts wird aber nicht allein eine Ausdifferenzierung pädagogischer Programme (Pädagogiken) angestrebt, sondern auch eine Ausdifferenzierung von Lernorten.

Dies knüpft an die Debatte um eine „Pluralität der Lernorte" an, die in den 1970er-Jahren für den Bereich der Berufsausbildung empfohlen und gefordert worden ist.[33] Seit der Begriff des Lernorts vom Deutschen Bildungsrat 1974 als

31 Ebenda, S. 294.

32 Einen kritischen Überblick zur Geschichte der reformpädagogischen Ideen und Konzepte gibt Jürgen Oelkers, Reformpädagogik. Eine kritische Dogmengeschichte (4. vollständig überarb. u. erw. Ausgabe), Weinheim/München 2005; ders., Reformpädagogik, in: Dietrich Benner/Jürgen Oelkers (Hrsg.), Historisches Wörterbuch der Pädagogik, Darmstadt 2004, S. 783–806.

33 Vgl. Joachim Münch (Hrsg.), Lernen – aber wo? Der Lernort als pädagogisches und lernorganisatorisches Problem, Trier 1977; Imke Scheurich, Aktuelle Aufgaben, Möglichkeiten und Grenzen historisch-politischer Bildung in KZ-Gedenkstätten. Unveröffentlichte Diplomarbeit, Berlin 1998.

eine „im Rahmen des öffentlichen Bildungswesens anerkannte Einrichtung" eingeführt wurde, steht eine auch der Schule übergeordnete pädagogisch-institutionelle Kategorie zur Verfügung, mit der auf veränderte Lernanforderungen auch begrifflich reagiert werden kann, ohne dabei die spezifischen Leistungen der Schule negieren oder diese grundlegend reformieren zu müssen. Die Monopolstellung der Schule innerhalb der öffentlichen Erziehung wird zwar infrage gestellt und hinsichtlich unterschiedlicher Lernziele relativiert. Lernorte sind somit nur plural, relational und kombinativ zu verstehen als „Verbundsystem verschiedener Lernorte mit jeweils spezifischem Potential und besonderen Vorzügen."[34]

Unter den Bedingungen der „Nationalisierung negativen Gedenkens"[35] und damit auch der Re-Integration des Speziellen der Gedenkstättenpädagogik in eine allgemeine pädagogische Sichtweise auf das Thema stellt sich erstens die Frage, welche pädagogischen Defizite die Gedenkstättenpädagogik eigentlich bearbeiten soll und will und wie dies zweitens programmatisch bewerkstelligt und in der Praxis umgesetzt werden kann. Was ist die spezielle Differenz der Gedenkstättenpädagogik? Wovon wird sie in welcher Weise abgegrenzt?

Betrachtet man dafür noch einmal die Gedenkstättenkonzeption des Bundes, so zeigt sich, dass hier die Kritik an der schulischen Vermittlung insofern aufgenommen ist, als auf die Notwendigkeit institutioneller Bildungsangebote der Gedenkstätten verwiesen wird: „Breitgefächerte pädagogische Angebote sind daher unerlässlich, um den Besuchern Bildung und Aufklärung […] zu vermitteln."[36] Keineswegs werden die Gedenkstätten hier als sinnliche Ergänzung der Schule konzipiert. Ihnen kommt vielmehr auch und insbesondere die Aufgabe

34 Münch, Lernen, S. 8.

35 Volkhard Knigge, Statt eines Nachworts: Abschied der Erinnerung. Anmerkungen zum notwendigen Wandel der Gedenkkultur in Deutschland, in: Norbert Frei/ders., Verbrechen erinnern. Die Auseinandersetzung mit Holocaust und Völkermord, München 2002, S. 423–440, hier S. 423.

36 Unterrichtung durch die Bundesregierung. Konzeption der künftigen Gedenkstättenförderung des Bundes und Bericht der Bundesregierung über die Beteiligung des Bundes an Gedenkstätten in der Bundesrepublik Deutschland, Deutscher Bundestag, Drucksache 14/1569, 27. 7. 1999, S. 3 sowie Unterrichtung durch den Beauftragten der Bundesregierung für Kultur und Medien, Fortschreibung der Gedenkstättenkonzeption des Bundes. Verantwortung wahrnehmen, Aufarbeitung verstärken, Gedenken vertiefen, Deutscher Bundestag Drucksache 16/9857, 19. 6. 2008, S. 2. In der Beschlussempfehlung und Bericht des Ausschusses für Kultur und Medien vom 13. 10. 2008 wird die Bundesregierung ausdrücklich aufgefordert, „eine den modernen Anforderungen pädagogischer Gedenkstättenarbeit und Vermittlung entsprechende finanzielle und personelle Ausstattung […] sicherzustellen", Beschlussempfehlung und Bericht des Ausschusses für Kultur und Medien, 22. Ausschuss, Deutscher Bundestag, Drucksache 16/10565, 13. 10. 2008, S. 7.

der Wissensvermittlung zu. Angestrebt werden integrative Formen intellektueller Auseinandersetzung und sinnlicher Wahrnehmung: Die Gedenkstätten und insbesondere die KZ-Gedenkstätten werden als diejenigen Orte anerkannt, an denen Lernen und Gedenken gewissermaßen ineinander fallen, in denen also beide Modi der öffentlich angestrebten Erinnerungspraxis optimal und in Verbindung zur Geltung kommen. Hierin decken sich öffentlicher Anspruch und das Selbstverständnis der Einrichtungen. Für die Geschichtsaneignung sei „die ‚Frage, wo man sich befinde', keineswegs obsolet", schreibt Wolf Kaiser: In Gedenkstätten seien „Möglichkeiten gegeben, wenn auch keineswegs immer genutzt, die im Klassenraum nicht vorhanden und auch durch Medien nicht zu erzeugen sind. An den historischen Orten, an denen Sachzeugnisse und Relikte auf das dort Geschehene verweisen, können die Anschauung, die kognitive und emotional-affektive Auseinandersetzung mit dem Nationalsozialismus eine Einheit bilden."[37]

Es ist vor allem die von Brumlik so genannte „synthetisch-affektive" Dimension der Geschichtsaneignung, die vom Schulunterricht als vernachlässigt bemängelt und in den Gedenkstätten als realisierbar eingeschätzt wird. Als zentral dafür gelten einerseits der „authentische" Ort und andererseits spezifische pädagogische und methodische Möglichkeiten.[38] Heyl unterstreicht dabei, dass die Besonderheit der KZ-Gedenkstätten nicht darin bestünde, über eine besondere „Aura" zu verfügen. Vielmehr plädiert er für eine „forensische Perspektive" auf die Orte, die „einen Geltungsanspruch [fokussiere], die Spuren der Verbrechen und (Un-)Taten selbst frei zu legen und so besprechbar zu machen."[39]

„Gedenkstättenpädagogik" – terminologische Unklarheiten

Dass die Gedenkstättenkonzeption von 1999 als ein Förderkriterium ein „gedenkstättenpädagogisches Konzept" verlangt, verweist auf die weite Verbreitung des Begriffs der Gedenkstättenpädagogik und suggeriert eine institutionsspezifische

37 Wolf Kaiser, Zur Pädagogik in Gedenkstätten für die Opfer des Nationalsozialismus 50 Jahre nach Kriegsende, in: Politisches Lernen (1995) 1–2, S. 111–125, hier S. 113.

38 Vgl. Wolf Kaiser, Gedenkstätten als Lernorte. Ziele und Probleme, in: Haus der Wannsee-Konferenz/Jugendgästehaus Dachau, Beiträge zur Fachtagung Pädagogik in Gedenkstätten, 12.–15. Oktober 2000, unveröffentlichter Reader, Berlin 2000, S. 12–24; ders., Historisch-politische Bildung; Imke Scheurich, Aktuelle Fragen der Gedenkstättenpädagogik, in: http://www.polwiss.fu-berlin.de/erwachsenenbildung/aktuelle_fragen_gedenkstaettenpaedagogik.htm [18. 11. 2008]; Heyl, Forensische Bildung.

39 Heyl, Forensische Bildung, S. 195.

Methodik oder Didaktik zur Erschließung der historischen Orte.[40] Der Begriff „Gedenkstättenpädagogik" ist dennoch weder inhaltlich noch institutionell präzise. In der Literatur wird zwischen gedenkstättenpädagogischen Angeboten im engeren Sinn und der Gedenkstätte als solcher häufig nicht oder nur wenig differenziert. Gelegentlich werden erzieherische Absichten in der Gelände- und Ausstellungsgestaltung oder die „Pädagogik des Raums" von Gedenkstätten (vgl. Kap. I) unter der Rubrik Gedenkstättenpädagogik subsumiert sowie ausstellungsdidaktische Fragen als Teil der pädagogischen Arbeit verstanden. Lutz plädiert daher dafür, „in der Didaktik der Gedenkstätten zwischen ‚Museum' und ‚Lernort' zu unterscheiden".[41]

Gedenkstättenpädagogik wird mit so unterschiedlichen Begriffen wie historisch-politischer Bildung, Museumspädagogik, historischem Lernen, Erinnerungsarbeit, Erinnerungs- oder Gedenkpädagogik assoziiert, die keineswegs orts- oder institutionenspezifisch sind.[42] Auch Fragen und Herausforderungen, die durch demografische Veränderungen ausgelöst und als zentral für die (Zukunft der) Gedenkstättenpädagogik angesehen werden, richten sich grundsätzlicher an die Vermittlung der Themen Nationalsozialismus und Holocaust in einer sich verändernden Gesellschaft.[43]

Darüber hinaus bezeichnet „Gedenkstättenpädagogik" zum einen das pädagogisch-institutionelle Angebot der Gedenkstätten selbst, zum anderen auch Veranstaltungen externer Bildungsanbieter der Erwachsenen- und außerschulischen Jugendbildung oder auch Schulen.[44] Die uneinheitliche Verwendung des Begriffs wie auch die hinsichtlich ihrer Berufsausbildungen heterogene Zusammensetzung der pädagogischen Mitarbeiterinnen in Gedenkstätten spricht gegen die von Werner Nickolai und Micha Brumlik diagnostizierte Entwicklung

40 In der Fortschreibung der Gedenkstättenkonzeption von 2008 findet der Begriff „*gedenkstätten*pädagogisch" keine Verwendung mehr.

41 Lutz, Vermittlungsanspruch, S. 207; vgl. auch Heiner Treinen, Zu Gast beim kollektiven Gedächtnis. Prozesse der Aneignung und ihre Grenzen, in: Stiftung Haus der Geschichte der Bundesrepublik Deutschland (Hrsg.), Gedenkstätten und Besucherforschung, Bonn 2004, S. 76–87, insb. S. 86 f.

42 Tomasz Kranz, Anmerkungen zur Entwicklung pädagogischer Arbeit in Gedenkstätten, in: Jahrbuch für Pädagogik (2003): Erinnern – Bildung – Identität, S. 291–304, hier S. 295.

43 Vgl. Astrid Messerschmidt, Postkoloniale Bildungsprozesse in einer postnationalsozialistischen Gesellschaft – Politische Bildung in zeitgeschichtlichen Nachwirkungen, in: Bettina Lösch/Andreas Thimmel, (Hrsg.), Kritische politische Bildung. Ein Handbuch, Schwalbach/Ts. 2010 S. 253–263.

44 Vgl. Ehmann u. a., Praxis der Gedenkstättenpädagogik. Vgl. auch Museumspädagogisches Zentrum München (MPZ), Gedenkstättenpädagogik. Handbuch für Unterricht und Exkursion. MPZ-Themenhefte zur Museumspädagogik, Akademiebericht Nr. 306, München/Dillingen 1997.

der Gedenkstättenpädagogik „zu einer systematischen Disziplin“.[45] Im Gegenteil verweist die unscharfe Konturierung von Gedenkstättenpädagogik auf die unterschiedliche Entstehungsgeschichte der Gedenkstätten in Ost und West und ihrer jeweiligen pädagogischen Arbeit. Während in den Nationalen Mahn- und Gedenkstätten der DDR pädagogische Mitarbeiter beschäftigt waren, war und ist die Bildungsarbeit in den (KZ-)Gedenkstätten der alten Bundesrepublik zum Teil bis heute von über Jahrzehnte gewachsenen Kooperations-Strukturen von verschiedenen bürgerschaftlichen Initiativen, Kirchen, Gewerkschaften, politischen Gruppen und Einzelpersonen geprägt.[46]

Der Begriff der Gedenkstättenpädagogik ist bisher vor allem über ihren Ort bestimmt. Er legt dadurch nahe, jegliche Pädagogik in Gedenkstätten oder Pädagogik in jeglichen Gedenkstätten bezeichnen zu können. Immerhin wird der Begriff seit der Einrichtung von Gedenkstätten für die Verfolgten des NKWD und der SED-Diktatur seit 1990 selbstverständlich auch für dort stattfindende pädagogische Arbeit beansprucht. Die Frage aber, „ob der Begriff der ‚Gedenkstättenpädagogik‘ ohne den historischen Kontext der NS-Verbrechen auskommen kann und soll“,[47] ist nicht geklärt. Während Eberle dafür plädiert, über eine „begriffliche Systematisierung den konkreten Verfolgungsbezug [zu] gewährleisten, um eine unzulässige Gleichsetzung der Opfer und damit die politische Funktionalisierung des Opfergedenkens zu verhindern“,[48] verwendet Pampel den Begriff nicht nur institutionsgebunden, sondern sieht auch Parallelen in den Aufgaben und Zielen einer Gedenkstättenpädagogik an jenen Orten, die er im Sinne des „antitotalitären Konsenses“ als „Gedenkstätten zur Erinnerung an die Opfer politischer Gewaltherrschaft“ zusammenfasst.[49]

Inhaltlich orientiert sich „Gedenkstättenpädagogik“ heute idealerweise am jeweiligen historischen Ort und damit am jeweils repräsentierten Verbrechenskomplex. Für die Vermittlung der Geschichte nationalsozialistischer Verfolgung

45 Werner Nickolai/Micha Brumlik (Hrsg.), Erinnern, Lernen, Gedenken. Perspektiven der Gedenkstättenpädagogik, Freiburg im Breisgau 2007, S. 5.

46 Wenngleich sich die Gedenkstättenpädagogik zunehmend institutionalisiert hat und zumindest die großen KZ-Gedenkstätten inzwischen über pädagogische Abteilungen verfügen, steht eine gedenkstätten*pädagogische* Professionalisierung noch am Anfang, vgl. Barbara Thimm/Gottfried Kößler/Susanne Ulrich, Verunsichernde Orte: Selbstverständnis und Weiterbildung in der Gedenkstättenpädagogik, Frankfurt a. M. 2010, S. 11.

47 Annette Eberle, Pädagogik und Gedenkkultur. Bildungsarbeit an NS-Gedenkorten zwischen Wissensvermittlung, Opfergedenken und Menschenrechtserziehung. Praxisfelder, Konzepte und Methoden in Bayern, Würzburg 2008, S. 56.

48 Ebenda.

49 Pampel, Mit eigenen Augen, S. 36 ff.

wird gerade in der Vielfalt der auf ganz unterschiedliche historische Ereignisse verweisenden Gedenkstätten ein auch didaktisch wichtiges Prinzip erkannt: Vom ehemaligen Bundespräsidenten, Roman Herzog, als „disloziertes Gedenken“[50] hervorgehoben, findet es sich in der Gedenkstättenkonzeption als Achtung der „Heterogenität der Trägerschaften der Gedenkstätten“ zur Festigung des „dezentralen und pluralen Charakter[s] der Gedenkstättenlandschaft“[51] und wird auch von den Gedenkstätten selbst als besondere Qualität betont.

Argumentiert wird damit, dass die Unterschiedlichkeit der historischen Orte unterschiedliche pädagogische Zugänge erforderlich mache und erst in der Vielzahl der Einrichtungen eine annähernde Repräsentation des nationalsozialistischen Verfolgungssystems möglich sei.[52] Gedenkstättenpädagogik in KZ-Gedenkstätten fokussiert folglich auf andere Themenkomplexe als in den Gedenkstätten für die Opfer der NS-„Euthanasie“. Ein zentrales Merkmal gedenkstättenpädagogischer Programmatik ist deswegen, dass die je konkreten Orte „heute zugleich Anlass, Gegenstand und Medium der Vermittlung und die zu vermittelnden Inhalte [...] durch sie weitgehend vorgegeben“ sind.[53]

Doppelt außerschulisch – Der Lernort Gedenkstätte

KZ-Gedenkstätten werden in der Selbstbeschreibung unter anderem als „Orte außerschulischer historischer und politischer Bildung“ definiert, die pädagogische Methoden entwickelten, „die der Identität von historischem Ort und Lernort Rechnung tragen und die deshalb besonders geeignet sind, das in den authentischen Orten angelegte Erinnerungs- und Aufklärungspotential fruchtbar werden zu lassen“.[54] Neben den institutionalisierten Gedenkstätten existieren aber auch Gedenkorte, die nur schwach oder gar nicht institutionalisiert sind, die aber etwa von Schulklassen im Rahmen regional orientierten Geschichtsunterrichts

50 Roman Herzog, Interview in der Frankfurter Rundschau vom 17. 7. 1995, in: Puvogel/Stankowski, Gedenkstätten, S. 8.

51 Unterrichtung (1999), S. 3 f.

52 Vgl. Kaiser, Gedenkstätten als Lernorte; Horn, Authentizität.

53 Imke Scheurich, Historisch-politische Bildung in KZ-Gedenkstätten. Ein Forschungsprojekt zur aktuellen Fachdebatte, in: Akim Jah/Christoph Kopke/Alexander Korb/Alexa Stiller (Hrsg.), Nationalsozialistische Lager. Neue Beiträge zur NS-Verfolgungs- und Vernichtungspolitik und zur Gedenkstättenpädagogik, Münster 2006, S. 187–201, hier S. 192.

54 Arbeitsgemeinschaft der KZ-Gedenkstätten in der Bundesrepublik Deutschland, KZ-Gedenkstätten in der Bundesrepublik Deutschland – Selbstverständnis, Leitlinien, Organisationsprofil, in: GedenkstättenRundbrief Nr. 80 (1997), S. 18–20.

aufgesucht werden.[55] Beiden Typen von historischen Orten ist gemeinsam, dass sie als außerschulische Lernorte mit besonderem Lernpotenzial wahrgenommen werden. Die institutionalisierten Gedenkstätten verorten sich aber nicht nur räumlich, sondern auch pädagogisch jenseits der Schule. Dem zweifach verwendeten Begriff des Außerschulischen soll im Folgenden nachgegangen werden.

Außerschulischer Lernort

Der Begriff des Lernorts umfasst heute weit mehr als eine „im Rahmen des öffentlichen Bildungswesens anerkannte[n] Einrichtung, die Lernangebote organisiert".[56] In Bezug auf historisches Lernen werden weiterhin vor allem konkrete, materielle Orte als „außerschulische Lernorte" bezeichnet. Neben ihrer Attraktivität der Außeralltäglichkeit, die schon in dem „Verlassen des Schulgebäudes"[57] liegt, dienen sie der Anschaulichkeit eines Lerngegenstands in seinem räumlichen und lebensweltlichen Kontext. In sogenannten Real- oder auch Realitätsbegegnungen sollen Lernerfahrungen gemacht werden können, die in der Schule nicht möglich sind.[58] Aufgrund ihrer lokalen Permanenz und

55 Vgl. exemplarisch Dirk Lange (Hrsg.), Politische Bildung an historischen Orten. Materialien zur Didaktik des Erinnerns, Baltmannsweiler 2006.

56 Deutscher Bildungsrat, Zur Neuordnung der Sekundarstufe II. Konzept für eine Verbindung von allgemeinem und beruflichem Lernen (13./14. 2. 1974). Empfehlungen der Bildungskommission, Stuttgart 1974, S. 69. Als Lernort gilt heute ein kaum eingrenzbares Spektrum sowohl real-räumlicher Orte und Institutionen wie Bibliothek, Bauernhof oder Kino als auch immaterieller Orte wie Multimedia, Reise oder Erlebniswelt. Als Lernorte werden keineswegs nur Einrichtungen verstanden, die Bildungsangebote organisieren, vgl. Wolfgang Seitter, Zwischen Proliferation und Klassifikation. Lernorte und Lernkontexte in pädagogischen Feldern, in: Zeitschrift für Erziehungswissenschaft 4 (2001) 2, S. 225–238.

57 Bernd Hey, Museen, Archive und historische Stätten als außerschulische Lernorte – Zum Begriff der historischen Exkursion, in: GWU (1980) 1, S. 30–40, hier S. 30.

58 Diese Argumentationsfigur findet sich allgemein in der Literatur zu Exkursionen und Erkundungen. Während die Politikdidaktik allerdings die lebensweltliche Nähe von Exkursionsorten hervorheben kann (vgl. Joachim Detjen, Erkundungen und Sozialstudien, in: Siegfried Ferch/Hans Werner Kuhn/Peter Massig [Hrsg.], Methodentraining für den Politikunterricht I. 3. Aufl., Schwalbach/Ts. 2006, S. 195–226; Julia Schlichting, Exkursionen im Politikunterricht. Eine empirische Untersuchung didaktischer und methodischer Aspekte des außerschulischen Lernortes im gymnasialen Oberstufenunterricht, Hamburg 2006; Paul Ackermann, Politisches Lernen vor Ort. Außerschulische Lernorte im Politikunterricht, Stuttgart 1988), betont die Geschichtsdidaktik den eher fragmentarischen Charakter der historischen Orte, vgl. Bernd Hey, Museen, Archive und historische Stätten als außerschulische Lernorte – Zum Begriff der historischen Exkursion, in: GWU 31 (1980) 1, S. 30–40; René Mounajed, Außerschulisches Lernen an KZ-Gedenkstätten, in: GWU 58 (2007) 3, S. 187–194.

Originalität gelten sie als in besonderer Weise geeignet, historische Vorstellungskraft zu entwickeln.[59] Weil historische Orte zwar räumliche Kontinuität besitzen, ihren ursprünglichen Raum- und Zeitkontext sowie ihre Funktion meist gänzlich verloren haben, gelten für sie grundsätzlich ähnliche Erschließungsaufgaben wie für andere, ebenfalls entkontextualisierte Museumsexponate: Ihr „Zeit-, Raum- und Sachzusammenhang"[60] muss mithilfe weiterer Informationen wieder hergestellt werden. Dieser pädagogische Erschließungsaufwand wird mit dem besonderen Wirkungspotenzial der Orte gerechtfertigt.

Die Einbindung in den Unterricht durch die Vor- und Nachbereitung der Exkursionen an außerschulische Orte gilt aus didaktischer Perspektive als unerlässlich, sodass die Exkursion letztlich an schulische „Norm- und Autoritätsstrukturen" gebunden und damit „eine schulische Sozialform fachspezifischen Inhalts" bleibt.[61]

Innerhalb der Geschichtsdidaktik werden teilweise auch Gedenkstätten als historische Orte konzeptualisiert.[62] Dabei wird übersehen, dass Gedenkstätten darüber hinaus auch Orte intendierter Erinnerung und öffentliche Institutionen mit eigenen pädagogischen Angeboten sind. Dass Exkursionen von Schulklassen in der Regel auf diese Angebote zurückgreifen und nicht in der eindeutigen Zuständigkeit des Unterrichts verbleiben, wird kaum reflektiert. Das Angebot der Gedenkstätten wird vor allem als eine didaktische Unterstützung des Schulunterrichts durch spezielle Materialien und Medien angesehen: „Anhand von bereitgestellten Materialien (Bild- und Textquellen, Oral History) sowie in jeweils relevanten Ausstellungsbereichen können sich die Schüler in Kleingruppen mit verschiedenen Themenaspekten beschäftigen."[63]

Beleuchtet wird dabei weder die pädagogische Eigenständigkeit beanspruchende Herangehensweise der Gedenkstätten noch die besondere soziale Konstellation, unter denen gedenkstättenpädagogische Veranstaltungen in großer Regelmäßigkeit stattfinden.[64]

59 Vgl. Siegfried Grillmeyer/Peter Wirtz (Hrsg.), Ortstermine. Politisches Lernen an historischen Orten. Bde. 1 und 2, Schwalbach/Ts. 2006/2008.

60 Hey, Museen, Archive und Historische Stätten, S. 35.

61 Hans-Jürgen Pandel, Sozialformen, in: Klaus Bergmann u. a. (Hrsg.), Handbuch der Geschichtsdidaktik, Seelze-Velber 1997, S. 389–399, hier S. 396.

62 Vgl. Ulrich Mayer, Historische Orte als Lernorte, in: ders./Hans-Jürgen Pandel/Gerhard Schneider (Hrsg.), Handbuch Methoden im Geschichtsunterricht, Schwalbach/Ts. 2007, S. 389–407; Mounajed, Außerschulisches Lernen.

63 Ebenda, S. 191.

64 Vgl. Verena Haug/Wolfgang Meseth, Schulklassen in Gedenkstätten. Routinen des Unterrichts als Herausforderung der Gedenkstättenpädagogik – Empirische Erkundungen, in: Linda Erker/Klaus Kienesberger/Erich Vogl/Fritz Hausjell (Hrsg.), Gedächtnis-Verlust? Geschichtsvermittlung und -didaktik in der Mediengesellschaft, Köln 2013, S. 41–60.

Außerschulische Jugendbildung

Im Zuge ihrer faktischen Institutionalisierung sind Gedenkstätten aus pädagogischer Sicht nicht nur Exkursionsziele im Sinne außerschulischer Lernorte. Als personell ausgestattete Bildungseinrichtungen bieten sie Veranstaltungsformate an, deren Bezeichnungen als Seminare, Tagesprojekte, Studienbesuche oder Studientage sich klar von Schule und Unterricht absetzen und Entsprechungen vor allem in der außerschulischen Jugend- und Erwachsenenbildung finden.

Die außerschulische Jugendbildung[65] betont die Ermöglichung erfahrungs- und interessengeleiteten sowie selbstbestimmten Lernens. Oberstes Prinzip, unabhängig von ihrer inhaltlichen Ausrichtung, ist die Freiwilligkeit der Teilnahme an den Bildungsangeboten. Im Bereich der außerschulischen politischen Jugendbildung wird in der Entlastung von Lehrplanvorschriften und Leistungskontrollen, verknüpft mit einer intrinsischen Motivation der Teilnehmerinnen die Möglichkeit gesehen, flexibel, teilnehmer- und interessenorientiert mit Lerninhalten und Methoden umzugehen.[66] Als weitere Besonderheit außerschulischer politischer Jugendbildung wird der Faktor Zeit betont: zum einen als Ermöglichung der stärker an der Eigenzeit der Teilnehmerinnen ausgerichteten Lernprozesse, die „nicht in ein Stundenschema hineingepreßt werden"[67] müssten, zum anderen hinsichtlich der meist als „Kurzzeitpädagogik" angebotenen Veranstaltungen als Möglichkeit, flexibler auf aktuelle politische Ereignisse Bezug nehmen zu können.

Gedenkstätten als Bildungseinrichtungen sind von strikten Vorgaben zur inhaltlichen Ausrichtung und Umsetzung weitgehend frei. Die „Unabhängigkeit von politischen Weisungen" ist in der Gedenkstättenförderkonzeption festgehalten und soll die politische Instrumentalisierung der Gedenkstättenpädagogik verhindern, von curricularen Vorgaben scheint die Gedenkstättenpädagogik entlastet. Sie entwickelt pädagogische Angebote, die frei von schulischer Bewertung sein sollen, um interessengeleitete und erfahrungsorientierte Lernprozesse anzustoßen. Hier zeigen sich deutliche Parallelen zur außerschulischen Bildung.

65 Außerschulische Jugendbildung als Sammelbegriff für den Bildungsbereich jenseits der Schule umfasst Sparten wie etwa politische, kulturelle oder sportliche Jugendbildung mit jeweils unterschiedlichen Zielen und Aufgaben. Die außerschulische Jugendbildung ist von der Heterogenität der Trägerschaft, der Zusammensetzung des Personals, das zu keinem geringen Anteil aus Ehrenamtlichen besteht, und einer weitgehenden Autonomie in der Gestaltung der pädagogischen Angebote bestimmt.

66 Vgl. Stefan Rappenglück, Außerschulische politische Bildung mit Jugendlichen. Bestandsaufnahme und Perspektiven, in: Politische Bildung in der Bundesrepublik Deutschland. Zum 30jährigen Bestehen der Deutschen Vereinigung für Politische Bildung. Im Auftrag der DVPB hrsg. von Dorothea Weidinger, Opladen 1996, S. 73–86.

67 Ebenda, S. 74.

Freiwilligkeit der Teilnahme wird in der Gedenkstättenpädagogik ebenso angestrebt[68] wie Erfahrungs-, Handlungs- und Adressatenorientierung.[69] Zudem wird die Mitbestimmungsmöglichkeit der Teilnehmer sowohl auf der Ebene der Inhalte als auch bei der Gestaltung der Seminare für das eigene Selbstverständnis beansprucht sowie die zeitliche, methodisch-didaktische und inhaltlich-thematische Flexibilität betont.

Wie diese Prinzipien in einer Praxis umgesetzt werden, die ganz überwiegend von Schulklassen geprägt ist und an Orten, die die inhaltliche Varianz thematischer Bezugnahmen begrenzen[70] und darüber hinaus gerade keine Wertpluralität erlauben,[71] sind empirische Fragen, die an dieser Stelle noch offen bleiben müssen. Deutlich wird aber, dass Gedenkstätten, ohne sich eindeutig oder flächendeckend der außerschulischen Bildung zuzurechnen oder dieser zugerechnet zu werden,[72] einen von der Schule abgegrenzten und an die eigenen institutionellen und professionellen Möglichkeiten gebundenen Bildungsanspruch haben, mit dem ihre Ziele verfolgt und ihre methodischen Zugänge begründet werden.

Kooperation zwischen Schule und Gedenkstättenpädagogik

Institutionelle Kooperationen gehören zum Alltag sowohl der Schule als auch der außerschulischen Bildung.[73] Gerade die außerschulische politische Jugend-

68 Vgl. Ahlheim, Gedenkstättenfahrten. Die Praxis hat sich dem Problem der (Un-)Freiwilligkeit von Schulklassen in Gedenkstätten inzwischen angenommen. Das Modellprojekt „Gedenkstätten und Gegenwartsbezug" hat Möglichkeiten entworfen, zumindest partielle Freiwilligkeiten bei den gedenkstättenpädagogischen Seminaren zu gewährleisten, vgl. Barbara Thimm/Gottfried Kößler/Susanne Ulrich (Hrsg.), Verunsichernde Orte: Selbstverständnis und Weiterbildung in der Gedenkstättenpädagogik, Frankfurt a. M. 2010, S. 159 f.

69 Vgl. Andreas Unger, Thesen zu Zielen und Wegen der Gedenkstättenpädagogik am Beispiel Bergen-Belsen, in: Ehmann u. a., Praxis der Gedenkstättenpädagogik, S. 294–295.

70 Vgl. Scheurich, Historisch-politische Bildung, S. 192.

71 Kaiser, Gedenkstätten als Lernorte, S. 23 f.; Daniel Gaede, Besuchererwartungen in Gedenk- und Erinnerungsstätten, in: Stiftung Haus der Geschichte der Bundesrepublik Deutschland (Hrsg.), Gedenkstätten und Besucherforschung, S. 99–106, hier S. 102.

72 So bezeichnet etwa die Politikwissenschaftlerin Imke Scheurich die außerschulische Jugendbildung als „Nachbardisziplin" der Gedenkstättenpädagogik, vgl. Scheurich, Historisch-politische Bildung, S. 193.

73 Wissenschaftlich reflektiert wird aber nahezu ausschließlich die Zusammenarbeit von Schule und Jugendhilfe, vgl. zusammenfassend Heinz Günter Holtappels, Schule und Sozialpädagogik – Chancen, Formen und Probleme der Kooperation, in: Werner Helsper/Jeanette Böhme (Hrsg.), Handbuch der Schulforschung, Wiesbaden 2004, S. 465–482; außerdem Gerd Brenner/Martin Nörber (Hrsg.), Jugendarbeit und Schule. Kooperation statt Rivalität um die Freizeit, Weinheim/München 1992; Gerhard Baltes/Brigitta Eckert,

bildung ist bei der Gewinnung von Teilnehmern wesentlich auf die Kooperation mit Schule angewiesen. Gleichzeitig verortet sie sich als Teil der Jugendarbeit aber traditionell jenseits der Schule. Die strukturellen Unterschiede wie Schulpflicht vs. Freiwilligkeit, Bewertung vs. Nichtbewertung oder Curriculum vs. Mitbestimmung werden nicht nur als Gegensätze beschrieben, sondern gelten als Ausdruck eines hierarchischen Verhältnisses zweier Institutionen, die auch als ungleiche Partner bezeichnet werden. Außerschulische Bildungsangebote werden im Allgemeinen als der Schule nachrangig, kompensatorisch oder komplementär-ergänzend betrachtet.[74]

In einer älteren Studie, die institutionelle Aspekte der Kooperation von Jugendbildungsstätten und Gymnasien anhand des eigens initiierten Projekts „Zusammen Lernen“ beleuchtet hat[75] finden sich Hinweise auf Konkurrenzen um die Zuständigkeit und Verantwortung innerhalb kooperativer Angebote. Deutlich wird dabei die Sorge der außerschulischen Jugendbildung vor Distinktionsverlust, weil sie in der Zusammenarbeit mit der Schule ihre Selbstständigkeit und vor allem ihre Prinzipien in Gefahr sieht. Nachvollziehbar werden solcherlei Befürchtungen etwa an Kooperationsvorstellungen, die außerschulische Bildungseinrichtungen vorrangig als Dienstleister der Schule betrachtet:[76] Wo Stundenausfälle zu beklagen sind oder der Unterricht aufgrund einer schnellen Diversifizierung des Wissenschaftswissens nicht mehr mit dem aktuellen Wissensstand Schritt halten könne, sollen außerschulische Bildungseinrichtungen zur Kompensation genutzt werden. Der Unterricht bleibt in dieser Kooperationsvorstellung deutlich dominant, indem

Differente Bildungsorte in systemischer Vernetzung. Eine Antwort auf das Problem der funktionellen Differenzierung in der Kooperation zwischen Jugendarbeit und Schule, Frankfurt a. M. 1999; Thomas Coelen, Kommunale Jugendbildung. Raumbezogene Identitätsbildung zwischen Schule und Jugendarbeit, Frankfurt a. M. 2002.

74 Vgl. Andrea Behr-Heintze/Jens Lipski, Schulkooperationen. Stand und Perspektiven der Zusammenarbeit zwischen Schulen und ihren Partnern. Ein Forschungsprojekt des DJI, Schwalbach/Ts. 2005; eine neuere Arbeit befasst sich mit den Gelingensfaktoren solcher Kooperationen, vgl. Regina Münderlein, Erfolgreiche Schulkooperation: eine doppelperspektivische Studie zur Zusammenarbeit von Schule und Jugendarbeit, Wiesbaden 2014.

75 Joachim Faulde/Johannes Schillo (Hrsg.), Schule und außerschulische Bildungsarbeit. Bausteine zur Kooperation in der politischen Bildung, Bad Heilbrunn 1993; Joachim Faulde, Schule und Außerschulische Jugendbildung. Eine Untersuchung zu institutionellen Aspekten der Kooperation, Weinheim 1996.

76 Vgl. Claus Zernitschky, Kooperation von Schule und außerschulischen Einrichtungen – Harmonisierung von Lehrplänen und Seminarprojekten, in: Siegfried Grillmeyer/Zeno Ackermann (Hrsg.), Erinnern für die Zukunft: die nationalsozialistische Vergangenheit als Lernfeld der politischen Jugendbildung. Schwalbach/Ts. 2002, S. 40–59.

er durch das Interesse an einer fachlichen Bewertbarkeit des Gelernten den nichtschulischen Einrichtungen die schulischen Lernziele vorgibt.[77]

Für das Kooperationsprojekt „Zusammen Lernen" von Faulde/Schillo sind, „um die Fortsetzung des Unterrichts an einem anderen Lernort zu vermeiden",[78] von den außerschulischen Partnern drei Bedingungen der Zusammenarbeit festgelegt worden: erstens die Herstellung einer Art Freiwilligkeit durch Schaffung von Wahlmöglichkeiten für die Schülerinnen, zweitens deren Beteiligung an der Entwicklung und Gestaltung der Seminare durch Gespräche vor und während der Veranstaltungen sowie drittens die eindeutige Übertragung der pädagogischen Verantwortung und inhaltlichen Leitung auf die Mitarbeiter der Einrichtung.[79] Trotz aller Vorkehrungen wird die Anwesenheit der Lehrer bei den Seminaren in der Projektevaluation ambivalent gesehen. Einerseits wird auf die besonderen „pädagogischen Chancen" hingewiesen, die der Kurzzeitpädagogik durch ihre Präsenz entstünden. Diese werden vor allem in der Kontinuität der Beziehungen zu den Schülerinnen wie auch der Möglichkeit des thematischen Rückgriffs auf das Seminar über dessen Ende hinaus gesehen. Andererseits wird konstatiert: „Die Anwesenheit von Lehrerinnen und Lehrern führte teilweise jedoch auch zu Beeinträchtigungen des Arbeitsklimas im Kurs, indem z. B. eine permanente Unterrichtsatmosphäre entstand, die die Offenheit in der Gruppe erheblich einschränkte."[80]

Anders als in diesem Kooperationsprojekt ist die Zusammenarbeit von Gedenkstättenpädagogik und Schule eine wenig reflektierte Selbstverständlichkeit. Sie wird, die gängige Praxis aufnehmend, in der Gedenkstättenkonzeption des Bundes empfohlen, nicht wenige Gedenkstätten werden von stundenweise abgeordneten Lehrern unterstützt und betreut, in einigen Bundesländern werden schulische Gedenkstättenfahrten finanziell bezuschusst.[81] Die Notwendigkeit einer engen Zusammenarbeit wird seitens der Gedenkstätten immer wieder betont,[82] eine gründliche Einbindung des Gedenkstättenbesuchs in den

77 Vgl. ebenda, S. 55.

78 Faulde/Schillo (Hrsg.), Schule und außerschulische Bildungsarbeit, S. 51.

79 Vgl. „Zusammen lernen", Projekt zur Erprobung von Kooperationsformen zwischen Jugendbildungsstätten und Gymnasien, in: Faulde/Schillo (Hrsg.), Schule und außerschulische Bildungsarbeit.

80 Ebenda, S. 156.

81 Vgl. zusammenfassend Stefanie Rauch, Verankerung von Gedenkstättenbesuchen im Unterricht gemäß der Rahmenlehrpläne der Länder (Teil 2), in: GedenkstättenRundbrief Nr. 135 (2007), S. 9–16.

82 Vgl. Daniel Gaede, Besuchererwartungen in Gedenk- und Erinnerungsstätten, in: Stiftung Haus der Geschichte der Bundesrepublik Deutschland (Hrsg.), Gedenkstätten und Besucherforschung, Bonn 2004, S. 99–106; FRA – Agentur der Europäischen Union für Grundrechte,

Unterricht wird erwartet. Inzwischen gilt als auch empirisch gesichertes Wissen, dass die Nachhaltigkeit von Gedenkstättenbesuchen vor allem von deren Vor- und Nachbereitung abhängt.[83] Gedenkstätten greifen also mehr oder weniger systematisch auf Schule zurück. Das zeigt sich auch daran, dass ein Mindestalter für den Gedenkstättenbesuch empfohlen wird, das in der Regel mit der Klassenstufe 9 angegeben ist. Neben den kognitiven Voraussetzungen wird dabei wesentlich auf die zu erwartenden, schulisch erarbeiteten, historischen Wissensgrundlagen Bezug genommen.

Nur vereinzelt enthält die Literatur Hinweise, dass die Zusammenarbeit in gedenkstättenpädagogischen Veranstaltungen nicht immer reibungslos verläuft. Insbesondere die Anwesenheit der Lehrerinnen und Lehrer und weniger die Tatsache der Gruppe als Klassenverband wird als Konfliktpotenzial beschrieben.

> „Gerade das Verhalten der Lehrer ihren Schülern gegenüber kann hier kontraproduktive Wirkung haben. Aus der Angst heraus, die Schüler könnten sie blamieren oder eventuell nicht verstehen, worum es bei dem Gedenkstättenbesuch geht, ermahnen sie nämlich oftmals zu korrektem Verhalten und formulieren moralische Ansprüche. […] Hinzu kommt, daß Lehrer oft den Gedenkstättenbesuch als ein zusätzliches Medium oder Unterrichtsmittel für ihre Thematik ansehen […]. Sie sehen in der Gedenkstätte oftmals nur den Lernort, aber nicht den Ort der Trauer und des Gedenkens.“[84]

In einigen Gedenkstätten werden die begleitenden Lehrerinnen gebeten, „sich aus den Vermittlungsprozessen konsequent herauszuhalten und sie den Moderatoren zu überlassen, um dadurch eine effektivere und freiere Kommunikation zu ermöglichen“.[85]

Die Vergangenheit für die Zukunft entdecken. Die Rolle historischer Stätten und Museen in der Holocaust- und Menschenrechtsbildung in der EU, Wien 2010, S. 51 f. u. 63 f.

83 Ahlheim, Gedenkstättenfahrten, S. 9 ff. Die Erwartungen an Vorbereitungen sind dabei vielfältig und zielen auf die Klärung der Absichten und Ziele eines Gedenkstättenbesuchs ebenso wie auf die inhaltliche Grundlegung historischer Zusammenhänge, die von Kenntnissen des NS- und KZ-Systems bis hin zur Wirkungsgeschichte des Nationalsozialismus in der Bundesrepublik reichen sollen, vgl. Rook, Der Ort allein wirkt nicht, S. 112. Dafür existiert in einigen Einrichtungen auch Vor- und Nachbereitungsmaterial, das von den Schulen angefordert werden kann

84 Heike Kuhls, Erinnern lernen? Pädagogische Arbeit in Gedenkstätten, Münster 1996, S. 45.

85 Annegret Ehmann/Hanns-Fred Rathenow, Nationalsozialismus und Holocaust in der historisch-politischen Bildung, in: Annette Brinkmann/dies./Sybil Milton/Hanns-Fred Rathenow/Regina Wyrwoll, (Hrsg.), Lernen aus der Geschichte. Projekte zu Nationalsozialismus und Holocaust in Schule und Jugendarbeit, Bonn 2000, S. 56.

Der Rückgriff auf die Schule als vorbereitende Instanz einerseits und die Betonung des eigenständigen und von schulischen Zwängen freien pädagogischen Arrangements andererseits lassen erwarten, dass in gedenkstättenpädagogischen Veranstaltungen die gleichzeitige Anwesenheit von Schule und Gedenkstätte Spannungen erzeugt, die in Form zu bearbeitender Probleme kommunikativ sichtbar werden. Dies wird im empirischen Teil der Arbeit ausführlich erörtert (ab Kap. V).

Normative Selbstbeschreibung: Aufgaben und Ziele von Gedenkstättenpädagogik

Die selbst gesteckten Ziele und Aufgaben, aber auch die Erwartungen von Schule und Politik an Gedenkstättenpädagogik sind vielfältig. Günter Morsch bezeichnete die gelegentlich mit (Selbst-)Überschätzung der pädagogischen Möglichkeiten einhergehenden Ziele wie „Konflikt- und Kooperationsfähigkeit", „Ich-Stärke und Urteilsfähigkeit" oder die Ausbildung eines demokratischen Wertebewusstsein polemisch als „mühelos erweiterbare Kaskade aus dem Wörterbuch des Gutmenschen"[86] und plädierte für die Begrenzung gedenkstättenpädagogischer Aufgaben. Zwar machen die in den vergangenen Jahren unternommenen Versuche, Aufgaben und Ziele von Gedenkstättenpädagogik zu systematisieren, tatsächlich eine enorme Bandbreite sichtbar.[87] Identifiziert werden aber übereinstimmend drei zentrale Ziele: erstens die Vermittlung historischen Wissens über den konkreten Ort, zweitens die Ermöglichung empathischer Hinwendung zu den Opfern und drittens die Entwicklung politisch-moralischer Handlungsorientierungen.[88]

86 Morsch, Entwicklung, S. 67.

87 Vgl. Helen Zumpe, Tagesveranstaltungen der Gedenkstättenpädagogik – Konzeption, Zielsetzungen, Arbeitsformen und Nutzergruppen, in: Politisches Lernen (2003) 1–2: Denk mal! Politische Bildung in Gedenkstätten, S. 35–82; Scheurich, Historisch-politische Bildung; Pampel, Mit eigenen Augen sehen; Eberle, Pädagogik und Gedenkkultur.

88 In der Vielzahl und Disparatheit der kursierenden Ziele und Aufgaben von Gedenkstättenpädagogik und dem Versuch ihrer Systematisierung spiegelt sich der Stand der Theoretisierung und Professionalisierung des Feldes. Neben den Reflexionen aus der Praxis, die wenige „Wortführer/innen" des Feldes vornehmen und den Fachdiskurs bestimmen, muss von kaum zugänglichen Praktiken ausgegangen werden, die sich von den Fachdebatten vermutlich wenig beeindrucken lassen. Einen ersten, umfangreichen Versuch, ein verbindliches Selbstverständnis der gedenkstättenpädagogischen Praxis unter relativ breiter Beteiligung von Praktikerinnen zu entwickeln sowie Aufgaben und Ziele der Gedenkstättenpädagogik zu bestimmen, stellt das Bundesmodellprojekt „Gedenkstättenpädagogik und Gegenwartsbezug – Selbstverständnis und Konzeptentwicklung" dar, das 2007–2010 durchgeführt wurde. Die Ergebnisse sind veröffentlicht in Thimm/Kößler/Ulrich, Verunsichernde Orte.

Als Herausforderungen für die Bewältigung der Aufgaben und Ziele werden regelmäßig der zeitliche Abstand zum Nationalsozialismus und die veränderte und sich weiter verändernde demografische Konstellation der Teilnehmergruppen genannt. Dazu gehört das Thema des Schwindens der sogenannten Zeitzeugen. Problematisiert wird außerdem die biografische und lebensweltliche Ferne von Jugendlichen zur NS-Geschichte sowie Fragen der Geschichtsvermittlung in der Einwanderungsgesellschaft.[89] Die veränderte erinnerungspolitische Situation – die Etablierung der Gedenkstätten und die von Knigge so bezeichnete Nationalisierung ‚negativen Gedenkens' – spielte und spielt hingegen in der gedenkstättenpädagogischen Fachdebatte kaum eine Rolle.[90] Kaiser fragt zwar nach der gesellschaftlichen Relevanz, die „gedenkstättenpädagogischer Arbeit zu[komme], nachdem nicht nur der Nationalsozialismus Geschichte geworden ist, sondern auch der Skandal, dass viele seiner Verbrechen verleugnet, viele der Täter nicht bestraft und zahlreiche Verantwortliche wieder zu gesellschaftlichen Machtstellungen zugelassen worden sind".[91] Beantwortet wird dies aber mit dem Hinweis auf ihren „spezifischen Beitrag zur historisch-politischen Bildung".[92] Das Hauptaugenmerk der gedenkstättenpädagogischen Reflexion liegt, so scheint es, inzwischen tatsächlich auf den fachlichen, den pädagogisch-didaktischen Fragen der Umsetzung der von außen an die Gedenkstätten explizit herangetragenen Vermittlungsaufgaben und nicht mehr vor allem in der Mitgestaltung geschichtspolitischer Debatten.[93]

89 Zusammenfassend und um einige weitere Themen erweiternd Scheurich, Historisch-politische Bildung, S. 188 ff. Vgl. auch Bernd Fechler/Gottfried Kößler/Till Liebertz-Groß (Hrsg.), „Erziehung nach Auschwitz" in der multikulturellen Gesellschaft. Pädagogische und soziologische Annäherungen, Weinheim 2000; Viola B. Georgi, Entliehene Erinnerung. Geschichtsbilder junger Migranten in Deutschland, Hamburg 2003; Astrid Messerschmidt, Involviertes Erinnern. Migrationsgesellschaftliche Bildungsprozesse in den Nachwirkungen des Nationalsozialismus, in: Till Hilmar (Hrsg.), Ort, Subjekt, Verbrechen. Koordinaten historisch-politischer Bildungsarbeit zum Nationalsozialismus, Wien 2010, S. 277–299; Ines Garnitschnig, Wessen Opas Geschichte? Familiäre Tradierungen und Bezüge zur Shoah in der postnazistischen Gesellschaft, in: Hilmar, Ort, Subjekt, Verbrechen, S. 300–324; Nora Sternfeld, Strukturen analysieren, Räume öffnen, Position beziehen. Geschichtsvermittlung mit Lehrlingen in der postnazististischen Gesellschaft, in: Hilmar, Ort, Subjekt, Verbrechen, S. 325–345; Elke Gryglewski, Anerkennung und Erinnerung. Zugänge arabisch-palästinensischer und türkischer Berliner Jugendlicher zum Holocaust, Berlin 2013; Rosa Fava, Die Neuausrichtung der Erziehung nach Auschwitz in der Einwanderungsgesellschaft. Eine rassismuskritische Diskursanalyse, Berlin 2015.

90 Vgl. Scheurich, Historisch-politische Bildung, S. 188.

91 Kaiser, Historisch-politische Bildung, S. 3.

92 Ebenda.

93 Vgl. Christian Geißler-Jagodzinski/Verena Haug, Gedenkstättenpädagogik. Ziele, Grenzen und Widersprüche, in: Janne Mende/Stefan Müller (Hrsg.), Emanzipation in der

Erklären und Wissen vermitteln

Eine wesentliche Aufgabe und gleichermaßen Begründung der Notwendigkeit einer institutionalisierten Gedenkstättenpädagogik wird in den Orten selbst gesehen. Die gern als „steinerne Zeugen" bezeichneten Orte und Relikte müssten „zum Sprechen gebracht", also erklärt und erschlossen werden. Der oft unterstellte unmittelbare Wirkungsanspruch durch „Authentizität" wird damit relativiert, bleibt im Begriff der Zeugenschaft aber aufrechterhalten. „Authentizität" und „Aura" zeigen die gegenseitigen Verweisungen von Gegenwärtigem auf das Vergangene und umgekehrt an. In der Literatur über die Pädagogik in Gedenkstätten wird dabei reflektiert, dass die „Aura" der Orte nur von dem erfahren werde, der „mit Vorwissen über das dort Geschehene und einer Empfänglichkeit für emotionale Eindrücke [komme]. Denn eine Aura ist selbstverständlich keine objektive Eigenschaft eines Ortes, sondern resultiert aus der subjektiven Wahrnehmung seiner besonderen Merkmale".[94] Im Begriff der „Aura" oder auch des „Authentischen" fallen historischer Ort und Gedenkort aber zusammen, sodass die Erläuterung des jeweiligen Ortes immer eine mindestens dreifache Bedeutung hat: Zum einen geht es um die Erklärung dessen, was sich unmittelbar zeigt, also um den Ort in seiner phänomenologischen Gestalt: Was ist hier zu sehen? Zum zweiten geht es um die Darstellung des historischen Geschehens: Was ist hier passiert? Und zum dritten um die Tradierung des Gedenkorts und der damit zusammenhängenden gesellschaftlichen Konventionen: Wie verhält man sich hier?

Was ist hier zu sehen?

Die visuelle Gestalt vor allem von KZ-Gedenkstätten zu erläutern, wird selten als eigenständige Aufgabe beschrieben, obwohl – um bei der Metapher der steinernen Zeugen zu bleiben – diese weniger zum Sprechen gebracht als zunächst einmal sichtbar gemacht werden müssen. Ausgegangen wird aber davon, dass die breite Medialisierung des Nationalsozialismus und Holocaust zu visuellen Erwartungen der Besucherinnen geführt hat und führt,[95] die vor Ort enttäuscht werden. „Der Besuch in der Gedenkstätte verwirrt die mitgebrachten Bilder. [...]

politischen Bildung. Theorien – Konzepte – Möglichkeiten, Schwalbach/Ts., S. 299–329; Imke Scheurich, Historisch-politische Bildung in NS-Gedenkstätten und (Gesellschafts-)Kritik, in: Bettina Lösch/Andreas Thimmel (Hrsg.), Kritische politische Bildung. Ein Handbuch, Schwalbach/Ts. 2010, S. 433–442.

94 Wolf Kaiser, Bildungsarbeit in Gedenkstätten für die Opfer des Nationalsozialismus, in: Gedenkstättenrundbrief 100 (2001), S. 105–111, S. 109; kritisch Heyl, Forensische Bildung.

95 Vgl. Jan-Holger Kirsch, Das öffentliche Bild von Gedenkstätten, in: Stiftung Haus der Geschichte der Bundesrepublik Deutschland, Gedenkstätten und Besucherforschung, S. 43–59, hier S. 46 ff.

Die Bilder aus den Schulbüchern und die Bilder des realen Ortes scheinen ohne gegenseitige Entsprechung zu sein."[96] Eine Aufgabe wird deswegen darin gesehen, zu erläutern, warum in aller Regel nur sehr wenig tatsächlich zu sehen ist und in welchem Verhältnis „Original" und Gestaltung stehen,[97] eine andere darin, gerade die Differenz, die „Reibung zwischen den Bildern im Kopf und dem Gesehenen"[98] für das historische Lernen didaktisch zu nutzen.

Was ist hier passiert?

Die Vermittlung historischer Kenntnisse und Zusammenhänge gilt als wichtigste Aufgabe der Gedenkstättenpädagogik.[99] Dies umfasst in erster Linie die jeweilige Geschichte des Ortes, betrifft aber auch dessen historische Kontextualisierung im verzweigten nationalsozialistischen Verfolgungssystem. Der jeweilige Ort soll den Ausgangspunkt für die Auseinandersetzung mit den NS-Verbrechen bilden und exemplarisches Lernen ermöglichen. Die Vermittlungsinhalte sind dabei vielfältig und komplex: Neben der Rekonstruktion des historischen Geschehens vor Ort aus möglichst unterschiedlichen Perspektiven (Täter, Opfer, Zivilbevölkerung) sollen hier beispielhaft etwa die Funktionsmechanismen des NS-Regimes, die Ideologien und politischen Ziele, Radikalisierungsprozesse, die Kehrseite der NS-Volksgemeinschaft, Zusammenhänge von Krieg und KZ-System erläutert werden. Der Nationalsozialismus soll dabei nicht als isoliertes Geschichtsereignis erscheinen, sondern in seinen historischen Zusammenhang vor 1933 und nach 1945 eingebettet werden. Nicht zuletzt geht es darum, Erklärungen für den „mit den nationalsozialistischen Massenverbrechen [...] am schwierigsten zu verstehenden und am schwersten zu ertragenden Wesenskern"[100] zu finden.

Damit wird einer vermeintlichen „Unerklärlichkeit des Holocaust" entgegengetreten und verstärkt auf das Täter- und Mitläuferhandeln fokussiert. Dabei ist allerdings bislang vor allem im Bereich der KZ-Gedenkstätten keine Einigung darüber erzielt, inwieweit insbesondere das Täterhandeln in seiner Motivation

96 Gottfried Kößler, Fotografien als Medium des Erinnerns und der Verständigung, in: Knut Dethlefsen/Thomas B. Hebler (Hrsg.), Bilder im Kopf. Auschwitz – einen Ort sehen, Berlin 1997, S. 32–43, S. 35.

97 Vgl. Daniel Gaede, Pädagogische Konzeption der Gedenkstätte Buchenwald, in: KZ Buchenwald 1937-1945. KZ Mittelbau-Dora 1943–1945. Materialien für die Vorbereitung von Besuchen in die Gedenkstätten, hrsg. vom Thüringer Institut für Lehrerfortbildung, Lehrplanentwicklung und Medien, Bad Berka 2000, S. 70–72.

98 Kößler, Fotografien, S. 41.

99 Vgl. Ulrike Schneider, Gedenkstättenpädagogik in Deutschland – Ergebnisse einer Umfrage, in: GedenkstättenRundbrief 132 (2006), S. 21–28.

100 Scheurich, Aktuelle Fragen der Gedenkstättenpädagogik.

nachvollziehbar gemacht werden soll und darf.[101] Einigkeit besteht aber darin, dass die Erklärung sich auf wissenschaftlich gesichertes Wissen zu berufen habe und insofern an eine fachliche Kompetenz und Sachkenntnis gebunden ist. Die gedenkstättenpädagogische Aufgabe der Erklärung der nationalsozialistischen Geschichte am Beispiel eines bestimmten Ortes ist also die einer in vielerlei Hinsicht spezialisierten Vermittlung eines enorm ausdifferenzierten, interdisziplinären Wissens über den Nationalsozialismus allgemein, über die je konkreten Orte sowie die Nach- und Wirkungsgeschichte. Betont wird dabei, dass Wissensvermittlung keinesfalls wertfrei sei. „Ohne konkretes historisches Wissen, das nicht einfach heraufbeschworen werden kann, sondern vermittelt und erworben werden muß, würde Auseinandersetzung zu einer leeren, bestenfalls akademischen Übung. Ohne die Einbettung des Wissens in einen Wertehorizont bliebe das Wissen bedeutungslos und ohne praktische Relevanz.“[102]

Während die Vermittlung von Wissen auch durch Ausstellungen, Sammlungen, Archive oder Filme erbracht wird, die als „Voraussetzung und Grundlage für die Realisierung moderner gedenkstättenpädagogischer Konzepte“[103] gelten, wird für die im engeren Sinne pädagogische Arbeit der Anspruch erhoben, deutlich mehr zu sein: „Wenn man Lernen nicht nur als Aufnahme von Information begreift, sondern als einen aktiven Prozess der Aneignung und Integration in das eigene Denken, womöglich mit Folgen für das Verhalten, so ist die Bereitstellung von Information lediglich eine der Voraussetzungen für einen solchen Prozess.“[104]

Wie verhält man sich hier?

Diese dritte Erklärungsaufgabe der Gedenkstättenpädagogik bezieht sich auf die von Kaiser genannten „besonderen Merkmale“ der Orte, die zunächst wahrgenommen werden müssen und sodann bestimmte „angemessene“ Verhaltensweisen fordern. Gedenkstättenpädagogik hat deswegen die Aufgabe, nicht nur die Geschichte des „Ortes und seiner Menschen gut und *angemessen* zu erzählen“,[105]

101 Vgl. Zumpe, Tagesveranstaltungen, S. 48.

102 Knigge, Statt eines Nachworts, s. 430.

103 Morsch, Entwicklung, S. 60.

104 Wolf Kaiser, Herausforderungen. Zur pädagogischen Arbeit in Gedenkstätten für die Opfer des Nationalsozialismus, in: Politisches Lernen (2003) 1–2, S. 13–20, hier S. 14.

105 So beschreiben Heyl u. a. die „Kernkompetenz und -aufgabe unserer Arbeit“, der Arbeit der Pädagogischen Dienste der Mahn- und Gedenkstätte Ravensbrück, vgl. Matthias Heyl/Karin Redlich/Loretta Walz/Kurt Gerwers, Neue Formen jugendgerechter Aneignung der Geschichte. Die Gedenk- und Jugendbegegnungsstätte Ravensbrück, in: Standbein – Spielbein. Museumspädagogik aktuell (2005) 72, S. 32–36, hier S. 32, Herv. i. O.

sondern auch dessen Wesen zu vermitteln. Das Kriterium der „Angemessenheit" bezieht sich dann nicht nur auf den professionellen Umgang mit Ort und Geschichte, sondern betrifft vor allem auch die Besucher und ihr Verhalten vor Ort. Gedenkstätten sind in spezifischer Weise kulturell codiert und unterscheiden sich von anderen Orten der Geschichtsvermittlung wie Museen oder dem Klassenzimmer. Während öffentliche Räume wie Museen oder Bibliotheken mit ähnlichen kulturellen Konventionen verbunden sind und ebenfalls ein „angemessenes" Verhalten erfordern,[106] unterscheidet sich dies hinsichtlich seines Bezugspunktes:

Geht es in Museen vor allem um die Ehrfurcht vor dem Werk, dem originalen Objekt, wird das Benehmen in Gedenkstätten in Bezug auf die Würde der Opfer gedeutet. Der Verhaltenskodex orientiert sich am kulturellen Umgang mit Sterben und Tod und ähnelt Konventionen, die für einen Friedhof gelten. Anders aber als ein Friedhof, der an sich Ausdruck einer würdigen Totenbestattung ist, befinden sich Gedenkstätten an historischen Orten, an dem die massenhaft und entwürdigt Gestorbenen erst spät und keinesfalls selbstverständlich in die (nationale) Erinnerungsgemeinschaft aufgenommen wurden. Gedenkstätten an Orten, an denen Häftlinge litten, gequält und getötet und zum Teil begraben wurden, sind insofern mit spezifischen Konventionen und Verhaltenserwartungen verknüpft, die sich aber nicht auf räumlich eindeutig festgelegte Bereiche beziehen. Gedenkstätten appellieren vielmehr grundsätzlich an einen respektvollen Umgang mit den Toten, auch und vor allem mit jenen, die keinen letzten Ort haben. Dieser Respekt muss als kulturelles Wissen ebenso erworben werden wie das Wissen um die Geschichte des Lagers. Nicht immer ist er von selbst vorhanden bzw. wird er gezeigt. Die KZ-Gedenkstätte Dachau fasst diese Vermittlungsaufgabe als Disziplinierungsaufgabe und delegiert sie zumindest ansatzweise an die „Lehrkräfte der Schulklassen". Diese werden aufgefordert einzuschreiten, wenn „Ihre Schüler ihre Brotzeit auspacken, schreien, raufen, Steine werfen, auf das Mahnmal klettern, sich auf den Rasen legen, vor dem Kinoraum drängeln, in den Baracken turnen oder sich sonst ungebührlich verhalten!"[107]

Auf der Internetseite der Gedenkstätte Buchenwald wurde im Zusammenhang mit „angemessenem Verhalten" von Schülerinnen und Schülern noch im Jahr 2012 darauf hingewiesen, dass Jugendliche „sehr viel mehr Verständnis für den besonderen Charakter des Ortes [entwickelten], wenn sie vor einem Besuch der Gedenkstätte darauf entsprechend vorbereitet" würden.[108] Auch hier werden

106 Vgl. Gudehus, Dem Gedächtnis zuhören, S. 25 ff.

107 Zit. nach http://www.gedenkstaettenpaedagogik-bayern.de/hinweise.php [6. 6. 2015].

108 Die Besucherordnung der Gedenkstätte Buchenwald enthält diesen Passus inzwischen nicht mehr, http://buchenwald.de/fileadmin/buchenwald/download/Ordnungen/BO-BUWA-DE.pdf [6. 6. 2015].

also die vorbereitenden Instanzen, vor allem der Unterricht, in die Pflicht genommen, die Frage angemessenen Verhaltens vor Ort im Voraus zu behandeln. Diese Hinweise, die den pädagogischen Alltag zumindest der großen KZ-Gedenkstätten teilweise widerspiegeln, zeigen, dass die den Orten zuweilen unterstellte „Aura" keineswegs selbstverständlich wahrnehmbar ist und dass Gedenkstätten auch deswegen „Lernorte" sind, weil an ihnen der kulturelle Verhaltenscode für eben diese spezifischen Orte erlernt wird oder werden soll. Deutlich wird daran aber auch, welche Aufgabe insbesondere den Lehrern schon im Vorfeld zugedacht wird: Bestenfalls sollen „ihre" Schülerinnen bereits vor dem Betreten der Gedenkstätte verstanden haben, welche Verhaltenserwartungen bestehen, mindestens aber werden die Lehrkräfte für die Disziplinierung der Jugendlichen während des Aufenthalts verantwortlich gemacht.

Während Disziplinierung in pädagogischen Kontexten oftmals als Mittel zum Zweck der Ermöglichung themengebundener Kommunikation dient, scheint sie in Gedenkstätten in besonderer Weise bereits thematisch aufgeladen zu sein. Diszipliniertes Verhalten wird dann zum Ausdruck der Anerkennung des besonderen Ortes und dient zugleich der Einübung in eine bestimmte Haltung. Aber selbst scheiternde Disziplinierungsversuche von Lehrerinnen und Lehrern erkennen die Ordnung der Gedenkstätten an. Die ungeschriebenen Regeln oder durch Haus- oder Besucherordnungen repräsentierte Disziplinierungsaufforderungen stellen eine institutionelle Grundlage zur Verfügung, die zwar nicht vordergründig pädagogisch motiviert ist. Sie kann aber sekundär pädagogisch genutzt werden, weil „angemessenes" Verhalten als Ordnungsprinzip fungiert, das eine geregelte pädagogische Kommunikation am Ort der Gedenkstätte erlaubt. Dies kann auch im Verlauf einzelner Veranstaltungen geschehen, indem bestimmte Verhaltensaufforderungen an die Jugendlichen gerichtet werden oder eine Diskussion darüber geführt wird, was angemessenes Verhalten in einer Gedenkstätte heißt. Situative Appelle und Aufforderungen zu „angemessenem" Verhalten hat Gudehus in Gedenkstättenführungen beobachtet.

> „Ob im Vorfeld dazu aufgefordert wird, sich *angemessen* zu verhalten […] oder ob, wie zum Beispiel in Ravensbrück, das Essen und Rauchen während des Rundgangs explizit verboten oder, wie im Fall Neuengammes, explizit erlaubt wird, stets wird der Rahmen des Verhaltens abgesteckt. Diese expliziten Aufforderungen hinsichtlich des erwarteten Verhaltens betreffen Aspekte, die aus der Erfahrung der Guides einer Erwähnung bedürfen."[109]

109 Gudehus, Dem Gedächtnis zuhören, S. 27, Herv. im Original.

Gerade Führungen stellen aber offenbar auch eine Variante der mitlaufenden Vermittlung von Verhaltensaufforderungen dar: „Ähnlich wie bei einem Theaterbesuch lernen die Besucherinnen und Besucher [...] während ihres Aufenthalts durch Beobachtung und Nachahmung"[110] der Gedenkstättenmitarbeiterinnen. Die Führung erweist sich darin als über die bloße Wissensvermittlung hinausgehende pädagogische Form, die mit Klaus Pranges Begriffen als „ostensives Zeigen" gefasst werden kann, „das seine Grundlage in der Mitbewegung hat"[111] und imitatorisches Lernen ermöglicht.

Lernen und Gedenken ermöglichen

Die zweite zentrale und originäre Aufgabe gedenkstättenpädagogischer Arbeit ist die Vermittlung der Perspektive der Opfer. Dies wird einerseits mit der moralischen Verpflichtung gegenüber den ehemaligen Häftlingen begründet, deren Andenken bewahrt und deren Vermächtnis weitergetragen werden soll. Andererseits werden den persönlichen Zeugnissen im Gegensatz zu den offiziellen Dokumenten der NS-Verfolgung spezifische Erkenntnismöglichkeiten zugeschrieben.[112] Über Biografien soll Empathie mit den Verfolgten ermöglicht werden. Dabei wird immer wieder betont, dass keine Identifikation mit den Opfern angestrebt wird, sondern eine distanziertere Form der Perspektivenübernahme, die eben im Begriff der Empathie ihren Ausdruck gefunden hat.[113] Galt als pädagogisches Ziel noch bis in die 1990er-Jahre, bei den Besuchern Betroffenheit zu erzeugen,[114] so lassen sich in den Selbstbeschreibungen seither eine zunehmende Distanzierung und inzwischen die konsensuelle Ablehnung einer „Betroffenheitspädagogik" feststellen, die vielleicht als willentlich herbeigeführte Emotionalisierung mit der Absicht und dem Ziel der Läuterung umschrieben werden kann.[115]

110 Ebenda.

111 Klaus Prange/Gabriele Strobel-Eisele, Die Formen des pädagogischen Handelns. Eine Einführung, Stuttgart 2006, S. 51.

112 Der Historiker Saul Friedländer untermauert in seinen Arbeiten die Notwendigkeit, die Sicht der Juden in die Geschichtsdarstellung einzubeziehen, um zu verstehen, was der Holocaust war, vgl. Saul Friedländer, Den Holocaust beschreiben. Auf dem Weg zu einer integrierten Geschichte, Göttingen 2007; ders., Eine integrierte Geschichte des Holocaust, in: Aus Politik und Zeitgeschichte 14–15 (2007), S. 7–14.

113 Vgl. dazu Wolf Kaiser, Zeitzeugen in der Geschichtspädagogik, in: GedenkstättenRundbrief Nr. 152 (2009), S. 11–15.

114 Beispielhaft sei hier die Dissertation von Gisela Lehrke erwähnt, in der die Eignung der Gedenkstätte als Lernort gerade daran gemessen wird, inwieweit sie „Betroffenheit hervorrufen" kann, vgl. Lehrke, Gedenkstätten, insb. S. 66 f.

115 Vgl. etwa Dietfried Krause-Vilmar, Überlegungen zum Verständnis des Lehrens und Lernens in den Gedenkstätten für die Opfer des Nationalsozialismus, in: Gedenkstätten-

Zum einen ist mit Blick auf das Angebot einer Identifikation mit den Opfern die Selbstentlastung von der Auseinandersetzung mit den Tätern und Mitläuferinnen problematisiert worden.[116] Zum anderen hat der bereits 1976 innerhalb der Politikdidaktik errungene „Beutelsbacher Konsens" auch die Geschichtsdidaktik und die Gedenkstättenpädagogik erreicht.[117] Rezipiert worden ist vor allem das sogenannte Überwältigungsverbot, das das Oktroyieren bestimmter Meinungen im Bildungsprozess untersagt.[118] Als überwältigend wurden aber auch die in den frühen Ausstellungen der Gedenkstätten weit verbreiteten, vergrößerten Aufnahmen ausgemergelter Häftlinge und anderer Grausamkeiten abgelehnt, für die sogar der despektierlich-sarkastische Begriff „Leichenbergpädagogik" geprägt worden ist. Die Abkehr von der Betroffenheitspädagogik begründet Kaiser letztlich jedoch aus der pädagogischen Erfahrung mit Jugendlichen, nämlich „dass die Zumutung einer vonseiten der Erwachsenen erwarteten emotionalen Reaktion bei Jugendlichen oft Konformismus oder trotzige Ablehnung hervorrief, die beide einer intellektuellen und emotionalen Auseinandersetzung nicht zuträglich sein konnten".[119]

Die von Michael Zimmermann zu Beginn der 1990er-Jahre eingebrachte Forderung, den „Gedenk-Gedanken" als nicht mehr zeitgemäß beiseite zu legen, hat

Rundbrief Nr. 72 (1996), S. 3–6; Annegret Ehmann (2000), Auseinandersetzung mit Nationalsozialismus und Holocaust in der historisch-politischen Bildung. Wo stehen wir – was bleibt – was ändert sich?, in: Fechler/Kößler/Liebertz-Groß, „Erziehung nach Auschwitz", S. 175–192; Kaiser, Bildungsarbeit in Gedenkstätten; Morsch, Entwicklung; Matthias Heyl, Mit Überwältigendem überwältigen? Emotionen in KZ-Gedenkstätten, in: Juliane Brauer /Martin Lücke (Hrsg.), Emotionen, Geschichte und historisches Lernen. Geschichtsdidaktische und geschichtskulturelle Perspektiven, Göttingen 2013, S. 239–259.

116 Matthias Heyl, Was ist und zu welchem Ende studiert man die Geschichte des Holocaust? „Aufarbeitung der Vergangenheit" heute, in: Hans Erler (Hrsg.), Erinnern und Verstehen. Der Völkermord an den Juden im politischen Gedächtnis der Deutschen, Frankfurt a. M./ New York 2003, S. 202–222, hier S. 210 ff.

117 Vgl. Bodo von Borries, „Wer sich des Vergangenen nicht erinnert, ist verurteilt, es noch einmal zu erleben" (Schriftenreihe der Niedersächsischen Landeszentrale für politische Bildung, Aktuelles zum Nachdenken, Folge 11), Hannover 1994, S. 27; zu Geschichte und gesellschaftspolitischem Konsens des Beutelsbacher Konsenses vgl. Siegfried Schiele/Herbert Schneider (Hrsg.), Reicht der Beutelsbacher Konsens?, Schwalbach/Ts. 1996; Bernhard Sutor, Politische Bildung im Streit um die „intellektuelle Gründung" der Bundesrepublik Deutschland. Die Kontroversen der siebziger und achtziger Jahre, in: Aus Politik und Zeitgeschichte 45 (2002), S. 17–27. Im Wortlaut finden sich die Empfehlungen unter http://www.lpb-bw.de/beutelsbacher-konsens.html [6. 6. 2015].

118 Vgl. Susanne Ulrich, Mission impossible? Demokratielernen an NS-Gedenkstätten, in: Thimm/Kößler/Ulrich, Verunsichernde Orte, S. 53–58, hier S. 55.

119 Kaiser, Gedenkstätten als Lernorte, S. 20.

sich nicht durchgesetzt.[120] Die Hauptaufgabe von Gedenkstätten wird von ihren Mitarbeiterinnen 1996 mit dem „Gedenken an die Opfer" umschrieben,[121] und auch eine enger gefasste Gedenkstättenpädagogik verfolgt als wesentliches Ziel, die Auswirkungen der NS-Verbrechen auf die Verfolgten zu verdeutlichen und ihrer zu gedenken. Allerdings wird die Frage, „was genau unter ‚Gedenken' zu verstehen sei, [...] meist nicht explizit thematisiert",[122] und auch von jener Betroffenheit, von der sich die Praktiker so vehement abgrenzen, fehlt ein klares Konzept. Während emotionales Lernen gefordert wird, wird Betroffenheit abgelehnt. Auch die gedenkstättenpädagogische Aufgabe, eine gedenkende Hinwendung zu den Opfern durch Empathie bzw. mit dem Ziel der Empathie zu ermöglichen, wird vom Terminus der Betroffenheit auf der semantischen Ebene strikt getrennt. Was genau unter Empathie aber zu verstehen und wie sie herzustellen, zu aktivieren oder zu erreichen sei, darüber herrscht Uneinigkeit.[123] Soll sie eher durch ein Hineinversetzen nahegelegt werden (etwa durch das Nachvollziehen der Wege der Häftlinge wie sie beispielhaft die Gedenkstätten- und Ausstellungsgestaltung der KZ-Gedenkstätte Dachau vorgenommen hat) oder soll sie durch assoziative Perspektivübernahmen angebahnt werden, indem Anknüpfungspunkte geschaffen werden, die eine Vorstellbarkeit der Ausgrenzung, Diskriminierung und Verfolgung in ganz alltäglichen Situationen nahelegt, wie es etwa das Konzept „Konfrontationen" des Fritz Bauer Instituts vorsieht?[124]

120 Vgl. Michael Zimmermann, Gedenkstätten für die Opfer des Nationalsozialismus in Westdeutschland. Geschichte – Probleme – aktuelle Aufgaben, in: Mitten in die Wirren. Zwei Reisen in die BRD/DDR. Antifaschismus-Geschichte(n), hrsg. vom Landesinstitut für Schule und Weiterbildung, Soest 1992, S. 146–162, hier S. 161 f.; Scheurich, Aktuelle Aufgaben, S. 73 ff.

121 Vgl. Thomas Lutz, Übersicht über die inhaltlichen Schwerpunkte und organisatorischen Entwicklungen in der Arbeit der Gedenkstätten für die Opfer des NS-Regimes im Jahr 1996, in: GedenkstättenRundbrief Nr. 73 (1996), S. 16–21.

122 Zimmermann, Gedenkstätten für die Opfer des Nationalsozialismus, S. 160.

123 Zur Schwierigkeit, den Begriff des Gedenkens als pädagogische Kategorie zu fassen und Gedenken pädagogisch zu ermöglichen, vgl. Martin Schellenberg, Gedenken als pädagogische Aufgabe, in: Elke Gryglewski u. a. (Hrsg.), Gedenkstättenpädagogik. Kontext, Theorie und Praxis der Bildungsarbeit zu NS-Verbrechen, Berlin 2015, S. 127–146.

124 Das vom Fritz Bauer Institut seit etwa Mitte der 1990er-Jahre entwickelte Konzept und Material „Konfrontationen. Bausteine für die pädagogische Annäherung an die Geschichte und Wirkung des Holocaust" beruht auf der Auseinandersetzung mit dem US-amerikanischen Programm „Facing History and Ourselves", vgl. http://www.facing.org/. Anstelle einer Adaption dieses Programms für den deutschen Kontext ging es in der Entwicklung darum, historisches Lernen und die Auseinandersetzung über moralische Fragen so miteinander zu verknüpfen, dass zwischen Geschichte und Gegenwart einerseits klar getrennt werden, Handlungsspielräume in historischen Situationen andererseits erörtert werden

Gudehus konstatiert in seiner Studie, die „Betroffenheitspädagogik" sei „eindeutig auf dem Rückzug",[125] verweist aber auf die Diskrepanz zwischen der programmatisch-offiziellen Ablehnung und der kommunikativen Praxis.[126] Diese Diskrepanz lässt sich nicht nur empirisch zeigen, sondern scheint auch in gedenkstättenpädagogischen Reflexionen auf. So wird ein Seminar für Multiplikatorinnen zum Thema „Experimentieren mit kreativen Methoden in der Gedenkstättenpädagogik" folgendermaßen resümiert:

> „Die Kleingruppen wählten alle als Ausgangsmedium das Lied ‚Die Hungernden', ein von der Norwegerin Bente Kahan vertontes Gedicht, das Ilse Weber im Konzentrationslager Theresienstadt schrieb, bevor sie in Auschwitz vergast wurde. Die Melodie, spärlich instrumentiert mit Bass, Klarinette und Geige, erinnert an den Trauermarsch von Chopin, deutlich hörbar ist der schleppende, müde Schritt, das Lied endet mit einem gequälten Hungerschrei. [...] Der Austausch der Workshop-TeilnehmerInnen über die eigenen Erfahrungen brachte interessante Erkenntnisse: [...] Es bestand Einigkeit darüber, dass es nur selten gelingt, so dicht an die eigenen Emotionen heranzukommen."[127]

Die Autorinnen sehen darin keine „Betroffenheitspädagogik", die sie explizit ablehnen: „Ziel der historisch-politischen Bildungsarbeit ist es gerade nicht, starke Emotionen oder gar Betroffenheit zu erzeugen und es dabei zu belassen",[128] sondern auf der Grundlage historischer Kenntnisse kritische Haltung und Selbstreflexion zu erreichen. Ob hier nun von einer Betroffenheitspädagogik gesprochen werden könnte oder müsste, bleibt ohne klare Begriffsdefinition, also beobachterabhängig.

Der „Lernort" Gedenkstätte ist dadurch geprägt, dass ihn die Bezeichnung keineswegs hinreichend beschreibt. Darüber, dass Gedenken ohne Lernen nicht möglich sei, besteht eine gewisse Einigkeit.[129] Dass aber Lernen ohne Gedenken dem

können, vgl. Gottfried Kößler, Menschenrechtsbildung und historisches Lernen. Erfahrungen mit dem Projekt „Konfrontationen", in: Fritz Bauer Institut (Hrsg.), Völkermord und Kriegsverbrechen in der ersten Hälfte des 20. Jahrhunderts, Frankfurt a. M. 2004, S. 301–312; http://www.fritz-bauer-institut.de/konfrontationen.html [6. 6. 2015].

125 Gudehus, Dem Gedächtnis zuhören, S. 35.

126 Vgl. ebenda.

127 Regine Gabriel/Gabriele Knapp/Simone Maaß, Theaterarbeit und Musik in der Gedenkstättenpädagogik, in: Standbein-Spielbein. Museumspädagogik aktuell (2005) 72, S. 37–41, hier S. 39 f.

128 Ebenda, S. 40.

129 Brumlik, Gerechtigkeit; Kuhls, Erinnern lernen; Angela Genger, Methoden und Formen der Geschichtsarbeit in Gedenkstätten, in: Standbein-Spielbein. Museumspädagogik aktuell (2005) 72, S. 4–7.

Auftrag der Gedenkstätten und der Verantwortung, an die Opfer zu erinnern, nicht gerecht werde, scheint ebenso klar. „Der Besuch und das Lernen in einer Gedenkstätte können sich allerdings nicht auf die Auseinandersetzung mit historischen Quellen beschränken. Eine Gedenkstätte ist zwar Lernort, aber eben immer auch Gedenkstätte, also ein Ort des Erinnerns an Menschen, die gelitten haben.“[130]

In Gedenkstätten geht es deswegen, anders als an historischen Orten wie dem Reichsparteitagsgelände in Nürnberg, nicht nur um ein Gewahrwerden der Faszination des Nationalsozialismus aus der Perspektive der „NS-Volksgemeinschaft“, zu der über die pädagogischen Angebote und Ausstellungsinszenierungen eine mentale und moralische Distanz hergestellt werden soll. Es geht gerade um eine Überwindung von zeitlicher und emotionaler Distanz, die eine Annäherung an konkrete Geschichte und Lebensgeschichten einzelner Menschen ermöglichen soll. Dass eine von Micha Brumlik geforderte „Unterweisung ins Eingedenken“ als Lernziel nicht ausreiche, „wenn man unter Lernen nicht die Unterrichtung einer andächtig schweigenden Zuhörerschaft versteht“,[131] verweist auf eine kaum auflösbare Spannung zwischen Lernen und Gedenken am Ort Gedenkstätte[132] und damit auf die zweite, in Gedenkstätten kaum einlösbare Vereinbarung des Beutelsbacher Konsenses – das Kontroversitätsgebot: „Von den Orten selbst geht ein gewisser Konformitätsdruck aus. Angesichts der Schrecken der Konzentrationslager scheint ein Meinungsstreit hier ganz unangebracht zu sein, gehört doch zum Vermächtnis der Opfer ein klarer Erziehungsauftrag, der für Meinungen wenig Raum zu lassen scheint.“[133]

Das theoretisch und ethisch noch größere Problem bei der Zusammenfügung von Lernen und Gedenken ist die Frage der unzulässigen Instrumentalisierung, die in der Gefahr steht, dem massenhaften Tod einen Sinn für die Gegenwart abzuringen. Micha Brumlik hat hier eine konzeptionell klare Trennung zwischen „staatsbürgerlichem“ Erziehungsauftrag und einem zweckfreien Gedenken gefordert,[134] die mit einer gewissen räumlichen und zeitlichen Entzerrung der

130 Jens Michelsen, Von der Betroffenheit zum historischen Lernen – Anmerkungen zur pädagogischen Arbeit in der KZ-Gedenkstätte Neuengamme, in: Beiträge zur Geschichte der nationalsozialistischen Verfolgung in Norddeutschland 9: Schuldig. NS-Verbrechen vor deutschen Gerichten, Bremen 2005, S. 164–171, hier S. 170.

131 Kaiser, Zur Pädagogik in Gedenkstätten, S. 112.

132 Vgl. etwa Gottfried Kößler, Friedhof oder Lernort. Chancen und Grenzen der Gedenkstättenpädagogik, in: Bundesministerium für Unterricht und kulturelle Angelegenheiten, Erinnern in Gedenkstätten. Beiträge zum Thema anlässlich der Tagung der ZeitzeugInnen 1997, Wien 1998, S. 29–37, hier S. 37.

133 Kaiser, Zur Pädagogik in Gedenkstätten, S. 119.

134 Vgl. Brumlik, Gerechtigkeit, S. 92 ff.

beiden Modi operiert.[135] Pädagogisch wird mindestens zweischrittig vorgegangen, indem dem „Lernen“ eher kognitive Elemente des Geschichtslernens zugerechnet werden, dem „Gedenken“ eher emotional-affektive Anteile. Dabei gilt das Lernen fast immer als Voraussetzung des Gedenkens, indem es darum gehe, solche „Angebote zu entwickeln, die ein angemessenes Erinnern an die Opfer erst initiieren können“.[136]

Inwiefern auch Gedenken als Voraussetzung des Lernens angesehen werden kann und wie dies pädagogisch genutzt und kommunikativ sichtbar wird, wird noch am empirischen Material zu diskutieren sein. Auch wie Gedenken als Teil eines pädagogischen Programms eigentlich operationalisiert und also in der Interaktion pädagogischer Veranstaltungen sichtbar wird, ist eine empirische Frage. Ihr wird in Kapitel VIII nachgegangen.

Handlungsorientierung geben und Gegenwartsbezüge herstellen

a) Selbstreflexion

Lernen in Gedenkstätten soll über die Aneignung bloßer Fakten hinausgehen. Dies unterscheidet das gedenkstättenpädagogische Programm kaum von dem, was von einer „Erziehung nach Auschwitz“ insgesamt erwartet wird. Dennoch wird hier ein besonderes Potenzial gesehen, das paradoxerweise gerade auf eine eindeutige Bestimmung von Lernzielen verzichtet. Die besondere Qualität der Gedenkstättenpädagogik bestehe gerade darin, dass die Spannungsfelder, die sie berühre,

> „sich kaum, und schon gar nicht nach dem Muster ‚richtig oder falsch‘ auflösen lassen. In solcher Situation die Kompetenz zu Reflexion wie Selbstreflexion zu stärken, den Umgang mit Mehrdeutigkeiten, Zweifeln, nicht abschließend zu beantwortenden Fragen sowie Dilemmata einzuüben […] scheint für das Gelingen des gedenkstättenpädagogischen Bildungsprojekts nicht nur unverzichtbar, sondern auch zukunftsweisend zu sein.“[137]

135 Vgl. Kaiser, Gedenkstätten als Lernorte, S. 21. Architektonischer Ausdruck davon ist, dass sich die Seminarräume in Gedenkstätten in aller Regel nicht im Bereich der ehemaligen Häftlingslager befinden. Eine Ausnahme bildet die KZ-Gedenkstätte Neuengamme. Hier sind einige Arbeits- und Versammlungsräume sowie die gesamte Verwaltung in einem massiven historischen Gebäude untergebracht, das ursprünglich als Häftlingsunterkunft diente. Bei der Nutzung der noch vorhandenen historischen Gebäude spielen also durchaus auch pragmatische Entscheidungen eine Rolle.

136 Scheurich, Aktuelle Fragen der Gedenkstättenpädagogik.

137 Ebenda.

Auch Heyl u. a. weisen darauf hin, dass „wir im Zweifel eher Fragen aufzuwerfen imstande sind, als alle Fragen zu beantworten".[138] Gaede betont, dass die Betreuungsangebote vor allem eine Orientierungshilfe böten: „Vielfältige Bezüge zu den Schülern sind hier wichtiger als einfache Lehrsätze".[139] Krause-Vilmar schließlich beschreibt die Gedenkstätte – allerdings deutlich früher als die zuletzt zitierten Autoren – als einen Ort, an dem „unbefangen und ohne Druck und Zwang der Geschichte, Gegenwart und Zukunft menschlicher Existenz gedacht werden" könne.[140] Seitens der pädagogischen Mitarbeiterinnen wird also ein Freiraum des Nachdenkens gefordert und behauptet, der insbesondere die Lehren aus der Geschichte zur Sprache bringen und zur Diskussion stellen soll. Gleichwohl bleibt die Gedenkstättenpädagogik an den öffentlichen Bildungsauftrag gebunden und beansprucht auch intern, ganz bestimmte (Handlungs-)Orientierungen zu bieten und andere zu verhindern.

Trotz allen Wissens, dass die Vermittlung historischer Fakten keine Wirkung auf der Handlungsebene haben muss, dass sie menschenverachtende, rassistische und antisemitische Einstellungen nicht neutralisieren oder verwandeln und grundsätzlich sogar zu affirmativen Haltungen gegenüber dem Täterhandeln und der NS-Ideologie führen kann,[141] wird die Auseinandersetzung mit den NS-Verbrechen als Grundlage „politisch korrekter" Haltungen angesehen, die nur eben nicht erzwungen werden kann. So wird in einem Faltblatt der Gedenkstätte Buchenwald als Ziel der pädagogischen Arbeit ein „selbständig entwickeltes Geschichtsverständnis, das aus der Kenntnis der Vergangenheit heraus ein politisches Bewusstsein prägt und zu eigenem Handeln ermutigt" benannt.[142] Dass diese vage Formulierung keine wertneutrale Pädagogik transportiert, verdeutlicht Daniel Gaede an anderer Stelle: „Weder irgendwelchen Rechten, die wissen wollen, wie man ein Konzentrationslager betreibt, noch irgendwelchen Rassisten und Antisemiten möchten wir helfen, ihr Geschichtsbild weiterzuentwickeln. Es gibt natürlich Wertvorstellungen, zum Beispiel die Menschenrechte, an denen wir uns orientieren."[143]

138 Heyl u. a., Neue Formen jugendgerechter Aneignung, S. 32.

139 Gaede, Pädagogische Konzeption der Gedenkstätte Buchenwald, S. 72.

140 Dietfried Krause-Vilmar, Zum Umgang mit dem Nationalsozialismus an den Orten des Schreckens, in: Neue Sammlung. Vierteljahres-Zeitschrift für Erziehung und Gesellschaft (1987) 27, S. 356–363, hier S. 361.

141 Vgl. Knigge, Erinnern oder auseinandersetzen, S. 37 f.

142 Faltblatt „Pädagogische Angebote" der Gedenkstätte Buchenwald, zit. nach Zumpe, Tagesveranstaltungen, S. 58.

143 Daniel Gaede, Besuchererwartungen in Gedenk- und Erinnerungsstätten, in: Stiftung Haus der Geschichte der Bundesrepublik Deutschland, Gedenkstätten und Besucherforschung, S. 99–106, hier S. 102.

b) Demokratie- und Menschenrechtserziehung

Eine der seit den 1990er-Jahren in den Vordergrund getretenen Aktualisierungsdeutungen ist der Bereich der Demokratie- und Menschenrechtserziehung. Sie hat seit der deutschen Vereinigung gewissermaßen „die Orientierung an antifaschistischer Aufklärung" abgelöst,[144] möglicherweise auch, weil beide Begriffe auf den ersten Blick Gedenkstätten-übergreifend konsensfähig scheinen.[145] Während die pädagogische Aufgabe und Arbeit von Gedenkstätten semantisch seither in den „Horizont" von Menschenrechten und Demokratieorientierung eingeordnet worden sind,[146] gibt es seit Mitte der 2000er-Jahre konkrete Konzeptentwicklungsprojekte an unterschiedlichen Gedenkstätten, die sich mit der Verbindung von historischem, ortsbezogenen Lernen und einer menschenrechtsorientierten Bildungsausrichtung beschäftigt haben und beschäftigen.[147] Fachlicher Austausch wurde auf unterschiedlichen Ebenen realisiert.[148] Auch auf der Ebene wissenschaftlicher Qualifizierungsarbeiten ist die Frage von Menschenrechtserziehung in KZ-Gedenkstätten erörtert worden.[149] Im Jahr 2010 veröffentlichte

144 Scheurich, Aktuelle Aufgaben, S. 71.

145 NS-bezogenen und DDR- bezogenen Gedenkstätten werde, so Bert Pampel, gleichermaßen „die Aufgabe gestellt, die Bürger des Gemeinwesens durch die Auseinandersetzung mit der Vergangenheit für Gefährdungen der Menschenrechte in der Gegenwart zu sensibilisieren und zum Engagement für Grundwerte der Demokratie anzuregen", Pampel, Mit eigenen Augen, S. 42.

146 Vgl. Kaiser, Gedenkstätten als Lernorte, S. 22 f.; Gaede, Pädagogische Konzeption der Gedenkstätte Buchenwald; ders., Besuchererwartungen.

147 Vgl. das Projekt „NS-Geschichte, Institutionen, Menschenrechte" in Neuengamme, http://www.ns-geschichte-institutionen-menschenrechte.de/; das noch laufende Projekt „Entrechtung als Lebenserfahrung" der Stiftung Niedersächsische Gedenkstätten, http://www.stiftung-ng.de/de/projekte/entrechtung-als-lebenserfahrung.html und den Studientag „Menschenrechte" in der Gedenkstätte Buchenwald, http://www.buchenwald.de/141/ [alle 6. 6. 2015].

148 Vgl. die internationale Tagung „Das Recht, das uns zu Menschen macht. Menschenrechte als Antwort auf historisches und aktuelles Unrecht" in Nürnberg 2008, http://www.nmrz.de/wp-content/uploads/2009/10/Tagungsbericht_Otto.pdf sowie die Akademie des Instituts für Menschenrechte zum Thema „Erinnern und Menschenrechte": http://www.stiftung-evz.de/handlungsfelder/handeln-fuer-menschenrechte/menschen-rechte-bilden/internationale-fortbildungsakademie/akademie-2009.html [6. 6. 2015]; vgl. auch das Themenheft „Menschenrechtsbildung in Gedenkstätten" Politisches Lernen (2012) 3–4.

149 Vgl. Katja Ganske, Menschenrechtsbildung in NS-Gedenkstätten. Neue pädagogische Überlegungen zum Lernen aus der Geschichte des Nationalsozialismus, Berlin 2014, http://opus4.kobv.de/opus4-tuberlin/frontdoor/index/index/docId/5183; Helen Zumpe, Menschenrechtsbildung in der Gedenkstätte. Eine empirische Studie zur Bildungsarbeit in NS-Gedenkstätten, Schwalbach/Ts. 2012.

die „Agentur der Europäischen Union für Grundrechte" eine bestandsaufnehmende Studie, die EU-weit den Zusammenhang von „Holocaust Education" und Menschenrechtserziehung untersucht hat.[150] Dabei hat sich allerdings gezeigt, dass die Fachdebatten weitgehend getrennt geführt werden und die bestehende Definition dessen, was in Fachkreisen als Menschenrechtserziehung gilt, kaum innerhalb einer orts- und ereignisgebundenen Gedenkstättenpädagogik übernommen wird und werden kann.[151]

Die Frage der Eignung von Gedenkstätten für das Demokratielernen ist ebenfalls in zwei aufeinanderfolgenden Projekten untersucht worden.[152] Die Verfasserinnen bzw. Projektverantwortlichen kommen dabei zu dem Schluss, dass additive Modelle von Geschichtslernen und Demokratiebildung wenig fruchtbar seien, und plädieren für Demokratiebildung durch demokratische Lernarrangements.[153]

Gedenkstättenpädagogische Angebotsformate

Der institutionellen Gedenkstättenpädagogik kommt zusammenfassend die anspruchsvolle Aufgabe zu, nicht nur ein enorm verzweigtes wissenschaftliches Wissen zum Nationalsozialismus allgemein und dem Lagersystem mit dem Spezialwissen zum je konkreten Ort zu vermitteln, sondern auch die wiederum ortsbezogenen Einzelgeschichten und Schicksale von Häftlingen so zu erzählen, dass die Adressaten von Bildungsveranstaltungen ein empathisches Verhältnis zu diesen und damit einen persönlichen Bezug zur Geschichte, vor allem aber zu konkreten historischen Personen entwickeln können. Dies soll außerdem zur Entwicklung und Stärkung demokratischer Einstellungen, Verhaltensweisen und Handlungsorientierungen beitragen. Gestiegene Anforderungen aufgrund des

150 Vgl. FRA, Die Vergangenheit für die Zukunft entdecken.

151 Vgl. auch Kößler, Menschenrechtsbildung und historisches Lernen; Alfred Scherr/Ulrike Hormel, Evaluation des Förderprogramms „Geschichte und Menschenrechte", in Auftrag gegeben von der Stiftung „Erinnerung, Verantwortung und Zukunft", Berlin 2008.

152 Vgl. Verena Haug/Barbara Thimm, Projektdokumentation „Aus der Geschichte lernen?" Entwicklung zeitgemäßer Seminarkonzepte zur Vermittlung der NS-Geschichte insbesondere an Gedenkstätten im Kontext einer historisch-politischen Bildungsarbeit im Demokratie fördernder Perspektive, http://www.cap.lmu.de/download/2007/gedenkstaetten.pdf; Thimm/Kößler/Ulrich, Verunsichernde Orte.

153 Das umfangreiche und elaborierte Fortbildungsprogramm „Verunsichernde Orte" hebt insofern vor allem auf die Reflexion des professionellen Selbstverständnisses der pädagogischen Mitarbeiter von Gedenkstätten ab und entwickelt Übungen und Methoden zur Umsetzung demokratischer Lernformen.

sich stark ausdifferenzierenden historischen Wissens einerseits und einer veränderten Adressatenschaft erforderten ein pädagogisch-professionelles Profil, das sowohl Fachwissen und spezifische Kompetenzen im Umgang mit den Orten in ihrer gegenwärtigen Funktion und ihren Wirkungsmöglichkeiten umfasst, als auch die – oft jugendlichen – Adressaten in ihren Interessen, Bedürfnissen und Geschichtsbezügen ernstnimmt. Alle genannten Aufgaben und Ziele haben ihren Kern in der interaktiven Begegnung, dem Gespräch, der Kommunikation.

Führung

Das zahlenmäßig bedeutsamste pädagogische Angebot aller Gedenkstätten ist die Führung.[154] Führungen dienen als informatives Angebot für die breite Masse der Besucher, stellen zum Teil aber auch eine notwendige Voraussetzung dar, bestimmte Bereiche der ehemaligen Lager überhaupt aufsuchen zu können. Die Führung reagiert zum einen auf die „Bedürfnisstruktur"[155] von Einzelbesucherinnen und Besuchergruppen: Die Nachfrage insbesondere von Schulen und anderen Institutionen nach informativen aber zeitlich kompakten Angeboten ist ausgesprochen hoch. Die Führung ist nicht nur ein Veranstaltungsformat jeder Gedenkstätte, sondern als Methode auch Teil jedes pädagogischen Angebots. Sie dient in KZ-Gedenkstätten vor allem der Erschließung der Gelände.

In der gedenkstättenpädagogischen Fachdebatte werden Führungen aber nahezu vollständig ignoriert[156] oder ausgesprochen kritisch thematisiert: Die Führung stehe der Selbstaneignung Jugendlicher entgegen und verbaue ihnen die „Möglichkeit, im eigenen Lerntempo Ausstellungen und historischen Ort zu erkunden".[157] Sie verleite zur Routine und mache den Graben zwischen Experten und Rezipientinnen unüberbrückbar. Führungen seien „nicht nur pädagogisch wirkungslos, sondern können die Kommunikation der Jugendlichen untereinander stören".[158] Gerade in der Führung, die Gunter Otto für den museums-

154 Zur Anzahl der Führungen in einigen Gedenkstätten siehe Gudehus, Dem Gedächtnis zuhören, S. 12 f.

155 Morsch, Entwicklung, S. 59.

156 Vgl. Frank Jürgensen, Unter dem Teppich liegt der Standard. Wie kommt es, dass die Führung in Gedenkstätten so wenig beachtet wird?, in: Standbein-Spielbein. Museumspädagogik aktuell (2003) 65, S. 55–60.

157 Bärbel Maul, Methoden der Gedenkstättenarbeit. Eine vernachlässigte Diskussion?, in: Landeswohlfahrtsverband Hessen (Hrsg.), Methoden der Gedenkstättenpädagogik. Ein Tagungsband der Gedenkstätte Hadamar, Kassel 1994, S. 9–14.

158 Annegret Ehmann/Hanns-Fred Rathenow, Besuch einer Gedenkstätte, in: Dossier Geschichte begreifen, http://www.bpb.de/lernen/unterrichten/geschichte-begreifen/42327/besuch-einer-gedenkstaette, o. S. [6. 6. 2015].

pädagogischen Kontext polemisch als „Frontalunterricht im Gehen“[159] bezeichnet hat, wird offenbar ein schulisches Element am außerschulischen Lernort identifiziert, das dem besonderen Potenzial der Gedenkstätte und auch dem Selbstverständnis der Gedenkstättenpädagogik in weiten Teilen entgegenzulaufen scheint. Frank Jürgensen hat darauf hingewiesen, dass sich in dem Sammelband „Praxis der Gedenkstättenpädagogik“ von 1995 kein einziger Aufsatz befinde, der sich mit der „Standardführung“ beschäftige.[160] Auch das zehn Jahre später erschienene Sonderheft der museumspädagogischen Zeitschrift Standbein/Spielbein mit dem Themenschwerpunkt Gedenkstättenpädagogik enthält keinen entsprechenden Beitrag.[161]

Die weitgehende Ignoranz bzw. heftige Kritik an dem am stärksten nachgefragten pädagogischen Angebot erklärt sich damit, dass Ziele und Aufgaben wie etwa selbstständiges Denken oder ein reflektiertes Geschichtsbewusstsein eng an ihre Umsetzung und damit an die eingesetzten Methoden der aktiven Aneignung im Sinne eines entdeckenden Lernens oder der diskursiven Auseinandersetzung gebunden werden. Die Glaubwürdigkeit der Gedenkstättenpädagogik wird programmatisch wesentlich an die Übereinstimmung von Zielen mit ihrer Umsetzung gebunden und an dem pädagogischen Prinzip „practice what you preach“ gemessen:[162] Da Konformität als Lernziel abgelehnt wird, dürfe sie durch Pädagogik nicht erzeugt werden. Wird Demokratie als Lernziel verfolgt, müsse Mitspracherecht eingeräumt werden.[163] Da auf Führungen aber offenbar nicht verzichtet werden kann, um die historischen Orte zu erklären, werden „dialogische Führungen“ präferiert: An verschiedenen Gedenkstätten werden Führungsvarianten praktiziert, bei denen sich die Jugendlichen arbeitsteilig verschiedene Orte im Gelände oder Teile einer Ausstellung inhaltlich aneignen und sie sich

159 Gunter Otto, Lernen und Lehren zwischen Didaktik und Ästhetik, Seelze-Velber 1998, S. 155.

160 Vgl. Jürgensen, Unter dem Teppich; er bezieht sich auf Ehmann u. a., Praxis der Gedenkstättenpädagogik.

161 Vgl. Standbein-Spielbein. Museumspädagogik aktuell (2005) 72. In einem neuen Sammelband zur Gedenkstättenpädagogik, wird der Führung schließlich ein eigener Aufsatz gewidmet, vgl. Julius Scharnetzky, Führungen an Orten mit nationalsozialistischer Vergangenheit, in: Gryglewski u. a. (Hrsg.), Gedenkstättenpädagogik, S. 236–250.

162 Hanns-Fred Rathenow, Didaktische Implikationen einer Erziehung nach Auschwitz, in: Erler, Erinnerung und Verstehen, S. 223–229, hier S. 228.

163 Vgl. etwa Kaiser, Herausforderungen. Zur pädagogischen Arbeit in Gedenkstätten für die Opfer des Nationalsozialismus, in: Politisches Lernen (2003) 1–2, S. 13–20; Annegret Ehmann, Aktuelle Fragestellungen in der historisch-politischen Bildung, in: Claudia Lenz/Jens Schmidt/Oliver von Wrochem (Hrsg.), Erinnerungskulturen im Dialog. Europäische Perspektiven auf die NS-Vergangenheit, Münster 2002, S. 91–102, hier S. 94.

anschließend in einem gemeinsamen Rundgang gegenseitig vorstellen.[164] Als weitere Führungsvariante sind Selbsterkundungen entwickelt worden, wie beispielsweise der „Fotospaziergang" in der Gedenkstätte Ravensbrück.[165]

Seminare

Als zeitintensivere Alternative zu den Führungen haben sich in den meisten (KZ-) Gedenkstätten inzwischen Seminarformate von einem oder mehreren Tagen Dauer etabliert.[166] Tagesveranstaltungen gelten als Zwischenform, die „die ‚Lücke' zwischen kurzzeitiger Führung und mehrtägiger ‚Projektarbeit'" schließen sollen[167] und bilden das über eine Führung hinausgehende pädagogische Angebot in jenen Gedenkstätten ohne Übernachtungsmöglichkeiten.[168] Die meisten KZ-Gedenkstätten bieten Projekte, Studientage oder Studienbesuche inzwischen zu einer Vielzahl von Spezialthemen an. Besonderer Wert wird auf die selbstständige, meist produktorientierte Erarbeitung einzelner Themenschwerpunkte gelegt, die idealerweise den individuellen Interessen der Teilnehmerinnen entsprechen und

164 Vgl. etwa Elke Gryglewski/Christoph Kreutzmüller, Fü(h)reinander. Pädagogisches Arbeitsmaterial und Kopiervorlagen für Klassenstufe 9–10 aller Schultypen, Unterrichtseinheit ca. 180 Minuten. Ein didaktisches Konzept zur arbeitsteiligen, wechselseitigen Führung durch die Ausstellung im Haus der Wannsee-Konferenz zum Thema Juden unter nationalsozialistischer Herrschaft – Entrechtung, Vertreibung und Vernichtung, Berlin 2000; kritisch dazu Nora Sternfeld, Was heißt selbstbestimmt? Anspruch und Wirklichkeit von Geschichtsvermittlung in zeithistorischen Ausstellungen, in: Büro trafo K, In einer Wehrmachtsausstellung. Erfahrungen mit Geschichtsvermittlung, Wien 2003, S. 87–101, hier S. 89 ff.

165 Vgl. Matthias Heyl/Thomas Kunz/Angelika Meyer, Mehrtagesseminare in der Gedenkstätte Ravensbrück, in: Hilmar, Ort, Subjekt, Verbrechen, S. 174–184.

166 Kritisch hingewiesen wird aber auf fehlende, personelle und finanziellen Kapazitäten der Einrichtungen, die eine solche, zeitintensivere Beschäftigung mit den Orten verhinderten, vgl. Morsch, Zur Entwicklung der Pädagogik in der Gedenkstätte Sachsenhausen.

167 Zumpe, Tagesveranstaltungen, S. 35.

168 Eine besondere Form der Seminare sind (internationale) Workcamps und Jugendbegegnungen, die als pädagogische Angebote gleichermaßen originär wie außergewöhnlich sind. Sie bilden gewissermaßen die „Urform" der Gedenkstättenpädagogik, stellen quantitativ aber keine pädagogische Hauptaufgabe der Gedenkstätten dar. Sie werden als Kooperationen zwischen Freiwilligendiensten wie der „Aktion Sühnezeichen Friedensdienste" oder dem „Service Civil International" und der jeweiligen Gedenkstätte durchgeführt. Die Idee der Workcamps verbindet die internationale Begegnungs- und Friedensarbeit mit historischer Bildung und der praktischen Pflege der Gedenkorte. Bestandteil der Workcamps sind Erhaltungsarbeiten an den Orten, die konkret wie symbolisch dazu dienen sollen, das Gedenken an die Opfer und die Taten in Erinnerung zu halten. Vgl. z. B. die Richtlinien für Sommerlager auf der Website der Aktion Sühnezeichen/Friedensdienste: http://www.asf-ev.de.

in Einzel- oder Kleingruppenarbeit bewerkstelligt werden (sollen). Betont werden Medien- und Methodenwechsel und der Einsatz unterschiedlicher Sozialformen. Hervorgehoben werden Methoden, die den didaktischen Prinzipien des „entdeckenden Lernens", des selbstverantwortlichen und sozialen Lernens sowie der Subjekt-, Prozess- und Handlungsorientierung zugeordnet sind.[169]

In den mehrstündigen bis mehrtägigen gedenkstättenpädagogischen Seminaren werden eine Vielzahl von Medien eingesetzt, die dabei helfen sollen, die Topografie der historischen Orte und ihre komplexe Geschichte, aber auch die unterschiedlichen Erfahrungen mit und Perspektiven auf diese Geschichte zu verstehen. Dazu gehören neben den Ausstellungen mit ihren Ausstellungstexten und Exponaten weitere Archivalien und Dokumente, persönliche Nachlässe, Erinnerungsberichte und Fachliteratur, Zeitzeugenvideos und Hörstationen.[170] Anders als diese exklusive und spezifische Materialgrundlage für die pädagogische Arbeit gibt es nur wenige originär gedenkstättenpädagogische Methoden. Am ehesten sind dies solche, in denen anhand historischer Fotografien und neuer Medien einerseits versucht wird, die historischen Orte sichtbar zu machen[171] oder, wie in der Gedenkstätte Buchenwald mit Ausgrabungsgegenständen, sogenannten Fundstücken, zu arbeiten, um ausgehend vom Objekt Geschichte zu rekonstruieren.[172] Darüber hinaus kommen neben dem Lesen und Schreiben theaterpädagogische sowie kunst- und medienpädagogische Methoden zum Einsatz, letzteres allerdings vor allem im Rahmen längerfristiger Projekte.[173]

169 Das entdeckende Lernen umfasst die interessengeleitete, eigenständige Beschäftigung mit schriftlichen Dokumenten, Ton- und Bildquellen, Recherchen in Archiven und Bibliotheken zur Erarbeitung bestimmter Themenschwerpunkte, Biografien oder Orte. Zum „entdeckenden Lernen" und seinen Grenzen in Gedenkstätten vgl. Doreen Cerny, Entdeckendes Lernen an KZ-Gedenkstätten – Copei und das Konzept des entdeckenden Lernens im (außer-)schulischen Bildungsgeschehen, in: Diskurs Kindheits- und Jugendforschung 5 (2010) 4, S. 445–449.

170 Vgl. Verena Haug/Martin Schellenberg, Gedenkstätten als Medien, in: Anja Besand/Wolfgang Sander (Hrsg.), Handbuch Medien in der politischen Bildung, Schwalbach/Ts. 2010, S. 213–222.

171 Einen Überblick über den aktuellen Einsatz von neuen Medien in der Gedenkstättenpädagogik geben Fabian Müller/Martina Ruppert-Kelly, Gelände erkunden. Virtuelle Medien bei der Vermittlung an Gedenkorten, in: Gryglewski u. a. (Hrsg.), Gedenkstättenpädagogik, S. 251–262.

172 Vgl. Die sieben Schritte der archäologischen Denkmalpflege, http://www.buchenwald.de/425/ sowie grundlegender Ronald Hirte, Dinge als Zeugnisse des Vergangenen, in: Gryglewski u. a. (Hrsg.), Gedenkstättenpädagogik, S. 207–220.

173 Vgl. Birgit Dorner/Kerstin Engelhardt, Arbeit an Bildern der Erinnerung. Ästhetische Praxis, außerschulische Jugendbildung und Gedenkstättenpädagogik, Stuttgart 2004;

Als zentrale Methode für Seminare gelten solche, die die „Bilder im Kopf" der Teilnehmer zur Sprache bringen sollen, um über die Erwartungen an den Gedenkstättenaufenthalt ins Gespräch zu kommen. Dem Gespräch oder allgemeiner: Der Interaktion wird eine besondere Bedeutung eingeräumt, und die Vorerwartungen und Annahmen, das Hintergrundwissen oder Unwissen, die Geschichtsbezüge sollen in den Seminaren deutlich berücksichtigt und in den Gesprächen vor Ort thematisiert werden. „Dahinter steht die Überzeugung, dass eine interaktive Einbindung beim Gedenkstättenbesuch insgesamt zu einer nachhaltigeren Auseinandersetzung mit dem Ort und der Geschichte führt. Die Involvierung und Ermächtigung des Individuums ist eine zentrale Komponente der politischen Bildung. Nicht bei ideologischen oder moralischen Erklärungen, sondern bei dieser Selbstreflexion des Ich setzt politische Bildung ein."[174]

Die Teilnehmerinnen einzubeziehen und ihre Interessen und Bedürfnisse ernst zu nehmen, gilt auch als zentrale Voraussetzung für die Erreichung wichtiger Lernziele. Um Empathie mit den Opfern zu entwickeln, muss Empathie auch in der Lernsituation erfahren werden.[175]

Bildungsverbund für die Internationale Jugendbegegnungsstätte Sachsenhausen e. V. (Hrsg.), Kunst – Raum – Erinnerung. Künstlerische und kulturpädagogische Strategien in KZ-Gedenkstätten, Potsdam 2010.

174 Yariv Lapid, Christian Angerer, Maria Ecker, „Was hat es mit mir zu tun?", in: GedenkstättenRundbrief Nr. 162 (2011), S. 40–45.

175 Vgl. Matthias Heyl, Mit Überwältigendem überwältigen? Emotionen in KZ-Gedenkstätten, in: Juliane Brauer/Martin Lücke (Hrsg.), Emotionen, Geschichte und historisches Lernen. Geschichtsdidaktische und geschichtskulturelle Perspektiven, Göttingen 2013, S. 239–259; Susanne Popp, Der Gedenkstättenbesuch. Ein Beitrag zur historisch-politischen Bildung, http://www.sowi-online.de/praxis/methode/gedenkstaettenbesuch_ein_beitrag_zur_historisch_politischen_bildung.html [6. 6. 2015].

III. Das Forschungsdesign

Forschungszusammenhang: Der Umgang mit den Paradoxien politisch-moralischer Erziehung

Die Frage, wie Gedenkstättenpädagogik praktisch aussieht, wie also Pädagogik in Gedenkstätten möglich (gemacht) wird, betrifft neben den politisch-administrativen Rahmenbedingungen und den konzeptionell-didaktischen Überlegungen wesentlich die operative Ebene der pädagogischen Interaktion. Diese zu untersuchen ist das zentrale Anliegen der vorliegenden Arbeit.

Die Arbeit stützt sich auf die theoretischen und methodologischen Grundlagen des von der DFG geförderten Forschungsprojekts „Zum Umgang mit den Paradoxien politisch-moralischer Erziehung", in dessen Zusammenhang sie entstanden ist.[1] Das DFG-Projekt hat die Frage untersucht, wie zentrale Strukturprobleme der Erziehung – gefasst als Paradoxien – in bestimmten pädagogischen Settings bearbeitet werden. Thematisch ging es dabei um die Behandlung der NS-Geschichte in der Form Unterricht sowie in außerschulischen Jugendbildungseinrichtungen und Gedenkstätten, die vergleichend untersucht wurde. Im Zentrum standen Potenziale, „die verschiedene Formen pädagogischer Kommunikation für den Umgang mit den Strukturproblemen der Erziehung bereitstellen".[2]

Drei Strukturprobleme moderner Erziehung wurden dabei unterschieden: Erstens die paradoxe Erwartung an Erziehung zu erziehen, ohne die erzieherische Absicht in ihrer Wirkung kontrollieren zu können; zweitens der paradoxe Selbstanspruch, Wissen und Werte bei den Adressaten und Adressatinnen verbindlich zu verankern, ohne deren Autonomie einzuschränken und drittens die Frage, mit welcher Legitimation Erziehung bestimmte Werte in einer plural gefassten Gesellschaft verbindlich machen will und kann. Der Untersuchungsgegenstand – Unterricht und außerschulische Bildung zum Thema Nationalsozialismus – wurde

1 Vgl. Matthias Proske/Frank-Olaf Radtke, Der Umgang mit den Paradoxien politisch-moralischer Erziehung. Eine vergleichende Untersuchung in zwei Institutionalisierungsformen pädagogischer Kommunikation. Projektarbeitsbericht 2005–2007 an die Deutsche Forschungsgemeinschaft, o. O. 2007. Das DFG-Projekt wurde 2005–2007 am Fachbereich Erziehungswissenschaften der Johann-Wolfgang Goethe-Universität Frankfurt a. M. unter Leitung von Frank-Olaf Radtke, Matthias Proske und Wolfgang Meseth sowie unter Mitarbeit von Juliane Hogrefe, Oliver Hollstein, Annina Lottermann, Pascal Pfeiffer und der Verfasserin durchgeführt.

2 Ebenda, S. 4.

aufgrund der Annahme gewählt, dass die genannten strukturellen Probleme im Praxisfeld politisch-moralischer Erziehung besonders deutlich zutage treten. Das Forschungsprojekt zielte aber nicht darauf, Defizite der Praxis zu identifizieren oder gar eine Unmöglichkeit von Erziehung anzuzeigen. Vielmehr wurde davon ausgegangen, dass die Praxis die Strukturprobleme immer bearbeiten muss und bearbeitet. Ziel der Untersuchung war, Aussagen darüber treffen zu können, wie mit diesen grundlegenden Paradoxien in den unterschiedenen pädagogischen Kontexten umgegangen wird.[3]

Theoretischer Rahmen: Erziehung als pädagogische Kommunikation

„Erziehung" besteht Klaus Prange zufolge aus zwei Akten: dem Akt des Erziehens und dem Akt des Lernens, die im Begriff Erziehung zusammengeführt sind.[4] Während Lernen grundsätzlich eine individuelle Eigenleistung ist und auf die Seite des Erziehens auch verzichten kann, kommt der Akt des Erziehens nicht ohne das Lernen aus. Er ist immer auf das Lernen der Adressaten bezogen, bleibt aber in seiner Wirkung unsicher und ist letztlich nicht planbar. Das liegt nicht allein an der Autonomie des Adressaten, der sich der erzieherischen Absicht verweigern kann,[5] sondern an einem grundsätzlichen Überschuss an Deutungsmöglichkeiten in jeglichen sozialen Zusammenhängen und an den unterschiedlichen Anschlussmöglichkeiten der Kommunikation. Jedes Kommunikationsereignis kann deswegen nicht nur vom Gegenüber, sondern von beiden Akteuren unterschiedlich verstanden werden und ist deswegen in der Lage, die weiteren Anschlussmöglichkeiten zu beeinflussen. Dieses seit Talcott Parsons als „doppelte Kontingenz"[6] bezeichnete und inzwischen in den verschiedenen Strömungen der empirischen Unterrichts- und Bildungsforschung anerkannte Problem ist insofern kein spezifisch pädagogisches. Doppelte Kontingenz ist vielmehr ein Merkmal jeglicher sozialer Interaktion.

Daran schließt sich allerdings die Frage an, wie trotzdem soziale Ordnung hergestellt wird, wie Verstehen und soziales Handeln möglich werden. Bezogen auf pädagogische Kommunikationen stellt sich die Frage, wie Erziehung operativ möglich wird. Setzt man „doppelte Kontingenz" als „Bezugsproblem des

3 Vgl. ebenda, S. 5.

4 Vgl. Klaus Prange, Die Zeigestruktur der Erziehung. Grundriss der Operativen Pädagogik, Paderborn 2005.

5 Vgl. ebenda.

6 Talcott Parsons/Edward A Shils, Towards a General Theory of Action, Cambridge 1951.

sozialen Phänomens Unterricht" – oder gedenkstättenpädagogischer Seminare – voraus, „insofern für lernbezogene Interaktionen gilt, dass Lehrer und Schüler jeweils aus einer Mehrzahl von Fortsetzungsmöglichkeiten auswählen und damit die Anschlüsse für weitere Aktionen und Reaktionen beeinflussen können",[7] so kommt man nicht umhin, daran zu zweifeln, dass sich die pädagogische Praxis von der programmatischen Absicht und didaktischen Planung zielgerichtet steuern ließe. Entscheidend ist, dass die Verläufe auch lernbezogener Interaktionen weder kausal bestimmt noch linear sind. An jeder Stelle der Kommunikation ließen sich andere Fortsetzungen denken, wenngleich bestimmte Rahmenbedingungen ihre Kontingenz einschränken.[8]

Da Interaktionen aber nicht exakt vorhersehbar sind, können sie nur rekonstruktiv erfasst werden. Erst in der Rekonstruktion wird die soziale Ordnung pädagogischer Interaktion sichtbar. Das Zerlegen von Kommunikationsereignissen lässt „absichtsvolle Kontingenzeinschränkungen"[9] erkennen, die dann bestimmte Anschlüsse „wahrscheinlicher werden lassen und wieder andere ausschließen".[10] Meseth/Proske/Radtke schlagen vor, „die operative Logik des Unterrichts, aber auch anderer Formen der Erziehung als einen Generator zu behandeln, der eine spezifische Ordnung hervorbringt".[11] Diese Rekonstruktionsarbeit ist insbesondere für ein pädagogisches Feld wie das der Gedenkstättenpädagogik, dessen theoretische Beschreibung noch kaum existiert, von entscheidender Bedeutung, auch wenn mit dieser Arbeit noch nicht der Anspruch erhoben werden kann, die „spezifische Ordnung" gedenkstättenpädagogischer Praxis allgemein theoretisch zu fassen. Sie erlaubt allerdings, über die intensive Interpretation Aussagen darüber zu treffen, welche Probleme Gedenkstättenpädagogik *in-situ* und folglich kommunikativ lösen muss und wie sie es tut. Dafür richtet die Arbeit im

7 Wolfgang Meseth/Matthias Proske/Frank-Olaf Radtke, Was leistet eine kommunikationstheoretische Modellierung des Gegenstandes „Unterricht", in: dies. (Hrsg.), Unterrichtstheorien in Forschung und Lehre, Bad Heilbrunn 2011, S. 223–240, hier S. 223.

8 Diese Rahmenbedingungen sind für das Interaktionssystem Unterricht recht gut bekannt – Schule dient gesellschaftlich der Wissensvermittlung sowie der Bewertung der Schüler. Sie hat ihre eigene Raum- und Zeitorganisation und die Anwesenheit der Beteiligten ist weder freiwillig noch ist sie thematisch begründet. Für die Gedenkstättenpädagogik, die sich grundsätzlich freier zu den öffentlichen Erwartungen verhalten kann, etwa weil kein verbindliches Curriculum besteht, gleichwohl aber nicht unabhängig operieren kann, sind die Rahmenbedingungen weit weniger klar.

9 Wolfgang Meseth/Matthias Proske/Frank-Olaf Radtke, Kontrolliertes „Laissez-faire". Auf dem Weg zu einer kontingenzgewärtigen Unterrichtstheorie, in: Zeitschrift für Pädagogik 58 (2012) 2, S. 223–241, S. 226.

10 Ebenda.

11 Ebenda, S. 224.

empirischen Teil den Blick auf die operative Ebene des Geschehens. Die operative Logik ist dabei strikt von den Absichten der Beteiligten zu unterscheiden, weil sich „das Soziale nicht als Summe der Absichten und mentalen Repräsentationen von Individuen erklären lasse".[12] Wenn also lernbezogene Interaktionen weder von den didaktischen Entwürfen und Planungen kausal bestimmt noch von den individuellen Motivationen der am Geschehen beteiligten Individuen betrachtet werden können, sondern ihrer eigenen operativen Logik folgen und sich in dieser Logik entwickeln, wie lassen sich Unterricht und andere pädagogische Interaktionsformen dann theoretisch fassen?

In ihrem Empirie gestützten kommunikationstheoretischen Entwurf für eine „kontingenzgewärtige Unterrichtstheorie" greifen Meseth, Proske und Radtke auf das Luhmannsche Konzept der „soziokulturellen Evolution" zurück.[13] Sie fassen Erziehung als „symbolisch generalisiertes Kommunikationsmedium". Dabei handelt es sich um eine Analysefigur, die Niklas Luhmann zur Beschreibung der Möglichkeit des Verstehens in sozialen Systemen entwickelt hat, und gehen unter Rückgriff auf Rekonstruktion und Analyse von Unterrichtssequenzen davon aus, dass kommunikative „Anschlüsse in einer organisatorisch gerahmten Interaktion wie dem Schulunterricht" keineswegs willkürlich sind: „Unterricht als hochspezialisierte Interaktionsform kann auf generalisierte Erwartungen der Teilnehmer zurückgreifen, die bestimmte Reaktionen wahrscheinlicher machen, ohne jedoch den Interaktionsverlauf determinieren zu können."[14]

Grundlage der skizzierten theoretischen Annahmen ist, Erziehung selbst als – pädagogische – Kommunikation zu verstehen.[15] Dies bietet eine Antwort auf die Frage, wie Erziehung möglich bzw. beobachtbar ist, obwohl das Individuum, gedacht als psychisches System, kommunikativ nicht zugänglich ist. Die Systemtheorie unterscheidet zwischen Individuum als psychischem System und Person als der „dem sozialen System, der Kommunikation zugewandte Außenseite des Individuums".[16] Kommunikativ erreichbar ist nur die (soziale) Person. Aneignung

12 Meseth/Proske/Radtke, Kommunikationstheoretische Modellierung, S. 225.

13 Niklas Luhmann, Sinn, Selbstreferenz und soziokulturelle Evolution, in: Günter Burkart/Gunter Runkel (Hrsg.), Luhmann und die Kulturtheorie, Frankfurt a. M. 2004, S. 241–289.

14 Meseth/Proske/Radtke, Kommunikationstheoretische Modellierung, S. 225.

15 Auch das Konzept „Erziehung als pädagogische Kommunikation" geht auf Luhmann zurück und ist von Jochen Kade für die Erziehungswissenschaft ausformuliert worden, vgl. Jochen Kade, Erziehung als pädagogische Kommunikation, in: Dieter Lenzen (Hrsg.), Irritationen des Erziehungssystems. Pädagogische Resonanzen auf Niklas Luhmann, Frankfurt a. M. 2004, S. 199–232.

16 Ebenda, S. 204.

als bewusstseinsintegrierte Aneignung kann nur vom psychischen System geleistet werden. Kommunikationsintegrierte Aneignung hingegen kann beobachtet werden, insofern sie sich als „Kommunikation unter Anwesenden und unter den Bedingungen wechselseitiger, reflexiver Wahrnehmung“ zeigt.[17] Dies macht sich nicht nur die „Lehrkraft“ zunutze, sondern dies bildet auch die Grundlage für die Rekonstruktion des Kommunikationsverlaufs im qualitativen Forschungsprozess: Rekonstruierbar ist das, was in der Kommunikation sichtbar wird.

Kade beschreibt die kommunikative Aneignung als „Erfindung der pädagogischen Kommunikation, damit sie die ihr unzugängliche Aneignung des psychischen Systems wenigstens in der Form eines ausdeutbaren Derivats in ihre Operationen integrieren kann und sie ihr so locker zugänglich wird“.[18] Die kommunikative Aneignung repräsentiert in der Deutung des Beobachters die bewusstseinsförmige Aneignung in der pädagogischen Kommunikation, die dann im nächsten Schritt bewertet und rückgemeldet werden kann – und muss: „Pädagogische Kommunikation operiert aneignungsbezogen, wobei dies mit einschließt, dass die – aus der Perspektive der Wissensvermittlung – ‚richtige‘ Aneignung auch überprüft wird.“[19] Der Dreischritt aus aneignungsbezogener Wissensvermittlung, kommunikativ sichtbarer Aneignung und Aneignungsbewertung wird somit konstitutiv für Erziehung als pädagogischer Kommunikation.

Dass für die theoretische Grundierung der vorliegenden empirischen Untersuchung ein Konzept herangezogen wird, das entgegen des Selbstverständnisses und der Selbstbeschreibung von Gedenkstättenpädagogik als Bereich der Jugend*bildung* ausdrücklich *Erziehung* in den Mittelpunkt rückt, muss erläutert werden. Immerhin unterscheiden sich die Konzepte von Bildung und Erziehung gerade hinsichtlich der „Freigabe oder Bindung von Aneignung“.[20] Das Konzept Bildung „setzt sich – wenn man es als pädagogisches Konzept interpretiert – gerade von Einwirkungs- und Steuerungserwartungen ab, wie sie mit dem Konzept Erziehung verknüpft sind. Bildung ist tendenziell immer Selbstbildung. Sie steht für die Freigabe der individuellen Aneignung, die im Verantwortungsbereich des adressierten Individuums liegt“.[21] Im Gegensatz dazu ist Erziehung dadurch geprägt, dass Aneignung sichtbar werden muss. Aneignung muss deswegen theoretisch „so

17 Ebenda, S. 226.

18 Ebenda, S. 209.

19 Jochen Kade/Wolfgang Seitter, Wissensvermittlung – pädagogische Kommunikation – Selbstbeobachtung. Zur Institutionalisierung des Lernens im Erwachsenenalter, in: dies. (Hrsg.), Pädagogische Kommunikation im Strukturwandel. Beiträge zum Lernen Erwachsener, Bielefeld 2005, S. 47–61, hier S. 51.

20 Ebenda, S. 52.

21 Ebenda, S. 50.

bestimmt sein, dass pädagogische Kommunikation ihr Stattfinden feststellen kann, wenn auch nicht unbedingt in jedem einzelnen Kommunikationsereignis".[22]

Die Gedenkstättenpädagogik könnte nun proklamieren, auf Kontrolle und Bewertung bewusst verzichten zu wollen, die Aneignung also in den Verantwortungsbereich der Adressaten abzugeben.[23] Dass für die vorliegende Untersuchung dennoch *Erziehung* als Bezugspunkt gewählt worden ist, hat zwei Gründe. Zum einen wird Erziehung hier mit Klaus Prange als „Kerngeschäft" pädagogischen Handelns und als das „maßgebende Thema der Disziplin [...], die als Erziehungswissenschaft bezeichnet wird", verstanden.[24] Pranges Konzept einer „operativen Pädagogik" fasst den Erziehungsbegriff jenseits seiner normativen Aufladung in seiner formalen Qualität als das, was jegliches pädagogisches Handeln ausmacht. Dieses hat seinen Bezugspunkt im Lernen, unabhängig davon, ob die Adressaten Kinder, Schülerinnen, Klienten oder Teilnehmerinnen genannt werden.[25]

Der zweite Grund für die Orientierung am Erziehungsbegriff liegt in einer gewissen Skepsis gegenüber dem von der Gedenkstättenpädagogik beanspruchten Bildungsbegriff: Es handelt sich bei der Gedenkstättenpädagogik um Inhalte, bei der die Frage, was angeeignet wird, nicht wirklich auf Freigabe gesetzt, sondern zumindest auf die moralisch erwünschte Aneignung gehofft wird; dies gilt vermutlich umso mehr in Bezug auf jugendliche Adressaten. Darüber hinaus ist auch in der Bezeichnung von Gedenkstättenpädagogik als Bildung das Paradoxieproblem der Erziehung nicht aufgehoben.[26] Auch Gedenkstättenpädagogik ist kein herrschaftsfreier Raum, und dies gilt es zu reflektieren. Zwar enthalte, so Michael Wimmer, die bildungstheoretische Perspektive

> „ein kritisches Potential gegenüber den Verantwortungs- und Steuerungsansprüchen der Erziehung wie auch gegenüber allen von außen an das Individuum herangetragenen Ansprüchen, Zwecksetzungen oder Behauptungen, diesem sagen zu können, was gut für es wäre. [...] Doch die Paradoxie ist nicht verschwunden, sondern verschoben. Bildung ohne Herrschaft scheint genauso unmöglich zu sein wie Erziehung ohne Zwang. Nur die Zurechnung der Fremdbestimmung wird anonymer."[27]

22 Kade, Erziehung als pädagogische Kommunikation, S. 207.

23 Dietfried Krause-Vilmar, Überlegungen zum Verständnis des Lehrens und Lernens in den Gedenkstätten für die Opfer des Nationalsozialismus, in: GedenkstättenRundbrief Nr. 72 (1996), S. 3–6.

24 Prange, Zeigestruktur, S. 12.

25 Vgl. auch ebenda, S. 45.

26 Vgl. Michael Wimmer, Dekonstruktion und Erziehung. Studien zum Paradoxieproblem in der Pädagogik, Bielefeld 2006, S. 43 f.

27 Ebenda, S. 44 f.

Bezeichnet man also mit Prange auch die Gedenkstättenpädagogik entgegen ihrer Selbstbeschreibung als Erziehung, weil sie deutlich auf das Lernen bezogen ist, und nutzt zu ihrer Untersuchung auf der operativen Ebene das Konzept „Erziehung als pädagogische Kommunikation" als Heuristik, so lässt sich Kommunikation entlang der beschriebenen Elemente Vermittlung, Aneignung, Bewertung als pädagogische (oder nicht-pädagogische) beobachten. Die „Diskontinuität" zwischen Erziehen und Lernen (Prange) oder Vermitteln und Aneignen (Kade) gilt als die grundlegende Differenz der Erziehung. Im Konzept der pädagogischen Kommunikation wird Lernen auf der Ebene der Kommunikation möglich und sichtbar.

Empirisch lassen sich unterschiedliche Formen des Pädagogischen identifizieren, die sich Meseth, Proske und Radtke zufolge zum Beispiel als Unterricht, Workshop oder Führung herausbilden. Diese Formen begrenzen das Problem „doppelter Kontingenz" in je spezifischer Weise. Kade und Seitter, die sich weniger für institutionell gebundene Ausprägungen pädagogischer Kommunikation interessieren, sondern pädagogische Kommunikation jenseits von klassischen Erziehungs- und Bildungsinstitutionen identifizieren und rekonstruieren, differenzieren stärker nach den Relationierungen von Vermitteln und Aneignen: „Die Formen des Pädagogischen lassen sich daher durch die je spezifische Weise unterscheiden, in der das Problem der Bindung der Aneignung von Wissen und Werten ‚gelöst' wird. Mit anderen Worten: durch die je spezifische Weise, in der versucht wird, von der Operation des Vermittelns von Wissen her auf dessen Aneignung bestimmenden Einfluss zu nehmen."[28]

Die pädagogische Strukturiertheit sozialer Situationen kann also durch das Verhältnis von Vermittlung und Aneignung von Wissen, und im engeren Sinne der Erziehung außerdem von der Bewertung des Aneigneten geprägt beschrieben werden. Die empirische Frage der vorliegenden Arbeit ist deswegen, wie Gedenkstättenpädagogik mit dem strukturellen Problem der Diskontinuität und Differenz von Erziehen und Lernen, Vermitteln und Aneignen umgeht, wie sie also Erziehung operativ ermöglicht. Wie werden Vermitteln und Aneignen relationiert, wie werden Bindung und Freigabe von Aneignung bearbeitet und welche Formen der aneignungsbezogenen Vermittlung, der Sichtbarmachung von Aneignung sowie der aneignungsbezogenen Bewertung scheinen in der pädagogischen Kommunikation in Gedenkstätten auf? Konzipiert Gedenkstättenpädagogik ihre Angebote „aneignungsvergessen", als „radikal freigebende[] Vermittlung von Wissen und Werten" oder „aneignungsfokussiert" oder zeigt sich eine „habitualisierte[] Selbstpädagogisierung"?[29]

28 Kade/Seitter, Wissensvermittlung, S. 50.

29 Ebenda, S. 51.

Zu erwarten ist, dass sich Gedenkstättenpädagogik nicht darauf beschränkt, Angebote zu machen, deren inhaltliche und vor allem wertorientierte Aneignung gänzlich den Einzelnen überantwortet wird. Andererseits kann pädagogische Kommunikation in Gedenkstätten kaum nach einem aus der Unterrichtsforschung hinreichend bekannten, unterrichtstypischen Initiation-Reply-Evaluation-Schema[30] verfahren, wenn in der gedenkstättenpädagogischen Selbstverständigung gerade in der Form Unterricht die Gefahr gesehen wird, zentrale Ziele der (pädagogischen) Beschäftigung mit den NS-Verbrechen zu verfehlen (vgl. Kapitel II). Die medialen Vermittlungsformen wie Ausstellungen ließen sich tendenziell als „pädagogische Angebote" beschreiben, die auf die Freigabe von Aneignung setzen.[31] Wie das Verhältnis von Bindung und Freigabe der Aneignung in personalen Wissensvermittlungsformen, also solchen pädagogischen Veranstaltungen, wie sie im Rahmen der Studie untersucht worden sind, kommunikativ sichtbar wird, wird im empirischen Teil der Arbeit zu zeigen sein.

Datenerhebung

Um die operative Ebene von Gedenkstättenpädagogik in den Blick zu nehmen, wurden pädagogische Veranstaltungen in fünf Gedenkstätten *in-situ* untersucht.[32] Von Mai bis Dezember 2005 sowie im Juli 2006 wurden im Rahmen des DFG-Projekts und für die vorliegende Arbeit insgesamt 18 Veranstaltungen unterschiedlicher Länge begleitet und beobachtet, von denen 14 in die vorliegende Untersuchung einbezogen wurden, insgesamt 20 Veranstaltungstage.[33]

30 Vgl. Manfred Lüders, Die Sprachspieltheorie des Unterrichts, in: Meseth/Proske/Radtke, Unterrichtstheorien, S. 175–188; Herbert Kalthoff, „Wunderbar, richtig". Zur Praxis mündlichen Bewertens im Unterricht, in: Zeitschrift für Erziehungswissenschaft 3 (2000) 3, S. 429–446.

31 Zum Unterschied von Vermittlungsabsichten der Ausstellungen bzw. Ausstellungsmachern und individueller Aneignungsweisen vgl. Pampel, Mit eigenen Augen, insb. S. 206 ff. Inwieweit auch Führungen eher zum medialen als zum im engeren Sinne pädagogischen Angebot von Gedenkstätten zu zählen sind, wäre zu diskutieren.

32 Berücksichtigt wurde bei der Auswahl, dass die Gedenkstätten in den alten und den neuen Bundesländer liegen. Dieses Kriterium wurde allerdings in der Auswertung der Veranstaltungsdaten nicht systematisch relevant. In parallel verlaufenden Anfragen wurde die institutionsoffizielle Bewilligung für die Begleitung einzelner Veranstaltungen eingeholt und die Teilnahmebereitschaft einzelner Mitarbeiterinnen auf direktem Wege erreicht.

33 Die Datenkorpora des DFG-Projekts und der vorliegenden Studie sind nicht deckungsgleich. Sie unterscheiden sich zum einen dadurch, dass hier nur diejenigen Veranstaltungen berücksichtigt werden, die ich persönlich begleitet habe. Drei weitere Veranstaltungen in der als Einrichtung F codierten Gedenkstätte wurden von je zwei Projektkollegen begleitet und auf-

Wichtigstes Auswahlkriterium war, dass das pädagogische Angebot der Gedenkstätten Veranstaltungen umfasste, die konzeptionell, also nicht zufällig oder situativ, mindestens eine Gesprächsphase vorsehen.[34] Teilnehmer waren Jugendliche zwischen 14 und 18 Jahren bzw. Schülerinnen der Klassenstufen 8 bis 13.

Die in der folgenden Überblicksdarstellung angegebenen Codierungen entsprechen jenen des im Rahmen des DFG-Projekts erhobenen Datenmaterials.[35]

- F: Gedenkstätte am Ort eines frühen KZ und späteren Sammel- sowie Arbeits- und Erziehungslagers;
- G: KZ-Gedenkstätte;
- I: Gedenkstätte an sogenanntem Täterort;
- J: KZ-Gedenkstätte;
- K: KZ-Gedenkstätte.

gezeichnet. Drei der von mir berücksichtigten Veranstaltungen wurden für das DFG-Projekt nicht mehr relevant. Während je einer Veranstaltung in der Gedenkstätte I und J wurden auf Wunsch der durchführenden pädagogischen Mitarbeiterinnen keine Tonaufzeichnungen durchgeführt, sie finden deswegen in den Wortlaut-Rekonstruktionen keine Berücksichtigung. Zur Beschreibung der Veranstaltungen (s. Kap. IV) wurden die Protokolle der beiden Veranstaltungen aber herangezogen. Eine Veranstaltung wurde trotz erfolgreicher Tonaufzeichnung nicht in den Datenkorpus aufgenommen; hier kamen sechs sicherungsverwahrte junge Männer in Begleitung eines Sozialarbeiters und eines Justizvollzugsbeamten im Rahmen einer Resozialisierungsmaßnahme in die Gedenkstätte. Die spezifische institutionelle, justizielle Rahmung sprengte den Beschreibungshorizont der vorliegenden Arbeit.

34 Von acht angefragten Gedenkstätten (fünf KZ-Gedenkstätten und drei weiteren) entschieden sich zwei (je eine KZ-Gedenkstätte und eine weitere) gegen die Teilnahme an der Untersuchung. Eine KZ-Gedenkstätte wurde trotz ihrer Teilnahmebereitschaft nach der Vorstudie nicht in die Untersuchung aufgenommen, da das pädagogische Angebote hier bis zum Zeitpunkt der Datenerhebung ausschließlich Führungen umfasste.

35 Dass nicht nur, wie üblich, die beobachteten Personen, sondern auch die Orte und Einrichtungen der Untersuchung anonymisiert wurden, ist ungewöhnlich und durchaus problematisch, weil dem konkreten Ort für die gedenkstättenpädagogische Arbeit eine besondere Bedeutung zugeschrieben wird und zukommt. Dennoch werden lediglich die Einrichtungstypen benannt, analog zur Schul- und Unterrichtsforschung, wo die Herkunft der Daten hinsichtlich des Schultyps, nicht aber hinsichtlich der konkreten Schule angegeben wird. Die hier untersuchten (Mehr-)Tagesveranstaltungen werden von wenigen Mitarbeitern und zum Teil ausschließlich von den fest angestellten durchgeführt. Zudem sind die pädagogischen Abteilungen der einzelnen Einrichtungen mitunter so klein, dass die Nennung des konkreten, untersuchten Orts den informierten Leserinnen eine unmittelbare Zuordnung der jeweiligen Personen erlauben würde. Diese Zuordnung sollte weitgehend ausgeschlossen werden, weil die Bereitschaft der pädagogischen Mitarbeiter der Einrichtungen, sich für die Studie zur Verfügung zu stellen, nicht die Bereitschaft einschließt, als Personen öffentlich sichtbar zu werden. Da die Anonymisierung der Personen nur über eine Anonymisierung der Orte gewährleistet werden kann, muss diese Einschränkung hingenommen werden.

Der Anfangsbuchstabe bezeichnet dabei die untersuchte Institution, die dahinter stehende Zahl den jeweiligen Veranstaltungstag in chronologischer Ordnung des Erhebungsdatums. Mehrtägige Veranstaltungen sind deshalb entsprechend den Veranstaltungstagen nummeriert (K.1–2; K.3–4; J.1–5).

Datenkorpus[36]

Veranstaltung	Dauer/ Bezeichnung	Gruppe	Kontext	Durchführung
F.2	3 Std. Studienbesuch	9. Klasse (20 Sn, 1 Lw) Realschule	Schule/ Klassenfahrt	1 PMm, abgeordneter Lehrer
F.4	3 Std. Studienbesuch	9. Klasse, (25 Sn. 1 Lm, 1 Lw) Hauptschule	Schule/ Klassenfahrt	1 PMw, abgeordnete Lehrerin
F.5	3 Std. Studienbesuch	9. Klasse (20 Sn, 1 Lw) Realschule	Schule/ Unterricht	1 PMm, Leiter der Einrichtung
I.x	7 Std. Studientag	10. Klasse (25 Sn, 1 Lw), Gymnasium	Schule/ Unterricht	1 PMw, Angestellte der Einrichtung
I.1	7 Std. Studientag	9. Klasse (25 Sn, 1 Lm) Gymnasium	Schule/ Unterricht	1 PMm, freier Mitarbeiter
J.x	5 Std. Tagesprojekt	Auszubildende (22 Sn, 2 Lw)	Berufsschule	1 PMw, Angestellte der Einrichtung
J.0	5 Std. Langführung	9. Klasse (29 Sn, 2 Lw, 1 weitere Begleitperson (Mutter eines Schülers), Regelschule[37]	Schule/ Unterricht	1PMw, Angestellte der Einrichtung

36 Zu den Abkürzungen siehe „Transkriptionsregeln und Sprechermarkierungen", S. 106.

37 Als „Regelschule" werden in Thüringen weiterführende Schulen bezeichnet, die Haupt- und Realschule unter einem Dach vereinen, vgl. http://www.thueringen.de/th2/tmbwk/bildung/schulwesen/schulsystem/regelschule/ [6. 6. 2015].

J.1–5	5 Tage Mehrtagesprojekt	11. Jg. Gymnasium, Projektgruppe (11 Sn, 1 Lm, 2 Lw (nach der Hälfte wechselnd)	Schule, Studienfahrt,	1 PMw, Angestellte der Einrichtung
J.6	6 Std. Tagesprojekt	11. Jg, Leistungskurs Geschichte (9 Sn, 1 Lw)	Schule, Studientag, Begleitung nicht durch Fachlehrer	1 PMw, Angestellte der Einrichtung
K.1–2	2 Tage Mehrtägige Veranstaltung	11. Jg., IGS[38] (21 Sn, 1 Lm, 1 Lw)	Schule/ Unterricht	1 PMw, Angestellte der Einrichtung
K.3–4	2½ Tage Mehrtägige Veranstaltung	13. Jg, Gymnasium LK Geschichte (17 Sn, 1 Lm)	Schule/ Unterricht	1 PMw, Angestellte der Einrichtung
G.1	4 Std. Projekt (Selbstführung)	10. Jg., Gymnasium (12 Sn; freiwilliger Teil einer Schulklasse, 1 Lw)	Schule/offenes Angebot (letzter Schultag)	1 PMm, Angestellter der Einrichtung, 1 Lw
G.2	5 Std. Projekttag	9. Jg., Realschule (34 Sn, 2 Lw)	Schule/ Exkursion im Rahmen einer Projektwoche	1 PMm, freier Mitarbeiter
G.3	3 Std. Projekt (Führung)	9. Jg., Realschule (17 Sn, 1 Lm)	Schule, Religionsunterricht	1 PMm, freier Mitarbeiter

38 Die Integrierte Gesamtschule (IGS) unterscheidet nicht nach den Bildungsgängen Haupt- und Realschule sowie Gymnasium. Die Schülerinnen werden in festen Lerngruppen unterrichtet und erst ab Klasse 9 in bestimmten Fächern nach Leistungsniveaus differenziert.

Für die Rekonstruktion von Kommunikationsereignissen und die Analyse der sich darin abbildenden Sinnstrukturen wurde ein Erhebungsverfahren gewählt, das die Sprachdaten zunächst registrierte. Die Veranstaltungen wurden deshalb nicht nur teilnehmend beobachtet, sondern audiotechnisch aufgezeichnet.[39] Die teilnehmende Beobachtung erlaubte, über die audiotechnischen Sprachaufzeichnungen hinaus gehende Beobachtungen zu protokollieren, Raumverhältnisse, Raumveränderungen und Raumordnungen zu skizzieren. Die technische Fixierung der Daten ermöglichte letztlich, das soziale Geschehens entlang seines Verlaufes, mit den tatsächlich verwendeten Formulierungen, Versprechern und Pausen zu rekonstruieren und sie in beliebiger Verlangsamung zu untersuchen.[40]

Über die Aufzeichnung der Veranstaltungen hinaus wurden lediglich die Art der Gruppe (Schulklasse, Projektgruppe), die Anzahl der Jugendlichen, die Anzahl der begleitenden Personen, die jeweilige Schulform sowie der Herkunftsort erfasst. Weder wurden personenbezogene Daten der Teilnehmerinnen oder soziodemografische Angaben erhoben, noch mögliche Vor- oder Nachbereitungsaktivitäten der Gruppen erfasst oder der genaue inhaltliche Kontext des Gedenkstättenbesuchs erfragt. Solche Informationen wurden nur dann berücksichtigt, wenn sie innerhalb der Veranstaltung vor Ort zur Sprache kamen. Im Mittelpunkt der Untersuchung stand also die veranstaltungsoffizielle Kommunikation. Als entscheidende Kriterien für die Offizialität der jeweiligen Seminarphasen galten die für das Veranstaltungsprogramm verabredeten Zeiten im Plenum und die Anwesenheit der pädagogischen Mitarbeiterin. Die Studie übernimmt auch damit in gewisser Weise die Perspektive der pädagogischen Mitarbeiter, die mit Gruppen konfrontiert sind, die sie nicht kennen. In der Regel besteht weder eine vorgängige oder kontinuierliche Beziehung zwischen den Gruppen und den Gedenkstättenpädagoginnen, noch sind Kenntnisstand und Vorwissen der Gruppen für sie realistisch einschätzbar.

Acht Veranstaltungen habe ich alleine, die anderen gemeinsam mit einer Projektkollegin begleitet. In welcher Weise diese Anwesenheit Einfluss auf die Kommunikation in den Veranstaltungen genommen hat, ist kaum zu bestimmen.[41]

39 Jörg Bergmann begründet den Vorzug eines registrierenden Verfahrens gegenüber einem rekonstruktiven Erhebungsinstrument, das bereits im Zuge der Erhebung Daten interpretiert und sie in eine sinnhafte Ordnung bringt, mit einem Vergleich aus der Literaturwissenschaft, die die Werke selbst untersucht und nicht die Sekundärliteratur, vgl. Jörg R. Bergmann, „Flüchtigkeit und methodische Fixierung sozialer Wirklichkeit: Aufzeichnungen als Daten der interpretativen Soziologie", in: Wolfgang Bonß/Heinz Hartmann (Hrsg.), Entzauberte Wissenschaft: Zur Relativität und Geltung soziologischer Forschung, Göttingen 1985, S. 299–320, hier S. 308.

40 Vgl. ebenda, S. 304.

41 Nur eine Gruppe hat im Vorfeld, kolportiert durch den begleitenden Lehrer, ihre Teil-

Die teilnehmenden Gruppen wurden vor Ort in nahezu allen Fällen von den pädagogischen Mitarbeiterinnen und der Forscherin gemeinsam in Empfang genommen und nach Veranstaltungsende oft auch gemeinsam verabschiedet. Die Anwesenheit einer begleitenden Beobachterin wurde von den pädagogischen Mitarbeitern für eine persönliche Rückmeldung über die Veranstaltungen genutzt. Dies stellte zugleich auch die Grundlage einer nicht gänzlich asymmetrischen sozialen Beziehung zwischen Forscherin und Pädagogin her, wenngleich im Fokus der Beobachtung nicht die Person der pädagogischen Mitarbeiterin stand, sondern die Interaktion der an den Veranstaltungen Beteiligten.

Datenauswertung

Datenerhebung und Datenauswertung sind in qualitativen Untersuchungen mit teilnehmender Beobachtung nicht strikt voneinander zu trennen, weil mit der Anfertigung von Protokollen und dem Notieren spontaner Reflexionen des Beobachteten bereits während der Erhebung eine Form der Auswertung zum Tragen kommt, vor allem aber auch, weil die Auswertung erster Daten fernab des „Feldes" zur Schärfung des Beobachterblicks für neue Datenerhebungen führt und neue Fragen generiert. Alle Veranstaltungen wurden audiotechnisch aufgezeichnet. Unmittelbar im Anschluss, bei mehrtägigen Seminaren nach jedem Seminartag wurden Beobachtungsprotokolle angefertigt.[42] Diese Protokolle stellen die Grundlage für die notwendige Kontextualisierung der Feinanalysen dar. Außerdem wurden von allen Veranstaltungen systematische Veranstaltungsbeschreibungen angefertigt, die einen vergleichenden Überblick über die unterschiedlichen Angebote ermöglichen. Sie bilden die Grundlage für die Ergebnisdarstellung in Kapitel IV.

Das zentrale Datenmaterial der Untersuchung stellen aber die Verschriftungen von Ausschnitten aus den Audioaufnahmen dar.[43] Die Aufnahmen selbst umfassen die gesamte Dauer der einzelnen Veranstaltungen, was eine enorme

nahmebereitschaft an die Bedingung geknüpft, die Tonaufzeichnungen dann zu unterbrechen, wenn diese aufgrund sehr persönlich und intim empfundener Gespräche als störend oder hemmend wahrgenommen würden. Die Gruppe machte davon während der Veranstaltung keinen Gebrauch.

42 Hier wurden über die Tonaufnahmen hinaus Beobachtungen zum Ablauf, den räumlichen Verhältnissen, atmosphärischen Besonderheiten etc. festgehalten sowie persönliche Eindrücke und Reflexionen der eigenen Befindlichkeit notiert.

43 Bei den untersuchten Veranstaltungen handelt es sich um ausgesprochen komplexe soziale Situationen, die unter „natürlichen" Bedingungen stattfinden. Neben häufigem simultanen Sprechen z. T. mehrerer Personen können Störgeräusche nicht ausgeschlossen werden.

und mit sequenzanalytischen Verfahren nicht zu bewältigende Textmasse produziert hätte. Dies war weder zeitökonomisch sinnvoll noch forschungsstrategisch notwendig. Um dennoch Veranstaltungen in ihrem gesamten Verlauf zu erfassen und eine begründete Auswahl für die Feinanalyse bestimmter Passagen aus dem Datenmaterial treffen zu können, wurden sämtliche Aufnahmen inventarisiert.[44]

Das Gesprächsinventar leistet dabei zweierlei: Zum einen ermöglicht es die Orientierung in dem umfangreichen Material durch die Notation der genauen Zeitangaben der Aufnahmen, thematischer Einheiten, räumlicher Veränderungen und Sprecherwechsel. Zum anderen stellen Gesprächsinventare einen ersten Analyseschritt zur Erfassung der Sicht- oder Oberflächenstruktur eines Textes dar, der der von Ralf Bohnsack sogenannten „formulierenden Interpretation" vergleichbar ist.[45]

Auch im Bereich der interpretativen Unterrichtsforschung werden mehrere Interpretationsstufen unterschieden, von denen der erste die Gliederung der Interaktionseinheiten umfasst.[46] Dabei geht es darum, eine thematische Gliederung des Datenmaterials zu erstellen. Im Fall der untersuchten Veranstaltungen beinhaltet dieser Schritt immer auch den Nachvollzug räumlicher Gliederungen (etwa durch Ortswechsel während der Führungsphasen). Gesprächsinventare ermöglichen diese Sichtbarmachung nicht erst nach der Transkription, sondern bereits zuvor und als Entscheidungsgrundlage zur Auswahl der Transkriptstellen für die Feinanalyse. Dieses Vorgehen ermöglichte die Verknüpfung zweier Untersuchungsschwerpunkte: Zum einen sollten die Strukturprobleme pädagogischer Kommunikation am Ort Gedenkstätte erfasst werden, zum anderen sollten aber auch Verläufe, also längerfristige Kommunikationsprozesse der einzelnen Veranstaltungen im Blick gehalten werden.

Die Komplexität des bislang nahezu unerforschten Feldes stellte eine methodische Herausforderung dar, wie das Datenmaterial so bearbeitet werden könnte, dass auch mehrtägige Seminare in ihrem Kontext und ihrer Sinnlogik darstellbar wären, ohne dafür die Feinanalyse einzelner Kommunikationssequenzen zu vernachlässigen. Dieses Problem wurde dadurch gelöst, dass ins Zentrum der Analysen zwei längere Veranstaltungen gerückt wurden.

44 Die Inventarisierung erfolgte nach Arnulf Deppermann, Gespräche analysieren: eine Einführung. Wiesbaden 2008, S. 32 ff.

45 Vgl. Ralf Bohnsack, Rekonstruktive Sozialforschung. Einführung in qualitative Methoden, Opladen 2003, S. 33.

46 Vgl. Götz Krummheuer/Natalie Naujok, Grundlagen und Beispiele interpretativer Unterrichtsforschung, Opladen 1999, S. 68 f.

Die Auswahl der Sequenzen begründete sich zunächst mit dem Erkenntnisinteresse, wie sich am Ort KZ-Gedenkstätte pädagogische Settings eigentlich konstituieren. Dabei interessierte besonders, wie der Ort selbst zum Gegenstand der Kommunikation wird. Es wurden deshalb die Eröffnungseinheiten der Veranstaltungen transkribiert und in gemeinsamen Interpretationssitzungen analysiert.[47] Die hierbei gewonnenen Erkenntnisse waren Ausgangspunkt für die Bestimmung weiterer zu analysierender Sequenzen aus späteren Seminarteilen derselben Veranstaltung. Dies diente nicht nur der Überprüfung vorläufiger Strukturhypothesen, sondern erlaubte auch, Verlauf und Dynamik der jeweiligen Seminare zumindest annähernd nachvollziehen zu können.

Die Feinanalyse erfolgte sequenziell, das heißt Wort für Wort, Satz für Satz. „Die Sequenzanalyse ist die Methodisierung der Idee einer sich im Interaktionsvollzug reproduzierenden sozialen Ordnung“[48] und entspricht insofern den theoretischen Grundannahmen der vorliegenden Arbeit. Sie ermöglicht den Nachvollzug von (latenten) Sinnstrukturen in Gesprächen und orientiert sich damit an der Chronologie deren Verfertigung. Dabei wird sich der eigentlich einfache Umstand zunutze gemacht, dass in „natürlichen“ Kommunikationssituationen niemand bereits im Voraus wissen kann, wie sich ein Gespräch weiterentwikkelt, und welche Aussagen zu welchen Reaktionen führen. Da Kommunikation prinzipiell kontingent ist, produziert jede Aussage immer einen Überschuss an Deutungen und lässt keine gesicherte Vorhersage über die jeweiligen Kommunikationsanschlüsse zu. Gleichzeitig schränkt der konkrete Kontext der Äußerung die Deutungsmöglichkeiten der jeweiligen Sprecher aber deutlich ein, sodass in der Rekonstruktion aufeinander folgender Redebeiträge auch kontextuelle Strukturen sichtbar werden. Sequenzanalysen setzen die einzelnen Redebeiträge zueinander in Beziehung und ermöglichen dadurch die Rekonstruktion des gemeinsamen kommunikativen Sinnaufbaus von Gesprächen. Entscheidend ist dabei nicht die Intention der einzelnen Sprecher, „sondern die Perspektive des interpretierenden Beobachters“.[49]

47 Die Interpretationssitzungen wurden einerseits im Rahmen des DFG-Projekts mit den Projektmitgliedern durchgeführt; zum anderen wurde das Datenmaterial mit einer Gruppe von Doktorand/innen interpretiert, die mit unterschiedlichen Arbeiten der rekonstruktiven Sozialforschung beschäftigt waren. Die Gruppe bestand aus Meron Mendel, Nils Köbel, Jessica Schmidt-Weil, Ruth Zeifert, Wyke Stommel, Juliane Hogrefe und der Verfasserin.

48 Bergmann, Flüchtigkeit, S. 313.

49 Wolfgang Ludwig Schneider, Grundlagen der soziologischen Theorie. Bd. 3: Sinnverstehen und Intersubjektivität. Hermeneutik, funktionale Analyse, Konversationsanalyse und Systemtheorie, Wiesbaden 2004, S. 51, Herv. i. O.

Als Beobachter eines Beitrags gilt dabei der Produzent des kommunikativen Anschlusses, als Beobachter zweiter Ordnung die Forscherin. Entscheidend für den analytischen Nachvollzug der Kommunikation sind die Anschlussstellen an eine vorhergehende Äußerung. Es geht insofern nicht um das Verstehen einzelner Intentionen, „nicht um den synchronen Aspekt der Motiviertheit von Einzelelementen, sondern um den Aspekt der zeitlichen Produktion von Ordnung im Ablauf eines sozialen Geschehens".[50] Daraus können Strukturen abgeleitet werden, die auf eine zugrunde liegende Ordnung verweisen, in der sich die jeweilige Praxis immer schon befindet und die durch die Sprache (erneut) zum Ausdruck gebracht wird. Es wird davon ausgegangen, dass sich in der Kommunikation eine bestimmte, gewissermaßen vorgängige soziale Ordnung realisiert, die mithilfe sequenzanalytischer Verfahren rekonstruiert wird.

Die Auswertung orientiert sich an der funktionalen Analyse.[51] Der Kommunikationsverlauf der untersuchten Veranstaltungen wird als funktional für den jeweiligen Sinnzusammenhang gesetzt. Er stellt dann eine Lösung für ein dahinter liegendes, zunächst unsichtbares Problem dar, sodass die Untersuchungsfrage bei der Betrachtung eines Transkripts immer lautet: Welches Problem wird hier im kommunikativen Vollzug gelöst?

> „Was den Teilnehmern des beobachteten Feldes oft als selbstverständlich erscheint, wird auf diese Weise buchstäblich problematisiert. Aber nicht unbedingt, um sie darüber zu belehren, wie man es besser machen kann, sondern zunächst nur, um Selbstverständliches dem Vergleich mit anderen Möglichkeiten auszusetzen und dann vielleicht die Frage aufzuwerfen, warum im konkreten Fall sich gerade diese Lösung und keine andere durchgesetzt hat. Funktionale Analyse zielt demnach nicht primär auf praktische Intervention, sondern ist vor allem ein Erkenntnisverfahren, *das Gegebenes enttrivialisiert und dadurch weiteren Erklärungsbedarf generiert.*"[52]

Ist das Problem, dessen Lösung die Kommunikation vollzieht, gefunden, können in anderen Fällen sogenannte funktionale Äquivalente identifiziert werden, also Lösungsvarianten, die auf dasselbe Problem verweisen. Die funktionale Analyse

50 Bergmann, Flüchtigkeit, S. 316.

51 Die funktionale Analyse ist eine „Technik der Interpretation, die Deutungsmuster, Handlungen, soziale Institutionen etc. durch die Beziehung auf dadurch gelöste Probleme dem Vergleich mit alternativen Lösungsmöglichkeiten aussetzt und so als kontingente Selektionen aus einer Mehrzahl von Alternativen behandelt". Schneider, Grundlagen, S. 60.

52 Ebenda, Herv. i. O.

kann so in zwei Richtungen oder zirkulär angewendet werden: zur Bestimmung eines Problems, dessen Lösung bereits rekonstruiert ist, oder zur Bestimmung einer Lösung eines bereits bekannten Problems.

Anmerkung zur Darstellung des ausgewerteten Datenmaterials

Dass die Transkripte und ihre sequenziellen Ausdeutungen auch in der Darstellung von Fallrekonstruktionen als Vorbedingung abstrakterer Befunde als zentral gewertet werden, ist eine bewusste Entscheidung, die durchaus ein darstellungsästhetisches Problem in sich trägt. Die Lektüre von Transkripten erfordert zunächst ein geduldiges Einlassen auf eine verfremdete Art der Betrachtung des Alltäglichen und auf eine Textform, die nicht den schriftsprachlichen Gepflogenheiten entspricht.

Da die gedenkstättenpädagogische Kommunikation bislang nicht zum Gegenstand wissenschaftlicher Untersuchungen geworden ist, sind die hier stattfindenden Interaktionen nur denjenigen bekannt, aber eben nur teil-bewusst, die situativ beteiligt sind: den pädagogischen Mitarbeiterinnen, den Teilnehmern und begleitenden Lehrerinnen. Aus diesem Grund soll das gesprochene Wort, soweit das methodisch zulässig ist, im Wortlaut nachvollziehbar gemacht und nicht zugunsten höherer Abstraktionsstufen lediglich illustrierend herangezogen werden. Es ist insofern auch eine bewusste Entscheidung, der Leserin und dem Leser längere Transkript-Passagen zuzumuten, um die „Sprache des Feldes“ zu erfassen.[53] In diesen Passagen findet sich aber meist mehr als ein einziger Interpretationsstrang, und fast alle herangezogenen Textpassagen ließen sich auch unter einem anderen als dem gewählten Gesichtspunkt deuten. Dass die identifizierten Strukturmerkmale allerdings immer wieder auftreten, validiert auch die erbrachten Deutungen.

53 Die Transkripte sowie alle anderen Datenmaterialien, auf denen die Auswertung basiert, liegen in digitaler Form vor und können jederzeit eingesehen werden.

Transkriptionsregeln und Sprechermarkierungen

Die Transkription erfolgte in Anlehnung an das Gesprächsanalytische Transkriptionssystem GAT.[54]

PMw	Pädagogische Mitarbeiterin
PMm	Pädagogischer Mitarbeiter
Sw	Schülerin
Sm	Schüler
S (mehrere)	mehrere Schülerinnen
Lw	Lehrerin
Lm	Lehrer
Fw	Forscherin
X	nicht eindeutig zuzuordnende Sprecherin oder Sprecher

Den an den Veranstaltungen Beteiligten wurden, soweit möglich, Pseudonyme dann zugeordnet, wenn sie auch in der Veranstaltung selbst namentlich in Erscheinung getreten waren. Dies war bei den Veranstaltungen von wenigen Stunden Dauer nicht der Fall. Auch bei den mehrtägigen Seminaren war es aber nicht immer möglich, die unterschiedlichen Sprecher eindeutig zu identifizieren. Im Zweifelsfall sind sie deswegen lediglich nummeriert, um anzuzeigen, dass es sich um Redebeiträge unterschiedlicher Personen handelt.

(-)	Pause unter einer Sekunde Länge
(2.0)	Pause mit Zeitangabe in Sekunden
=	Verschleifung
betont	Betonung
((lacht))	Transkriptionskommentar
( )	unverständliche Passage
(solche)	vermuteter Wortlaut
(solche/welche)	alternative Vermutungen
kom//kombiniert	Wort- oder Satzunterbrechung und -abbruch
[ ]	Überlappung und Simultansprechen
(hm)	wortloser Kommentar
(mh)	zustimmendes Kommunikationssignal

54 Margret Selting u. a., Gesprächsanalytisches Transkriptionssystem (GAT), in: Linguistische Berichte 173 (1998), S. 91–122; vgl. auch http://www.gespraechsforschung-ozs.de/heft2009/px-gat2.pdf [6. 6. 2015].

IV. Die beobachteten Veranstaltungen im Überblick

Wie lässt sich die beobachtete gedenkstättenpädagogische Praxis an unterschiedlichen Orten, von unterschiedlicher Dauer, mit unterschiedlichen Gruppen, begleitenden Lehrerinnen und leitenden Gedenkstättenmitarbeitern beschreiben? Im Folgenden wird ein gegliederter Gesamteindruck gegeben, und zwei Veranstaltungen (J.1–5 und K.1–2), die in den nachfolgenden Kapiteln im Zentrum stehen, werden in ihrem Verlauf gesondert dargestellt.

Wo: Orte und Räume

Die Orte der untersuchten Veranstaltungen unterscheiden sich auf mehreren Ebenen. Sie haben nicht nur ihre je eigene Geschichte während der NS-Zeit, sondern auch nach 1945.[1] Es handelt sich um drei KZ-Gedenkstätten (G, J, K), eine Gedenkstätte, die an ein frühes Konzentrationslager und späteres Arbeitserziehungslager im ländlichen Raum erinnert (F), und eine Gedenkstätte (I), deren historischer Ort für das Verwaltungshandeln der nationalsozialistischen Vernichtungspolitik steht und nicht als „Tatort" im engeren Sinne zu bezeichnen ist. Die Seminarveranstaltungen der Einrichtung I fanden ausschließlich im Haus statt und waren inhaltlich nur lose an die Ortsgeschichte gebunden. In allen anderen Gedenkstätten und Veranstaltungen waren die Gelände und historische Gebäude(reste) von zentraler Bedeutung. Sie wurden ausgiebig erläutert und besichtigt.

Während der „Ort" für die Gedenkstättenpädagogik von zentraler Bedeutung ist, wird die Kategorie „Raum" nahezu gänzlich vernachlässigt: Als Lernort gilt recht eindeutig der historische Ort. Wie andere pädagogische Felder ist aber auch die Gedenkstättenpädagogik von ihren räumlichen Verhältnissen geprägt,[2] die die Veranstaltungsformate bestimmen und die Gesprächsorganisation beeinflussen. Daher sollen sie hier wenigstens grob beschrieben werden.[3]

1 Die Gedenkstätten liegen in unterschiedlichen, auch alten und „neuen", Bundesländern Deutschlands. Dies hatte beispielsweise Auswirkungen auf ihre finanzielle Förderung und ihre personelle Ausstattung zum Zeitpunkt der Datenerhebung.

2 Vgl. für die Erwachsenenbildung etwa Ekkehard Nuissl, Der Omnibus muss Spur halten. Zur Aufgabe von Lernorten im lebenslangen Lernen, in: DIE – Zeitschrift für Erwachsenenbildung 13(2006) 4, S. 29–31.

3 Detaillierte Beschreibungen der Raumkonstitution im Sinne Martina Löws, die nicht von vorgegebenen Räumen, sondern von einer Raumkonstitution durch eine „(An)Ordnung

Die Veranstaltungen von wenigen Stunden Dauer fanden größtenteils, manchmal ausschließlich im Gelände statt, sodass auch die Begrüßungen und Verabschiedungen der Gruppen hier ihren Ort hatten. Die Tages- und Mehrtagesveranstaltungen wurden hingegen mehrheitlich in geschlossenen Räumen begonnen. Die Gedenkstätten unterscheiden sich hinsichtlich der verfügbaren Arbeits- und Seminarräume deutlich. In der Gedenkstätte I war dies (neben der Ausstellung) ein für die Gruppengröße ausreichend großer, bestuhlter Seminarraum. Für thematische Kleingruppenarbeiten konnten weitere Räume und die Bibliothek, zusätzlich Sitzecken und Arbeitsnischen genutzt werden. Ähnlich großzügige räumliche Voraussetzungen waren lediglich in den KZ-Gedenkstätten J und K anzutreffen. Hier hatten die Seminarräume die Funktion einer „Basisstation" für Begrüßung, inhaltliche Einheiten im Plenum, Auswertung und Abschied, und auch sie unterschieden sich erheblich voneinander:

Während in der Gedenkstätte K ein großer, variabel möblierter Raum zur Verfügung stand, war der Seminarraum der Veranstaltungen J.1–5 und J.6 von einem massiven Tischarrangement geprägt, das eine Sitzordnung von vornherein vorgab. Mindestens die Hälfte der Seminarzeiten fand in den Gedenkstätten J und K aber im Gelände statt, hauptsächlich in Form von Führungen.[4] Auch in den Führungsphasen kam es – allerdings nur in den mehrtägigen Veranstaltungen – gelegentlich zu Raumbildungen des Verweilens: Die Gruppen setzten sich auf Mauerreste oder ins Gras, um einzelne Aspekte der Führungserzählung im Dialog zu erörtern. In einer Veranstaltung (G.2) funktionierte der pädagogische Mitarbeiter die Treppe im Eingangsbereich des Ausstellungsgebäudes zum Begrüßungsraum um und initiierte damit eine Frontalsituation, in der er zu einer in Reihen hintereinander sitzenden Zuhörerschaft sprach (vgl. das Resümee in Kapitel V).

sozialer Güter" ausgeht (Martina Löw, Raumsoziologie. Frankfurt a. M. 2001, S. 154), müssen dabei auf noch ausstehende, ethnografische Studien zur Gedenkstättenpädagogik verlegt werden, wie sie im Bereich der Unterrichtsforschung bereits vorliegen, vgl. Herbert Willems/Daniela Eichholz, Die Räumlichkeit des Sozialen und die Sozialität des Raumes: Schule zum Beispiel, in: Herbert Willems (Hrsg.), Lehr(er)buch Soziologie. Für die pädagogischen und sozialpädagogischen Studiengänge, Wiesbaden 2008, S. 865–907; Georg Breidenstein, KlassenRäume – eine Analyse räumlicher Bedingungen und Effekte des Schülerhandelns, in: Zeitschrift für qualitative Bildungs-, Beratungs- und Sozialforschung 5 (2004) 1, S. 87–107.

4 Vgl. die Verlaufspläne der Veranstaltungen J.1–5 und K.1–2 in diesem Kapitel, S. 117 und S. 122 ff.

Was: Veranstaltungsformate

Die kürzesten der beobachteten Veranstaltungen waren drei Stunden lang, die längste fünf Tage.[5] Seitens der Gedenkstätten wurden sie als Studienbesuch, Studientag, Projekt, Langführung, Tages- oder Mehrtagesveranstaltung bezeichnet. Die Veranstaltungsformate unterschieden sich hinsichtlich ihrer jeweiligen Bezeichnungen, ihrer Dauer, der eingesetzten Medien und Sozialformen. Identifizieren ließen sich Führungen mit Phasen eigenständiger Beschäftigung (die in Art und Umfang differierten), Seminare mit (zum Teil umfangreichen) Führungsanteilen und Seminare ohne Führungen (ausschließlich in der Gedenkstätte I). Abgesehen von der Gedenkstätte I fand lediglich in einer Veranstaltung keine Geländeführung statt. Sie wurde spontan durch einen umfangreichen Einführungsvortrag ersetzt, um nicht bei sengender Hitze stundenlang über das Gelände zu laufen. Gewählt wurde dafür ein Standort im Schatten, an dem ein Überblick über das ehemalige Häftlingslager-Gelände möglich war.

Die Führungen wurden im Wesentlichen von den jeweiligen pädagogischen Mitarbeiterinnen gestaltet und dauerten jeweils mindestens eineinhalb Stunden. Bei mehrtägigen Veranstaltungen wurden mehrere Teil-Rundgänge durchgeführt. Die restlichen Seminarphasen unterschieden sich in Art und Umfang erheblich und reichten von mehreren Stunden der Kleingruppenarbeit bis zu wenigen Minuten frei verfügbarer Zeit für einen kurzen Blick in eine Ausstellung. In den Ausstellungen der Gedenkstätten, die in alle beobachteten Veranstaltungen integriert wurden, beschränkte sich die kommunikative Steuerung der pädagogischen Mitarbeiter auf Einführungen. Diese waren zum Teil thematisch, zum Teil dienten sie der räumlichen Orientierung, indem Struktur und Gliederung der Ausstellungen erläutert wurde. Eine Ausnahme bildete interessanterweise der Umgang mit einer Kunstausstellung (Gedenkstätte F), die vom Selbstverständnis der Einrichtung her deutungsoffen angelegt ist. Gerade hier fanden sich auch begleitete Rundgänge und intensive Erläuterungen und Ausdeutungen einzelner Exponate.

Die Veranstaltungen in der Gedenkstätte F

Bei den beobachteten Veranstaltungen der Gedenkstätte F handelt es sich um Variationen der Standardveranstaltung „Studienbesuch". Dieser besteht aus mehreren Modulen: einer Führung durch das historische Gebäude, in dem die Hafträume des Arbeitserziehungslagers unterbracht waren, der Beschäftigung

5 Das von den pädagogischen Mitarbeiterinnen nicht selten thematisierte Missverhältnis von verfügbarem Wissen und der zur Verfügung stehenden Zeit lässt sich weitgehend unabhängig von der tatsächlichen Dauer der Veranstaltungen beobachten.

mit Kopien der Einweisungsakten in den Räumen der Gedenkstätte und dem Besuch der Ausstellung.

Ein Einführungsfilm in die Geschichte des Ortes sowie ein mediengestützter Vortrag (Overheadfolien) wurden optional eingesetzt. Die Reihenfolge des Ablaufs wurde als variabel beobachtet. Durch die zeitgleichen Besuche jeweils zweier Gruppen stand die Führung entweder direkt am Anfang, oder es wurde mit einer mediengestützten Einführung zur Geschichte begonnen, bevor die historischen Räume besichtigt wurden. In allen Fällen fand der Besuch der Ausstellung erst nach der Führung statt. Teilnehmer aller beobachteten Veranstaltungen waren Schulklassen des 9. Jahrgangs, bei F.2 und F.4 handelte es sich um je 20 bzw. 25 Schüler der Realschule im Rahmen von Klassenfahrten; die Veranstaltung F.5 besuchte eine 9. Gymnasialklasse von 20 Schülerinnen in Begleitung ihres Geschichtslehrers.

Die Veranstaltungen in der Gedenkstätte G

Die drei beobachteten Veranstaltungen gehörten zwei verschiedenen Veranstaltungstypen an und verliefen sehr unterschiedlich. Formal handelte es sich um zwei sogenannte Projekte (3-stündig) und einen Projekttag (5-stündig). Hinter der Bezeichnung Projekt verbarg sich ein aus verwaltungstechnischen Gründen so benanntes Veranstaltungsformat von drei Stunden, das in der Regel als klassische Führung umgesetzt wird. Eines der beiden „Projekte“ stellte insofern eine Ausnahme dar, als es von dem pädagogischen Mitarbeiter der Gedenkstätte und der Geschichtslehrerin der betreffenden Klasse kooperativ geleitet wurde: Erprobt wurden die Vorbereitung, Durchführung und Auswertung einer Peer-to-peer-Führung, die bis dato nicht zum pädagogischen Angebot der Gedenkstätte gehörte (G.1).

Beim zweiten „Projekt“ handelte es sich um eine dreistündige Führung mit einem kurzen Ausstellungsbesuch (G.3). In dem Projekttag (G.2) wechselten sich vortragsähnliche Phasen mit Phasen freier Aneignung ab; der Vormittag fand vorwiegend in den Ausstellungsräumen statt; am Nachmittag konnten und sollten die Schülerinnen einzelne Themen vertiefen, die im Rahmen einer Projektwoche bereits erarbeitet worden waren. Eine Auswertung dieser Arbeitsphase fand vor Ort nicht statt, auch gab es keine offizielle Verabschiedung zur Beendigung des Seminars. Teilnehmerinnen der Veranstaltung G.1 waren 12 freiwillige Schüler einer 10. Klasse eines Gymnasiums, bei G.2 eine den 9. Jahrgang übergreifende Projektgruppe einer Realschule von 34 Schülerinnen in Begleitung zweier Lehrerinnen und bei G.3 eine 9. Realschulklasse im Rahmen des Religionsunterrichts mit ihrem Lehrer.

Die Veranstaltungen in der Gedenkstätte I

Bei den Veranstaltungen handelte es sich um zwei von der Einrichtung sogenannte Studientage zu den Themen „Nachkrieg" (I.x) und „Kinder und Jugendliche im Nationalsozialismus" (I.1). Beide umfassten jeweils etwa sechs Zeitstunden inklusive zweier Pausen von insgesamt etwa einer Stunde. Beide Veranstaltungen begannen mit einer Einführung zum historischen Ort und einem sich anschließenden Ausstellungsbesuch. In der Veranstaltung I.1 wurde dieser bereits durch bestimmte themenbezogene Aufgaben strukturiert, die in Kleingruppen erschlossen wurden. In einer zweiten Kleingruppenphase wurden zusätzliche Arbeitsmaterialien und Literaturhinweise zum selbstständigen Recherchieren verteilt. In der Veranstaltung I.x schloss sich an den Ausstellungsbesuch eine Seminareinheit an, in der die Fragen „Was mich am Nationalsozialismus interessiert" und „Welche Themen reichen noch bis in die Gegenwart?" im Gruppengespräch behandelt wurden. In einer Kleingruppenphase wurden Unterthemen weitgehend selbstständig erarbeitet. Die Ergebnisse der Arbeitsgruppen wurden in beiden Seminaren zum Abschluss präsentiert, diskutiert und ausgewertet. Teilnehmerinnen waren in beiden Fällen Gymnasialklassen des 9. (I.1) und 10. Jahrgangs (I.x) mit je 25 Schülern in Begleitung ihres Geschichtslehrers bzw. -lehrerin.

Die Veranstaltungen in der Gedenkstätte J

Die vier beobachteten Veranstaltungen unterschieden sich zunächst vor allem hinsichtlich ihrer Dauer. Es handelte sich um eine „Langführung", zwei Tagesveranstaltungen und eine „mehrtägige Projektarbeit" im Rahmen einer Studienfahrt, die jeweils von einer pädagogischen Mitarbeiterin geleitet wurden. Die unterschiedlichen Bezeichnungen der Veranstaltungstypen ließen vermuten, dass diese der Form nach variierten. Langführung und Tagesveranstaltungen waren aber strukturgleich konstruiert: Alle begannen in einem Seminarraum der Gedenkstätte mit einer inhaltlichen Einheit. Daran schlossen sich jeweils mehrteilige Führungen und der Besuch der Ausstellung an. Die mehrtägige Veranstaltung war durch den Wechsel von Gelände-(Teil-)Führungen, inhaltlichen Seminareinheiten und Kleingruppenarbeiten geprägt, deren Ergebnisse am letzten Seminartag präsentiert wurden. Bei der Führung und der Tagesveranstaltung beschränkten sich die Phasen freier Aneignung auf den Besuch der Ausstellung. Gemeinsam war allen Veranstaltungen, dass der Schwerpunkt auf differenzierter und detailreicher Wissensvermittlung zu unterschiedlichsten Aspekten der Lagergeschichte lag, die mit einer deutlichen Dominanz des Redeanteils der pädagogischen Mitarbeiterin einherging. Teilnehmerinnen waren neben einer Klasse von 22 Erzieherinnen-Schülerinnen (Tagesveranstaltung J.x) Schüler aus der Sekundarstufe I und II. Die „Langführung" (J.0) richtete sich an eine 9. Klasse mit 29 Schülerinnen einer „Regelschule", die Tagesveranstaltung J.6 wurde von einem Leistungskurs Geschichte des 11. Jahrgangs wahrgenommen; die Teilnehmer der mehrtägigen Veranstaltung J.1–5 waren elf Schülerinnen des 11. Jahrgangs im Rahmen einer Studienfahrt.

Die Veranstaltungen in der Gedenkstätte K

Beide Veranstaltungen waren zweitägig und fanden in der zur Gedenkstätte gehörenden Jugendbegegnungsstätte statt. Die Seminare hatten keine spezielle thematische Ausrichtung und trugen keinen expliziten Titel. Der Anreisetag war in beiden Fällen auch der erste Seminartag. Beide Gruppen übernachteten vor Ort in der zur Gedenkstätte gehörenden Jugendbegegnungsstätte. Die Mahlzeiten wurden gemeinsam mit der pädagogischen Mitarbeiterin eingenommen, sie war auch am Abend nach dem Ende der offiziellen Veranstaltungseinheiten noch vor Ort, wo sie in einem Fall ebenfalls übernachtete.

Die Veranstaltungen sahen einen Wechsel unterschiedlicher Methoden und Phasen der Plenar-, Kleingruppen- und Einzelarbeit vor. An die von der pädagogischen Mitarbeiterin geleiteten Führungen schlossen sich jeweils Reflexionsphasen unterschiedlicher Form und Dauer an. Ein weiterer umfangreicher Seminarteil bestand in der Themenarbeit in Kleingruppen und der Präsentation wichtiger Eindrücke. In beiden Fällen wurde ein Film gezeigt, der die Geschichte des Ortes überblicksartig darstellte, beide Male kamen auch spielerische Methoden zum Beginn und Abschluss der Arbeitstage zum Einsatz. Die Veranstaltungen endeten mit einer Seminarauswertung. Teilnehmer waren 21 Schülerinnen einer 11. Klasse (K.1–2) sowie ein Leistungskurs Geschichte des 13. Jahrgangs mit insgesamt 17 Schülern.

Wer: Die Beteiligten

Das Leitungspersonal der untersuchten Veranstaltungen spiegelt die Vielfältigkeit der beruflichen Hintergründe und die Beschäftigungsverhältnisse der in Gedenkstätten pädagogisch Tätigen wider. Die untersuchten Veranstaltungen wurden vom Gedenkstättenleiter (F), vom Abteilungsleiter (G), von Lehrerinnen in Abordnung (F), festangestellten Mitarbeiterinnen (J, K, I) und langjährigen studentischen bzw. freien Mitarbeitern durchgeführt (G, I). In keinem Fall gab es ein pädagogisches Zweierteam.

Die Teilnehmerinnen waren schulisch formierte Gruppen. Nicht immer handelte es sich um den Klassen- oder Kursverband, sondern auch um jahrgangsübergreifende und kursübergreifende Konstellationen. Es kann insofern von unterschiedlichen Graden der Freiwilligkeit der Teilnahme ausgegangen werden.[6] Alle Gruppen wurden aber von mindestens einer, bei den mehrtägigen Veranstaltungen in der Regel von zwei Lehrkräften beiden Geschlechts begleitet. Diese waren in allen Fällen während der gesamten Veranstaltungsdauer anwesend. Nicht immer standen Lehrerinnen und Schüler in einem direkten Unterrichtsverhältnis.

Wie: Sozial- und Kommunikationsformen

Wolfgang Meseth konstatiert den Bildungsangeboten für Schulklassen in Gedenkstätten eine „außergewöhnlich geringe Teilnehmerbeteiligung".[7] Diese Einschätzung mag vielleicht wenig erstaunen, wenn man von klassischen Führungen ausgeht. Sie kann aber tendenziell auch für Tages- und Mehrtagesveranstaltungen gelten. Vor allem in den mehrtägigen Veranstaltungen wechselten sich Einzel- und Gruppenarbeit, Vortrag oder Runde, methodisch angeleitete Gespräche oder Frage-Antwort-Phasen zwar ab. Gleichwohl blieben auch hier die Redeanteile der pädagogischen Mitarbeiterinnen erheblich. Dialoge zwischen Teilnehmern und Pädagoginnen waren häufig durch ein bestimmtes, von unterrichtlichen Kommunikationsmuster durchaus unterschiedlichen Frage-Antwort-Muster geprägt: Die Teilnehmerinnen fragten, die pädagogischen Mitarbeiter antworteten. Eine Ausnahme stellten in dieser Hinsicht wiederum die Veranstaltungen in der Gedenkstätte I dar. Wissensvermittlung erfolgte hier im Wesentlichen über ausgewähltes Quellenmaterial, das in Kleingruppen selbstständig erarbeitet und angeeignet werden sollte. Die pädagogischen Mitarbeiter hatten – abgesehen von der Einführung zur Ortsgeschichte – vor allem die Funktion der Moderation bei der Ergebnispräsentation und -auswertung.

Als Sozial- und Kommunikationsform war die Führung in jeder Veranstaltung anzutreffen.[8] Als regelmäßiger Wechsel von Gehen und Verweilen, formaler

6 Da die Studie nicht systematisch untersucht, ob und wie sich Freiwilligkeit der Teilnahme oder Verpflichtung in gedenkstättenpädagogischen Veranstaltungen unterscheiden, bestand keine Notwendigkeit einer gezielten Nacherhebung, um die pädagogische Kommunikation unter der Bedingung von Freiwilligkeit zu beobachten.

7 Vgl. Wolfgang Meseth, Schulisches und außerschulisches Lernen im Vergleich. Eine empirische Untersuchung über die Vermittlung der Geschichte des Nationalsozialismus im Unterricht, in: außerschulischen Bildungseinrichtungen und Gedenkstätten, in: Kursiv – Journal für politische Bildung (2008), S. 74–83, hier S. 80.

8 Ausgenommen sind die beiden Studientage in Gedenkstätte I. In beiden Veranstaltungen wurde nach einer Einführung zum historischen Ort mit der thematischen Arbeit begonnen.

und informeller Kommunikation wurde zwischen relevanten und weniger relevanten Orten unterschieden: Die Führungserzählung orientierte sich zum einen an räumlichen Punkten, zum anderen an einer vorab geplanten, aber variablen Ablaufstruktur. Die Phasen des Gehens zwischen den einzelnen Stationen wurden von den Beteiligten für Gespräche genutzt, die nicht thematisch mit der Führung in Verbindung stehen müssen. Die pädagogischen Mitarbeiter wurden während dieser Phasen häufig von einzelnen Schülerinnen oder Lehrern angesprochen und beantworteten Fragen. Mitunter wurden Zwischenhalte eingeschoben, die aufgrund von Fragen einzelner plötzlich zu bedeutsameren Orten wurden, sie produzierten spontane Erzählanlässe.

Nahezu alle Besichtigungen und Erkundungen der Gelände, seltener der Ausstellungen, fanden als Führungen, zum Teil als Abwandlungen der Form Führung statt. So wurden in der Veranstaltung K.3–4 die Teilnehmerinnen nach einer kurzen Einführung zum Gelände an einem Lageplan in Kleingruppen oder einzeln zu einer Erkundung losgeschickt, um sich einerseits erste Informationen zu beschaffen und andererseits Fragen zu notieren, die allein durch das Betrachten und die im Gelände bereitgestellten Informationen nicht beantwortet werden konnten. Dieser Fragenkatalog diente als Orientierung und Grundlage für eine umfangreiche Führung durch die pädagogische Mitarbeiterin am folgenden Tag.

In der Veranstaltung G.1 wurde die Form Führung dahingehend abgewandelt, dass die Teilnehmerinnen selbst in relativ kurzer Zeit einzelne Stationen anhand von bereitgestelltem Material erarbeiten und diese sich gegenseitig in einem anschließenden Rundgang vorstellen sollten. Die Sozialformen von Plenum und Kleingruppe wechselten sich dadurch ab, die Kommunikationsformen der Kleingruppen wurden für die Untersuchung aber nicht erhoben.

Eine andere, häufig angetroffene Gesprächsform war die „Runde". Kreisformen sind in der Pädagogik weit verbreitet (Kreisgespräch, Morgenkreis, Stuhlkreis). Der Kreis dient der Sammlung und Konzentration. Die Teilnehmer sitzen oder stehen sich zugewandt, von jeder Position im Kreis können sich alle sehen, im Sitzen entsteht zusätzlich eine soziale Situation „auf Augenhöhe", also einer inszenierten Form der Gleichberechtigung innerhalb der Gruppe. Die Pädagoginnen befinden sich nicht von der Gruppe distanziert, Teilnehmer und Leitung sind sich nicht gegenübergestellt wie etwa im Frontalunterricht und den meisten anderen Formen des Vortrags oder der Präsentation. Der Kreis ist aber auch „die räumliche Konstellation, bei der kein Ausweichen möglich ist".[9]

9 Marleen Noack, Der Schulraum als Pädagogikum. Zur Relevanz des Lernorts für das Lernen, Weinheim 1996, S. 162.

In den beobachteten Veranstaltungen wurde mit der „Runde“ ein geschlossener Sozialraum inszeniert, der nach innen meist nicht durch Sichtblenden oder Mobiliar verstellt war.[10] Anders als ein Kreisgespräch, das eine inhaltlich aufeinander bezogene Diskussion in einer sich zugewandten räumlichen Situation beschreibt, ist die Runde eine Gesprächskette, deren Glieder keine inhaltlichen Bezüge aufweisen (müssen). Die Beiträge der Runde werden idealerweise nicht kommentiert, das heißt, das Verfahren schließt Diskussionen regelhaft aus. Die Runde hat damit die Funktion einer Sammlung von unterschiedlichen Einschätzungen, sie kann für kurze Zeit die Individualität der Teilnehmerinnen ans Licht bringen und so vor allem ein Stimmungsbild erheben.

In den Veranstaltungen waren in der Regel alle Teilnehmer an den Runden beteiligt, der Umfang der Beiträge blieb jedoch den Einzelnen überlassen. Die vorgebrachten Beiträge folgten dem formalen Kriterium der Sitzreihenfolge. Das Rederecht wurde jeweils an die nächstsitzende Person im Kreis weitergegeben. In manchen Fällen wurden zusätzliche Hilfsmittel eingesetzt, um diese „Einer-spricht“-Regel einzuhalten. Es sprach dann nur, wer den kreisenden Stift oder Ball in der Hand hatte.[11] „Runden“ wurden ausschließlich in Tages- und Mehrtagesveranstaltungen und mit einer Ausnahme in Seminarräumen durchgeführt.[12]

Die Veranstaltungen K.1–2 und J.1–5

Die beiden Veranstaltungen werden gesondert und detaillierter beschrieben, da sich ein Großteil der Interpretationen in den nachfolgenden Kapiteln auf sie bezieht. Sie sind auf einer formalen Ebene gut vergleichbar und bilden doch deutliche Kontraste. Die Jugendlichen sind in beiden Fällen etwa gleichaltrig, sie gehen zum Zeitpunkt der Erhebung in die elfte Klasse, nehmen an einer mehrtägigen pädagogischen Veranstaltungen in je einer KZ-Gedenkstätte teil und werden jeweils von einem Lehrer und einer Lehrerin begleitet.

10 Die Ausnahme bildeten die Veranstaltungen in der Gedenkstätte J; hier saßen die Teilnehmerinnen zumeist an Tischen, die zu einem Viereck aufgestellt waren (vgl. J.x; J.1–5; J.6).

11 In diesen Fällen war die Reihenfolge der Sprecherinnen unabhängiger von der Sitzordnung.

12 Die Ausnahme bildete die situative Abwandlung einer Abschlussrunde, die aus zeitlichen Gründen im Außengelände stattfand. Sie war von der Pädagogin kaum gegen die Unruhe des Aufbruchs durchzusetzen.

K.1–2

Bei der Veranstaltung K.1–2 handelt es sich um ein zweitägiges Seminar mit Übernachtung in der KZ-Gedenkstätte K. Die Veranstaltung hat allgemein die Geschichte des Ortes zum Thema und keinen speziellen Titel. Ganz überwiegend geht es um die Zeit des Nationalsozialismus. Die Nutzung nach 1945 ist kein Programmschwerpunkt, kommt aber insbesondere während der beiden Geländeführungen zur Sprache.

Bei den Teilnehmern handelt es sich um 21 Schülerinnen und Schüler einer 11. Klasse. Sie besuchen den Gymnasialzweig einer Integrierten Gesamtschule in Hessen. Begleitet wird die Gruppe von einem hauptverantwortlichen Lehrer, der Deutschlehrer der Klasse ist, und einer Lehrerin, deren unterrichtliches Verhältnis zu den Schülerinnen nicht explizit wird. Im Verlauf des Seminars wird an mehreren Stellen von den Schülern auf gemeinsames Vorwissen zurückgegriffen, etwa auf die Klassenlektüre „Der Vorleser“ von Bernhard Schlink oder den gemeinsam gesehenen Film „Schindlers Liste“ von Steven Spielberg. Ob diese Medien im Rahmen einer konkreten Vorbereitung des Gedenkstättenbesuchs eingesetzt wurden, ist nicht bekannt. Auf Nachfrage der Pädagogin berichtet die Gruppe von einer Klassenfahrt nach Berlin, die kurz vor dem Gedenkstättenbesuch stattgefunden hatte. In diesem Zusammenhang hatten alle Beteiligten das Denkmal für die ermordeten Juden Europas und das Jüdische Museum Berlin besucht.

a) Zeitlicher Ablauf und Seminarprogramm

Die Klassenfahrt in die Gedenkstätte fand etwa drei Wochen vor Schuljahresende statt. Sie war für die Gruppe zweitägig, in der Gedenkstätte standen aber nur zwei halbe Tage zur Verfügung. Die Gruppe reiste zum Mittagessen an und am darauffolgenden Tag nach dem Mittagessen wieder ab. Dazwischen lagen drei Hauptarbeitsphasen, eine Nachmittags-, eine Abend- und eine Vormittagseinheit. Der Programmplan wich nicht wesentlich von der tatsächlichen Durchführung ab. Durch zeitliche Verzögerungen während der Führung am ersten Tag wurden allerdings Stauchungen nötig, weil kein Programmteil aufgegeben werden sollte. Das Ende des Seminars war dicht gedrängt und von der Unruhe des bevorstehenden Aufbruchs geprägt.

Programmplanung[13]	Programmdurchführung
Montag	
12.00 Ankunft und Zimmerbelegung	Ankunft und Zimmerbelegung
12.30 Mittagessen	Mittagessen
14.00 Begrüßung und Seminarbeginn Programmvorstellung, Erwartungsrunde Einstieg: Bilder im Kopf Rundgang: SS-Bereich, Bahnhof, Kommandantur, Lagertor, Appellplatz, evtl. zwei weitere Stationen Einführungsfilm Angebote, um das Gehörte und Gesehene „zu verdauen“	14.00 Begrüßung und Seminarbeginn Programmvorstellung, Erwartungsrunde Einstieg: Bilder im Kopf 25’ Pause 16.15 Rundgang: SS-Bereich, Bahnhof, Kommandantur, Lagertor, Lagergefängnis, Appellplatz, Barackenfundamente, zwei Denkmale
19.00 Abendessen	19.00 Abendessen
20.00 Besprechung offener Fragen und der Interessen für Schwerpunktthemen und erste Entscheidungen	20.00 Klärung des Vorgehens Einführungsfilm Angebote zum „Verdauen“ Abschlussspiel
Dienstag	
ab 8.15 Frühstück	
9.00 Warming up ☺ Übriggebliebenes und Besichtigung des Krematoriums Beginn der Vertiefungsphase in Kleingruppen (in der Ausstellung und mit vorbereitetem Material)	9.10 Aufwachspiel Vorstellung möglicher Themen für AGs und Arbeitsblätter 9.45 Teilrundgang: Lagergefängnis und Krematorium 11.00 Einführung Museum, Themenarbeit in Kleingruppen
11.30 kurzer Austausch zwischen den Kleingruppen über die Eindrücke	12.00 Präsentation der AG-Ergebnisse
12.30 Seminarauswertung und Abschluss	12.35 Seminarauswertung
13.00 Mittagessen, Abreise	ca. 12.50 Mittagessen, Abreise

13 Abschrift des Seminarplans. Einige Bezeichnungen, anhand derer die Gedenkstätten zu leicht hätten identifiziert werden können, wurden entkonkretisiert.

Die Zweitagesveranstaltung sah zwei nicht gleichgewichtige Teile vor. Der erste stellte eine Annäherung an den Ort auf unterschiedlichen Ebenen dar, im zweiten Teil ging es um eine arbeitsteilige Vertiefung einzelner Themen. Der erste sollte laut Programm etwa zwei Drittel des Seminars einnehmen, in der Praxis waren es eher drei Viertel. Er fand überwiegend in der Gesamtgruppe statt, im zweiten Teil war Kleingruppenarbeit vorgesehen. Der Aufbau des Seminars sieht zu Beginn eine Erwartungsabfrage vor, diese wird später noch einmal ausführlich betrachtet (vgl. den Abschnitt „Das is (-) klar schon=n besonderer Ort" in Kapitel VI). Hinter dem Programmpunkt „Bilder im Kopf" verbirgt sich eine assoziative Methode, die die inneren Repräsentationen von „Konzentrationslager" mit einer Vielzahl von Fotografien konfrontiert, die den historischen Ort betreffen. Vor der ersten Geländeführung ist somit eine Arbeitseinheit geplant, die der Reflexion vorab geprägter Bilder dienen soll. Die Führung ist aus organisatorischen Gründen zweigeteilt, der erste Teil findet am Nachmittag des ersten Tages statt, der zweite am Vormittag des zweiten. Nach der ersten Führung über das Gelände wird am Abend ein Film über die Lagergeschichte gezeigt, der in Standardführungen der Gedenkstätte normalerweise am Beginn steht. Hier wird er erst nach der Beschäftigung mit den (eigenen) „Bildern im Kopf" vom Konzentrationslager und nach der Begehung des Ortes „Gedenkstätte/früheres Konzentrationslager" eingesetzt. Der Film verbindet historiografische und biografische Darstellungen der Lagergeschichte. Im Anschluss an den Film sind „Angebote, um das Gesehene und Gehörte ‚zu verdauen'" vorgesehen.

Der zweite Tag ist tendenziell geprägt von der Kleingruppenarbeit. Der Teilrundgang gehört programmatisch zum Vortag und wird lediglich aus organisatorischen Gründen eingeschoben; dies wird von der pädagogischen Mitarbeiterin mehrfach problematisiert. In den Kleingruppen sollen einzelne Unterthemen entlang der Ausstellung und mit themenbezogenen Materialien bearbeitet und anschließend im Plenum kurz präsentiert werden. Im tatsächlichen Verlauf der Veranstaltung bleibt für die Präsentation der Arbeitsergebnisse kaum Zeit. Insgesamt verringert sich der Anteil der Kleingruppenarbeit aufgrund der ausführlicheren Rundgangs- und Plenarphasen am Vortag. Während im ursprünglichen Programm für die Kleingruppenarbeit etwa 90 Minuten und für die Präsentation eine weitere Stunde vorgesehen waren, verkleinert sich der Teil selbstständiger Auseinandersetzung auf etwa eine Stunde mit einer halben Stunde für die Präsentation im Plenum.

Die Verschiebung des Programmplans während des tatsächlichen Verlaufs stellt zunächst keine Besonderheit pädagogischer Praxis dar. Es zeigt sich darin aber auch eine Prioritätensetzung der Pädagogin. Der für die Abendeinheit vorgesehene Programmpunkt „Besprechung offener Fragen und der Interessen für die Schwerpunktthemen und erste Entscheidungen“ wird auf den nächsten Vormittag verschoben. Stattdessen finden am Abend die Programmpunkte Film und Reflexion statt. Sie werden von der Pädagogin zwar zur Disposition gestellt, im Verlauf der Verhandlungen über das weitere Vorgehen aber durchgesetzt und durchgeführt (vgl. den Abschnitt „Angebote, das n=bisschen zu verdauen“ in Kapitel VIII). Insbesondere die Reflexionsphase, die in Einzelarbeit stattfinden soll, wird für das Gesamtkonzept offenbar als notwendiger angesehen als die Einhaltung des Zeitplans hinsichtlich der Themenarbeit am nächsten Tag. Es ist die Einheit, in der die Beteiligten sich mit sich und ihren Eindrücken beschäftigen sollen. Sie sind in Kapitel VIII Gegenstand der detaillierten Betrachtung.

b) Räume

Der Gruppe steht für die Dauer des Aufenthalts ein geräumiger, heller Seminarraum zur Verfügung. Ein auf die Zahl der Teilnehmerinnen abgestimmter Stuhlkreis ist bereits vorbereitet, als diese ankommen. An der Tür hängt ein Willkommensschild, in der Mitte des Stuhlkreises liegt ein buntes Tuch, darauf steht eine brennende Kerze. Alle gesprächsorientierten Gruppenphasen finden im Stuhlkreis statt. Der Kreis wird für die Präsentation der Erwartungsabfragen und für den Orientierungsvortrag am Luftbild geöffnet, die Sitzordnung wird mehrfach variiert; auch die Pädagogin sitzt immer wieder an einem anderen Platz. Für den Film wird der Kreis aufgehoben, anschließend wieder hergestellt.

c) Sozial- und Kommunikationsformen

Die überwiegende Sozialform ist die der Gesamtgruppe. Daneben finden sich Phasen von Kleingruppen- und Einzelarbeit, letztere immer dann, wenn es um Reflexion eigener Erwartungen, Interessen oder Erfahrungen geht. Die Einzelarbeitsphasen können dabei kurz sein, etwa für die Erwartungsabfrage: Die Teilnehmerinnen sind dabei dazu aufgefordert, Erwartungen und Befürchtungen an das Seminar kurz zu notieren. Bei der Auswahl der Bilder zur Methode „Bilder im Kopf“ geht es um die individuelle Entscheidung für ein Bild. Bei der Einzelarbeit am Abend geht es um die Reflexion der Eindrücke des Tages, bei der Seminarauswertung um ein persönliches Urteil über die Veranstaltung. In Kleingruppen werden die Themenarbeiten durchgeführt. Hier müssen sich Gruppen finden, die gemeinsam ein Thema behandeln wollen, sie müssen sich sowohl bei der Auswahl relevanter Dokumente und Exponate absprechen als auch eine Form der Repräsentation ihres Themas in der Gruppe finden.

In der Gesamtgruppe schließlich finden alle anderen offiziellen Seminarteile statt: Eröffnung und Abschluss an beiden Tagen, organisatorische Absprachen, das Zusammentragen von Ergebnissen aus Einzel- und Gruppenphasen,

Behandlung grundlegender Fragen, Führungen über das Gelände. Die pädagogische Mitarbeiterin leitet und moderiert die Veranstaltung. Sie organisiert den Ablauf des Seminars, initiiert die einzelnen Programmpunkte und erläutert ggf. das jeweilige Verfahren; einführende Anteile des Seminars zum Haus, der Veranstaltung, zum Ort und seiner Geschichte bestreitet sie weitgehend monologisch. Die Beteiligung der Schülerinnen und Schüler an der Kommunikation findet sich aber auch bei den Führungsteilen. Gespräche werden von ihr moderiert. Die Gruppenkommunikation wird geregelt durch unterschiedliche methodische Verfahren und durch die Herstellung von Sprechanlässen etwa durch diskutables Material. Eine Vorstellungsrunde entfällt mit der Begründung, dass sich die Teilnehmerinnen untereinander kennen. Die Pädagogin ermöglicht sich aber zum einen, die Beteiligten mit Namen anzusprechen, indem Namensschilder angefertigt werden. Zum anderen kommen alle Teilnehmerinnen auch ohne Vorstellungsrunde relativ schnell zu Wort, allerdings nicht in der Situation, dass sie sich selbst, sondern ihre Erwartungen vorstellen (vgl. den Abschnitt „Das is (-) klar schon=n besonderer Ort“ in Kapitel VI).

Zur Präsentation von Arbeitsergebnissen wird zweimal die Runde genutzt. Ansonsten tritt häufig spontane Beteiligung in einem von der Pädagogin moderierten Gespräch auf. Es kommt zu Fragen der Teilnehmer an die Pädagogin, die Schülerinnen kommentieren sich aber auch gegenseitig, und der begleitende Lehrer und die Lehrerin beteiligen sich ebenfalls an diesen Gesprächen. Der hauptverantwortliche Lehrer tritt öfter dann in Erscheinung, wenn es um zeitliche Absprachen und die Einhaltung sozialer Regeln geht. Ansonsten tritt er, wie auch seine Kollegin, in einer Doppelrolle des Teilnehmers und des Beobachters der Schüler auf.

J.1–5

Bei der mit fünf Tagen längsten der beobachteten Veranstaltung handelt sich um eine gymnasiale Studienfahrt mit elf Schülerinnen eines 11. Jahrgangs, die die Geschichte des Konzentrationslagers zum Thema hat. Die Veranstaltung hat keinen speziellen Titel. Begleitet werden die Jugendlichen von einem Lehrer und einer Lehrerin. Er ist über den gesamten Zeitraum der Veranstaltung anwesend, sie wird nach der Hälfte des Seminars von einer Kollegin abgelöst. Der Lehrer unterrichtet zwar einige der anwesenden Schüler im Leistungskurs Geschichte, mehr als die Hälfte der Beteiligten steht aber in keinerlei aktueller Unterrichtsbeziehung zu ihm. Die Gruppe übernachtet in einer Jugendherberge außerhalb der Gedenkstätte ohne die pädagogische Mitarbeiterin der Gedenkstätte. Die Veranstaltung ist als Studienfahrt eines von mehreren Angeboten, die den Schülerinnen im Vorfeld zur Auswahl gestanden haben. Die Teilnahme ist somit formal freiwillig. Die Jugendlichen kennen sich untereinander, bilden aber jenseits der Projektwoche keine feste Unterrichtsgruppe. Jugendliche und Lehrkräfte reisen gemeinsam an und sind gemeinsam im nächstgelegenen Ort in einer Jugendherberge untergebracht. Von dort aus fahren sie täglich in die Gedenkstätte und absolvieren hier das Programm unter der Leitung der pädagogischen Mitarbeiterin der Einrichtung. Damit liegen zwar die Planung des inhaltlichen Programms und die thematische Verantwortung bei der Pädagogin, nicht aber die pädagogische Kontinuität, die auch die Begleitung und Bearbeitung gruppendynamischer Prozesse während einer gemeinsamen mehrtägigen Fahrt einschließt.

Der begleitende Lehrer war einige Wochen vor der Studienfahrt zur Vorbereitung in der Gedenkstätte. Alle Teilnehmer haben im vorigen Jahr im Rahmen einer Jahrgangsstufenfahrt eine andere KZ-Gedenkstätte besucht und dort an einer Führung teilgenommen. Es ist insofern nicht nur davon auszugehen, dass eine Vorbereitung auf die Studienfahrt stattgefunden hat, sondern auch, dass sich die Jugendlichen bewusst und unter Einbeziehung von Vorerfahrungen mit einem anderen KZ-Ort für die Fahrt entscheiden konnten. Aus Sicht des Lehrers ist der Hintergrund der Fahrt der, so sagt er an einer Stelle, dass „an solchen Orten" ganz „andere Prozesse" abliefen als in der Schule. Der Ort wird also zumindest von ihm für eine vom Schulunterricht alternierende Erfahrungszone aufgesucht, als Ort außerhalb der Schule, der andere Vermittlungs- und Erfahrungsmöglichkeiten böte. Für die die Fahrt finanziell unterstützende Landeszentrale für politische Bildung müssen die Teilnehmer einen schriftlichen Bericht anfertigen, der nach der Fahrt fertig gestellt und vorgelegt werden muss. Aus Sicht der Gedenkstätte stellt die Veranstaltung eher eine Ausnahme, zumindest keine pädagogische Routinetätigkeiten dar. Die Pädagogin artikuliert zum Seminarende die darin liegende besondere Chance, „mehr" mitgeben zu können (vgl. den Abschnitt „Sehr froh, wie viel ich bei Ihnen [...] vermitteln konnte" in Kapitel IX).

a) Zeitlicher Ablauf und Seminarprogramm

Die Veranstaltung beginnt an einem Montagmittag und endet freitags am frühen Nachmittag. Am zweiten, dritten und vierten Tag dauert das Programm von etwa 9.30 Uhr bis 17.30 Uhr und findet immer in der Gedenkstätte statt. Das Programm ist von der pädagogischen Mitarbeiterin erstellt und mit dem Lehrer bei dessen Vorbereitungsbesuch in der Gedenkstätte abgesprochen worden. Während der Studienfahrt sollen die Teilnehmerinnen in Kleingruppen einzelne Themen bearbeiten, die bereits im Vorfeld festgelegt wurden. Der Lehrer weist explizit darauf hin, dass die Kleingruppenarbeit den individuellen Interessen entsprechen soll. Im ursprünglich geplanten, so aber nicht durchgeführten Programm ist täglich auch eine Art Zwischenbericht der Ergebnisstände aus den Kleingruppen vorgesehen. Tatsächlich werden die Arbeitsergebnisse im Plenum kompakt am letzten Vormittag vorgestellt. Sie fließen angeblich nicht in den Unterricht ein; ob sie im Rahmen einer Auswertung der Studienfahrten in der Schule noch einmal thematisiert werden, bleibt offen.

Programmplanung	Programmdurchführung
Montag (1. Tag)	
Begrüßung, Einführung, Programmbesprechung	Begrüßung, Vorstellung von Personen und Programm
Annäherung an den Ort: „Bilder im Kopf“	Einstieg über Erinnerungsbericht und Fotos eines Häftlings
Geländeführung am Modell und erste Schritte in das ehemalige Häftlingslager (Eingangsbereich, Appellplatz)	Führung im ehem. Arbeitseinsatzbereich der Häftlinge
Besuch des Museums	
Eintragungen in die persönlichen Tagebücher	Eintragungen in die persönlichen Tagebücher
Dienstag (2. Tag)	
Tagesauftaktgespräch	Auftakt
Führung im ehemaligen Häftlingslager (Arrestzellenbau, Krematorium)	Seminareinheit zu NS-Volksgemeinschaft und Ausgrenzung
	Führung Appellplatz
Mittagspause	Mittagspause
Einführung in die Themenarbeit	Einführung in die Themenarbeit
Arbeit in Kleingruppen an den Themen	Arbeit in Kleingruppen an den Themen
Gegenseitige Vorstellung der Arbeitsergebnisse	
Filmangebot zur Themenarbeit	
Eintragungen in die persönlichen Tagebücher und Tagesabschlussgespräch	Eintragungen und Reflexion
Mittwoch (3. Tag)	
Tagesauftaktgespräch	Auftakt
Auszüge aus Tagebuchaufzeichnungen, die im KZ entstanden sind	Auszüge aus Tagebuchaufzeichnungen

Arbeit in Kleingruppen	Arbeit in Kleingruppen
Mittagspause	Film zu Häftlingsbordellen, kurze Mittagspause
Vorstellung der Arbeitsergebnisse	Kurze Nachbesprechung des Films und Vorbereitung des Krematoriumsbesuchs
Selbsterkundung des Geländes	Führung Krematorium, Besichtigung des Museums (ohne Pädagogin)
Filmangebot	Spielfilm („Kornblumenblau")
Eintragungen in die persönlichen Tagebücher und Tagesabschlussgespräch	Entfällt
Donnerstag (4. Tag)	
Tagesauftaktgespräch	Auftakt und Eintragungen in die Tagebücher, Tagesreflexion 3. Tag
Zeichnungen Überlebender	Führung und Einführung in der Sonderausstellung
Führung (Arbeitseinsatzbereich der Häftlinge)	Themenarbeit
Mittagspause	Mittagspause
Kleingruppenarbeit an den Themen	Dokumentarfilm (Kapos)
Vorstellung der Arbeitsergebnisse	Selbsterkundung
Filmangebot	Filmaufnahmen von der Befreiung
Eintragungen in die Tagebücher und Abschlussgespräch	Eintragungen in die Tagebücher
Freitag (5. Tag)	
Führung zum Bahnhofsbereich	Auftakt und Reflexion des Vortags
Vorstellen der Arbeitsergebnisse	Präsentation der AG-Ergebnisse
Eine Form des Gedenkens	
Kurze Mittagspause	
Alle Teilnehmer/innen erstellen anhand ihres persönlichen Tagebuchs eine Collage	
Abschlussgespräch	Abschlussrunde, Seminarauswertung, Dank, Verabschiedung
	(Gruppe geht im Anschluss mit Blumenstrauß ins Gelände)

Programmplanung und tatsächlicher Ablauf differieren erheblich. Zu Beginn der Veranstaltung stellt die Pädagogin das Programm mündlich vor, eine schriftliche Fassung existiert nicht. Der Aufbau des Seminars folgt weitgehend der Geschichte des Konzentrationslagers mit seiner Einrichtung bis zur Befreiung. Dazu sind verschiedene Veranstaltungseinheiten zum Lager(gelände) vorgesehen, an denen vor allem der Lageralltag aus der Sicht der Häftlinge thematisiert wird. Dazu werden bei den Geländebegehungen Auszüge des Erinnerungsberichts eines ehemaligen Häftlings zu bestimmten Orten im Gelände herangezogen werden, Führungserzählung durch die Pädagogin, es umfasst die Beschäftigung mit Bildern (Fotos und Zeichnungen) ehemaliger Häftlinge, Tagebuchaufzeichnungen, Filmen, Dokumenten, Gedichten etc. Am zweiten Tag wird die chronologische Programmordnung durch eine Einheit zu den Themen NS-Volksgemeinschaft und Ausschluss durchbrochen.

Die Pädagogin unterscheidet ausdrücklich zwischen einem Vermittlungs- und einem Verarbeitungsteil. Danach sind die ersten Tage vor allem Tage des „inputs". Erst am letzten Tag werden einerseits die Arbeitsergebnisse vorgestellt, andererseits soll eine gemeinsame Collage auf der Grundlage persönlicher Eintragungen in tagebuchähnliche Hefte angefertigt werden. Für die Präsentation der Themenarbeiten und die stärker emotionale Beschäftigung mit den eigenen Eindrücken ist im Programm lediglich ein Vormittag vorgesehen (tatsächlich findet die Collage gar nicht statt). Es besteht ein deutliches Übergewicht an „input", Äußerungen von Teilnehmerinnen finden sich vor allem in Form der Frage (nach Details) oder Nachfrage oder in der institutionalisierten Runde, die in der Regel weder kommentiert wird noch späteren Anlass zur Diskussion bietet.

Die Präsentationen der Kleingruppen am Ende der Gesamtveranstaltung sind die einzigen Phasen der Aneignungsdarstellung, für sie ist aber nur ein kleiner Teil der Seminarzeit eingeräumt. Im ursprünglichen, in schriftlicher Form vorliegenden Programmentwurf ist ein Programmpunkt „eine Form des Gedenkens" vorgesehen. Dieser wird der Gruppe zwar freigestellt und nicht im Ablauf „fest installiert".[14] Er wird aber gleich zu Beginn thematisiert und am vorletzten Tag von der Pädagogin noch einmal erinnernd aufgegriffen. Die Gruppe kommt am letzten Seminartag mit Blumen in der Gedenkstätte und legt diese nach dem offiziellen Ende auch an einem Ort im Gelände ab. Die Veranstaltung endet also vor Ort zwar inhaltlich mit einer Seminarauswertung im Seminarraum, die Gruppe beschließt den Aufenthalt aber durch ein Ritual des Totengedenkens.

Die Arbeitstage sind so strukturiert, dass es immer materialgestützte, thematische Plenarphasen, gemeinsame Geländebegehungen unter Leitung der

14 T-J-1.1, Z. 472.

Pädagogin und Arbeitsphasen in Kleingruppen gibt. Dafür stehen prinzipiell alle in der Gedenkstätte befindlichen Bücher, Texte etc. zur Verfügung. Sie werden den Jugendlichen zusätzlich zu vorhandenen Materialienordnern bei Interesse bereitgestellt oder können von ihnen selbstständig in der Bibliothek eingesehen werden. Eingesetzt werden mehrere Filme unterschiedlicher Genres bzw. dokumentarische Filmaufnahmen.[15]

Als Reflexionsmedium und -instanz wird vor allem das „Tagebuch" eingesetzt, das der „Verarbeitung" dienen soll und zwei Funktionen hat: Zum einen soll es eine Gedächtnisstütze für eine geplante Collage am letzten Seminartag sein. Zum anderen dient es dem Rückblick auf jeden einzelnen Tag. Im „Tagebuch" sollen persönliche Eindrücke notiert werden. Entgegen seiner Bezeichnung wird dem „Tagebuch" nur wenig Intimität zugestanden. Nach einer Reflexionsphase des Schreibens folgt immer eine mündliche Runde, in der der Gruppe mitgeteilt werden soll, was das am Tag persönlich Beeindruckendste, Traurigste, Schlimmste war. Eine Nicht-Beteiligung an diesen Runden ist pädagogisch nicht vorgesehen, ausdrückliche Verweigerungen der Teilnehmer sind nicht zu beobachten.

Die Teilnehmerinnen zeigen eine große Kooperationsbereitschaft mit der Pädagogin, und es entwickelt sich über den Zeitraum der Veranstaltung eine bemerkenswerte Dynamik der Selbstverpflichtung zur intensiven Teilnahme an der Veranstaltung (vgl. den Abschnitt „Also ich möchte mich da jetzt auch nicht schonen" in Kapitel VII). An keinem der Tage ist freie Zeit jenseits der Mittagspause vorgesehen. Zeit für eine eineinhalbstündige „Selbsterkundung" des Geländes, als einzigem Programmpunkt, der kaum vorstrukturiert und laut Programm für den dritten Tag vorgesehen ist, findet erst am vierten Tag statt. In dieser Zeit besteht außerdem die Möglichkeit, die Ausstellung zu besuchen, die nicht Teil des offiziellen Programms ist. Der eineinhalbstündige Programmpunkt „Selbsterkundung" ist somit ebenfalls durch Empfehlungen der Pädagogin geprägt. Trotz des fünftägigen Aufenthalts kommt es zu Zeitnot, die von der Pädagogin auch artikuliert wird (z. B. dahingehend, dass die Thematisierung der Täter aus Zeitgründen zu wenig geschehen sei; oder dass das Programm vorgebe, bis zum „Ende des Lagers" zu kommen).

15 Gezeigt werden der Spielfilm „Kornblumenblau", die Dokumentarfilme „Die roten Kapos von Buchenwald" und „Das große Schweigen. Bordelle in Konzentrationslagern" sowie tonlose Filmaufnahmen von der Befreiung des Konzentrationslagers, die amerikanische Kriegsberichterstatter während des Eintreffens der Einheiten im Lager und einem seiner Außenlager filmten.

b) Räume

Während der gesamten Veranstaltung steht der Gruppe ein Seminarraum zur Verfügung, der ausschließlich von ihr genutzt wird. Hier findet jeden Morgen der gemeinsame Beginn des Tages statt, in der Regel wird der Tag auch hier beschlossen. Der Raum ist rechteckig und hat an der Innenseite zwei Türen, zwischen denen sich ein langes Regal mit Ordnern, Büchern und Zeitschriften befindet. Die Außenseite ist zu zwei Dritteln von einer Fensterfront geprägt, trotzdem wirkt der Raum nicht hell. Er ist geprägt durch ein aus mehreren Tischen zusammen geschobenes Tischviereck. Zwischen Stühlen und Raumwänden bleibt noch etwa ein Meter Platz. Der Seminarraum ist Hauptaufenthaltsort der Gruppe, wenn sie sich nicht im Gelände bewegt. Hier etabliert sich relativ schnell eine Sitzordnung, die nur minimal variiert wird.

Daneben ist das Gedenkstättengelände wesentlicher Ort der Vermittlung. Hier bewegt sich die Gruppe mit der Ausnahme der „Selbsterkundung" (am vierten Tag) immer als Gesamtgruppe, angeführt von der Pädagogin. In der Regel bildet sich am jeweiligen Standpunkt ein Halbkreis um die Pädagogin, wenn es Sitzmöglichkeiten gibt (wie etwa Treppen oder Mauerreste), sitzen meist einige Jugendliche, die Pädagogin steht vor ihnen. Die Gruppe erhält an manchen Orten Gelegenheit, sich anschließend an die Erläuterungen der Pädagogin umzusehen und nachzufragen. Der Radius der Erkundung ist dabei relativ klein, sodass gewährleistet ist, dass die Gruppe anschließend gemeinsam weitergehen kann. Diese Raumordnung wird von den Teilnehmerinnen eingehalten, ihr Bezugspunkt ist die Pädagogin. Sie ist diejenige, die die nicht selbsterklärlichen Orte mit Information und Geschichten ausfüllen kann, und die Beteiligten kommen immer wieder auf sie und zu ihr zurück.

c) Sozial-/Kommunikationsformen

Die vorherrschende Sozialform ist die der Gesamtgruppe. Hier gliedern sich die Einheiten in Führungsteile über das Gelände und Arbeitsphasen mit verschiedenen Medien. Kleingruppenphasen zu den Themenschwerpunkten „Alltag im KZ", „Häftlingsgruppen" und „SS" finden am zweiten, dritten und vierten Tag statt. Die Kommunikationsform in der Gesamtgruppe besteht zum einen aus dem Vortrag der Pädagogin mit der eingeräumten Möglichkeit für Nachfragen der Teilnehmerinnen. Zum anderen handelt es sich um Gespräche, die durch die Pädagogin angeleitet werden und die meist in Form der „Runde" bzw. als sternförmiges Sprechen stattfinden. Damit ist Folgendes gemeint: Die Pädagogin eröffnet die Runde und bestimmt in der Regel die beginnende Person, die Äußerungen der Teilnehmer werden an die Pädagogin gerichtet, sie ist diejenige, die Redebeiträge abschließt, in einigen Fällen auch Äußerungen ergänzt und dann das Rederecht weitergibt. Die Vorstellungsrunde am ersten Tag, die Einheit zu den Bildern am zweiten und diejenige zu den Tagebuchauszügen am dritten Tag sowie alle Reflexionsphasen (am Ende jedes Tages) werden in der Reihenfolge der Sitzordnung abgehalten. Diese nach kurzem bereits ritualisierte Interaktionsform garantiert das Einholen der Wortbeiträge von allen; es wird keine Möglichkeit eingeräumt auszusetzen. An keiner Stelle der Veranstaltung kommt es während der Runden zu geäußerten Widerständen, die Statements sind aber unterschiedlich lang und unterschiedlich emotionalisiert.[16] Der Lehrer und die Lehrerin beteiligen sich an diesen Runden immer, ihre Rolle schwankt dabei zwischen der reiner Teilnehmer und der von Beobachterinnen der Schülerinnen und deren Lernprozessen. Ungesteuerte Gespräche unter den Teilnehmerinnen kommen in den veranstaltungsoffiziellen Seminarphasen fast gar nicht vor. Analog tritt ausgesprochen häufig das Kommunikationsmuster Teilnehmerfrage-Expertenantwort auf.

16 Das erhobene Material bietet eine Fülle von Hinweisen auf geschlechtsspezifische Rezeption bzw. Kommunikationsverhalten, das zu untersuchen den Rahmen der vorliegenden Arbeit leider gesprengt hätte. Schon bei oberflächlicher Betrachtung wird allerdings deutlich, dass männliche und weibliche Teilnehmerinnen den Erzähl- und Beteiligungsaufforderungen der Pädagogin auf unterschiedliche Weise nachkommen und unterschiedliche Kommunikationsbeziehungen mit der Pädagogin eingehen.

V. Die Herstellung des sozialen Arrangements

Die Einführung des Lernorts Gedenkstätte

In der programmatischen Selbstbeschreibung von Gedenkstättenpädagogik wird der Anspruch deutlich, eigenständige, von schulischen Zwängen freie pädagogische Arrangements zu bieten. Gleichzeitig beziehen sich diese aber auf den Unterricht als vorbereitende Instanz (vgl. Kapitel II). Das wirft die Frage auf, wie das außerschulische pädagogische Arrangement unter der Bedingung der Gleichzeitigkeit von Schule und Nicht-Schule und damit unterschiedlicher Handlungslogiken und Interessen kommunikativ hergestellt und geregelt wird. Sowohl aus der Sicht der Schüler als auch aus der Sicht der begleitenden Lehrkräfte entsteht eine zumindest ungewöhnliche soziale Situation, in der zwei pädagogisch Verantwortliche und damit auch zwei pädagogische Bezugssysteme aufeinandertreffen. Wie zeigt sich die gleichzeitige Anwesenheit von Gedenkstättenpädagoginnen und Lehrern kommunikativ? Welche Rollenübernahmen sind zu identifizieren, welche formalen, inhaltlichen und sozialen Zuständigkeiten lassen sich ausmachen? Wer gibt oder nimmt sich welche Rolle und wie geschieht die Aushandlung darüber?

Diese Fragen stellen sich erwartungsgemäß bei jeder Kooperation, spitzen sich aber vor dem Hintergrund der Einmaligkeit und Kürze der Veranstaltungen zu. Die pädagogischen Mitarbeiter müssen sich innerhalb kürzester Zeit vor fremden Gruppen als kompetent erweisen, den Ort und seine Geschichte zu vermitteln. Dabei helfen einerseits die kurzen Selbstdarstellungen zu Beginn der Veranstaltungen, in denen die Gedenkstättenpädagoginnen etwa auf ihre Ausbildung oder ihre langjährige Berufspraxis hinweisen können. Wichtiger ist aber, dass sie ihr Wissen und ihre Kompetenzen im Verlauf der Führungen oder Seminare immer wieder unter Beweis stellen, um so Glaubhaftigkeit und Vertrauen zu sichern. Dafür müssen situativ geeignete Gelegenheiten ergriffen werden.

Wissen und Kompetenz sind die Grundlage für Anerkennung und Vertrauen, und diese sind notwendige Voraussetzung für die sowohl soziale wie inhaltliche Kooperationsbereitschaft einer fremden Gruppe. In Anlehnung an Ulrich Oevermann ist dieses Entgegenkommen griffig als „pädagogisches Arbeitsbündnis“[1]

1 Der Begriff „Arbeitsbündnis“ bezeichnet die interaktive Grundlage professionellen Handelns: die Bereitschaft des Klienten im Prozess der psychoanalytischen Therapie, aufgrund eines Leidensdrucks sich dem Therapeuten anzuvertrauen, der, um professionell handeln

zu bezeichnen. Die Aushandlung pädagogischer Zuständigkeiten ist aber offenbar keine einmalige Angelegenheit, die am Anfang der Veranstaltung der Seminare (oder gar durch institutionalisierte Absprachen im Vorfeld) zwischen den gedenkstättenpädagogischen Mitarbeiterinnen und den schulischen Lehrkräften hinreichend geleistet werden kann.

Unterschiedliche Perspektiven auf den Gegenstand oder die Teilnehmer, Deutungshoheiten und Ähnliches treten in den Veranstaltungen immer wieder hervor, sodass die doppelte pädagogische Rahmung, wenngleich nicht permanent, so doch wiederkehrend virulent ist. Dies wird in den weiteren Kapiteln deutlich. Im Folgenden geht es zunächst um die Anfänge von drei Veranstaltungen in drei KZ-Gedenkstätten.

„So lange ihr hier seid, bin ich auch da"

Der folgende Auszug aus dem Transkript dokumentiert einen kurzen Wortwechsel zu Beginn der knapp zweitägigen Veranstaltung K.1–2 in der KZ-Gedenkstätte K. Die Pädagogin erwartet die Gruppe im vorbereiteten Seminarraum, einige Schüler sowie die beiden begleitenden Lehrkräfte erscheinen vor der verabredeten Zeit, andere treffen nach und nach ein und setzen sich in den auf die Zahl der Teilnehmerinnen abgestimmten Stuhlkreis. Die Pädagogin gibt währenddessen ein Klebeband herum, aus dem sich die Teilnehmerinnen Namensschilder anfertigen und anheften sollen. Einige Minuten später ist einer der Stühle noch unbesetzt. Die Pädagogin erkundigt sich nach der noch fehlenden Person und beschließt, ihr Eintreffen abzuwarten. Kurz darauf betritt eine Schülerin den Raum.

zu können, unabdingbar auf dieses Entgegenkommen angewiesen ist. Als Pendant zum Leidensdruck in therapeutischen Settings gilt in pädagogischen Prozessen die Wissbegierigkeit des Kindes, mit der es sich an den Lehrer (im weitesten Sinn) wenden kann – und worauf der Lehrer angewiesen ist, um seine Aufgabe auszufüllen. Vgl. Ulrich Oevermann, Theoretische Skizze einer revidierten Theorie professionalisierten Handelns, in: Arno Combe/Werner Helsper (Hrsg.), Pädagogische Professionalität. Untersuchungen zum Typus pädagogischen Handelns, Frankfurt a. M. 1996, S. 70–182. Für schulische Unterrichtszusammenhänge vgl. Werner Helsper/Merle Hummrich, Arbeitsbündnis, Schulkultur und Milieu. Reflexionen zu Grundlagen schulischer Bildungsprozesse, in: Georg Breidenstein/Fritz Schütze (Hrsg.), Paradoxien in der Reform der Schule. Ergebnisse qualitativer Sozialforschung, Wiesbaden 2008, S. 43–72.

S(mehrere)	[((Stimmengewirr))]
Sm1	[( )]
Sw4	[Verzeihung!]
Sm1	( )
Sw	( )
Lm	Könntest du bitte die Tür zumachen und (-) das nächste Mal bitte pünktlich kommen, ja?
Sw4((leise))	ja. (3.0) Verzeihung!
	((10.0 Schritte, Tür wird geschlossen, Schritte, Stühlerücken))[2]

In das Stimmengewirr und eine sich davon abhebende, aber ebenfalls unverständlich bleibende Äußerung eines Schülers hinein artikuliert die Schülerin (Sw4) mit ihrem Eintreten in den Raum vernehmbar eine Entschuldigungsfloskel. Noch in der elliptischen Form stellt dies eine kommunikative Demutsgeste, eine Bitte um Verzeihung dar. Darin kommt ein Wissen der Schülerin um eine von ihr zu verantwortende Regelübertretung zum Ausdruck, deren Konfliktpotenzial entschärft werden soll. Die Verwendung solcherlei Entschuldigungsfloskeln ist ohne weitere Erklärungen dann möglich und üblich, wenn es sich um kleinere Regelverletzungen, Unachtsamkeiten oder unbeabsichtigte Störungen handelt. Sie werden normalerweise akzeptiert und nur bei wiederholtem Missbrauch verwehrt.

Da die Schülerin der Floskel keine weitere Erklärung anfügt, wäre im Anschluss die Akzeptanz der Entschuldigung erwartbar, die kommunikativ sichtbar werden (etwa durch ein „Schon gut“, „Nicht so schlimm“ etc.) oder sich einfach in einem reibungslosen weiteren Kommunikationsverlauf zeigen könnte. Zu den Bedingungen ihrer Äußerung zählt in diesem Fall, dass sie von mehreren, gleichzeitigen Sprecherbeiträgen begleitet wird. Dies lässt auf eine nicht-offizielle soziale Situation schließen, in der ihre Entschuldigung vielfältig deutbar wäre, ebenso gut aber in der Polyphonie untergehen könnte. Das Stimmengewirr bricht jedoch ab, als der Lehrer das Wort ergreift und die Schülerin direkt anspricht. Durch die von ihm gebrauchte Höflichkeitsform könnte der erste Teil seiner Äußerung für sich betrachtet als Bitte um einen Gefallen verstanden werden („könntest du bitte die Tür zumachen“). Die kopulative Satzverbindung mit dem zweiten Teil, der einen lediglich rhetorisch verkleideten Imperativ darstellt („und (-) das nächste Mal bitte pünktlich kommen, ja?“) macht jedoch die gesamte Aussage zu einer zusammenhängenden, disziplinierenden Handlungsanweisung.

2 T-K-1.1, Z. 29–37.

Der erste Teil zielt auf die sofortige Herstellung einer räumlichen Ordnung, der zweite auf die zukünftige Einhaltung einer sozialen Regel. Die individuellen Gründe für deren Übertretung werden dabei nicht erfragt. Der Lehrer expliziert die von der Schülerin durch die Entschuldigungsfloskel eher beiläufig eingeräumte Regelverletzung und macht sie damit zu einem Verstoß, der groß genug scheint, um nicht schweigend hingenommen zu werden. Mit der Aufforderung, die Tür zu schließen, zeigt der Lehrer der Schülerin zum einen an, dass außer ihr niemand mehr erwartet wird und der verzögerte Beginn somit eindeutig ihr zuzuschreiben ist. Die noch offene Tür wird so zum Symbol des Wartens, und mit der Aufforderung, sie zu schließen, nutzt er die Gelegenheit, durch einen symbolischen Abschluss dieser Wartezeit den Beginn zu setzen. Zum anderen macht er deutlich, dass der Verstoß gegen die Pünktlichkeitsregel von ihm nur auf Bewährung, nämlich durch ihre zukünftige Einhaltung, geduldet und entschuldigt wird. Der Lehrer positioniert sich mit seiner Intervention als jemand, der formale Regeln setzen kann und über ausreichend Macht verfügt, deren Einhaltung zu kontrollieren. Das Machtgefälle zwischen Lehrer und Schülerin wird hier vor allen anderen demonstriert und von der Schülerin anerkannt.

Die prompte Sanktionierung einer Regelübertretung, die nachdrückliche Einforderung einer Reaktion am Ende seiner Äußerung („ja?") und die Bestätigung durch die Schülerin („ja") verweisen auf eine bereits bestehende Beziehung zwischen den beiden. Dass die Schülerin keinerlei Vertrauensvorschuss genießt, sondern sofort ermahnt wird, macht darüber hinaus auch deutlich, dass die vom Lehrer aufgestellte Regel als bekannt vorausgesetzt und hier lediglich in Erinnerung gerufen wird. Sie wird in einem Akt der Unterwerfung anerkannt und damit die bestehende asymmetrische Beziehung erneut bestätigt. Die betroffene Schülerin wiederholt unter Schweigen der Anwesenden erneut und deutlich ihre Entschuldigung, schließt die Tür und setzt sich in den Stuhlkreis.

Obwohl die Sequenz eine durchaus rollenförmige Disziplinierungsszene zwischen Lehrer und Schülerin wiedergibt, enthält sie Anzeichen dafür, dass es sich bei diesem sozialen Beginn nicht um einen im engeren Sinne schulischen Unterrichtsbeginn handelt. Ein solcher richtet sich weniger nach der Vollzähligkeit der Schüler, als nach einer vorgegeben Zeitstruktur, die im Pausengong ihren unüberhörbaren, in offenen oder geschlossenen Klassenzimmertüren ihren unübersehbaren Ausdruck findet und ein Zu-Spät-Kommen der Schülerinnen nur mit triftigem Grund legitimierbar macht. Im vorliegenden Fall wird die Schülerin nicht zu einer Erklärung aufgefordert, sondern lediglich ermahnt, die erwartete räumliche Ordnung wieder herzustellen und sich zukünftig regelkonform zu verhalten. Dennoch wäre erwartbar, dass der Lehrer nach dieser formalen Klärung des Anfangs und der Herstellung grundlegender Voraussetzungen im Folgenden auch einen inhaltlichen Beginn setzt oder von seiner demonstrierten sozialen Position Gebrauch macht, indem er etwa das Rederecht verteilt. Das Transkript weist aber einen Sprecherwechsel aus. Die Pädagogin ergreift das Wort:

PMw	Okay. (2.0) Gut. Ich möchte euch noch mal, sozusagen offiziell (-) herzlich willkommen heißen. (2.0) Mmh (-) ja. Ich heiße (-) Ute Hornbach. (-) Ich arbeite seit=n paar Jahren in der pädagogischen Abteilung (-) und (-) bin jetzt die ganze Zeit sozusagen bis morgen, so lange ihr hier seid, bin ich auch da. (-) Und bin sozusagen Ansprechpartnerin für euch, für alles, was (-) ja euch auf dem Herzen liegt oder ( ) (auch) unter den Nägeln brennt also, wann immer ihr=ne Frage habt, könnt und sollt ihr (-) mich ansprechen. (2.0) Ich übernachte auch hier und zwa=ar im Flur da hinten (-) in dem Raum 320. Also ihr könnt, auch immer wenn irgendwas is (-) äm, könnt ihr auf mich zukommen. (-) Hat jeder und jede von euch äm Bettzeug? (-) Handtu=uch (3.0) und//
Sn	[((3.0 Lachen))]
PMw	[Nein?][3]

Allein die interaktive Regelung dieses Übergangs macht deutlich, dass hier eine zweite Person über das Recht verfügt, die soziale Situation zu strukturieren. Sie scheint nicht abhängig zu sein von einer Zuteilung des Rederechts durch den Lehrer, sondern kann einen Neuanfang setzen, mit dem die vorangegangene Szene abgeschlossen und inhaltlich unkommentiert stehen gelassen wird. Dass ihr Rederecht von den Anwesenden nicht infrage gestellt wird, zeigt sich deutlich an der Pause zwischen den beiden Abschluss- und Überleitungssignalen („Okay. (2.0) Gut."). Der darin enthaltene alltagssprachliche Ausdruck von Einverständnis zeigt an, dass die vom Lehrer eingeforderten Ordnungskriterien (geschlossene Tür, Vollzähligkeit, Hinweis auf Pünktlichkeit) als soziale und räumliche Bedingungen des Anfangs anerkannt werden. Die Intervention des Lehrers wird weder zurückgewiesen, noch andere Regeln entgegengesetzt.

Stattdessen leitet die Pädagogin zur Begrüßung der Anwesenden über. Sie tut dies mit einer in ihre Äußerung eingelagerten performativen Standardgeste („Ich möchte euch noch mal, sozusagen offiziell (-) herzlich willkommen heißen"), die insofern asymmetrisch ist, als sie keinen Gegengruß erwartet und ihr gleichzeitig die Rolle einer Gastgeberin zuweist, die mehreren Gästen gegenüber steht. Ihr

3 T-K-1.1, Z. 38–50.

herausgehobenes Rederecht wird so zunächst legitimiert, im nächsten Anschluss aber auch als legitimierungsbedürftig markiert: im Gegensatz zu der unmittelbaren Maßregelung des Lehrers, tritt sie den Adressierten mit einer höflichen und freundlichen Geste gegenüber („herzlich willkommen"), die einen sozialen Neubeginn betont und durch die Einleitung („ich möchte euch") ein, wenn auch ungleichseitiges, Beziehungsangebot beinhaltet. Offen bleibt, mit welcher Legitimation die duzende Anredeform genutzt werden kann. Die sprachliche Abschwächung („sozusagen") deutet einerseits auf eine bereits stattgefundene, inoffizielle Begrüßung hin, schränkt aber andererseits auch die Offizialität dieser Eröffnung ein. Sie mindert die der Geste innewohnende Distanz und flacht damit auch die Hierarchie zwischen Gastgeberin und Gästen ab.

Das Beziehungsangebot der Pädagogin an die Teilnehmerinnen changiert zwischen Distanz und Nähe, Informalität und Formalität. Mit dem eigenständigen Anfang zeigt sie sich einer anderen Ordnung als der vom Lehrer repräsentierten zugehörig und distanziert sich damit auf indirekte Weise von dem durch den Lehrer zunächst gesetzten Ordnungsrahmen. Deutlich wird, dass nicht er, sondern sie diejenige ist, die über den offiziellen Beginn entscheidet, was auch die vorangegangene Machtdemonstration des Lehrers relativiert. Darüber hinaus verwehrt sie ihm durch die Adressierung („euch") jene Sonderrolle, die er mit seinem Auftritt ergriffen hat. Die Anwesenden werden in dieser Anrede zu einer ihr gegenüberstehenden Gruppe homogenisiert. Der Lehrer wird nicht gesondert begrüßt, sondern zumindest in diese Gruppe eingeschlossen, wenn nicht gar durch das Duzen eigentlich ignoriert.

Nach kurzem Zögern stellt sich die Pädagogin dann namentlich vor. Im Gegensatz zum Lehrer, dessen Person und Rolle den Adressierten bereits soweit bekannt ist, dass er unmittelbar reglementieren und sanktionieren kann, muss sie ihr Beziehungsangebot an die Teilnehmerinnen ausbauen. Sie schließt dafür nicht an ihrem sozialen Status oder ihrer Funktion an, sondern gibt sich zuallererst als individuelle Person zu erkennen und macht sich ansprechbar. Die dafür gewählte Form („ich heiße") in Verbindung mit Vor- und Nachnamen deutet aber darauf hin, dass sie sich den Teilnehmer nicht als Privatperson bekannt macht. Dies bestätigt sich durch den nächsten Anschluss, mit dem sie auf ihre berufliche Tätigkeit Bezug nimmt („Ich arbeite seit=n paar Jahren in der pädagogischen Abteilung"). Benannt werden darin weder die der Abteilung übergeordnete Einrichtung, noch die konkrete Tätigkeit oder Position. Die Formulierung verweist mit einer allerdings vage bleibenden Zeitangabe lediglich auf eine mehrjährige Berufserfahrung.

Durch die anschließende Äußerung, die mit der vorhergehenden mit der Konjunktion „und" verbunden ist, erscheint ihre berufliche Aufgabe im konkreten

Fall vor allem durch die kontinuierliche Anwesenheit gekennzeichnet („und bin jetzt die ganze Zeit sozusagen bis morgen, so lange ihr hier seid, bin ich auch da“). Die erneute sprachliche Abschwächung („sozusagen“) schränkt ihr Versprechen auf ihre ununterbrochene Anwesenheit zwar ein, und auch der Satzabbruch deutet auf eine sprachliche Korrektur ihrer Aussage hin. Die Zusicherung wird aber sprachlich vervollständigt und durch die betonte Gleichzeitigkeit der Präsenz von Pädagogin und Gruppe wieder verstärkt. Im Anschluss übersetzt sie ihre berufliche Tätigkeit in eine Art beruflicher Selbstbezeichnung. Diese beinhaltet ein partnerschaftliches und niedrigschwelliges Angebot, bei Bedarf Auskünfte oder Hilfen zu erhalten („Und bin sozusagen Ansprechpartnerin [illegible]

Während die Selbstbezeichnung „Ansprechpartnerin“ [illegible] damit eingeschränkte Zuständigkeitsbereiche verweist, wi[illegible] weit darüber hinausgehende, grenzenlose Fürsorge in A[illegible] umfassende Verantwortlichkeit („für alles“) wird durch da[illegible] tivpronomen „was“ nämlich nicht etwa auf spezifische Aspe[illegible] im Gegenteil auf alles ausgeweitet, „was (-) ja euch auf dem [illegible] (auch) unter den Nägeln brennt“. Die sich anschließende [illegible] die grenzenlose Zuständigkeit zusammenfassend zwar n[illegible] Angebot, sich bei Fragen an die Pädagogin zu wenden. [illegible] dabei nicht nur die Möglichkeit, dieses Angebot zu nutzen, sondern hat durchaus Aufforderungscharakter („also, wann immer ihr=ne Frage habt, könnt und sollt ihr mich ansprechen“). Der sich direkt anschließende Hinweis auf den Raum, in dem sie auch nachts auffindbar zu sein ankündigt, dehnt ihre Zuständigkeit und Erreichbarkeit aber sowohl zeitlich („wann immer“) als auch inhaltlich („wenn irgendwas is“) unbegrenzt aus.

Die Frage, in welchen Situationen ein derart umfassendes Betreuungsangebot eigentlich denkbar oder notwendig ist, lässt an Nachtbereitschaften von Ärzten oder Therapeutinnen, Apothekern oder Seelsorgerinnen denken, die sich aber in der Regel auf Notfälle beschränken. In pädagogischen Arbeitsbereichen übernehmen Betreuungspersonen stellvertretend vor allem die elterlichen Fürsorgepflichten für das Wohl ihrer Kinder, wenn die Eltern nicht zugegen sind. Der funktionale Begriff „Ansprechpartnerin“ wird in der Äußerung der Pädagogin mit der Bedeutung eines viel weiter reichenden Angebots im Sinne einer fast mütterlichen Vertrauensperson ausgefüllt oder überlagert. Auch der anschließende Themenwechsel hin zu organisatorischen Fragen des Aufenthalts verbleibt in dieser Fürsorgehaltung. Die Art und Weise der Nachfrage, mit der sich die Pädagogin nach der Versorgung persönlicher, tendenziell intimer Bereiche wie Schlafen und Waschen erkundigt, führt dabei das Beziehungsangebot fort, das von einer umfassenden Fürsorglichkeit geprägt ist („Hat jeder und jede von euch äm Bettzeug? (-) Handtu=uch (3.0) und//“).

Vor dem Hintergrund der Tatsache, dass es sich bei den Adressaten keineswegs um Kinder, sondern um Schülerinnen einer elften Klasse handelt, irritiert dieses weit reichende Beziehungsangebot. Dies umso mehr, als sie in Begleitung eines Lehrers und einer Lehrerin sind, denen formal die Aufsichtspflicht obliegt und die aufgrund einer bereits bestehenden Beziehung und der besseren Kenntnis der Jugendlichen zumindest potenziell als Vertrauenspersonen fungieren könnten. Wie kann dieses überbordende Angebot der Pädagogin im Kontext der Veranstaltung erklärt werden? Welche Funktion hat diese Art der Selbstbeschreibung?

Die Analyse des Gesprächsausschnitts zeigt, dass hier zu Beginn der Veranstaltung eine indirekte Aushandlung von Zuständigkeiten zwischen dem Lehrer und der Pädagogin stattfindet. Der Lehrer reproduziert mit seiner Intervention eine schulische Sozialsituation und macht schulisch-asymmetrische Komplementärrollen (Leh[illegible] Schülerin) sichtbar, indem er eine Regelverletzung mit der [illegible] von den Schülern anerkannten Disziplinierungsmacht [illegible]en größeren Rahmen einer bereits bestehenden, von [illegible]dnung einpasst.
[illegible]der die Verspätung der Schülerin noch die daran [illegible]n Lehrer und Schülerin hergestellte Ordnung kom-[illegible] der bislang fehlenden Beziehungsgrundlage zwi-[illegible]nnen, die keine unmittelbare Sanktionierung ihrer-[illegible]nem Verzicht auf einen kommunikativen Anschluss an [illegible]weisung durch den Lehrer gesteht sie ihm das beanspruchte Disziplinierungsrecht andererseits auch zu. Gerade die von ihm ungefragt übernommene Maßregelung der Schülerin zu Beginn entlastet die Pädagogin auf einer pragmatischen Ebene von Disziplinierungsaufgaben und bietet damit eine ideale Gelegenheit für eine abgrenzende, nicht-schulische Profilierung ihrer professionellen Selbstdarstellung.

Die Pädagogin setzt nach Abschluss der sozialen Rahmung durch den Lehrer nämlich einen zweiten Rahmen und bietet den Teilnehmern gewissermaßen einen Neuanfang und ein anderes, neues Arbeitsbündnis an. Im Gegensatz zum Lehrer positioniert sie sich nicht als disziplinierende Instanz, sondern als verständige (Ansprech-)Partnerin, deren Beziehungsangebot gerade nicht von einer Einschränkung der Bedürfnisse der Teilnehmer geprägt ist, sondern von einer grenzenlosen Bereitschaft, auf deren Bedürfnisse einzugehen. Die adressierten Teilnehmerinnen sollen gerade nicht in ihrer Rolle als Schüler angesprochen werden und sich dementsprechend auch nicht in dieser Rolle zeigen, sondern vielmehr als ganze Personen in einer nicht-schulischen (Lern-)Situation, in der auch die Pädagogin keinen klar eingegrenzten Aufgabenbereich hat. Die deutliche

Abgrenzung von der Selbstdarstellung des Lehrers bietet den Teilnehmerinnen die Möglichkeit, sich auf einen nicht-schulischen Rahmen zu beziehen.

Es ist insofern nicht erstaunlich, aber dennoch bemerkenswert, dass in der Selbstbeschreibung der Pädagogin eine Bezugnahme auf inhaltliche fachbezogene Vermittlungsinhalte, bestimmte Kenntnisse, Fähigkeiten oder Wissen vollständig fehlt. Stattdessen hebt sie die besondere Bedeutung hervor, die der kontinuierlichen Begleitung der Gruppe sowie der Unterstützung in allen Belangen zukommt. Die Darstellung eines Wissensgefälles zwischen ihr und den Teilnehmern wird fast gänzlich vermieden. Einzig ihr Hinweis auf ihre mehrjährige Tätigkeit in der Gedenkstätte führt diese Differenz zwischen ihr und den Teilnehmerinnen mit sich. Durch dieses von der Pädagogin angebotene alternative Arbeitsbündnis wird die Schülerrolle der Teilnehmerinnen aufgehoben. Damit wird aber, weil Schüler- und Lehrerrolle nur komplementär denkbar sind, auch die bisher selbstverständliche Funktion des Lehrers innerhalb des bereits bestehenden Gruppengefüges weitgehend hinfällig, sodass ihm in dem von der Pädagogin gesetzten Rahmen lediglich die Rolle eines Teilnehmers verbleibt.

Zieht man schließlich den durch den Ort vorgegebenen Kontext dieser Aushandlung von Zuständigkeiten hinzu, so lässt sich das Angebot der Pädagogin nicht allein als konkurrierende Gegenpositionierung zum Lehrer lesen. Vor dem Hintergrund der Tatsache, dass es sich um den Beginn einer pädagogischen Veranstaltung in einer KZ-Gedenkstätte handelt, die eine Übernachtung einschließt, verweist die Darstellung der Pädagogin vor allem auch auf eine dem Aufenthalt vor Ort zugeschriebene Wirkungsmacht. Die Erfahrungen, die hier als möglich angedeutet werden, erscheinen mit schulischen Lernerfahrungen kaum vergleichbar, wenn sie eine kontinuierliche Begleitung notwendig machen, die nicht fach-, sondern personenbezogen umschrieben wird. Die Zusicherung ununterbrochener Fürsorge und Zuständigkeit für alle entstehenden Fragen und Probleme verweist auf ungenannte Unsicherheiten oder gar Gefahren, die vor Ort als möglich erachtet werden und von vornherein abgefedert werden sollen. Sie können von der Pädagogin deswegen bereits vor ihrem Eintreten angedeutet werden, weil sie diesen Ort offensichtlich gut kennt. Die einzige benannte soziale Asymmetrie zwischen ihr und den Teilnehmern erscheint von einer gewissen Überlegenheit an Erfahrung bestimmt, die den Unerfahrenen eine Entlastung verschaffen soll. Die ausdrückliche Erwähnung der jahrelangen beruflichen Tätigkeit vor Ort verweist insofern vor allem auf einen Erfahrungsvorsprung hinsichtlich möglicher Wirkungen des Ortes, den nur sie, nicht aber die begleitenden Lehrer haben. Soll ihr Angebot, die Teilnehmerinnen während ihres Aufenthalts in der Gedenkstätte fürsorglich zu begleiten, von diesen angenommen werden, ist der Aufbau einer vertrauensvollen Beziehung als Grundlage dieses Arbeitsbündnisses allerdings unabdingbar.

Das Beziehungsangebot einer weder inhaltlich noch zeitlich begrenzten Zuständigkeit für die Teilnehmer irritiert zum einen vor dem Hintergrund der faktischen Dauer der Veranstaltung von weniger als zwei Tagen. Zum anderen steht eine professionelle Bezugsperson in einem nicht-reziproken Verhältnis zu ihren Klienten, sie ist also immer für mehr als eine Person zuständig. Unter den gegebenen Umständen ist die tatsächliche Etablierung einer nicht-rollenförmigen Beziehung zwischen der Pädagogin und den Adressaten ausgesprochen unwahrscheinlich. Das von ihr unterbreitete Beziehungsangebot changiert aber fortwährend zwischen Nähe und Distanz und ist insofern nicht nur diffus. Gerade der stetige Wechsel zwischen grenzenlosen Zuständigkeitserklärungen und deren Einschränkungen („Ansprechpartnerin", „wann immer ihr ne Frage habt"), deutet auf eine weitreichende, aber dennoch spezifische professionelle Tätigkeit hin: den Teilnehmerinnen soll ein persönliches Einlassen auf den Ort und die mit ihm verbundenen Themen und Geschichten ermöglicht werden. Gerade dieses Einlassen auf den Gegenstand scheint aber individuelle emotionale Krisen und psychische Belastungen zu riskieren, die durch die Pädagogin vor Ort abgefangen werden sollen. Durch die Präsenz einer langjährig erfahrenen Mitarbeiterin der Einrichtung sollen sich die Teilnehmer folglich sicher fühlen und auf den Ort in anderer Weise einlassen können, als es ohne diese Begleitung möglich wäre.

Dass in dieser Sequenz vollständig auf die Darstellung inhaltlicher Kompetenzen verzichtet wird und stattdessen diffuse Beziehungsangebote in den Vordergrund rücken, kann als Ausdruck einer präventiven Enthierarchisierung der Beziehung zwischen der Pädagogin und den Teilnehmerinnen gelesen werden. Dies entspricht der zögerlichen Einführung ihrer Person, die wenig statusbetont ist und eine Reihe abschwächender Formulierungen aufweist. Ihre Selbstpräsentation als Vertrauensperson stellt einerseits einen performativen Akt der Beziehungsaufnahme mit den Teilnehmern dar. Andererseits positioniert sie sich gerade damit in deutlicher Differenz zum Lehrer und entwirft ein Gegenmodell zu der zu Beginn vorgeführten schulischen Rollenförmigkeit zwischen Lehrer und Schülerin.

„Huch, is=es hier kalt"

Ganz anders beginnt die fünftägige Veranstaltung in der KZ-Gedenkstätte J. Hier findet, wie auch im vorigen Beispiel, zwar ebenfalls eine erste Begrüßung zwischen Pädagogin und Gruppe bei deren Eintreffen in der Gedenkstätte außerhalb des Seminarraums statt. Die Pädagogin begleitet die Gruppe aber anschließend in den Seminarraum und zieht sich selbst noch einmal in ihr Büro zurück. Sie kommt etwa eine Viertelstunde später in den Seminarraum, wo die Teilnehmer inzwischen Platz genommen haben und auf den Beginn der Veranstaltung warten. Die Pädagogin kommentiert ihr eigenes Eintreffen folgendermaßen:

((Geraschel))	
PMw	Huch, is=es hier kalt
Sw	Hhm!
PMw	Ich weiß jetzt nicht, sind alle im Raum oder fehlen noch einige?
Lm	Na, elf Leute müssen (wir/es) sein, eins zwo drei (-), vier, fünf (1.0) sechs, sieben, acht, neun (-) zehn, elf, ja. (3.0)
PMw	Dann könn=wir ja richtig anfangen
Fw1	hch
Fw2	mhmhmh
	((4.0 Geraschel, Lachen, Gemurmel))
X(mehrere)	((Lachen))
Sw	( )
PMw	Ja, wir sind jetzt nicht gehetzt (immer mit der Ruhe)
X	( )
X	((lautloses Lachen))
Sw	Und jetzt arbeiten wir durch?
PMw	Wir machen auch noch [so was wie=ne Mittagspause.]
X	[( )]
PMw	Das war sie jetzt nicht ((lacht))
Xw	((lacht))
Lm	[((lacht))]
PMw	[( ) keine Angst haben]
Lm	Ach so
X(mehrere)	((lautes Lachen)[4]

Die von der Pädagogin überrascht zum Ausdruck gebrachte Wahrnehmung eines kalten Raums wird von einer Schülerin bestätigt. Auf den gemeinsam als unangenehm empfundenen Zustand wird weder verbal noch non-verbal (Fenster schließen, Heizung anstellen) reagiert. Die Pädagogin wendet sich stattdessen mit einer Frage an die Anwesenden, der sie zunächst die Bekundung eines Unwissens vorausschickt, dass sie die Vollzähligkeit der Gruppe nicht feststellen könne („sind alle im Raum?“). Dies deutet zunächst auf eine unübersichtliche Situation hin,

4 T-J-1.1, Z. 1–24.

die Frage impliziert jedoch, dass jemand anderes im Raum die Übersicht haben könnte.

Obwohl sich die Frage prinzipiell an alle richten könnte (obgleich nicht ausgeschlossen werden kann, dass durch nonverbale Signale tatsächlich der Lehrer zur Antwort aufgefordert worden ist), antwortet der begleitende Lehrer prompt. Er tritt als Sprecher der Gruppe auf, und obwohl auch er nicht auf einen Blick zu überschauen scheint, ob „alle" im Raum sind – sein stockendes Zählen weist auf eine auch für ihn unübersichtliche Situation hin – bedient er sich im Gegensatz zur Pädagogin der einfachen Technik des Abzählens, um die Vollständigkeit festzustellen. Anders als diese scheint er zu wissen, welche Anzahl aus den Anwesenden „alle" macht, und greift auf eine bereits vorher gefallene (institutionelle) Entscheidung zurück.

Auffallend an der von ihm genannten Gesamtzahl der Anwesenden ist, dass sie tatsächlich nicht alle Anwesenden im Raum erfasst, sondern lediglich eine bestimmte Teilgruppe. Zu den elf Erfassten zählen weder der Lehrer selbst noch seine ebenfalls anwesende Kollegin, noch die Pädagogin oder die Forscherinnen. Nach einer kurzen Pause wird aber genau diese vom Lehrer getroffene Auswahl durch die Pädagogin als relevant bestätigt („dann könn=wir ja richtig anfangen"). Die Antwort markiert außerdem die soziale Position der Pädagogin, aus der heraus der Anfang gesetzt werden kann, und führt gleichzeitig eine Regel ein: Vollzähligkeit herrscht, wenn eben diese elf im Raum sind, und Vollzähligkeit ist die Voraussetzung für den „richtigen" Anfang. Der Anfang steht so in kausalem Zusammenhang mit der Vollzähligkeit der als Teilnehmerinnen definierten Personen und nicht etwa wie im Theater, Kino, aber auch der Schule mit einer verbindlichen Uhrzeit. Der Anfang ist insofern nicht zeitlich definiert, sondern wird gemeinsam gemacht, wodurch alle elf Beteiligten auch in die Verantwortung dafür genommen werden, dass begonnen werden kann.

Statt des Anfangs folgen nun allerdings einige Sekunden lang Unruhe, in denen auch die Forscherinnen mit kurzem Lachen vernehmbar sind, bevor die Pädagogin auf eine unverständlich gebliebene Äußerung mit einer Beschwichtigung reagiert („Ja, wir sind jetzt nicht gehetzt (immer mit der Ruhe)"). Auch wenn bei der Äußerung unklar bleibt, ob die Bejahung eine Reaktion auf eine vorhergehende Frage darstellt oder eine eigenwillige Verbindung mit der nachfolgenden Verneinung eines Gehetztseins eingeht, zeigt sich, dass die Pädagogin ihre soziale Position hier stärkt. Obwohl sie die Gruppe nicht kennt, kann sie nämlich nicht nur den Zeitpunkt für den „richtigen Anfang" festlegen, sondern weiß auch um den zeitlichen Rahmen des gemeinsamen Vorhabens, für das es offenbar einen Zeitplan gibt, der bislang nicht überschritten ist. Dass die Beteiligten über dieses Wissen im Unklaren sind, zeigt die sich nach kurzer Pause anschließende Äußerung einer Schülerin („Und jetzt arbeiten wir durch?“). Offensichtlich besteht ihrerseits kein Zweifel daran, dass es im Folgenden um Arbeit gehen würde, in der Frage schwingt aber eine Verunsicherung bezüglich des Ablaufs mit.

Die Intonationsfrage beinhaltet eine Befürchtung, die weniger das Arbeiten an sich betrifft als das *Durch*arbeiten. Hier wird nach dem Ablauf der Veranstaltung und indirekt nach einer Pause gefragt, die das Arbeiten unterbricht und strukturiert. Die Frage verdeutlicht die unbestimmte Situation, in der noch keine Regeln festgelegt sind, die den Ablauf für die Teilnehmer transparent machen würde. Die Pädagogin versteht die Frage der Schülerin als Frage nach einer Pause, unterstreicht die unsichere Situation der Beteiligten aber weiter, indem sie erneut auf einen nur ihr bekannten zeitlichen Ablauf verweist („wir machen auch noch so was wie=ne Mittagspause“). Nicht nur, dass allein die Pädagogin eine Mittagspause zusichern kann, betont sie, dass diese nicht – quasi unbemerkt von den Beteiligten – schon verstrichen sei. Die vage angekündigte Pause („so was wie“) ist indes genauso wenig terminiert wie der Veranstaltungsbeginn. Das bedeutet: Auch die Pause wird gemacht. Die sich hier andeutende Planung der Pädagogin über den zeitlichen Ablauf dessen, was kommt, wird den anderen nicht mitgeteilt. Das einstimmende Lachen des Lehrers kann deshalb durchaus als Entschärfung der durch Intransparenz geprägten Situation gedeutet werden, was durch den nächsten Anschluss der Pädagogin („keine Angst haben“) bestätigt wird. Statt der Herstellung von Transparenz etwa durch eine sachliche Information über den zeitlichen Ablauf und den Wechsel zwischen Arbeitsphasen und Pause, appelliert die Pädagogin hier an das Vertrauen der Teilnehmer ihr und ihrer Planung gegenüber. Die anschließende Äußerung des Lehrers („Ach so“) bestätigt auf ironische Art die Unklarheit und wird von mehreren Teilnehmerinnen durch gemeinsames Lachen quittiert.

Durch das offensichtliche Fehlen organisatorisch vorgegebener Regelungen zur Strukturierung des Ablaufs (Beginn, Ende, Pausen) müssen die Regeln hier kommunikativ hergestellt werden. Die Klärung dieser Frage scheint für die Beteiligten so grundlegend zu sein, dass sie in den allerersten Sequenzen des Transkripts – das den Beginn des Seminars dokumentiert – virulent wird. Die Klärung geschieht aber nicht grundsätzlich, sondern situativ bzw. retrospektiv und bleibt an die Person der pädagogischen Mitarbeiterin gebunden. Alles, was die Beteiligten über den Ablauf erfahren, ist zunächst ein Versprechen der Pädagogin, dass die persönlichen Bedürfnisse der Adressaten nicht übersehen werden. Die Steuerung des Seminarverlaufes bleibt allein der Pädagogin vorbehalten.

Allerdings wird die zentrale Stellung der Pädagogin durch zwei Ereignisse zu Beginn des Seminars irritiert: zum einen durch die Folgenlosigkeit der gemeinsamen Thematisierung des Missstands Raumtemperatur („huch, is=es hier kalt“).

Zum anderen durch die Delegation der Frage nach der Vollzähligkeit der Anwesenden. Während die Pädagogin einerseits als Schlüsselperson für den formalen und inhaltlichen Ablauf der Veranstaltung erkennbar wird, scheint sie für die Belange der Einzelnen und der Gruppe nicht verantwortlich zu sein. Auf eine zuständige Person kann sie fraglos zurückgreifen. Dass der begleitende Lehrer die Verantwortung, die Vollzähligkeit zu prüfen, prompt übernimmt, deutet auf eine fraglose Arbeitsteilung hin, die die Pädagogin von Aufsichtspflichten und über die Seminarinhalte hinausgehende Fürsorge der Jugendlichen entlastet, die weiterhin beim Lehrer bleibt. Ganz anders als die Pädagogin im ersten Beispiel positioniert sie sich hier als keineswegs allseits zuständige Person, sondern vor allem für die Veranstaltung, ihren formalen Ablauf und vermutlich ihre inhaltliche Ausgestaltung verantwortliche Expertin. Wie setzt sich die Kommunikation in der Folge fort?

PMw	((lauter)) Ja, also jetzt noch mal (-) im Raum und ganz offiziell der=m Beginn äm dieses Projekt=s, guten Tag und herzlich willkommen wiederhol ich auch gern noch mal, wir sind äm in einer doch vergleichsweise recht langen Zeit bis Freitag zusammen und werden uns in diesem Raum hier äm, ja hoffentlich so gut wie möglich heimisch fühlen können, weil wir uns hier immer wieder treffen (-), von hier aus geht alles los, äm, diesen Raum schließe ich dann auch zu, damit Gepäck ungefährdet ist und (-) ja, er ist letzten Endes auch immer wieder mal eine Rückzugsmöglichkeit, äm aus der Thematik, wenn es denn sein sollte. (1.0)[5]

Die Pädagogin markiert einen Themenwechsel, ohne noch einmal auf die virulent gewordene Frage nach dem Programmablauf zurückzukommen, und beendet so die vorangegangene Auseinandersetzung. Mit dem Auftakt unternimmt sie einen neuen Anlauf, die Veranstaltung zu beginnen („ja, also jetzt noch mal (-) im Raum und ganz offiziell der=m Beginn äm dieses Projekt=s"). Der bereits angekündigte „richtige" Anfang ist nun gesetzt, wobei nicht nur alles Bisherige durch die Grenze zwischen Vorher und Jetzt als inoffiziell markiert, sondern auch das Beginnende als „Projekt" benannt wird.

Zum zweiten Mal verweist die Pädagogin dabei auch auf den „Raum". Ihm kommt für den Beginn offenbar eine besondere Bedeutung zu. Die nachfolgende Begrüßung wird der Ankündigung des Beginns nachgeschoben und gleicht damit

5 T-K-1.1, Z. 25–33.

eher einer Willkommensgeste, die keinen Gegengruß erlaubt oder erforderlich macht. Sie wird im Gegenteil durch den Nachsatz („wiederhol ich auch gern noch mal“) in ihrer Emphase deutlich eingeschränkt und so zu einer reinen Formalie, die eben zu einem Beginn gehört. Dem entsprichen sowohl die Förmlichkeit der Anrede als auch die Flüchtigkeit, mit der sie ausgesprochen wird. Ohne Pause geht diese Begrüßung über zum Ausblick auf die geplante Dauer der Veranstaltung („doch vergleichsweise recht lange Zeit“) und verweist damit zu Beginn bereits auf ihr Ende. Auffällig an der Sprachverwendung ist die lokale Präposition „in“: Anstatt gemeinsam Zeit zu verbringen, erscheint die Gruppe, in die sie sich hier mit einschließt („wir“) für die Zeitspanne zwischen Anfang und Ende des „Projekts“ eng aufeinander bezogen. Die bevorstehende Zeit wird hier zum Zeitraum und damit zu einem weiteren neben dem tatsächlich lokalen Raum, der als eine Art temporaler Heimat konstruiert wird („und werden uns in diesem Raum hier äm, ja hoffentlich so gut wie möglich heimisch fühlen können“). Die Bedeutung des Raumes als Heimat ist bereits im Satz selbst durch das Stocken, die artikulierte Hoffnung und die Einschränkung („so gut wie möglich“) mehrfach in Zweifel gezogen und irritiert auch durch den kausalen Anschluss „weil wir uns hier immer wieder treffen“.

Während ein Treffpunkt rein funktional ist, ist ein Ort, an dem man sich heimisch fühlt, emotional positiv besetzt und mit Vertrautheit assoziiert. Zwar kann ein heimischer Ort auch ein Treffpunkt sein, an einem Treffpunkt muss man sich aber keinesfalls heimisch fühlen. Auch dass „von hier aus“ alles losgehe, verleiht dem Raum zwar einen Basis-Status mit Orientierungsfunktion, macht ihn aber nicht heimisch. Darüber hinaus wird er durch die Ankündigung, ihn abzuschließen („damit Gepäck ungefährdet ist“) zu einem Tresor für persönliche Gegenstände, gerade nicht aber zu einer echten Rückzugsmöglichkeit für die Teilnehmerinnen. Rückzug wird in der Regel durch Vereinzelung ermöglicht, die durch die angedeutete Schlüsselgewalt der Pädagogin nicht gegeben ist, die darüber hinaus auch der Nutzung des Raumes als Treffpunkt für alle entgegensteht. Auch die eingangs erwähnte Raumtemperatur verweist nicht eben auf eine angenehme, heimische Atmosphäre. Dennoch wird der Raum als Ort thematisiert, der Rückzug von der „Thematik“ erlaubt, ohne dass diese bereits benannt wäre. Die Belastung durch die „Thematik“ wird von Beginn an vorausgesetzt und eine Sicherheits- oder Schutzzone entgegengestellt, in der ein Rückzug vor einem unübersichtlichen, belastenden Draußen möglich sein soll.

Auch in diesem Beispiel wird also unmittelbar zu Beginn der Veranstaltung und noch bevor die Sprache auf die inhaltliche Ausgestaltung des Programms kommt, auf ein besonderes Belastungspotenzial durch die „Thematik“ hingewiesen. Anders als im ersten Fall wird der Umgang aber vielmehr den Einzelnen überlassen, zumindest beschränkt sich die Zuständigkeit der Pädagogin hier auf die Bereitstellung eines Raums zum Rückzug. Zwar wird nicht ausdrücklich auf die Verantwortung des Lehrers verwiesen. Die Pädagogin grenzt sich aber von der Zuständigkeit für die Bedürfnisse der Teilnehmer weitgehend ab, auch indem sie keinerlei besondere Verantwortung für eine angenehme Gestaltung des (Seminar-)Raums zum Ausdruck bringt. Dass die implizite Arbeitsteilung der Verantwortung für die Jugendlichen bereits mit Eintreffen der Gruppe geregelt ist, zeigt sich auch darin, dass der Lehrer gegenüber der Pädagogin unaufgefordert die Rolle des Ansprechpartners und des verantwortlichen „Gruppensprechers" übernimmt und nicht etwa selbst aus der Position eines Teilnehmers spricht.

„Wer das noch nicht gelesen hat, der lässt es am besten"

Im dritten kurzen Fallbeispiel geht es um eine Szene zu Beginn der Tagesveranstaltung G.2 in der KZ-Gedenkstätte G. Sie wird geleitet von einem freien Mitarbeiter der Einrichtung. Bei den Teilnehmerinnen handelt es sich um 34 Schüler eines 9. Jahrgangs einer Realschule. Sie verbringen im Rahmen einer Projektwoche zum Thema Nationalsozialismus einen Tag in der Gedenkstätte. Begleitet werden sie von zwei Lehrerinnen. Nach der Begrüßung am verabredeten Treffpunkt im Außengelände schlägt der pädagogische Mitarbeiter wegen der großen Hitze vor, den Seminareinstieg in den Schatten eines Gebäudes zu verlegen. Dort lassen sich die Schülerinnen auf der großen Treppe zum Gebäudeeingang nieder, eine der Lehrerinnen rahmt die Gruppe seitlich stehend, der Pädagoge wendet sich, ebenfalls stehend, frontal an die Gruppe. Nach einigen organisatorischen Vorabsprachen setzt der pädagogische Mitarbeiter folgendermaßen ein:

PMm	Mhh. (2.0). Bevor ich euch jetzt (-) mal hier in fast alle Winde schicken werde gleich (-) zum Einstieg. Kann ich grad noch mal so=n Zettel haben, den ihr (-) dabei hattet (-) danke schön. (2.0) Dann da würd mich noch mal interessieren, wo ist der her?
Lwl	Der stammt aus einem Geschichtsbuch.
PMm	Aus einem Geschichts[buch]
Lwl	[ja][6]

6 T-G-1.1, Z. 1–7.

Der pädagogische Mitarbeiter positioniert sich der Gruppe gegenüber selbstbewusst als weisungsbefugt und inhaltlich berechtigt, eine Aktivität „zum Einstieg“ anzukündigen. Zuvor soll aber etwas anderes passieren, was aus seiner Sicht offenbar prioritär zu behandeln ist, möglicherweise sogar eine Voraussetzung für das Folgende darstellt. Es geht dabei um einen „Zettel“, der ihm bei den Teilnehmerinnen bereits aufgefallen sein muss, und den „noch mal“ zu haben er erbittet. Dem wird unmittelbar und kommentarlos entsprochen, sodass der pädagogische Mitarbeiter ohne nennenswerte Unterbrechung seiner Rede den Erhalt dankend bestätigen kann. Die anschließende Sprechpause legt nahe, dass er den Zettel überfliegt. Statt anschließend auf den Inhalt einzugehen, meldet er Interesse an dessen Herkunft an. Die Antwort gibt ihm postwendend eine der Lehrerinnen. Sie gibt als Quelle ein „Geschichtsbuch“ an, also ein im Schulkontext übliches und allgemein als seriös betrachtetes Medium an. Die echohafte, mehrdeutige Reaktion des Pädagogen („aus einem Geschichtsbuch“) bestätigt die Lehrerin mit einem einfachen „ja“ auf der Sachebene seiner Nachfrage. Der pädagogische Mitarbeiter stellt darauf hin etwas zögerlich folgende Vermutung an:

PMm	Äm, habt das// das habt ihr alle gelesen, nehm ich an.
	((Knistern))
Sx	((leise)) ja
Sx	[jaja]
Lw2	[Das] hab=n sie heute erst bekommen. (3.0)[7]

Nachdem die Herkunft der „Zettel“ offenbar hinreichend geklärt ist, versucht der Pädagoge nun zu erfahren, wie es um die Rezeption des Inhalts steht. Statt einer Frage formuliert er die Annahme, dass „alle“ diesen Zettel gelesen hätte. Adressiert werden hier tendenziell die Schüler; die Lehrerin, die zuvor auf seine Frage geantwortet hat, wird damit als Gesprächspartnerin weitgehend ignoriert. Die Frage könnte dazu dienen, den Kenntnisstand der Gruppe zu eruieren – um ihn zum Beispiel zur Grundlage für die beginnende Veranstaltung zu machen. Zwei Schülerinnen reagieren auf die Äußerung des Pädagogen mit verhaltener Zustimmung. Die Lehrerin bringt sich nun wieder aktiv ins Gesprächsgeschehen ein und ergänzt die zögerliche Reaktion der Schüler einschränkend dadurch, dass die „Zettel“ erst kurzfristig zur Verfügung gestellt worden seien. Dies macht die Annahme des Gedenkstättenpädagogen eher unwahrscheinlich, „alle“ hätten die Zettel gelesen. Sollte dieser mit seinen Nachfragen also den Stand der inhaltlichen Vorbereitung der Gruppe erfragt haben wollen, so wäre die Bemerkung

7 T-G-1.1, Z. 8–12.

der Lehrerin ein klarer Hinweis darauf, dass er nicht darauf bauen sollte, dass alle wissen, was auf dem Zettel steht. Wie setzt sich das Gespräch nun fort?

PMm	Okay. (-) Was Besuch einer Gedenkstätte betrifft, Planung betrifft, Auswertung betrifft, äm, äm (-) ist dem im Großen und Ganzen zuzustimmen. (-) Was den o//was den oberen Absatz betrifft, wer das noch nicht gelesen hat, der lässt es am besten. (1.0) Äm (-), das ist wirklich (-) nicht gut, wie=s da steht und äm (-) es stimmt so auch nicht.
Lw1	Aha.
PMm	Äm
Lw2	Ja, is ja mal gut zu wissen. Dann kann man dem Verlag auch mal schreiben.
Sw	((leise)) Verlag
PMm	Das (-) würd ich euch empfehlen (-) äm, also mit (-) alleine mit Häftlingsgruppen wie Juden oder Roma und Sinti zu beginnen is schon sehr, sehr irreführend, das waren sehr kleine Häftlingsgruppen hier (-) hier im Stammlager ((Name)) sind fast überhaupt keine jüdischen Häftlinge gewesen (-) äm (-) Roma und Sinti war eine (-) auch eine sehr, sehr kleine Häftlingsgruppe, das heißt natürlich (-) nicht, dass we// dass sie nicht wichtig sind (-) äm nur (-) es ist sozusagen n=schwieriger Einstieg über Häftling//mit Häftlingsgruppen so=n Absatz anzufangen, die (-) hier ne Minderheit gewesen sind und (-) nicht ein Wort zu verlieren über die Gruppen, die hier die ganz, ganz große Mehrheit gewesen sind. (-)[8]

Der pädagogische Mitarbeiter geht zu einer inhaltlichen Auseinandersetzung mit dem Text über. Er kennzeichnet zunächst einige Aspekte als akzeptabel. Die dafür gewählte Formulierung verweist bereits auf die in Anspruch genommene Sprecherposition des Experten, die noch dadurch verstärkt wird, dass ein Teil des Textes als nicht lesenswert beurteilt wird. Der Text, der von den Lehrerinnen an die Schüler verteilt worden ist – vermutlich mit dem Auftrag, ihn zu lesen – wird vom pädagogischen Mitarbeiter so weit diskreditiert, dass er denen, die ihn bislang noch nicht gelesen haben, empfiehlt, dies tunlichst zu lassen. Er begründet das sowohl mit der Darstellung („das ist wirklich nicht gut (-) wie=s da steht") als

8 T-G-1.1, Z. 13–31.

auch an die inhaltliche Korrektheit der Textes („das stimmt so auch nicht“). Das auf der Sachebene möglicherweise begründete Urteil stellt auf der Beziehungsebene zweier sich gegenüber stehender pädagogisch-professioneller Personen einen Affront gegen das zu vermutende Anliegen der Lehrerinnen dar und sanktioniert darüber hinaus noch das Verhalten derjenigen positiv, die den Text noch nicht gelesen haben.

Lw1, die bislang mit dem Pädagogen über die „Zettel“ im Dialog war, reagiert darauf mit einem knappen Signal der Kenntnisnahme („aha“). Das darin enthaltene Konfliktpotenzial wird durch die Lehrerin (Lw2) unmittelbar entschärft, indem sie die vom pädagogischen Mitarbeiter beanstandeten Inhalte einer dritten Instanz, nämlich dem Schulbuchverlag überantwortet. Ohne nachzufragen, was denn nun eigentlich nicht stimme in den Text, nimmt Lw2 das Urteil des Gedenkstättenpädagogen an, und bleibt dabei auf der Sachebene des von ihm als Problem identifizierten „Zettels“. Die in der Kritik des Pädagogen enthaltene Unterstellung einer unkritischen Nutzung pädagogischen Materials wird kommunikativ ignoriert. Das Wissen und die Kompetenz des pädagogischen Mitarbeiters werden von den beiden Lehrerinnen ungeprüft anerkannt; womit sie die Unterstellung des Pädagogen in gewisser Weise bestätigen: die Beurteilung des Pädagogen wird wie zuvor die Quelle des Geschichtsbuchs für die Exkursion in die Gedenkstätte als korrekt akzeptiert. Sie erscheinen als Nicht-Expertinnen. Der pädagogische Mitarbeiter hingegen kann seinen von Beginn an vertretenen Expertenstatus sichern und noch ausbauen, indem er die Idee der Lehrerin (Lw2), sich an den Verlag zu wenden, als Empfehlung unterstützt.

Erst jetzt liefert er detaillierte Gründe für seine Kritik an dem Text, die hier nicht mehr eingehend wiedergegeben werden soll. Indem er sein Urteil über den Text inhaltlich ausführlich begründet, bekundet er seinen Wissensvorsprung zum Ort. Eine Aushandlung von Zuständigkeiten scheint hier nur schwach ausgeprägt stattzufinden; vielmehr wird die fraglose Übernahme der inhaltlichen und organisatorischen Verantwortung des pädagogischen Mitarbeiters („bevor ich euch gleich in alle Winde schicke“) in dieser Sequenz untermauert. Die mitgebrachte Schulbuchkopie bietet ihm die Gelegenheit, sich im Prozess seiner Profilierung als Experte für den Ort und als von den Lehrerinnen unabhängiger Pädagoge zu stilisieren. Mit seiner Wissensdemonstration schaltet er nicht nur die Autorität des Schulbuchwissens aus, sondern weitgehend auch die Kompetenz der Lehrerinnen.

Dass die Lehrerinnen hier nicht widersprechen, sondern das Urteil und Wissen des Mitarbeiters über die Autorität von Schulbuch und Verlag stellen, bietet einen deutlichen Autorisierungsschub für den pädagogischen Mitarbeiter. Seine Positionierung als uneingeschränkter Kenner des Ortes und dessen Geschichte setzt auch die indirekt in die Veranstaltung hineingetragenen schulischen Regeln außer Kraft: Seine Empfehlung an diejenigen, die den Text noch nicht gelesen hätten, dies zu lassen, sanktioniert das Nicht-Lesen positiv. Damit wird auch die Autorität der Lehrerinnen untergraben, die immerhin verantwortlich sind, den Text an die Schüler ausgegeben und vermutlich auch mit einer Leseerwartung verbunden zu haben.

Der pädagogische Mitarbeiter beansprucht hier, über das richtige Wissen zum Ort zu verfügen. Zu Beginn der Veranstaltung stellt er damit klar, dass die korrekten Informationen über den Ort und seine Geschichte bei ihm zu bekommen sind, nicht im Schulbuch, und auch nicht bei den Lehrerinnen. Im Gegensatz zu den vorangestellten Beispielen, bleibt die Aushandlung der Zuständigkeit, die hier eher in Gestalt einer Kompetenzdemonstration aufscheint, ganz auf der Ebene des historischen Wissens über den Ort. Der Ort wird insofern zu Beginn als historisch komplex eingeführt, aber nicht als wirksam in dem Sinne, dass er Anlass zu Befürchtungen gäbe.

Resümee

Die drei Fallbeispiele zeigen, dass und wie die soziale Ordnung und die pädagogische Zuständigkeit im Zusammentreffen einer untereinander bekannten Gruppe inklusive Lehrerinnen auf der einen Seite und der pädagogischen Mitarbeiterin auf der anderen Seite hergestellt bzw. erstmals ausgehandelt werden. In den drei Beispielen zeigt sich dies als umfassendes Beziehungsangebot der pädagogischen Mitarbeiterin an die Schüler, das den Lehrer gewissermaßen überflüssig macht; als Festlegung einer klaren Arbeitsteilung, bei der dem Lehrer die Zuständigkeit für die sozialen Bedürfnisse und den Überblick über die Gruppe deutlich zugeschrieben wird und im dritten Fall als eine thematische Profilierung gegenüber den die Gruppe begleitenden Lehrerinnen.

Darüber hinaus zeigt sich, dass die Trennung zwischen formaler, sozialer und inhaltlicher Zuständigkeit eine analytische Unterteilung darstellt; die Regelung des sozialen Arrangements findet weder explizit statt noch wird sie als formal-organisatorische Frage dem inhaltlichen Einstieg in die Veranstaltung vorausgesetzt. Die Aushandlung von Zuständigkeiten und Arbeitsteilungen ist vielmehr von Beginn an mit dem inhaltlichen Thema und Ort der Veranstaltung verschränkt. Die Gedenkstättenpädagoginnen profilieren sich dabei als Experten für den Ort. Das kann sich in der Demonstration speziellen Wissens über die Geschichte des Ortes äußern oder aber über ein dem Ort zugeschriebenes Wirkungspotenzial, mit dem umzugehen sie sich als die kompetenten Ansprechpartnerinnen markieren. Dass sie damit den Orten auch eine emotionale Aufladung verleihen, die bisher noch keinen Niederschlag in den Äußerungen der Teilnehmer gefunden hat, sie also aktiv an der Bedeutungsaufladung der Orte beteiligt sind, zeigt sich bereits hier und wird im nächsten Kapitel noch deutlicher.

In späteren Phasen der pädagogischen Veranstaltungen bleibt auch das Thema der gleichzeitigen Anwesenheit unterschiedlicher pädagogischer Logiken virulent.

VI. Die kommunikative Herstellung des Ortes

Die Synchronisierung von Erwartungen

Neben der Herstellung einer sozialen Ordnung für die Veranstaltungen müssen in der spezifischen sozialen Konstellation zu Beginn auch Vorbereitungen für den thematischen Beginn getroffen werden. In diesem Kapitel geht es um eine inhaltliche Synchronisierung von Programmplanung und Teilnehmererwartungen: Es geht darum, wie ein gemeinsamer Ausgangspunkt geschaffen wird, der die gegenseitigen Erwartungen und Vorstellungen über die bevorstehende Veranstaltung bündelt – und es geht darum, welcher Ausgangspunkt das ist. Unabhängig davon, ob die Gruppe inhaltlich gut, schlecht oder gar nicht vorbereitet ist, muss zu Beginn einerseits das Vorwissen der Teilnehmerinnen thematisiert werden. Die Mitarbeiter der Einrichtung wissen nicht, was im Unterricht bereits behandelt wurde oder aus welchen Quellen sich ein Vorwissen speist, die Gruppe hingegen weiß nicht, was vor Ort genau geschehen wird und verhandelt werden soll. Andererseits geht es darum, ein Arbeitsbündnis zu schaffen, das Teilnehmer und Pädagogin zu einer für die Dauer der Veranstaltung gültigen Regelung der Kooperation verpflichtet. Es zeigt sich, dass hierbei auch die Konstruktion des Ortes, an dem man sich befindet, eine entscheidende Rolle spielt.

„Das is (-) klar schon=n besonderer Ort"

In der Fortsetzung der in Kapitel 5.3 dargestellten Anfangsszene des Seminars K.1–2 wendet sich die Pädagogin wie folgt an die Teilnehmerinnen ein:

PMw	Wer von euch war denn schon mal in einer (-) Gedenkstätte? Das würde ich gerne
Sw1	((sehr leise)) ( )
Sw	( )
PMw	Mh?
Sm1	Wir alle, jetzt in Berlin.
Sw2	Ja wir waren an diesem Holocaust-Denkmal in Berlin.
PMw	Ah okay! (-) Da habt ihr (die/ne) Klassenfahrt hingemacht?
Sw2	Ja.
PMw	Mh.

Sx	( )
Lm	Gerade jetzt in der letzten Woche.
Sw3	Ja.
Lm	Als wir das beschlossen haben (-) war noch niemand (-) (in einer) [Gedenkstätte].
PMw	[Mh.] (2.0) Und in Berlin (-) war äh das Denkmal äh das einzige. Oder wart ihr noch an=nem anderen Ort [(in Berlin?)]
Sw4	[Wir waren noch in dem Jüdischen Museum.]
Sw	[Jüdischen Museum]
PMw	Mh. (2.0)
Sw4	Ja und dann eben in diesem Informationszentrum da (unter) diesem Denkmal.[1]

Die Frage, wer bereits einmal in einer Gedenkstätte gewesen sei, zielt auf vorhandene Vorerfahrungen. Mit dem elliptischen Anschluss „Das würde ich gerne//", der sinnvoll ergänzt werden könnte durch die Verben fragen, wissen, hören, erfahren, macht die Pädagogin sich zur Adressatin der erwarteten Antwort. Die Frage zielt auf individuelle, nicht unbedingt auf kollektive Vorkenntnisse und Vorerfahrungen („wer von euch") und charakterisiert den Ort Gedenkstätte als öffentlich zugänglich und außeralltäglich. Vorkenntnisse und Vorerfahrungen einzelner Teilnehmerinnen erscheinen in der Frage also als möglich, aber nicht selbstverständlich. Da Gedenkstätten als Orte rituellen Gedenkens sowie besonderer gesellschaftlicher und kultureller Bedeutung bestimmten gesellschaftlichen Verhaltenserwartungen unterliegen, könnte die Frage, wer „denn schon mal in einer (-) Gedenkstätte" war, neben der Erkundung von Vorwissen dazu dienen, über bestimmte Verhaltenscodes an bislang nicht näher bestimmten „Gedenkstätten" ins Gespräch zu kommen. Über den inhaltlichen Bezugspunkt der Gedenkstätte sagt die Frage nichts aus, sie präzisiert sie aber hinsichtlich ihrer Form. Die Präposition „in" schließt aus, dass nach einem zuweilen synonym bezeichneten Denkmal oder einer Gedenktafel, sondern nach einer Einrichtung von räumlicher Dimension gefragt wird.

Wie ließe sich an die Frage anschließen? Sie ist, da sie sich an Einzelne wendet, streng genommen nur durch singularische Personalpronomen, deren Verneinung, einen Namen oder Schweigen zu beantworten. Tatsächlich folgen unmittelbar zwei Schüleräußerungen, die jedoch so leise und unverständlich gesprochen werden, dass die Pädagogin nachfragen muss. Ein Schüler, der bisher nicht am

1 T-K-1.1, Z. 109–129.

Gespräch beteiligt war, antwortet nun deutlicher: „Wir alle (-) jetzt in Berlin“. Der Schüler Sm begibt sich in eine Sprecherrolle und antwortet stellvertretend für „alle“. Eine Schülerin bestätigt und erläutert die Antwort des Schülers Sm, an die sie unmittelbar anschließt: „Ja wir waren an diesem Holocaust-Denkmal in Berlin“. Die erfragten individuellen Vorerfahrungen werden durch die beiden „Klassen-Sprecher“ in ein kollektives Vorwissen verwandelt. Dabei werden „Denkmal“ und „Gedenkstätte“ begrifflich zwar differenziert, semantisch aber synonym verwendet. Deutlich wird, dass der Begriff „Gedenkstätte“ mit Bezug auf den Holocaust verstanden worden ist und nicht etwa bezogen auf das Geburtshaus Goethes.

Der sich anschließende Ausruf der Pädagogin („Ah okay!“) kann als Ausdruck der Überraschung gelesen werden, da ihre Ausgangsfrage gerade nicht die Erwartung impliziert hat, dass alle bereits gemeinsam eine Gedenkstätte besucht hätten. Als Erklärung für die kollektive Vorkenntnis vermutet sie eine schulisch organisierte Klassenfahrt, was von einer Schülerin (Sw2) unmittelbar bestätigt wird. Hier tritt nun der Lehrer als neuer Gesprächsakteur in die Kommunikation ein. Er präzisiert die Äußerung der Schülerin (Sw2), indem er sie durch eine konkrete Zeitangabe ergänzt. Demnach liegt die Klassenfahrt unmittelbar zurück („gerade jetzt“). Mit seiner anschließenden Erläuterung („Als wir das beschlossen haben (-) war noch niemand (-) (in einer) Gedenkstätte“) reagiert er nun formal korrekt auf die Ausgangsfrage der Pädagogin. Darin offenbart sich ein tatsächliches oder vermeintliches Wissen sowohl über individuelle als auch kollektive Vorerfahrungen. Der Lehrer spricht stellvertretend für die Klasse und als Kenner der Einzelnen, zugleich als Außen- als auch Innenstehender der Gruppe, obwohl die Frage der Pädagogin gar nicht an ihn gerichtet war („wer von euch …“).

Offenbar gibt es ein Gruppengedächtnis, das von verschiedenen Akteuren kommuniziert werden kann und das es erlaubt, den Denkmalbesuch während der Klassenfahrt gemeinsam als gemeinsam Erlebtes zu rekonstruieren. Die Pädagogin schließt nun eine neue Frage an, mit der sie sich wieder, erkennbar am Duzen, an die Schülerinnen richtet. Sie steigt nicht auf das Gesprächsangebot des Lehrers ein, sondern schließt ihn tendenziell kommunikativ aus. Gefragt wird nun nicht mehr nach weiteren Einzelerfahrungen, sondern es wird angeknüpft an mögliche weitere gemeinsame Erfahrungen während der Klassenfahrt. Die unspezifische Frage, „oder wart ihr noch an=nem anderen Ort [( )]?“ wird bereits mitten im Satz der Pädagogin von dem Beitrag der Schülerin (Sw4) überlappt, indem sie einen „anderen Ort“ nennt („Informationszentrum da (unter) diesem Denkmal“). Die Schülerinnen rekurrieren ausschließlich auf Vorerfahrungen mit Orten im Assoziationsfeld Gedenkstätte, die im Klassenkollektiv gemacht wurden. Wie setzt sich das Gespräch nun fort?

PMw	Mh. (3.0) Okay. (3.0) Gut. (-) Äm (3.0) ja. (-) Ich würde euch dann gerne als äm allererstes äh das Programm (-) vorstellen. Ihr kennt das nicht, ne? Den Ablauf?
Sm2	( )
Sw5	Da hängt=s ja ungefähr (das Programm)
Sw	( )
PMw	Ja, es (-) genau. Unten hängt=s, da hängt und da hab ich=s noch mal (1.0) anständig hingeschrieben. (1.0) Das würde ich euch gerne noch mal vorstellen das Programm (-) und (-) dann (-) anschließend äh euch bitten äm (-) nach, wie=s da auch steht, nach Erwartungen und Zweifeln (-) äh sozusagen nach innen zu kucken, da werden wir eine Runde machen, was sind eure Erwartungen (-) an die Zeit hier, (und) was sind eure Befürchtungen und Zweifel, wenn ihr welche habt (1.0) und äm kucken sozusagen, ob das Programm mit den Erwartungen und Zweifeln sozusagen übereinstimmt, oder ob=s irgendwas gibt, was an dem Programm, eurer Meinung nach äm (-) geändert werden sollte, was ganz dringend ist. (-) Und dann könnten wir ( ) sozusagen einsteigen.[2]

Das Gespräch über vorangegangene Gedenkstättenbesuche setzt sich nicht fort. Die Pausen der Pädagogin werden von niemandem genutzt, um noch etwas anzufügen. Es gibt keine weiteren Nachfragen zu den genannten Orten, den dort gemachten Erfahrungen oder den dort gesammelten Kenntnissen. Die Frage scheint abgeschlossen, das Thema abgehakt. Mit der Überleitung zum nächsten Punkt („dann") setzt die Pädagogin zwar etwas fort. Markiert wird aber eine Zäsur zwischen dem Vorangegangenen und dem Kommenden dadurch, dass sie die Vorstellung des Programms „als allererstes" ankündigt. Damit beginnt offenbar ein neuer Abschnitt, nämlich das Programm selbst. Formuliert wird die Ankündigung als Wunsch („ich würde euch dann gerne") mit einer anschließenden Rückversicherungsfrage, ob „der Ablauf", wie angenommen, unbekannt sei. Die Frage erwartet sprachlogisch eine Verneinung („Ihr kennt das nicht, ne? Den Ablauf?"), die das Besprechen des Programmverlaufs plausibel macht.

Die Schülerin Sw5 weist nach zwei unverständlichen Schüleräußerungen allerdings darauf hin, dass das Programm bereits sichtbar aushängt. Dies wird von der Pädagogin nicht nur bestätigt („Ja, es (-) genau") sondern weitere Orte, an denen es angebracht und aufgeschrieben ist, ergänzt. Trotzdem wiederholt die

2 T-K-1.1, Z. 130–146.

Pädagogin ihren Wunsch, das Programm zusätzlich zu den schriftlich vorhandenen Versionen persönlich vorzustellen. Anschließend sollen sich dann die Teilnehmer dazu äußern. Die persönliche Programmvorstellung dient also nicht nur der Vereinheitlichung des Kenntnisstands über den geplanten Veranstaltungsverlauf. Das Programm soll selbst zum Gegenstand einer gemeinsamen Erörterung werden. Die an die Teilnehmerinnen gerichtete Bitte, sich anschließend an die Programmvorstellung dazu zu äußern, rekurriert dabei auf den schriftlichen Plan („wie=s da auch steht“). Die stockend vorgebrachte Frage nach „Erwartungen und Zweifeln“, die durch die Bitte „nach innen zu gucken“, erläutert wird, wird als einer der festen Programmpunkte hervorgehoben („da werden wir eine Runde machen“). Herausgestellt wird jener Programmpunkt, der von Beginn an die Beteiligung der Gruppe thematisiert.

Es geht dabei einerseits darum, dass die Teilnehmer das von der Pädagogin Geplante kommentieren und mit ihren Erwartungen abgleichen können sollen. Andererseits wird hier aber auch etwas über die erwartete Qualität der Beteiligung ausgesagt: Erwartet wird kein Abarbeiten eines vorgefertigten Programms, sondern ein persönliches Sich-Einlassen, das durch eine Art inneren Abgleichs von Seminarplan und individuellen Erwartungen gewährleistet werden soll. Das Verweilen bei der Erläuterung genau dieses Programmpunktes (um dessen Durchführung an dieser Stelle ja noch nicht geht) bereitet die Teilnehmerinnen gewissermaßen darauf vor, was im Verlauf der Veranstaltung auf sie zukommen wird. Ihnen wird nahegelegt, dass sie Erwartungen an die Veranstaltung oder an den Aufenthalt vor Ort mitbringen, und diese Erwartungen sind von vornherein in zwei Kategorien unterteilt, auch wenn die genannten Befürchtungen als möglichweise nicht vorhanden sprachlich abgeschwächt werden („wenn ihr welche habt“). Gleichwohl werden Befürchtungen von Beginn an explizit zum Thema gemacht. Damit wird nicht nur möglicherweise tatsächlich vorhandenen Befürchtungen Raum gegeben, sondern auch der Ort und die Dauer des Aufenthalts „an die Zeit hier“ mit Befürchtungen aufgeladen.

Noch bevor im Einzelnen die Inhalte des Seminarprogramms vorgestellt worden sind, wird hier ein Arbeitsbündnis skizziert, in dem die Zusammenarbeit vor Ort über die Beteiligung der Schülerinnen auf der Grundlage ihrer individuellen, persönlichen Annahmen über den Aufenthalt geregelt werden soll. Dadurch wird nicht nur einer Synchronisierung von Programm und Erwartungen Vorschub geleistet, sondern auch die gemeinsame Grundlage einer angemessenen Auseinandersetzung mit Ort und Thema geschaffen. Das von der Pädagogin ausgearbeitete Programm dient der Bearbeitung der Geschichte des historischen Ortes. Es wird aber zumindest partiell zur Debatte und graduelle Änderungen in Aussicht gestellt und zwar genau dann, wenn auf der Grundlage persönlicher

Erwartungen, Befürchtungen oder Zweifel Veränderungsbedarf seitens der Teilnehmer angemeldet würde, falls es „irgendwas" gebe, was „ganz dringend" sei. Angestrebt ist ein Konsens über den Programmverlauf, der den Erwartungen der Teilnehmerinnen entspricht und der zur Voraussetzung der Programmdurchführung wird. („Und dann könnten wir ( ) sozusagen einsteigen"). Die Pädagogin fährt fort:

PMw	(4.0) Mh (-) grundsätzlich (-) würde ich euch gerne sagen, deswegen hab ich natürlich auch gefragt, so von wegen Gedenkstätte, grundsätzlich möcht ich euch (-) sagen, äm dass das=n (1.0) klar schon=n besonderer Ort ist. Es is=n (-) großer (2.0) äm (-) ja wenn man so will auch belasteter Ort, aber es ist durchaus ein Ort, an dem (-) äm (-) ihr auch (2.0) lachen könnt und sollt. (-) Also es gibt (-) sozusagen von hier (-) nicht die Erwartung, äm (1.0) dass (1.0) (wie soll ich) sagen (2.0), dass ihr (2.0) traurig seid, bedrückt seid, also (es ist) äm ist (-) durchaus gewünscht, dass ihr auch äm (2.0) die Stimmung wechselt. (1.0) Das würde ich euch ganz gerne am Anfang sagen und äm an verschiedenen, andern äm Punkten vielleicht noch mal da drauf äh zurück kommen.[3]

Anstatt mit der angekündigten Programmvorstellung fortzufahren, setzt die Pädagogin nun an, „grundsätzlich" etwas mitteilen zu wollen und begründet dies mit ihrer zuvor gestellten Frage nach dem Gedenkstättenbesuch. Dieser rückblickende Einschub wird beendet mit der Wiederholung ihrer einleitenden Ankündigung, die allerdings den Beziehungsaspekt zwischen Pädagogin und Teilnehmern betont („grundsätzlich möcht ich euch (-) sagen"). Das Nachfolgende erhält so schon im Voraus Gewicht, ist aber in eine vertrauensvolle Formulierung gebettet. Zwar drückt sich darin ein asymmetrisches Verhältnis zwischen der Pädagogin und den Teilnehmerinnen aus, das einen Wissensvorsprung oder ein gesondertes Recht beinhaltet, auf etwas Grundlegendes hinzuweisen. Es wird damit aber keine sachliche Anweisung eingeleitet (etwa „grundsätzlich gilt"). Das, was grundsätzlich zu sagen ist, wird vielmehr als beziehungsgebunden markiert. Die Schwere des angekündigten Themas spiegelt sich in der schwerfälligen und stockenden Formulierung, die kurz vor dessen Nennung erneut abbricht („äm dass das=n (1.0)").

Mit dem nächsten Sequenzanschluss („klar schon=n besonderer Ort ist") wird nun der vorher als ein bestimmter bezeichnete Ort („das=n"; also: „das ist ein")

3 T-K-1.1, Z. 146–156.

recht selbstverständlich als „besonders“ beschrieben und dies auch konsensuell vorausgesetzt („klar“). Seine Besonderheit alleine gibt aber noch keinen Hinweis auf die Bedeutungsschwere, die ihm von der Pädagogin verliehen wird. So könnte die Besonderheit des Ortes zum Beispiel in seiner historischen Bedeutung, seiner ästhetische Gestalt oder seiner sozialen Nutzung bestehen. Zwar wird die Besonderheit zweifelsfrei als geteilte Überzeugung vorausgesetzt wird, das Besondere selbst erscheint aber neben seiner schieren Größe („es is=n (-) großer (2.0)“), nur in einer vagen, deutungsgebundenen Qualität („äm ja (-) wenn man so will auch belasteter Ort“).

Die Schwere und Schwerfälligkeit der verbalen Annäherung an den Ort erhält dadurch eine erste Erklärung, indem dem Ort nun tatsächlich mit dem Begriff der Belastung ein besonderes Gewicht verliehen wird. Im Gegensatz zu einer durch chemische Substanzen oder radioaktive Strahlung verursachten Belastung des Ortes, die objektiv messbar und weder nur ein Merkmal unter anderen („auch“) noch vom Betrachter abhängig („wenn man so will“) wäre, weil sie die Gefährdung körperlicher Gesundheit nach sich ziehen könnte, gilt der in Rede stehende Ort als im übertragenen Sinne belastet. Dass der inhaltliche Bezugspunkt des nur vage mit dem thematischen Kontext „Gedenkstätten“ verknüpften Orts von der Pädagogin nicht präzisiert wird, verweist darauf, dass ein zumindest vages, geteiltes implizites Wissen über den konkreten Ort und seine besondere Qualität unter den Teilnehmern vorausgesetzt wird.

Unmittelbar anschließend wird durch die Konjunktion „aber“ ein Gegensatz angedeutet („aber es ist durchaus ein Ort“). Die Äußerung setzt sich aber nicht mit einer Charakterisierung des Ortes im Gegensatz zu seiner negativen Besonderheit fort, sondern wechselt das Subjekt: Nicht mehr der Ort steht nun im Vordergrund, sondern die Teilnehmerinnen und ihr mögliches Verhalten am Ort („an dem (-) äm (-) ihr auch (2.0) lachen könnt und sollt“). Vorausgesetzt wird damit nicht lediglich ein Wissen über die Besonderheit des Ortes, sondern die Kenntnis ganz bestimmter Verhaltensweisen und kultureller Codes im Umgang mit diesem Ort. Dass hier auch gelacht werden soll und kann, war bislang nicht ausdrücklich untersagt. Eine diesbezügliche Erwartung wird bei den Teilnehmern aber einerseits vorausgesetzt, andererseits aber möglicherweise auch erst in Gang gebracht. Dass die Pädagogin die Möglichkeit des Lachens vor Ort zum Thema macht, schafft die paradoxe Situation, dass das Gegenteil als angenommene Norm unterlegt wird, die selbst durch die ausdrückliche Benennung des Lachens nicht aufgehoben wird. Das Lachen ist nämlich nicht einfach erlaubt, sondern es ist auch, also neben anderen Gefühlsausdrücken, die hier implizit bleiben, erlaubt.

Der Anschluss mit dem Adverb „also“ leitet eine Folgerung aus dem Vorangegangen ein: Auffällig ist dabei die benutzte impersonale Form, die in einem deutlichen Gegensatz zur der zunächst über die Beziehung zwischen Pädagogin und Teilnehmerinnen eingeleiteten Mitteilung steht („es gibt"). Diese Verallgemeinerung setzt sich in der Folge fort, wenn die Pädagogin eine (nicht geltende) Erwartung an die Teilnehmer formuliert, die nicht von ihr als Person, sondern „von hier", wenngleich sprachlich eingeschränkt („sozusagen") ausgeht. Dieses Hier spielt sowohl auf den Ort in seiner historischen Bedeutung an, als auch auf dessen gegenwärtige und institutionelle Dimension. Wäre im ersten Fall gesagt, dass vom Ort selbst keine bestimmte Erwartung ausgehe, so spräche die Pädagogin im anderen Fall als Vertreterin einer Einrichtung, die keine bestimmten Erwartungen an die Teilnehmerinnen habe. In beiden Fällen zeigt sich aber eine Vorannahme der Pädagogin über die Vorannahmen der Teilnehmer, die noch bevor sie überhaupt zur Sprache gekommen sind, gewissermaßen vorbeugend entkräftet werden.

Bevor also Erwartungen/Befürchtungen der Teilnehmerinnen erfragt werden, werden mögliche Erwartungen an sie zur Sprache gebracht und gleichzeitig für ungültig erklärt. Unterstellt wird den Teilnehmern, sie erwarteten oder könnten erwarten, sich an diesem Ort „traurig" oder „bedrückt" zeigen zu müssen. Mit der stockend hervorgebrachten Äußerung werden mögliche Befürchtungen der Teilnehmerinnen hinsichtlich einer erwarteten emotionalen Beteiligung und eines dem Ort angemessenen Verhaltens thematisiert.

Demgegenüber entwirft die Pädagogin eine Art Gegenkonzept von Erwartungen an sie, das nicht auf Verneinungen bestimmter Gefühlserwartungen und Verhaltenscodierungen nicht verzichten kann („Also es gibt sozusagen von hier (-) nicht die Erwartung äm (1.0), dass (1.0) (wie soll ich) sagen (2.0), dass ihr (2.0) traurig seid, bedrückt seid, also (es ist) äm ist (-) durchaus gewünscht, dass ihr auch äm (2.0) die Stimmung wechselt. (1.0)"). „Gewünscht" wird vielmehr eine Varianz an Stimmungsäußerungen, und damit eigentlich ein „normales", vor allem ein „echtes" Verhalten. Die erneute Verwendung des Impersonals „(es ist) äm ist (-) durchaus gewünscht" ist dem Begriff der Erwünschtheit allerdings näher als einem von der Pädagogin formulierten Wunsch. Der Ausdruck erhält so Verstärkung und wird nun doch zu einer Art geltender Regel, zu einer Art Aufforderung an die Teilnehmerinnen, an diesem Ort „die Stimmung" zu wechseln. Legt die Äußerung der Pädagogin zunächst nahe, dass es gerade nicht um angepasstes Verhalten gehe, so scheint hier eine Beschreibung gewünschten und damit angepassten Verhaltens auf. Die Vorgabe sozial erwünschten Verhaltens, die bei den Teilnehmern als bekannt vermutet wird (bedrückt und traurig zu sein), wird außer Kraft gesetzt, um durch eine andere ersetzt zu werden.

Ganz zu Beginn der Veranstaltung, noch vor der Präsentation des Programmablaufs mit der angekündigten Abfrage von Erwartungen, sucht die Pädagogin ganz bestimmte mögliche Befürchtung der Teilnehmerinnen an den Ort zu entkräften und legt sie gleichzeitig nah. Während die Programmvorstellung angekündigt wird, schiebt sich der Ort als reflektierte Projektionsfläche für Wirkungserwartungen einerseits und Verhaltenserwartungen in die Kommunikation.

Im Anschluss erläutert die Pädagogin wie angekündigt knapp das Veranstaltungsprogramm, öffnet ihren Monolog für Fragen der Teilnehmer, die jedoch ausbleiben, und leitet danach zum Programmpunkt der Erwartungsabfrage über. Sie wiederholt, dass es dabei um eine Art Abgleich zwischen Erwartungen und Programm gehe. Ebenfalls wiederholt wird die kategoriale Unterscheidung zwischen Erwartungen und Befürchtungen/Zweifel.

Die methodische Besonderheit der Abfrage liegt in ihrer Schriftlichkeit und Anonymität. Die Teilnehmerinnen notieren stichwortartig auf grünen Zetteln ihre Erwartungen, auf orangefarbenen Zetteln ihre Zweifel und Befürchtungen. Anschließend werden alle Zettel, auch unbeschriebene, mit der leeren Seite nach oben wieder auf zwei farblich getrennte Häufchen gelegt und gemischt. Anschließend stellen alle Teilnehmer je einen Zettel jeder Farbe, aber nicht ihre eigenen, vor. Sie treten von ihrem Sitzplatz im Kreis an eine Pinnwand, wenden sich der Gruppe zu, lesen die Notizen vor und heften die Zettel an.

Es findet sich schnell eine Schülerin, die den Anfang macht. Die weitere Präsentation erfolgt ohne Aufforderung nach der Sitzordnung. Alle Teilnehmerinnen werden durch die Methode in den Mittelpunkt gebeten, auch dann, wenn sie persönlich möglicherweise gar nichts zu sagen haben. Sie werden vielmehr zu Sprechern vorhandener Erwartungen. Die Methode der anonymen Abfrage ermöglicht im Gegensatz dazu aber keine individuellen, sondern nur kollektive Bezugnahmen auf die Inhalte. Es ist deshalb nicht zu erwarten, dass die von der Pädagogin angekündigte Prüfung der Passung von Programm und Erwartungen individuelle Bedürfnisse berücksichtigen kann.

Nachdem alle Zettel an der Pinnwand hängen und vorgetragen worden sind, stellt sich die Frage, wie die Kommunikation mit dem Überschuss an Anschlussmöglichkeiten und den zum Teil durchaus klärungsbedürftigen Äußerungen umgeht.

PMw	Gut, danke schön (2.0) Äm, auf einen Punkt (-) möcht ich gerne kurz eingehen, weil er sehr häufig genannt worden ist von euch (-) und das, das is=so der Themenbereich Belastung, Angst, Gefühle wurden genannt, Druck (-) glaub ich, ist an einer Stelle gefallen.[4]

4 T-K-1.1, Z. 252–255.

Die Pädagogin beendet die Präsentation mit der Bewertung „gut" und bedankt sich bei den Teilnehmerinnen. Aus der Vielzahl der Äußerungen greift sie anschließend einen „Punkt" heraus. Er erhält dadurch im Gegensatz zu anderen Nennungen besonderes Gewicht. In diesem „Punkt" werden mehrere Äußerungen zu der erfragten Kategorie „Befürchtungen und Zweifeln" als „Themenbereich" rubriziert, der durchaus unterschiedliche Gefühlszustände wie Angst oder Belastung zusammenfasst und damit nicht nur den ganzen Bereich der (positiven) Erwartungen ausspart, sondern diverse Befürchtungen und Zweifel vereinheitlicht. Die Pädagogin begründet ihr selektives Vorgehen quantitativ mit der besonders häufigen Nennung. Sie wendet sich, wie zu erwarten war, an die gesamte Gruppe, indem sie mehrere Aussagen thematisch zusammenfasst, und reagiert so mit einer Antwort auf eine ganze Reihe individuell durchaus heterogener, schriftlicher Äußerungen. Die einzelnen Beiträge und ihre jeweiligen Differenzen bleiben dabei undeutlich.

PMw	(-) Äm (2.0) äh, ich bin mir darüber äh bewusst äh, dass es äh sehr häufig äh=ne Befürchtungen ist und (-) äm (-) genau deshalb, weil es häufig auch so ist, möchte ich euch Angebote machen, wie man damit umgehen kann. Und es wird (-) äm (-) heute (-) vor dem Abendessen der Fall sein. (2.0)[5]

Die Pädagogin greift auf Vorwissen und Erfahrung zurück, dass die oben rubrizierten Befürchtungen „sehr häufig" genannt werden. Darin zeigt sich nicht nur eine Serialität ähnlicher Veranstaltungen, sondern auch die Gleichförmigkeit der „Befürchtungen", was in einer gewissen Spannung zu den methodisch recht aufwändigen, individuell erfragten Antworten steht. Aufgegriffen werden von der Pädagogin nun gerade nicht diejenigen Erwartungen, die besonders selten sind, sondern die besonders häufigen. Es geht insofern weniger um die konkreten Befürchtungen einzelner Personen hinsichtlich möglicher Belastungen oder Ängste, sondern um prinzipiell vorkommende Befürchtung dieser Art, die von der Pädagogin offenbar erwartet worden sind. Für den „Umgang" damit ist deswegen auch bereits ein Teil des Programms vorgesehen: Das Erfahrungswissen der Pädagogin hat sich in einer dies reflektierenden, konzeptionellen Entscheidung niedergeschlagen.

Die Abfrage negativer Erwartungen zeigt sich also auch deswegen als notwendig, um eine Kompatibilität von Erwartungen und geplanten Programm herzustellen. Im Fall, dass die Teilnehmerinnen geschlossen keine Befürchtungen

5 T-K-1.1, Z. 255–259.

äußerten, müsste entweder eine Änderung des Programms erfolgen oder die Veranstaltung gewissermaßen auf Zeit spielen, dass sich im Verlauf des Seminars doch noch Situationen einstellten, die (dann im Nachhinein) zu Befürchtungen berechtigten. Unterschieden worden ist in der Abfrage und der bereits erfolgten Programmplanung nämlich nicht zwischen einer Befürchtung als Annahme und ihrer tatsächlichen Realisierung. Die Befürchtungen werden von der Pädagogin zwar nicht ausgeräumt, aber auch berechtigte Befürchtungen müssen nicht in jedem Fall eintreten. Trotzdem wird ihnen, vor allem aber der Bearbeitung eintretender Befürchtungen, von Beginn an ein fester Platz im Programm eingeräumt. Die „Angebote [...,] wie man damit umgehen kann“, sind nicht nur bereits programmatisch festgelegt, sondern auch zeitlich fixiert („vor dem Abendessen“). Der Verweis auf diesen Programmpunkt operationalisiert damit zwar die angekündigte Kompatibilitätsprüfung zwischen Befürchtungen und Programm. Ein Nicht-Eintreten möglicher Befürchtungen wird aber tendenziell ausgeschlossen. Dies führt, wie bereits in der ersten Szene der Veranstaltung (vgl. Kapitel V) dazu, dass der Ort mit einem durch die Erfahrung der Pädagogin begründeten Belastungspotenzial aufgeladen wird.

„Ich mein wirklich diesen Ort, ne?“

Bei der Veranstaltung J.1–5 schließt sich an die offizielle Begrüßung und Eröffnung des Seminars (vgl. den Abschnitt „Wer das noch nicht gelesen hat, der lässt es am besten“ in Kapitel V) eine Vorstellungsrunde an. Auch hier beginnt die Pädagogin, indem sie etwas zu ihrer Berufsbiografie sagt. Nach einer kurzen Vorstellung der Pädagogin und der beiden anwesenden Forscherinnen fordert die Pädagogin die Teilnehmerinnen mehrfach auf, neben ihren Erwartungen auch ihre persönlichen Motivation und besonderen Interessensschwerpunkte für die Teilnahme an der Veranstaltung zu formulieren. Die Runde folgt der Sitzordnung der Teilnehmer – die beiden Lehrkräfte sind einbezogen – und wird von der Pädagogin moderiert. Die Aussagen der Schülerinnen ähneln sich hinsichtlich eines geäußerten eher allgemeinen Interesses am Thema Nationalsozialismus, das teilweise durch individuelle Nuancen ergänzt wird. So äußert eine Schülerin ihr besonderes Interesse an der Beschäftigung mit (nicht näher bestimmten) Tagebuchaufzeichnungen, zwei Schülerinnen verweisen auf die erwartete besondere Qualität des Ortes, ein Schüler nennt die Existenz ähnlicher Lager unter Stalin und verbindet damit sein besonderes Interesse am Thema Konzentrationslager. Die Lehrer deuten neben eigenen, fachlichen Interessen vor allem auf das Lernpotenzial des Ortes für die Schüler.

Die einzelnen Äußerungen sollen an dieser Stelle nicht genauer analysiert werden. Die Kommunikationsform der Runde, die während der gesamten Veranstaltung eine zentrale Rolle für die Gruppenorganisation bzw. der Organisation des Plenargesprächs spielt, belässt die Aussagen bei den einzelnen Redebeiträgern. Im vorliegenden Fall werden zwar alle einzeln mit einem zustimmenden „mh" der Pädagogin, einer Art verbalen Nickens, als gehört und akzeptiert markiert. Inhaltlich kommentiert werden sie nicht. In methodischer Hinsicht stellt die Runde insofern eine Sammlung von Äußerungen dar, die flüchtig im Raum stehen. Von Interesse ist deswegen auch hier, an welche der vielfältigen Möglichkeiten und wie konkret angeschlossen wird. Zunächst beendet die Pädagogin die Erwartungsrunde mit einem zusammenfassenden Kommentar. Dabei greift sie das geäußerte Interesse einer Teilnehmerin an „Tagebucheinträgen" auf. Der zweite Kommentar schließt ebenfalls an eine bestimmte Äußerung an.

PMw	Und das andere, bei Ihrer Aussage f//fiel mir ein (-), ich würde Sie gerne mal fragen, haben Sie irgendwo auch so (-) n=ganz klein bisschen Befürchtungen, fünf Tage an diesem Ort (-) zu verbringen, also fünf Tage sich in dieser Thematik zu bewegen, und das Programm is=ja auch von der Zeit her (-) ja (-) hat es in sich, ne, [neun Uhr]
Xw	[mmh]
PMw	dreißig bis siebzehn Uhr dreißig
Sw	[mhmh]
Sw	[mhmhm]
PMw	ist das für Sie im Moment (-) vielleicht noch so (1.0) großer Berg, über den man muss oder können Sie sich das vorstellen?
Sw3	((leise)) ah, es wird anstrengend.[6]

Die Frage der Pädagogin erscheint durch die unmittelbare Zuordnung einer Teilnehmeräußerung zunächst spontan. Sie ist ausgesprochen vorsichtig formuliert, beinhaltet aber im Kern eine Suggestion. Indem mögliche Befürchtungen nur vage angedeutet („irgendwo") und sprachlich so weit minimalisiert werden („n=ganz klein bisschen"), dass sie kaum zu verneinen sind, wird die Zustimmung der Teilnehmerinnen nicht nur nahegelegt, sondern geradezu erbeten. Anlass der offenbar erwarteten, aber bislang nicht zur Sprache gekommenen Befürchtungen ist der Ort in Verbindung mit der Dauer des vorgesehenen Aufenthalts („fünf Tage")

6 T-J-1.1, Z. 308–320.

und der Qualität des Programms („hat es in sich“). Die Frage drückt insofern Skepsis über das Nicht-Vorhandensein von Befürchtungen, also der gedanklichen Vorwegnahme negativer Erfahrungsmöglichkeiten, aus.

Dass jede neue soziale Situation auch das Potenzial unangenehmer Gefühle birgt, macht diese Skepsis grundsätzlich plausibel. Bemerkenswert ist jedoch die eindeutige Kanalisierung der erfragten Befürchtungen in Richtung des durch die Kombination von Ort, Dauer und Gegenstand herausgehobenen Arrangements der beginnenden Veranstaltung. Dies setzt bei den Teilnehmern einerseits Vorwissen und Fantasien über ein dem Ort innewohnendes besonderes Wirkungspotenzial voraus und erzeugt andererseits en passant einen Bewusstseinsraum für diese Art der Erwartungen. Selbst wenn bislang niemand Befürchtungen gehabt und sie nicht nur – wie es die Frage der Pädagogin nahelegt – in der Erwartungsrunde nicht zur Sprache gekommen wären, wäre nun Gelegenheit, sich über die Qualität des Bevorstehenden klar zu werden. Die Frage zielt insofern auf die konsensuelle Bestätigung denkbarer negativer Erwartungen, die offenbar notwendig, bislang aber nicht erreicht ist.

Wie wird der Ort hier konstruiert? Anders als an anderen Orten, an denen mit der Zeit eine Sicherheit verleihende Ortskenntnis erworben wird, scheint die Dauer („fünf Tage“) Befürchtungen hier steigern zu können. Dies impliziert eine bedrohliche oder belastende Erfahrung, die von Orten ausgeht, an denen entweder eine reale Gefahr oder ein Risiko für Leib und Leben besteht, die direkte Konfrontation mit Leid, Schmerz, Krankheit oder Tod erwartbar ist, oder an denen man, etwa medial, aber auch durch eigene Vorstellungen und (Vor-)Wissen vermittelt auf schmerzhafte Themen trifft. Dass der hier in Rede stehende Ort keine reale Bedrohung physischer Unversehrtheit darstellt und eine potenzielle psychische Belastung keiner unmittelbaren, sondern einer vermittelten Konfrontation mit bestimmten Inhalten zugeschrieben wird, legt vor allem der genutzte Begriff der „Thematik“ nah, der neben inhaltlicher Komplexität vor allem emotionale Distanz ausdrückt. Er kennzeichnet die Auseinandersetzung mit dem Ort und den mit ihm verbundenen Inhalten als vornehmlich intellektuelle. Gleichwohl wird der Ort als tendenziell bedrohlich inszeniert, und dies vor allem auch dadurch, dass die begriffliche Distanz zwischen „Thematik“ und „Ort“ durch eine topologische Metapher aufgelöst und das eine mit dem anderen gleichgesetzt wird („fünf Tage sich in dieser Thematik zu bewegen“). Die „Thematik“ selbst wird zu einem umschließenden und abgeschlossenen Raum: Ort und Thema fallen in eins. Der bevorstehende fünftägige Aufenthalt wird so als Erfahrung in einer gewissermaßen ausweglosen, hermetischen Situation vorweggenommen.

Die mögliche Belastung durch Ort und Thema scheint auch durch das „Programm“, also die organisatorische Form der beginnenden Veranstaltung, eher gesteigert als gemildert zu werden. Zwar bleibt der genaue Ablauf unbestimmt, der Hinweis auf den zeitlichen Umfang charakterisiert das Programm aber als intensiv („auch von der Zeit her"(-) ja (-) hat es in sich, ne"). An dieser Stelle regt sich nun erstmal vage Zustimmung der Teilnehmerinnen („mhmh", „mhmhm"). Offenbar trifft erst die Thematisierung eines umfangreichen, dichten Programms im Kontext möglicher Befürchtungen auf Resonanz. Der Bezugspunkt dieser undeutlichen Bestätigungen ist allerdings diffus: Sie können, müssen aber nicht mit Ort und Thema in Zusammenhang stehen. Sie können sich ebenso auf ein zu erwartendes gedrängtes Programm oder zu viel Arbeit beziehen, müssen also nicht vorrangig inhaltlich motiviert sein.

Wie geht die Pädagogin damit um? Geht man davon aus, dass die Frage nach möglichen Befürchtungen dazu dienen soll, Anschluss an die Bedürfnisse und Vorstellungen der Teilnehmerinnen zu finden, so wäre zu erwarten, dass sie an dieser Stelle einhakt, weil erstmals Befürchtungen zumindest vage bestätigt wurden. Denkbar wäre, dass sie den Programmablauf zum Thema macht oder die Teilnehmer dazu auffordert, ihre Äußerungen zu präzisieren. Tatsächlich reagiert sie mit einer neuen Frage auf die verhaltenen, uneindeutigen Lautäußerungen, die weiterhin darauf zielt, bei den Teilnehmerinnen eine innere Vorwegnahme des Bevorstehenden zu evozieren. Dass dies zum gegenwärtigen Zeitpunkt möglicherweise noch gar nicht einschätzbar ist, wird konzediert („ist das für Sie im Moment (-) vielleicht noch so"), erneut wird aber eine topologische Metapher bemüht, die das Bevorstehende als anstrengende, unüberwindlich scheinende, aber zu bezwingende Strecke beschreibt („großer Berg, über den man muss"). Deutlich wird trotz der Vieldeutigkeit der Metapher, dass für die Teilnehmerinnen keine Alternative dazu besteht, diesen „Berg" zu überwinden. Sie kommen nicht darum herum, sie müssen darüber. Ein anderer Weg oder ein Abbruch scheinen nicht vorgesehen zu sein.

Der zweite Teil der Frage deutet durch die ausschließende Konjunktion „oder" sprachlich zwar eine zweite Option an („oder können Sie sich das vorstellen?"). Die Frage beinhaltet aber keine alternative Handlungsmöglichkeit, sondern lediglich die Option, auf das Bevorstehende gedanklich vorbereitet zu sein. Der Aufenthalt vor Ort wird so zum zweiten Mal als vorab definierte und ausweglose Situation entworfen. Die Frage der Pädagogin dient insofern einerseits der Eruierung, andererseits der Erzeugung von Bewusstsein über die Besonderheit von Ort und Thema und deren möglichen Auswirkungen unter den Bedingungen einer mehrtägigen, straff geplanten Veranstaltung. Organisatorische Aspekte wie der Programmablauf oder der Zeitrahmen werden dabei nicht als Bezugspunkte möglicher Befürchtungen aufgegriffen. Sie bilden lediglich die äußere Klammer des Aufenthalts vor Ort und erscheinen als nicht verhandelbar. Die Folgeäußerung der Schülerin Sw3 bestätigt nun erstmalig explizit eine Befürchtung („ah, es wird anstrengend“), die semantisch an die von der Pädagogin skizzierte Wegstrecke über den „Berg“ anschlussfähig ist, deren inhaltlicher Fokus allerdings weiterhin unscharf bleibt. In der Folge könnte dieser entweder genauer erörtert oder im Sinne eines situativen Verstehens bestätigend angeschlossen werden. Faktisch führt sich das Gespräch folgendermaßen fort:

PMw	Mh. (1.0), ((leise)), ja ((lauter)) ich mein das jetzt nicht nur von der, äh (-) na ja, Aufgabenfülle, sondern ich mein wirklich diesen Ort, ne?
Xw	Hm[7]

Die pädagogische Mitarbeiterin stimmt der Schülerin zunächst zu, präzisiert dann aber lauter und nachdrücklicher die Zielsetzung und Motivation ihrer vorangegangenen Frage. Offenbar bestehen Zweifel, ob sie richtig verstanden worden ist und sich die befürchtete Anstrengung der Schülerin nicht möglicherweise „nur“ auf die „Aufgabenfülle“ bezogen hätte. Durch die klare Differenzierung unterschiedlicher Anforderungen kanalisiert die Pädagogin ihre Frage wiederum auf die Bedeutung des Ortes und verleiht ihm damit nachdrücklich jenes Befürchtungspotenzial, das sie erwartet („ich mein wirklich diesen Ort“). Befürchtungen, die sich auf die angedeutete zeitliche oder inhaltliche Dichte des Programms beziehen, werden als weniger bedeutend explizit zurückgewiesen. Theoretisch wäre denkbar, dass die Teilnehmerinnen im Folgenden orts- oder inhaltsgebundene Befürchtungen verneinten. Das aufgeworfene Thema wäre damit aber kaum abzuschließen.

Dass auf Wirkungsmöglichkeiten des Ortes nicht nur hingewiesen, sondern Befürchtungen hinsichtlich des Aufenthalts vor Ort geradezu erwartet werden, attestiert der Pädagogin den Erfahrungsvorsprung der Expertin gegenüber den Teilnehmern, die mögliche Effekte des Bevorstehenden noch gar nicht abschätzen können. Es ist insofern nicht zu erwarten, dass die Teilnehmerinnen die von ihr sprachlich nahegelegten Befürchtungen tatsächlich zurückweisen würden. Falls doch, so müsste die Pädagogin aus ihrem Erfahrungswissen heraus mögliche Auswirkungen des Ortes aufzeigen, auf die sie die Teilnehmer offenbar in einer Art Gefahrenprävention hinweisen will. Wie führt sich die Kommunikation fort?

7 T-J-1.1, Z. 321–323.

PMw	[( )]
Sw3	[( )] ((leise)) wird schon (-) ganz schön (-), am meisten (-) vielleicht teilweise (-) wenn man dann auch (-) Sachen eben liest von Häftlingen [(oder so)]
PMw	[(Hm/ja)](1.0)[8]

Simultan mit einer unverständlichen Äußerung der Pädagogin setzt wieder die Schülerin Sw3 ein. Ihr Beitrag wird leise und stockend vorgebracht, und auffällig ist hieran vor allem, dass das beschreibende Adjektiv fehlt. Der Kern ihrer Aussage bleibt eine Leerstelle. Betrachtete man die Äußerung als vollständigen Satz („wird schon (-) ganz schön (-), am meisten (-) vielleicht teilweise (-) wenn man dann auch (-) Sachen eben liest von Häftlingen"), so entstünde eine Aussage, die die optimistische Erwartung ausdrückt, es könne ganz schön werden, besonders dann, wenn man Häftlingstexte lese. Kontext und Sprechweise legen ein anderes Verständnis nahe, und der Kommentar der Pädagogin („hm/ja") verweist darauf, dass die Leerstelle als unausgesprochene Befürchtung und die Phrase „ganz schön" im Sinne von „ziemlich" oder „sehr" verstanden worden ist. Selbst in der abwegigen optimistischen Variante änderte sich aber nichts am Gehalt der Aussage hinsichtlich einer erwarteten besonderen Qualität, die der Ort dadurch entfalte, dass man „Sachen von Häftlingen (oder so)" lese.

Erstmals erhalten hier „Ort" und „Thematik" in der Kommunikation eine inhaltliche Bestimmung. Die erste von einer Teilnehmerin benannte Befürchtung, sich fünf Tage an „diesem Ort" aufzuhalten, besteht darin, sich die Perspektive der „Häftlinge" in Form von schriftlichen Zeugnissen anzueignen. Dass die Äußerung inhaltlich die Erwartung der Pädagogin offenbar trifft, zeigt sich an der unmittelbar auf das Stichwort „Häftlinge" folgenden Bestätigung der Pädagogin, die einen Teil der Äußerung der Schülerin sogar überlappt. Damit ist erstmals ein Konsens zwischen Pädagogin und der Seite der Teilnehmer über mögliche Befürchtungsursachen hergestellt. Bestätigt wird damit nicht nur, dass die Beschäftigung mit Zeugnissen von Häftlingen stattfinden würde, sondern auch ein damit einhergehendes, besondere Belastungspotenzial. Denkbar wäre, dass im Anschluss weitere Befürchtungen gesammelt würden. Denkbar wäre auch die Einführung anderer Perspektiven auf die Thematik oder den konkreten Umgang mit Texten und anderen Quellen „von Häftlingen". Die Pädagogin setzt das Gespräch folgendermaßen fort:

8 T-J-1.1, Z. 324–327.

PMw	(1.0) Ich nehm das gerne zum Anlass. Möchte Sie da auch unbedingt auffordern, wenn Sie für sich merken, dass es Ihnen an irgendeiner Stelle zu viel wird, zu intensiv wird (-), dass Sie das signalisieren, und dann können wir reagieren, entweder als ganze Gruppe oder auch Sie selbst als (-) eigene Person sich dann da raus zu ziehen, es gibt überhaupt keine Verpflichtung, es ist auch kein (-) äm, besonders äm, eine keine große Leistung, sich nun aussetzen zu müssen, einer Thematik, die nachweislich (-) schwierig ist, und wir sind auch alle (-) überhaupt sehr verschieden in der Aufnahme, wir dürfen uns auch wiederum keine Vorwürfe machen, wenn (-) wir äm mit relativer (-) äm, Leichtigkeit durch das Thema gehen, es geht nicht darum, da=ne Messlatte anzulegen, wie sehr wir betroffen sein werden, und wenn jemand zu sehr (-) eingeholt wird von der Thematik, muss er sich=ne Auszeit nehmen, und wenn (-) niemand öh, oder wenn jemand an keiner [Stelle meint, dass er jetzt]
Sm	[((Ausatmen))]
PMw	aussetzen muss, ist das kein Makel. (-)[9]

Bereits das erste Anzeichen der Zustimmung auf Teilnehmerseite wird von der Pädagogin zu einem „Anlass" gemacht und löst einen längeren Redebeitrag aus. Rückblickend erhält die zunächst spontan erscheinende Frage nach möglichen Befürchtungen so die gesprächssteuernde Funktion, ein aus Sicht der Pädagogin für den Verlauf der Veranstaltung offenbar bedeutsames Thema als Thema der Teilnehmerinnen in der Gruppenkommunikation zu verankern. Eingeführt wird es nicht monologisch belehrend, sondern Zustimmung evozierend, was die erwarteten Befürchtungen in vorhandene Befürchtungen der Teilnehmer transformiert. Eine einzige recht vage Bestätigung einer Teilnehmerin veranlasst die Pädagogin zu höchster Alarmierung hinsichtlich des Bevorstehenden.

Die Formulierung „unbedingt auffordern" stellt eine dringende Warnung dar, die sich deutlich von der ausgesprochen vorsichtigen, anfänglichen Frage nach möglichen Befürchtungen unterscheidet. Belastung wird somit zu einem antizipierbaren und vorsorglich zu antizipierenden Risiko („dass es Ihnen an irgendeiner Stelle zu viel wird"). Stellt man noch einmal die Frage, warum Befürchtungen überhaupt zum Thema gemacht werden, so zeigt sich nun, dass sie nicht etwa entkräftet werden sollen. Sie werden im Gegenteil als nicht nur imaginäres, sondern

9 T-J-1.1, Z. 328–342.

reales Gefahrenpotenzial entworfen. Psychische Belastungserfahrung erscheinen als zu erwartende und nicht grundsätzlich vermeidbare Begleiteffekte einer intensiven Auseinandersetzung mit Ort und Thema.

Weil diese intensive Beschäftigung offenbar gewünscht ist, die Überwältigung der Teilnehmer aber nicht riskiert werden soll, wird im Folgenden eine Art Krisenplan für den Umgang mit emotionaler Überforderung entwickelt. Er besteht aus dem Dreischritt Merken – Signalisieren – Reagieren. Sein Gelingen hängt damit wesentlich von den Adressaten ab. Die „Stelle", an der etwas „zu viel" oder „zu intensiv" wird, gilt dabei als individuell unterschiedlich und von außen als unvorhersehbar. Appelliert wird deswegen an die Selbstverantwortung der Beteiligten für ihr inneres Gleichgewicht. Inwiefern „die Gruppe" für diese Krisenbewältigung nutzbar gemacht werden kann, bleibt vage, obwohl sie als mögliche Ressource angeführt wird. Die konkret formulierte Handlungsoption für den Krisenfall besteht in einer Aufforderung, „als (-) eigene Person sich dann da raus zu ziehen"). Dies setzt einerseits erneut eine räumliche Erfahrung von „Innen" voraus und deutet andererseits auf eine Kraftanstrengung hin, die zum größeren Teil den einzelnen Teilnehmerinnen, in unbestimmter Weise der Gruppe und praktisch gar nicht der Pädagogin überantwortet wird.

Das Programm der Veranstaltung wird indes nicht als verhandelbar thematisiert, sondern scheint vielmehr wie automatisch abzulaufen. Es bleibt als (von der Pädagogin) gemachtes unsichtbar. Die organisatorischen Aspekte (Programmplanung, Zeitablauf) der Veranstaltung werden als den Zwängen von Ort und Thema unterworfen dargestellt und erhalten in ihrer tatsächlichen Form den Status einer objektiven Notwendigkeit. Nicht das Programm wird den Teilnehmern und ihren Bedürfnissen angepasst, sondern umgekehrt müssen sich die Teilnehmerinnen dem Programm anpassen und sich gegebenenfalls „raus ziehen". Eigenverantwortlichkeit wird den Teilnehmern nicht grundsätzlich zugestanden, sondern an die ernsthafte Auseinandersetzung mit Ort und Thema gebunden, die wiederum in der Gefahr gesehen wird, zu intensiv werden zu können. Ein diesbezügliches Signal kann somit als Überprüfungsbedingung angesehen werden, dass ein „Rausziehen" aus dem Programm nicht einer anderen Motivation – etwa Langeweile, Unlust, Müdigkeit – geschuldet wäre.

Im Falle erwachsener Teilnehmerinnen wäre es eine Zumutung, selbstbestimmtes Handeln an bestimmte Bedingungen zu knüpfen, im Falle von Kindern eine deutliche Überforderung. Die Jugendlichen hier werden zugleich als eigenverantwortlich und kontrollbedürftig adressiert. Ihnen wird bis zu einem gewissen Grad Selbstständigkeit zugestanden und eine im Schulalltag ganz und gar unübliche Praxis nahegelegt („Rausziehen"). Das Doppelproblem, das von der Pädagogin hier kommunikativ gelöst werden muss, besteht darin, mit den

Teilnehmern ein dichtes Programm durchzuführen, was aber nicht zu emotionalen Überforderungen der Teilnehmerinnen führen darf.

Im weiteren Verlauf begründet die Pädagogin die ungewöhnliche Handlungsoption, sich dem Programm entziehen zu dürfen. Betrachtet man zunächst die Gesamtäußerung, so fallen vor allem die sich häufenden Verneinungen auf („keine Verpflichtung", „keine große Leistung", „keine Vorwürfe", „kein Makel"), mit denen die Pädagogin stellvertretend für die Teilnehmer eine ganze Reihe denkbarer, aber von niemandem genannte Befürchtungen thematisiert, die die Frage eines angemessenen Verhaltens umkreisen. Die Pädagogin „reagiert" so auf imaginäre Befürchtungen, die einerseits erneut ihren Expertenstatus unterstreichen, der sich in der Erfahrung mit solchen Befürchtungen zeigt. Andererseits werden den Teilnehmerinnen damit aber die Befürchtungen erst gewissermaßen in den Mund gelegt. Indem mögliche Unsicherheiten hinsichtlich des angemessenen Umgangs mit dem Thema vor Ort vorausgesetzt werden, sind zugleich die Erwartungen an einen adäquaten Umgang mit Ort und Thema gesteckt. Diese bestehen weder in einer schutzlosen Auslieferung, also einer gewissermaßen fahrlässig herbeigeführten Überforderung („sich nun aussetzen zu müssen"), noch in einer Selbstkasteiung bei deren Ausbleiben („wir dürfen uns auch wiederum keine Vorwürfe machen").

Folgt man der Äußerung nun noch einmal kleinteiliger, so zeigt sich, dass zunächst Pflicht und Leistung negiert werden („es gibt überhaupt keine Verpflichtung", „keine große Leistung"). Dies legt nahe, dass die Pädagogin für die Auseinandersetzung mit der „Thematik" schulische Verhaltens- und Aneignungserwartungen der Teilnehmerinnen außer Kraft zu setzen versucht. Der Leistungsbegriff erfährt dabei eine eigentümliche Umwertung („keine große Leistung, sich nun aussetzen zu müssen, einer Thematik, die nachweislich (-) schwierig ist"), stellt doch die Beschäftigung mit offiziell anerkannten und „nachweislich" schwierigen Themen in der Regel durchaus eine Leistung dar. Im Gegensatz dazu soll die Beschäftigung mit der hier zu verhandelnden Thematik weder durch äußeren Zwang noch durch die Erwartung positiver Sanktionen begründet sein. Erwünscht ist vielmehr eine intrinsisch motivierte, intensive Auseinandersetzung, die von Leistungsbewertungen frei ist oder genauer: die dann von Leistungsbewertungen frei sein kann, wenn sich die Teilnehmer in der von der Pädagogin skizzierten Art und Weise auf Ort und Thema einlassen.

Die subtile Bedeutungsverschiebung des Leistungsbegriffs beinhaltet dennoch eine ambivalente Handlungsaufforderung an die Teilnehmerinnen, die dort von Leistungsanforderungen entlastet werden, wo es um eine inwendige Beschäftigung mit und ein emotionales Einlassen auf Ort und Thema geht, gleichzeitig aber hinsichtlich der formalen Bewältigung des Programms zu Leistung verpflichtet bleiben. Trotz der sprachlichen Negation schulischer Bewertungskriterien bleiben Pflicht und Leistung sowie ein hierarchisches Rollenverhältnis zwischen der Pädagogin und den Teilnehmern auch für die beginnende Veranstaltung prägend. Die deutliche Asymmetrie liegt nicht allein in einem Erfahrungs- und Wissensvorsprung der Pädagogin, sondern auch darin, dass sie als Expertin und Mandatsträgerin für den Ort die Art und Weise der angemessenen Auseinandersetzung mit Thema und Ort vorgeben kann. Für die Beschäftigung mit der „Thematik" wird grundsätzlich ein aufrichtiges und ernsthaftes Einlassen auf den Gegenstand gefordert.

Während die Thematik als objektiv schwierig bezeichnet wird, weist die Pädagogin nun auf subjektiv unterschiedliche Verarbeitungsmodi hin („und wir sind auch alle (-) überhaupt sehr verschieden in der Aufnahme"), die dazu führen könnten, dass trotz redlicher Auseinandersetzung mit dem Thema keine psychische Belastung eintrete („mit relativer Leichtigkeit durch das Thema gehen"). Diese Reaktionsweise wird indes nicht nur als ebenso möglich wie die einer starken emotionalen Betroffenheit angeführt, sondern in Zusammenhang mit möglichen Selbstvorwürfen der Teilnehmer gebracht. Da Selbstvorwürfe in der Regel dann auftreten, wenn man ein Versäumnis tatsächlich oder vermeintlich zu verantworten hat, unterstellt die Antizipation möglicher Selbstvorwürfe, dass ein Mangel an emotionaler Wirkung von Ort und Thema von den Teilnehmerinnen als persönliches Versäumnis wahrgenommen werden könnte. Neben der Befürchtung einer besonderen Wirkungsqualität des Ortes, die von einer Schülerin angedeutet worden ist, entwirft die Pädagogin stellvertretend für die Teilnehmer die Befürchtung, starke Emotionen könnten ausbleiben. Während für den Fall einer Überforderung ein Verfahren entwickelt wird, damit innerhalb der Veranstaltung umzugehen, wird der Fall des Ausbleibens von Emotionen im Vorfeld entschärft. Als relevant für die Beschäftigung mit Ort und Thema sollen die authentische und individuelle Auseinandersetzung und nicht deren sicht- und bewertbaren Resultate in Form besonders drastischer emotionaler Reaktionen der Betroffenheit gelten.

Dennoch wird kein breites Spektrum, sondern im Grunde nur eine einzige Möglichkeit der Rezeption und Reaktion auf Thema und Ort skizziert. Sie kann in unterschiedlicher Intensität zwischen „zu viel" und „relativer Leichtigkeit" auftreten. Den Teilnehmerinnen wird weder unterstellt, ganz anders als erwartet auf die Thematik zu reagieren, noch wird ihnen freigestellt, wie sie zu reagieren haben: Zugestanden werden ihnen zwar subjektiv unterschiedliche Ausprägungen von Betroffenheit, nicht jedoch ein völlig anderes Register. Der Rahmen, den die Pädagogin hier für den angemessenen Umgang mit dem Ort steckt, grenzt somit legitime Reaktionsweisen ein, während die illegitimen sogar sprachlich ausgegrenzt bleiben: Es gibt kein explizites Verbot bestimmter Verhaltens- und Umgangsweisen; die Fokussierung und Antizipation emotionaler Erfahrungen blendeen andere Formen vielmehr einfach aus. Erklärlich wird diese nur tendenziell als individuell unterschiedlich unterstellte Rezeptionsweise des Themas weniger durch die Objektivität des Gegenstands selbst, sondern durch die bei den Teilnehmerinnen im Konsens unterstellte und kommunikativ hergestellte Bereitschaft, sich dem Gegenstand in jener Weise zu nähern, die die Pädagogin nahelegt.

Dies zeigt sich etwa darin, dass im Zuge der gleichzeitigen Zurückweisung vorweggenommener Selbstvorwürfe das in Rede stehende Thema ein weiteres Mal mit einer räumlichen Metapher umschrieben wird. Vor Ort befasst man sich nicht lediglich mit dem Thema, sondern man geht durch es durch, man durchschreitet es also, durchdringt es, es umgibt einen. Die Bereitschaft zu diesem Durchqueren als intensives Einlassen auf „die Thematik“ prägt die Adressatenkonstruktion der Pädagogin. Hergestellt wird hier eine Gemeinschaft von Willigen, in die sich auch die Pädagogin einschließt („wir dürfen uns“), und die sich aufgrund ihres besonderen Engagements keine Vorwürfe hinsichtlich eines mangelnden Betroffenheitsgefühls machen darf und muss, gerade weil das Maß als individuell unterschiedlich und objektiv nicht zu erfassen gilt („es geht nicht darum, da=ne Messlatte anzulegen“).

Im Folgenden wird die Eigenverantwortlichkeit der Teilnehmerinnen für ihr psychisches Gleichgewicht erneut unterstrichen, allerdings nicht mehr nur als Möglichkeit, sondern vielmehr als Pflicht („und wenn jemand zu sehr (-) eingeholt wird von der Thematik, muss er sich=ne Auszeit nehmen“). Zugleich aber wird betont, dass die kontinuierliche Teilnahme am Programm nicht negativ vermerkt würde („wenn jemand an keiner Stelle meint, dass er jetzt aussetzen muss, ist das kein Makel“).

Innerhalb eines pädagogischen Kontextes irritiert diese Beschwichtigung, weil die kontinuierliche Teilnahme an einer pädagogischen Veranstaltung üblicherweise vorausgesetzt wird und deswegen nicht ausdrücklich darauf hingewiesen werden muss, dass lückenlose Anwesenheit und Teilnahme akzeptiert seien. Darin zeigt sich ein weiteres Mal eine dem Ort unterstellte Wirkungsmacht sowie eine den Teilnehmern potenziell unterstellte grenzenlose Bereitschaft, sich diesem Ort auszuliefern, um doch eine emotionale Betroffenheit zu erreichen. Das deutlich vernehmbare Ausatmen eines Schülers könnte darauf hindeuten, dass diese Annahme der Pädagogin nicht geteilt wird, es bleibt aber kommunikativ folgenlos. Nicht die Auswirkungen des Ortes und der Thematik auf die Einzelnen, sondern lediglich die ernsthafte und aufrichtige Beschäftigung damit (bewertungs-) relevant seien, aber ebenso, dass ein „Rausziehen“ nur im Fall einer emotionalen

Überforderung legitim sei. Die drastischen Formulierungen „Leistung“ und „Makel“ tragen noch in ihrer Verneinung die Bewertungsmacht der Pädagogin in sich und rahmen die Ankündigung eines bewertungsfreien Umgangs mit dem Thema durch Kategorien der Bewertung.

Der hier von der Pädagogin unternommene Versuch, mittels eines Verfahrens zur Erhaltung des psychischen Gleichgewichts der Teilnehmerinnen sowohl diesen als auch dem Ort in all seinen möglichen Wirkungsfacetten gerecht zu werden, löst das Problem, das Programm trotz möglicher heftiger emotionaler Reaktionen auf Ort und Thema beibehalten zu können. Dass nur in psychischen Grenzsituationen „Auszeiten“ erlaubt sind, verpflichtet zur Teilnahme in allen anderen Fällen und regelt so im Vorfeld eine möglichst reibungslose und kontinuierliche Mitarbeit. Gleichzeitig wird von den Teilnehmern eine persönliche und ernsthafte Auseinandersetzung mit Ort und Thema verlangt. Für diejenigen, die sich nicht „rausziehen“, entsteht eine dauerhafte Verpflichtung, für die anderen jedoch ein Folgeproblem, das wesentlich von ihnen selbst zu tragen ist: Die von der Pädagogin als grundsätzlich sehr bereitwillig und hoch engagiert konstruierten Adressaten gerieten im konkreten Fall tatsächlich in die dilemmatische Entscheidungssituation, entweder um ihrer selbst willen auszusetzen und dadurch Teile des Programms zu versäumen oder das Programm zu bewältigen und sich so möglicherweise zu überfordern, was die Pädagogin aber nicht als Leistung anerkennen würde. Wer die Verantwortung für den inhaltlichen und organisatorischen Ablauf der Veranstaltung hat, bleibt mit Verweis auf die unbestimmte und individuelle Wirkung des Ortes unklar. Die Wirkung des Ortes wird hingegen als für die Pädagogin unvorhersehbar und unkontrollierbar skizziert und jenseits ihres Verantwortungsbereichs angesiedelt. Den Aspekt „Befürchtungen“ schließt die Pädagogin wie folgt ab:

PMw	(-) Das ist ganz wichtig immer wieder im Kopf mitzutragen (-) und in der kleinen Gruppe, die wir sind, hoffe ich auch äm so zu regeln, dass [tatsächlich keiner]
Sm	[((Husten))]
PMw	(-) überfordert wird an der Stelle. Um Unterforderung geht=s glaub ich nicht. (2.0)[10]

Die hier entwickelte Anleitung für den Umgang mit möglichen psychischen Grenzerfahrungen wird den Adressatinnen mit auf den Weg für die kommenden fünf Tage gegeben. Die den emotionalen Reaktionen übergeordnete und für

10 T-J-1.1, Z. 342–345.

kognitiv-rationale Entscheidungen stehende Instanz „Kopf“ soll auf die jeweils innerlich ablaufenden Prozesse achten und kontrollieren, ob und wann die Teilnehmer in der Gefahr seien, sich zu überfordern. Diese Form der Kontrolle ist eine Technik, die an den einzelnen gebunden bleibt und deswegen unabhängig von der Gruppengröße funktionieren kann. Insofern irritiert die Anspielung auf die Regelung des vorgestellten Verfahrens („kleinen Gruppe, die wir sind“), da eine kleine Gruppe im Vergleich zu einer großen für weniger Anonymität und mehr Vertrauen steht, aber auch für eine größere (gegenseitige) Kontrollmöglichkeit. Aus Sicht der Beteiligten bietet eine kleine Gruppe weitaus weniger Rückzugsraum als eine große. Aus Sicht der Pädagogin birgt sie die Gefahr, nicht mehr arbeitsfähig zu sein, wenn sich mehrere „raus ziehen“. Die Gruppe wird allerdings dann relevant, wenn das Signalisieren einer Überforderung nicht allein an die Pädagogin gerichtet wird, sondern wie von ihr skizziert, vor der Gruppe stattfinden muss und die Einzelnen unter Mehrfachbeobachtung stehen und sich eben nicht einfach „raus ziehen“ können.

In der von der Pädagogin formulierten Hoffnung („hoffe ich auch äm so zu regeln, dass tatsächlich keiner (-) überfordert wird an der Stelle“) zeigt sich der Aspekt des gegenseitigen Vertrauens als eine Bedingung des pädagogischen Arbeitsbündnisses, das ein persönliches Einlassen auf Ort und Thema ermöglichen soll. Abgeschlossen wird die Rede der Pädagogin mit einer Mutmaßung, die die Anforderungen an die Teilnehmerinnen lakonisch zusammenfasst („Um Unterforderung geht=s glaub ich nicht“). Im Gegensatz zu Überforderung, die hier vor allem als psychische thematisiert worden ist, ist der Begriff der psychischen Unterforderung eher ungewöhnlich und lässt auf die Leistungsaspekte und hohen kognitiven Anforderungen schließen, die, wie gezeigt wurde, im gesamten Gesprächsausschnitt immer wieder mitlaufend zur Sprache gekommen sind. Dies erzeugt ein Spannungsverhältnis zwischen einer verpflichtenden Bewältigung einer „Aufgabenfülle“ und der Erlaubnis zum „Rausziehen“, in dem sich die Teilnehmer befinden und das sie selbst zu bewältigen haben. Gleichzeitig wird noch einmal unterstrichen, dass es das Gegenteil von psychischer Überforderung an diesem Ort nicht gebe, es sich also allenfalls um eine „relative() […] Leichtigkeit“ handeln könne, mit der man dem Ort und dem Thema begegne.

Betrachtet man die Sequenz in ihrem Gesamtverlauf, so fällt zunächst auf, dass der Redeanteil der Pädagogin gegenüber dem der Teilnehmerinnen deutlich überwiegt. Dennoch führt sie den Aspekt möglicher Befürchtungen hinsichtlich des bevorstehenden Aufenthalts am Ort nicht als Vortrag ein, sondern verankert ihn in Form von Frage und Antwort in der Gruppenkommunikation. Den Teilnehmern kommt dabei zwar vor allem die Funktion zu, Stichworte zu liefern und Annahmen zu bestätigen. Durch den Minimaldialog, in dem die Eingangsfrage so lange verfeinert und zugespitzt wird, bis eine Bestätigung erreicht ist, wird aber zumindest rudimentär eine konsensuelle Einschätzung des Bevorstehenden gefunden. Erst nachdem dies gelungen ist, schließt die Pädagogin mit einem Monolog an, mit dem sie die Teilnehmerinnen zum angemessenen Umgang mit dem Ort anleitet.

Die mit dem Ort in engen Zusammenhang gebrachte mögliche Überforderung und emotionale Belastung erscheint so als besonders bedeutsames Thema für die Gesamtveranstaltung, und dies vor allem dadurch, dass es bereits vor der tatsächlichen Konfrontation mit dem Ort von der Pädagogin ins Gespräch gebracht wird. Anders als bei einer Abfrage bloßen Vorwissens geht es dabei um die Eruierung der mentalen Befindlichkeit und die innerliche Vorbereitung der Teilnehmer auf den Gedenkstättenbesuch. Die Einführung möglicher Befürchtungen erzeugt aber gleichzeitig, was sie zu bearbeiten vorgibt. Bereits durch die gedankliche Vorwegnahme möglicher Erfahrungen werden die Teilnehmerinnen zu einer an ihrer Innerlichkeit orientierten Selbstverantwortung aufgerufen, die sie vor psychischer Überforderung schützen soll. Der Schutz, obwohl als notwendig erachtet, liegt aber nicht in der Verantwortung der Pädagogin, sondern wird als vorab formulierte Arbeitsgrundlage den Teilnehmern überantwortet.

Die Sequenz lässt sich insofern als die Installierung einer für die Dauer des Aufenthalts geltenden Arbeitsvereinbarung lesen, für die der Handlungsspielraum der Teilnehmerinnen allerdings weniger gemeinsam aushandelt als von der Pädagogin festgelegt wird. Die Entscheidung über den Verlauf der Veranstaltung liegt ausschließlich bei ihr, ihre Entscheidungsmacht bleibt jedoch hinter der Bedeutung des Ortes und einer quasi daraus erwachsenden Zwangsläufigkeit des Programms unsichtbar.

Die gemeinsame Arbeitsgrundlage besteht aus mehreren Komponenten. Sie sieht erstens die gemeinsame Konfirmierung der Besonderheit des Ortes als grundsätzliche Bedingung der Veranstaltung vor. Dies kann durch die Thematisierung von Befürchtungen erreicht werden, ohne auf die Strategie der Moralisierung zurückgreifen zu müssen. Dennoch werden über die Anerkennung der Besonderheit des Ortes auch dessen moralischen Implikationen mit bestätigt. Zweitens wird die intrinsisch motivierte, individuelle und aufrichtige Auseinandersetzung mit Ort und Thema als einzige dem Ort und Thema angemessene Umgangsweise nahegelegt, wodurch die sicht- und bewertbaren Ergebnisse der Beschäftigung mit dem Gegenstand zweitrangig oder sogar gänzlich unbedeutend werden. Da diese Art der Auseinandersetzung aber das Risiko emotionaler Überforderungen birgt, die gerade nicht Ziel der Veranstaltung sein sollen, aber unabsehbarer Effekt sein können, sollen sie dadurch abgefedert werden, dass den

Teilnehmern der Freiraum des individuellen Rückzugs für den Fall psychischer Grenzerfahrungen zugestanden wird. Dieses Zugeständnis an Autonomie ist aber an enge Regeln gebunden, und ein individuelles „Rausziehen“ muss öffentlich angezeigt werden, was ein gegenseitiges Vertrauen in der Gruppe zu einer Bedingung des Einlassens auf Ort und Thema macht.

Die klare Definition jener Situation, die ein „Rausziehen“ aus dem Programm erlaubt, setzt die Bereitschaft zur intensiven Beschäftigung mit dem Thema, aber auch eine bereits gefestigte moralische Haltung der Teilnehmerinnen voraus, denen Eigenverantwortlichkeit übertragen werden kann. Ein „Nicht-Betroffensein“ wird damit per definitionem verunmöglicht. Indem ein „Aussetzen“ als Ausnahme in einer besonders drastischen Situation dargestellt wird, werden die Jugendlichen gleichzeitig zur kontinuierlichen Teilnahme am Programm verpflichtet. Dies führt von Beginn an auch die Anforderung einer Selbstbeobachtung und -disziplin mit sich, wodurch wiederum die Wahrscheinlichkeit eines störungsfreien Verlaufs des unhinterfragten Programms erhöht werden kann.

Indem der Ort nicht nur hinsichtlich seiner inhaltlichen Aufladung mit einer besonderen Qualität kommunikativ aufgeladen, sondern auch indem er zum Bezugspunkt einer „authentischen“ Beschäftigung und einer ihm quasi untergeordneten Programmplanung wird, erhält er eine autoritätsstützende Funktion. Er wird zur Begründung einer dauerhaften Selbstkontrolle der Teilnehmer, die emotionale Überforderung rechtzeitig verhindern, zugleich aber die disziplinierte Teilnahme am Programm gewährleisten soll, das in seinem Ablauf nicht infrage gestellt wird. Die in den Äußerungen der Pädagogin immer mitlaufenden kognitiven Anstrengungen der Woche werden den Teilnehmerinnen selbstverständlich zugemutet und abverlangt. Das Programm erscheint so als ablaufender Plan, der Ort und Thema mehr verpflichtet ist als den Teilnehmern und keine Passung zwischen beiden sucht, die vielmehr von den Einzelnen jeweils selbst hergestellt werden muss. Die Adressierung der Teilnehmerinnen als eingeschränkt eigenverantwortlich und grundsätzlich bereit, sich auf Ort und Thema in der von der Pädagogin nahegelegten Art und Weise einzulassen, setzt voraus, dass eine moralische Haltung angenommen wird, die durch die Begegnung mit dem Ort Gedenkstätte über einen längeren Zeitraum vor allem zur Stärkung und Verstetigung dieser Haltung führt. Die eingeforderte konsensuelle Konfirmierung der Besonderheit des Ortes bestätigt so ihrerseits die besondere Haltung zu ihm und seiner inhaltlichen Aufladung.

Resümee

Die beiden in diesem Kapitel rekonstruierten Fälle zeigen, dass die Erwartungen an den Ort keineswegs ausschließlich von den Teilnehmerinnen ausgehen und pädagogisch lediglich gebrochen oder versachlicht werden müssten. Vielmehr wird in den gedenkstättenpädagogischen Arrangements interaktiv die „Besonderheit“ der Orte als gemeinsame Grundlage der Veranstaltungen erzeugt. Sie erscheint sogar so basal, dass sie gewissermaßen den ersten Inhalt der Veranstaltungen bildet. Die Pädagogik, so scheint es, kann auf die Wirkung des Ortes gerade nicht verzichten. Eine Überforderung der Teilnehmer muss aber gleichzeitig verhindert werden. Durch die Art der Thematisierung wird der Ort in seiner Wirkungsdimension gleichzeitig aufgeladen, sodass erzeugt wird, was bearbeitet werden soll. Es zeigt sich hier am Beispiel des Ortes eine Bewegung des Austarierens zwischen zu viel und zu wenig „Wirkung“, die in den Veranstaltungen immer wieder auftritt.

Dass die Teilnehmerinnen mit Vorerwartungen in die Gedenkstätte kommen, wird von der Gedenkstättenpädagogik vorausgesetzt. In den beiden Fallbeispielen zeigt sich, dass mitunter auch die Qualität dieser Vorerwartungen bereits antizipiert wird. Mit der Abfrage der Befürchtungen werden aber nicht nur die Erwartungen der Teilnehmer an die Veranstaltung geklärt, sondern auch die Erwartungen der Pädagoginnen (hier vielleicht stärker in ihrer Funktion der Repräsentantinnen der Institutionen) an die Teilnehmerinnen. Der Ort wird jeweils in spezifischer Weise thematisiert. Während zwei unterschiedliche (pädagogische) Bearbeitungsstrategien entworfen werden, wie mit möglichen Belastungen und Befürchtungen im Verlauf der Veranstaltungen umzugehen sei, verweisen doch beide auf dasselbe Problem: Es besteht darin, dass der Ort in einer ganz spezifischen Weise zur Geltung gebracht werden muss. Gerade im Austarieren des besonderen Ortes, seiner „Pietät“ oder Dignität auf der einen und der Thematisierung von Bearbeitungsstrategien der Teilnehmer im Falle eines Überhandnehmens des Ortes scheint der Gedenkstättenaufenthalt in einer besonderen Spannung zu stehen.

VII. Fremd- und Selbstverpflichtung: Der Ort als Disziplinierungsanlass

Aufmerksamkeitserzeugung als Ermöglichungsbedingung

Zu den Ermöglichungsbedingungen themenbezogener Erziehung zählt die Herstellung einer sozialen Ordnung, die die Aufmerksamkeit auf ein Thema zu lenken in der Lage ist. Schule und Unterricht können dabei neben den rechtlichen und administrativen Voraussetzungen auf eine Vielzahl nicht nur längst etablierter, sondern gut erforschter Stabilisierungsfaktoren zurückgreifen. Schule koordiniert und synchronisiert ihre „Teilnehmer"[1] mithilfe schultypischer Raum-Zeit-Ordnungen. Es existieren außerdem „Verfahrensordnungen, Spielregeln des Unterrichtens und Konventionen des Umgangs miteinander",[2] die dafür weder schriftlich fixiert noch notwendigerweise bewusst sein müssen. Über die Herstellung sozialer Ordnung in außerschulischen, aber gleichwohl gruppenförmigen Erziehungsbereichen ist weit weniger bekannt.

Dennoch: Auch Gedenkstättenpädagogik ist eine themenzentrierte Interaktion unter Anwesenden, bei der eine Person mit einem Wissensvorschuss ausgestattet einer Gruppe von Teilnehmern gegenübergestellt ist. Auch hier ist die Kernaufgabe die Vermittlung bestimmten Wissens und auch hier wird dafür von der Gruppe ein gewisses Maß an Aufmerksamkeit und Bereitschaft zur Teilnahme verlangt. Auch wenn also die gedenkstättenpädagogische Selbstbeschreibung auf Freiwilligkeit und intrinsisches Interesse der Teilnehmerinnen setzt und/oder an den persönlichen Interessen der Jugendlichen ansetzen will, kann nicht davon ausgegangen werden, dass die Teilnehmer „inspiriert vom Bildungsgehalt der Sache und seiner didaktischen Präsentation, wie im Ideal des ‚erziehenden Unterrichts' konzipiert – aufmerksam wären. [...] Nötig wird eine auf die Motivation und Kooperationsbereitschaft fokussierte Kommunikation, um seitens der Schüler Aufmerksamkeit zumindest in Form eines funktionalen commitments zu gewährleisten, das in der Unterrichtskommunikation nicht als Störung erscheint."[3]

Es zeigt sich allerdings, dass bei der Herstellung sozialer Ordnung zum Zwecke der Aufmerksamkeitserzeugung und Disziplinierung in Gedenkstätten

1 Vgl. Herbert Kalthoff/Helga Kelle, Pragmatik schulischer Ordnung. Zur Bedeutung von „Regeln" im Schulalltag, Zeitschrift für Pädagogik 5 (2000) 46, S. 691–710, hier S. 691.

2 Ebenda.

3 Meseth/Proske/Radtke, Kommunikationstheoretische Modellierung, S. 228, Herv. i. O.

weniger auf den Bildungsgehalt der Sache Bezug genommen wird als auf den Erfahrungsgehalt des Ortes bzw. dass Ort und Inhalt unmittelbar verschränkt werden. Eine Verpflichtung gegenüber dem Ort oder den mit ihm verhandelten Themen wird den Teilnehmern dabei nicht nur von den pädagogischen Mitarbeiterinnen auferlegt. Sie wird ebenso von begleitenden Lehrkräften und auch von Schülern selbst thematisiert.

„Überall Sterbeort"

Der folgende Transkriptauszug dokumentiert den Beginn der ersten Teilführung in der KZ-Gedenkstätte J, die in die Veranstaltung J.0 eingebettet ist. Sie wird geleitet von einer fest angestellten pädagogischen Mitarbeiterin der Gedenkstätte. Bei den Teilnehmerinnen handelt es sich um 29 Schüler einer 9. Regelschulklasse. Der geplante Rundgang folgt nach kurzer Pause auf eine Filmvorführung mit anschließender Frage-Antwort-Runde in einem Seminarraum der Gedenkstätte. Er beginnt am vereinbarten Treffpunkt vor dem Eingang des Seminargebäudes:

PMw	Kommen Sie bitte mal hier zusammen?
Sn	((6 Sek. Nebengespräche, Gemurmel))
Lw	[(Könnt ihr bitte mal) ( )]
Sn	[( )]
Sn	(Gemurmel)
Lw	So (-) dann kommt bitte!
Sm1	((singend)) (Geibeing)
Lw	Und macht die Musik aus! (3.0)
Sm2	Hat einer Musik an?
Sm3	Ja, bestimmt irgendwer
Sm2	Ach so
Lw	Alles aus?
Sm4	Ja. (2.0)
PMw	Ja. (-) Also (-) ich möcht was zu dem Ort sagen, auf dem wir jetzt grade (-) hier (-) stehen. Das Gebäude hatte ich schon angesprochen, und äm, es steht halt bei uns an keiner Stelle (-) oder hätte, es hätte keine Stelle (-) die nicht belastet wäre durch irgendwas. (-) Wir sind äm, seit dem Moment (-) als wir unten diese (-) öffentliche Straße verlassen haben (-) auf Gedenkstättengelände und ab dem Moment beginnt im

weiteren Sinne eben ein (-) ein Tatort, der (-) äm, mit jedem Quadratmeter Boden auch Sterbeort sein kann. (-) Und innerhalb dieser (-) ja belasteten Fläche (-) war=s dann gar nicht so einfach, einen (-) Ort zu finden, an dem man jetzt (-) ein Gebäude baut ähm (-) entschieden worden ist also das SS-Lager, da stehen wir mitten drin.

((Auslassung von drei Zeilen))

PMw Das was ich eben gesagt habe, gilt halt auch (-) äh, für unser=n Rundgang, und deshalb (-) ja, all diese (-) Einschränkungen für uns, äh wenn wir durch das Gelände gehen, also warum nicht (-) äm Musik hören, warum nicht essen und (-) so weiter und so fort, na ja, weil es eben ein (-) Gebiet ist, das im weiteren Sinne und auch im engeren ein Friedhof ist, wir gehen nachher in eine Grabanlage (-), aber gestorben worden ist eben überall (-), und dem müssen wir Rechnung tragen und deshalb kommen diese (-) äm Bitten an euch, dass äm, ja, also nicht zu hören und nicht zu (-) essen und nicht zu rauchen und was weiß ich, im Gelände.[4]

Betrachtet man den Transkriptauszug zunächst allein mit dem Fokus auf die Redeverteilung, dann fällt die interaktive Dichte mit mehreren kurzen Sprecherbeiträgen und Kommunikationssignalen zu Beginn und der darauf folgende lange Monolog der pädagogischen Mitarbeiterin ins Auge. Erneut weist der Sprecherwechsel auf die doppelte pädagogische Rahmung hin und eine mögliche Verteilung der Zuständigkeiten. Während die Pädagogin das Startsignal für den nächsten Programmabschnitt setzt, tritt sie anschließend kommunikativ vollkommen in den Hintergrund. Stattdessen schaltet sich, nachdem ihre Bitte, die Gruppe möge sich versammeln, mehrere Sekunden lang ohne Resonanz bleibt, die Lehrerin als ordnende Instanz ein.

Die Art und Weise ihrer Intervention unterscheidet sich von der der Gedenkstättenmitarbeiterin nicht nur darin, dass sie die Schüler duzt. Ihre schnell getakteten Aufforderungen beinhalten zwar zunächst noch die Höflichkeitsfloskel bitte, erhalten aber mehr und mehr imperativen Charakter. Das erhöht die Dynamik bei der Herstellung einer Ordnung, die offenbar nicht allein daraus besteht, dass die Gruppe zusammen-, sondern auch zur Ruhe kommt. Dass die Musik aus zu machen sei, erscheint zumindest für niemanden erklärungs-

4 T-J-0.1, Z. 1–40. Eine überarbeitete Version dieses Fallbeispiels findet sich in Haug, Erlebniserwartung und Erwartungsproduktion.

bedürftig, und auch das Nebengespräch der Schüler darüber, ob denn einer Musik an habe, kann als Kommentierung einer hinlänglich bekannten Regel gelten, die offenbar ebenso oft übertreten wird (ja, bestimmt irgendwer). Immerhin dauert es nur wenige Sekunden, bis aus einem eher ungeordneten, verstreuten, murmelnden Haufen eine stille Gruppe geworden ist. Auf die nochmalige Nachfrage der Lehrerin (alles aus?) folgt die Bestätigung eines Schülers – und nach zwei weiteren wortlosen Sekunden ergreift die pädagogische Mitarbeiterin das Wort.

In ihrem nun folgenden Beitrag („Ja. (-) Also (-) ich möcht was zu dem Ort sagen, auf dem wir jetzt grade (-) hier (-) stehen") erscheint die eingangs formulierte Bitte („Kommen Sie bitte mal hier zusammen?") konsequent frei von jeglicher Disziplinierungsaufgabe – sie richtet die Aufmerksamkeit ausschließlich und unmittelbar auf den Ort („hier"). Anders als vielleicht bei einer Geländeführung zu erwarten, geht es in den folgenden Ausführungen allerdings nicht im engeren Sinn darum, den konkreten Stand-Ort und seine Funktion während der Lagerzeit zu erläutern. Zur Sprache kommt vielmehr und offenbar zum wiederholten Mal ein bestimmtes Gebäude. Der anschließend begonnene Satz formuliert zwar eine Unmöglichkeit, die in einer Satzreparatur mündet („es steht halt bei uns an keiner Stelle"), denn wenn es steht, muss es auch an einer Stelle stehen. Der verwendete Modalpartikel „halt" unterstreicht aber gleichwohl eine als unveränderlich geltende Tatsache, und auch die Formulierung „bei uns" ist außer ein Verweis auf eine Lokalisierung (etwa: hier bei uns) auch ein Hinweis auf Gebräuche, Regeln oder geteilte Überzeugungen. Die sprachliche Korrektur ergänzt den begonnenen Satz in der Weise, dass das Gebäude „keine Stelle" hätte, „die nicht belastet wäre durch irgendwas".

Der Ort wird unzweifelhaft als belastet bezeichnet, während die Ursache der Belastung bei den Adressaten offenbar als zumindest vage bekannt vorausgesetzt wird. Die angesprochenen Schülerinnen erhalten hier insofern keine neue Information darüber, was sich am konkreten Ort zugetragen hat, also wodurch er „belastet" wäre. Vielmehr wird hier auf vages Wissen angespielt, das dazu genutzt wird, den gesamten Ort in besonderer Weise zu charakterisieren. Dies setzt sich in den folgenden Äußerungen deutlich fort: Auffallend ist dabei die gewählte Wir-Form. Re-inszeniert wird hier ein gemeinsamer Weg in die Gedenkstätte, den es real nicht als gemeinsamen gegeben hatte. Die Pädagogin hatte die Gruppe an einem verabredeten Treffpunkt im besagten Gebäude der Gedenkstätte erwartet. Jetzt aber vollzieht sie sprachlich eine gemeinsame Annäherung an den Ort Gedenkstätte, die gleich hinter der öffentlichen Straße beginnt. Der Grenzübertritt zum Gedenkstättengelände erhält dabei eine sowohl räumliche als auch zeitliche Komponente („seit dem Moment") und legt die unterschiedlichen Zeitebenen von Gedenkstätte und historischem Ort bildlich gesprochen übereinander.

Die konsequente Nutzung des Präsens und die Wiederholung („ab dem Moment“) unterstreicht den fast rituell erscheinenden Übergang: Mit Betreten des Geländes tritt man quasi in die Geschichte ein und befindet sich an einem Tatort.[5] Die Als-Ob-Ankunft in der Gedenkstätte wird von der Pädagogin als quasi-Führung sprachlich inszeniert: Sie begleitet die Gruppe auf dem Weg von der öffentlichen Straße in das Gedenkstättengelände und gibt Erläuterungen zum Ort. Die Gedenkstätte wird dabei allerdings vor allem emotional oder moralisch mit Bedeutung aufgeladen, ohne dass an dieser Stelle historisches Wissen zur Sprache käme. Vorgenommen wird hier eine historische wie gegenwärtige räumliche Grenzmarkierung und die Charakterisierung des Ortes als einem Tatort von immensem Ausmaß. Die dramatische Steigerung vom „Tatort“ zum „Sterbeort“ führt in der Formulierung der Pädagogin über „jeden Quadratmeter Boden“, auf dem auch die Teilnehmer in der aktuellen Situation stehen und auf dem sie nun eine Führung durch die Gedenkstätte beginnen. Während der „Tatort“ als klar umrissen und lokalisiert werden kann, ist seine Bezeichnung als „Sterbeort“ potenziell. Das schwächt seine Aufladung keineswegs ab, im Gegenteil: Die Möglichkeit stellt auch eine Unsicherheit dar; keiner weiß, bildlich gesprochen, wo die Minen liegen. Das heißt, der Ort verlangt eine permanente Aufmerksamkeit und die Gefahr der Konfrontation mit dem Tod lauert gewissermaßen überall.

Erst jetzt wechselt die Pädagogin das Tempus. Während zwischen Gedenkstätte und Tat- bzw. Sterbeort keine zeitliche Differenz eingeführt worden ist, schließt sie nun an eine in der Vergangenheit liegende Entscheidung an, in der es darum ging, den Standort des mehrfach genannten Gebäudes auf dem belasteten Gelände festzulegen. Die Entscheidung fiel auf den Standort des ehemaligen SS-Lagers. Nennenswert ist der nun folgende, erneute Tempuswechsel ins Präsens, mit dem eine raumzeitliche Entsprechung des aktuellen Standorts suggeriert wird: „da stehen wir mitten drin“. Im Folgenden, hier für den Fokus der Interpretation nicht entscheidenden und darum ausgelassenen Zeilen, erläutert sie nun doch in der Vergangenheitsform die Ausmaße des SS-Bereichs, die einstige Bebauung sowie die Zahl der hier stationierten SS-Männer. Anschließend kommt sie wieder auf ihre vorangegangen Ausführungen zurück. Dass man sich in einer Gedenkstätte, an einem Tat- und Sterbeort befinde, sei nicht nur hinsichtlich bautechnischer Entscheidungen, sondern auch für den Rundgang relevant. Dies beansprucht eine zu akzeptierende Gültigkeit („gilt halt auch“).

5 Dass die andere Seite der Grenze, die öffentliche Straße als Außenwelt automatisch als weniger bzw. nicht „belastet“ erscheint, sei hier nur am Rande bemerkt.

Die Überschneidung von Vergangenheit und Gegenwart des Ortes wird als Tatsache gesetzt, die bestimmte Verhaltenserwartungen gewissermaßen aus sich heraus begründen („deshalb (-) ja alle diese Einschränkungen für uns"). Die Pädagogin schließt sich hier erneut in die Gruppe ein: Nicht nur die anderen, sondern alle müssen an diesem Ort Einschränkungen hinnehmen. Die Begründung wird wiederholt, diesmal allerdings mit einer weiteren Charakterisierung des Ortes als „Friedhof" im weiteren wie im engeren Sinne. Ist der Friedhof im engeren Sinne die Grabanlage, die sie als Teil des Rundgangs ankündigt, so weist der Begriff Friedhof im weiteren Sinne auf eine Sinngebung, die den Orten nachträglich zugeschrieben worden ist.[6]

Sowohl Tat- und Sterbensort (historische Ebene) als auch die Gedenkstätte als Friedhof (gegenwärtige Ebene) verlangten insofern ein bestimmtes Verhalten: Die Verhaltenserwartung an die Teilnehmerinnen wird substanziell mit der Geschichte des Ortes verbunden. Es ist gerade nicht die Institution Gedenkstätte oder gar die Pädagogin, die hier als Regeln einfordernd oder durchsetzend auftreten; die Regeln entsteigen – folgt man den Ausführungen der Pädagogin – dem Ort selbst. Das entlastet sie nicht nur von formalen Disziplinierungsaufgaben, sondern distanziert sie viel grundlegender von der Aufgabe, selbst als Pädagogin in Erscheinung zu treten, die die Einhaltung bestimmter Verhaltensweisen einfordert. Die Pädagogin (und vielleicht mit ihr die Institution Gedenkstätte) verschwindet so hinter quasi objektiven Erfordernissen des Ortes. Adressiert werden die Schülerinnen als unwissende, aber einsichtige Personen, die – wenn sie wüssten, wo sie sich befinden – bestimmte Verhaltensweisen von selbst nicht an den Tag legen würden.

Bemerkenswert ist dabei, dass in keiner Weise auf den pädagogisch-institutionellen Kontext der Veranstaltung verwiesen wird. Die pädagogische Mitarbeiterin könnte ohne Not an die Gepflogenheiten in der Schule erinnern, wo es üblich ist, während des Unterrichts ebenfalls keine Musik zu hören, nicht zu essen oder zu trinken. Die gesamte soziale Situation könnte von ihr zum Beispiel als für die Teilnehmer unklare zeitliche Segmentierung der Veranstaltung gedeutet werden. Die Pädagogin nutzt aber die Gelegenheit, die Schülerinnen mit Verweis auf den besonderen Ort, der ausnahmslos aus einer Art geweihtem Boden zu bestehen scheint, zu einem angemessenen Verhalten zu bewegen, das gleichzeitig die Voraussetzung dafür ist, den Rundgang zu beginnen. Die Teilnehmer werden in

6 Vgl. Matthias Heyl, „Forensische Bildung" am historischen Tat- und Lernort – Ein Plädoyer gegen das Erspüren von Geschichte, in: Christian Geißler/Bernd Overwien (Hrsg.), Elemente einer zeitgemäßen politischen Bildung. Festschrift für Prof. Hanns-Fred Rathenow zum 65. Geburtstag, Berlin 2010, S. 189–202.

einer ganz bestimmten Art und Weise auf den Ort eingestimmt. Die eingeführten Regeln, die mit der Geschichte und Bedeutung des Ortes begründet werden, erheben nicht nur Anspruch auf Gültigkeit während der veranstaltungsoffiziellen Phasen (im Falle der hier beginnenden Führung etwa in jenen Phasen, in denen die pädagogische Mitarbeiterin erzählt und erklärt), sondern für den Aufenthalt am Ort bzw. im Gelände insgesamt.

„Denkt mal an die achtzehn Stunden Stehen!"

Das zweite Beispiel stammt aus der ersten Führung der Veranstaltung K.1–2. Als sechste „Station“ der Geländeführung wird der Appellplatz vorgestellt. Dazu zeigt die Pädagogin zunächst ein historisches Foto und klärt mit den Schülern die Perspektive des Fotografen und die abgebildete Situation. Anschließend erläutert sie die Bedeutung des Appellstehens. Die Schülerinnen stellen mehrfach Fragen, sodass es hier – wie an den meisten der anderen Stationen dieser Führung – zu einem Dialog kommt, indem die Pädagogin als Expertin des Ortes auf die einzelnen Fragen der Teilnehmer eingeht. Insgesamt hält sich die Gruppe etwa zehn Minuten auf dem ehemaligen Appellplatz auf. Die Pädagogin nutzt den Standpunkt auch, um von hier aus einen orientierenden Überblick über die noch bestehenden Gebäude und einige Funktionsbereiche des ehemaligen Konzentrationslagers zu geben. Anschließend wendet sich die Pädagogin mit folgender Äußerung an die Gruppe:

PMw	Wie geh=n wir denn jetzt weiter vor? Ich äm sehe, dass ihr sehr, das ist mein Eindruck, sehr müde seid. (4.0) Sagt mir mal bitte, wie wir jetzt weiter gehen.
Sw1	( )
Sw2	Ich will auch weiter gehen
PMw	Ich will euch nichts (-) aufdrängen, [wenn ihr sagt]
Sx	[ich würd auch gern ( )]
PMw	das reicht jetzt, dann machen wir jetzt hier (-) an dieser Stelle Schluss. (1.0)
Sm1	(gibt ja auch bald Essen)
Sw3	[Ja, wir haben ja noch Zeit]
S (mehrere)	[((Gemurmel, Lachen))]
Lw	( )
Sw2	jetzt sind wir schon mal hier, los!
S (mehrere)	((Stimmengewirr))

Lm	Denkt mal an die achtzehn Stunden Stehen! Ich glaube, [dann müsste das]
Sx	[ja genau]
PMw	Na ja gut (-) also ( )
S (mehrere)	( )
((Gruppe setzt sich in Bewegung, Gehgeräusche))	
Sw4	( )
Lm	Oder wollten Sie ( )
((Gruppe geht weiter))[7]	

Nach einigen Ausführungen zum historischen Ort und der Gestaltung der Gedenkstätte wechselt die Pädagogin nun die inhaltliche Ebene und spricht die Teilnehmer auf das weitere Vorgehen an. Der Blick auf den Seminarplan (vgl. Kapitel IV) weist darauf hin, dass nach der Station „Appellplatz" zwei weitere Orte nur fakultativ erwähnt sind. Die Pädagogin hält sich insofern hier an ihre Planung, indem sie einen Zwischenstand erfragt. Die Frage impliziert, dass etwas weitergehen wird, was aber von Pädagogin und Teilnehmerinnen („wir") gemeinsam entschieden werden soll. Sie markiert eine Unterbrechung, wie sie bei unvorhergesehenen Zwischenfällen, bei Irritationen oder Krisen der Durchführung geplanter Handlungen auftreten. Im Anschluss äußert die Pädagogin ihre Wahrnehmung der Gruppe, die sie per Einschub noch als ihren persönlichen Eindruck erläutert.

Die Krise im Ablauf erklärt sich also aus der von der Pädagogin wahrgenommenen, großen Müdigkeit der Gruppe. Nach kurzer Sprechpause reformuliert die Pädagogin ihre eingangs gestellte Frage als direkte Aufforderung. Die Formulierung verändert sich dabei phonetisch leicht, semantisch aber beachtlich: Zur Debatte steht nämlich nun nicht mehr das weitere Vorgehen, sondern das Weitergehen. Da die Gruppe seit geraumer Zeit über das Gedenkstättengelände „geht", kann die Frage nun durchaus nicht nur als Frage nach einer grundsätzlichen Entscheidung des weiteren Verlaufs der Veranstaltung, sondern nach der konkreten Route verstanden werden, die für den Rest der Führung gemeinsam festgelegt werden soll. Die erste Reaktion einer Schülerin bleibt unverständlich, wird aber durch die zweite („ich will auch weitergehen") als Wunsch nach Fortsetzung erkennbar. Das weitere Vorgehen und das Weitergehen fallen dabei in eins: Beide Schülerinnen möchten den Geländerundgang offenbar fortsetzen.

Die Pädagogin setzt der klaren Willensäußerung einzelner Teilnehmer noch kein Einverständnis entgegen. Vielmehr formuliert sie in der nächsten Sequenz

7 T-K-1.4, Z. 54–74.

die Zurücknahme von Eigeninteresse, die Führung gegen die Aufnahmekapazitäten der Teilnehmerinnen fortzusetzen. Dass sich ihre Frage und Aufforderung an die gesamte Gruppe richten, rechtfertigt ihr „Gegenargument" – obwohl auf der Ebene der verlautbarten Kommunikation bislang nur Zustimmung zu hören war und in die Äußerung der Pädagogin hinein eine dritte Teilnehmerin ihren Willen weiterzumachen bekundet, wird die Formulierung der Pädagogin zu Ende gebracht: Hier soll den Teilnehmern nichts aufgedrängt werden, und wenn es gewünscht würde, wäre „jetzt hier" ein Schlusspunkt möglich. Dass sie die Zustimmung derer, die sich bisher geäußert haben, weitgehend ignoriert, könnte einerseits jene zu Äußerungen ermuntern, die vielleicht nicht mehr weitergehen möchten. Andererseits hat sich bereits so viel Zustimmung zur Fortsetzung ausgedrückt, dass eine einstimmige Lösung dann kaum noch erzielt werden könnte.

Deutlich wird in der Äußerung wie bereits an anderen Stellen dieser Veranstaltung, dass die Teilnehmerinnen aufgefordert werden, sich an ihren Bedürfnissen zu orientieren und nicht etwa aus Angepasstheit weiterzumachen: Außer Kraft gesetzt wird hier die Orientierung der Schüler an dem, was von der Pädagogin aus noch möglich wäre – denn dass diese nichts aufdrängen möchte, bedeutet auch, dass sie über einen Überschuss an Möglichkeiten des Weitergehens verfügt. Dass sie auf der Grundlage einer Gruppenentscheidung einen Schlusspunkt anbietet, obwohl der geplante Verlauf des Seminarteils offenbar noch nicht zum Ende gekommen ist, wird nun von einem Schüler leise mit dem Hinweis kommentiert, dass es ja auch bald Essen gäbe. Dieser Einwurf, der auf einen fixen Termin im Veranstaltungsablauf aufmerksam macht, wird von einer Schülerin unmittelbar für ungültig erklärt: Offenbar ist die Essenszeit noch nicht erreicht. In das anschließende Gemurmel mischt sich eine unverständliche Äußerung der Lehrerin und das Kommando „los" der Schülerin Sw2, das sich aus der Tatsache zu ergeben scheint, dass die Gruppe nun „schon mal hier" sei. Der Aufforderung der Pädagogin zu einem Abgleich mit den eigenen Aufnahmekapazitäten („sehr müde", „nichts aufdrängen") wird hier pragmatisch das Ergreifen einer Gelegenheit entgegengesetzt, mit der die Zögerlichen innerhalb der Gruppe zum Mitmachen bewegt werden sollen.

Die nun entstehende Unruhe wird beendet durch die Äußerung des Lehrers: „Denkt mal an die achtzehn Stunden Stehen! Ich glaube, dann müsste das//". Der Lehrer greift auf eine Erzählung der Pädagogin zurück und aktualisiert die historische Funktion des Appellplatzes, auf dem die Gruppe sich befindet, für die pädagogische Entscheidung. Er ruft damit eine Szene in Erinnerung, die das Verhalten der Schülerinnen mit dem in Beziehung setzt, was den Häftlingen auf dem Appellplatz abverlangt wurde.

Obwohl sich niemand aus der Gruppe gegen ein Weitergehen ausgesprochen hat und mehrfach der Wunsch weiterzugehen geäußert wurde, greift der Lehrer hier auf eine Disziplinierungsstrategie zurück, die sich den historischen Ort als moralische Instanz zunutze macht. Die Intervention der Pädagogin zielte auf den Abgleich zwischen Programm und Kapazität. Die Schüler sollten zu einer intrinsischen Entscheidung für den weiteren Verlauf gelangen, die anzuerkennen von der Pädagogin zugesichert worden ist. Das wurde von den Schülerinnen durch die spontanen Willensbekundungen zum Weitergehen ebenso wie durch die pragmatische Aufforderung der Schülerin Sw2 tendenziell unterlaufen.

Befindlichkeiten in der Gruppe sind außer durch den Hinweis auf die Essenszeit nicht auf die Vorderbühne der Kommunikation gekommen, der Eindruck der Pädagogin, die Gruppe sei müde, ist von keinem der Anwesenden bestätigt. Nicht nur die Fortsetzung der Diskussion wird durch den Einsatz des Lehrers zum Ende gebracht. Er setzt, ergänzt durch die Zustimmung einer Schülerin, („ja, genau") offenbar auch die Gruppe wieder in Gang. Die anschließende Reaktion der Pädagogin kann sowohl als Zugeständnis an die sich als Gruppenentscheidung darstellende tatsächliche Fortsetzung der Führung als auch als leiser Protest gegen die Intervention des Lehrers gelesen werden. Letztlich setzt sie der getroffenen Entscheidung nichts weiter entgegen und schließt sich der Gruppe an. Dass zumindest vom Lehrer der Kommentar der Pädagogin als nicht vollständiges Einverständnis der Pädagogin gedeutet wird, zeigt sich in der abbrechenden Frage („Oder wollten Sie//"). Wie auch immer dieser elliptische Satz zu vervollständigen wäre, er wird nicht beantwortet, und die Entscheidung für das weitere Vorgehen ist gefällt.

„Also ich möchte mich da jetzt auch nicht schonen"

Das dritte Fallbeispiel führt wieder zurück in die fünftägige Veranstaltung J.1–5. Es geht darin um ein Gespräch, das ebenfalls das weitere Vorgehen im Seminar behandelt. Es findet am Morgen des vierten Seminartages statt, an dem, anders als an den vorangegangenen Tagen die Tagesreflexion des Vortages noch nachgeholt werden muss. Der dritte Seminartag endete mit der Vorführung des polnischen Spielfilms „Kornblumenblau", der das Schicksal eines fiktiven KZ-Häftlings emotional anrührend in Szene setzt.[8] Anschließend gab es aus Zeitgründen noch die

8 Das Filmlexikon von „Zweitausendeins" beschreibt den Film folgendermaßen: „Ein Musiker, der nach Ausbruch des Zweiten Weltkriegs als Widerstandskämpfer in einem Konzentrationslager interniert wurde, kommt dank einem ihm wohlgesonnenen Offizier in den

Möglichkeit für spontane Reaktionen und inhaltliche Nachfragen, die übliche und vorgesehene Tagesreflexion wurde aber auf den nächsten Tag verschoben.

Die Reflexionsrunde zum dritten Seminartag, die nun am vierten nachgeholt wird, folgt einem inzwischen eingeführten Verfahren: Sie wird eingeleitet von einer Stillarbeitsphase, in der alle Teilnehmerinnen in einem tagebuchartigen Heft ihre Eindrücke schriftlich sammeln sollen. Anschließend werden der Reihe nach Teile daraus mündlich vorgestellt. Nach etwa zehn Minuten beendet die Pädagogin die Schreibphase folgendermaßen:

PMw	((leise)) Möchte jemand anfangen? (10.0) Fangen Sie an? (2.0) Danke. (2.0)
Hanna	Ja, äh, wie Sie das gestern eigentlich schon gesagt haben, ist der Tag in der Mitte (-) eigentlich immer der schwerste oder schlimmste oder wie auch immer (-)[9]

Die Pädagogin übernimmt wie gewohnt die Moderation. Ihre erste, leise gesprochene Frage leitet aus der Stillarbeit in eine interaktive Phase über und richtet sich an eine unbestimmte Person aus der Gruppe („Möchte jemand anfangen?“). Die Frage suggeriert Freiwilligkeit, die sich aber lediglich auf den Beginn des den Beteiligten inzwischen bekannten Prozederes bezieht. Nachdem über mehrere Sekunden niemand diesen Anfangspunkt setzt, fordert die Pädagogin durch direktes Ansprechen eine bestimmte Person auf, ohne sie jedoch beim Namen zu nennen („Fangen Sie an?“), die in der anschließenden kurzen Pause offenbar ihr Einverständnis signalisiert. Weil Hanna hier explizit auf eine Äußerung der Pädagogin vom Vortag zurückgreift, soll an dieser Stelle eine Rückblende erfolgen. Am vorhergehenden Morgen hatte die Pädagogin das bevorstehende Tagesprogramm damit eingeleitet, dass „äm (-) erfahrungsgemäß [...] der mittlere Tag (-) von fünfen immer der schwierigste [sei]. [...] und „[wir]. bis 17 Uhr 30 [...] wieder (-) auch=ne gewisse Verpflichtung vor uns selbst [haben], die Zeit gut zu nutzen (-) auch wenn vielleicht mal (-) ja (-) ne etwas müde Phase kommt.“[10] In diesem Zusammenhang wiederholt die Pädagogin auch die Möglichkeit, sich aus

Genuß kleiner Vergünstigungen und Erleichterungen, überlebt jedoch nur um den Preis grausamer Erniedrigungen. Trotz der ernsthaften Annäherung an das Thema bleibt der Gesamteindruck zwiespältig: Ein inszeniertes Spektakel, das immer wieder in Voyeurismus abzugleiten droht, kann dem realen Grauen und Horror eines Konzentrationslagers nicht gerecht werden.“, http://www.zweitausendeins.de/filmlexikon/?sucheNach=titel&wert=46101) (28. 4. 2015).

9 T-J-4.1, Z. 1–3.

10 T-J-3.2, Z. 6–8.

dem Seminar zurückzuziehen und zwar mit den Worten: „äm, gönnen Sie sich dann auch=ne Auszeit".[11] In einer Art vorangestelltem Resümee für den beginnenden Tag und macht die Pädagogin den Beteiligten hier deutlich, dass auf sie zweifelsohne besondere Anstrengungen zukommen.[12] Es wiederholt sich die in der Veranstaltung J.1–5 sich zeigende Struktur der Unveränderlichkeit der Anforderungen an die Beteiligten. Sie gelten als objektive Erfordernisse (der zu vermittelnden Ortsgeschichte), denen sich die Teilnehmer zu stellen haben mit der einzigen Option, sich einzeln auszuklinken.

Mit Bezug auf diese Ankündigung der Pädagogin vom Vortag beginnt Hanna ihren Beitrag nun damit, dass die von der Pädagogin für den dritten Tag prophezeite besondere Schwierigkeit eingetreten sei. Darüber hinaus billigt Hanna auch die Gesetzmäßigkeit des mittleren als schwierigsten Tages („eigentlich immer") und bestätigt damit wie aus eigener Erfahrung die Gültigkeit der von der Pädagogin aufgestellten Regel. Darin kommt neben der Akzeptanz der von der Pädagogin betonten unausweichlichen Schwierigkeit auch ein frageloses Hinnehmen der Programmgestaltung zum Ausdruck. Die geplanten (und durchgeführten) Programmteile beanspruchen weder in der Ankündigung der Pädagogin noch in Hannas Beitrag irgendeinen Raum zur kritischen Betrachtung. Kündigt die Pädagogin noch den „schwierigsten" Tag an, so wird daraus in Hannas Aussage „der schwerste oder schlimmste oder wie auch immer".[13] Lässt sich die Äußerung der Pädagogin noch dahingehend deuten, dass hier ein besonderer Schwierigkeitsgrad, eine körperliche oder intellektuelle Herausforderung auf die Teilnehmerinnen wartet, so stellt Hanna emotionale Eindrücke ins Zentrum. Übereinstimmung zwischen dem vorweggenommenen Resümee der Pädagogin und Hannas rückblickender Erfahrung des vorangegangenen Tages besteht in dessen Bewertung als Höhepunkt des Programms durch die Verwendung zweier negativer Superlative, die noch durch weitere ergänzt werden könnten („oder wie auch immer").

11 T-J-3.2, Z. 11.

12 Die Ankündigung des schwierigsten mittleren Tages folgt vermutlich einem gruppendynamischen Verlaufsmodell für mehrtägige Seminare. Demnach kommt es nach der inhaltlichen und sozialen Orientierungsphase zu Beginn in der zweiten Phase zu einer Krise, die darin besteht, dass das Erreichen der Seminarziele von der Gruppe hinterfragt und die Kompetenz der Seminarleitung angezweifelt wird. Auf diese Erfahrung der Krise folgen dann eine Konsolidierung und produktive Phase, vgl. Barbara Langmaak/Michael Braune-Krickau, Wie die Gruppe laufen lernt. Anregungen zum Planen und Leiten von Gruppen. Ein praktisches Lehrbuch. 8., vollständig überarb. Aufl., Weinheim/Basel 2010, S. 121 ff.

13 T-J-4.1, Z. 3.

In der Fortführung der Reflexionsrunde äußern mehrere Teilnehmer eine Art erreichter Klimax am vergangenen Tag. Während noch fast zwei Seminartage vor der Gruppe liegen, bewerten sie den Vortag als den eindrücklichsten und schlimmsten der fünf Tage. Besonders häufig wird das Krematorium erwähnt, die gesehenen Öfen werden mit Geruch von Tod und Verwesung erinnert. Die Teilnehmerinnen berichten von körperlichen Wahrnehmungen wie Kälte beim Betreten des Krematoriums und von spürbarer Verunsicherung darüber, möglicherweise auf Menschenasche zu stehen. Vor allem die Mädchen in der Gruppe äußern Betroffenheit über die KZ-Haft und die Spätfolgen für die zur Zwangsprostitution eingesetzten weiblichen Häftlinge. Gebraucht werden Superlative wie „weitaus der schlimmste Tag, intensivste Tag oder was mich besonders berührt hat"; eine Schülerin äußert, „dass=s wirklich mal irgendwie (-) gewirkt" habe.[14] Auch auf den zum Abschluss des Tages gesehenen Spielfilm wird häufig Bezug genommen. Besonders nachdrücklich formuliert Lisa ihren Beitrag, der im Folgenden näher betrachtet werden soll:

Lisa	Mh. (-) Ja, auch ich empfand gestern (-) diesen psychischen Druck äh als sehr belastend, also als wir da aus dem Film entlassen wurden
PMw	Mh
Lisa	(wir haben) jetzt drei Tage hintereinander diese ganzen Gräueltaten und (-) unglaublichen Dinge (-) mit// also äm irgendwie auf=ne Art miterlebt und (-) ich muss sagen, (und) nach dem Film, als wir da äh, wieder zum Bus gelaufen sind, hatt=ich nicht das große Bedürfnis, noch mal wieder zurück zu kommen, also in dem [Moment][15]

In Lisas Wortwahl fällt zunächst die gewählte Zeitform auf, die alltagssprachlich fremd erscheint. Sie reiht ihren Beitrag in bereits zum Ausdruck Gebrachtes ein („auch ich"), spitzt ihre Aussage aber drastisch zu, indem sie den vergangenen Tag als starke psychische Belastung beschreibt. Auffallend ist die indirekte Umschreibung einer Zwangsmaßnahme Film, die erst aufgelöst worden zu sein scheint, als es zu einer „Entlassung" kam. Ein Entlassen setzt immer jemanden voraus, der über die Macht oder Autorität verfügt, jemanden auch festzuhalten. Die subjektlose Satzkonstruktion verweist dabei allerdings nicht auf eine, schon gar keine konkrete Person, sondern bleibt so implizit, dass damit letztlich sogar

14 T-J-4.1, Z. 20–21.
15 T-J-4.1, Z. 195–202.

der Film selbst gemeint sein könnte, der die Anwesenden entlassen hat. Allerdings handelte es sich um ein kollektives Festgehalten werden, auf eine gemeinsame Erfahrung (wir).

Nach einem kurzen bestätigenden Signal der Pädagogin setzt Lisa zu einer Art Zusammenfassung der letzten Tage an. Darin kommt eine (An-)Klage zum Vorschein, die allerdings weiterhin keinen Adressaten hat. Die als ununterbrochen („drei Tage hintereinander") erscheinende Auseinandersetzung mit den „ganzen Gräueltaten und unglaublichen Dinge(n)" erfährt in Lisas Äußerung die Qualität des kollektiven Miterlebens, das mit dem zuvor Geschilderten („Druck", „belastend", „entlassen") eng korrespondiert.

Durch die Ausweglosigkeit der Auseinandersetzung mit den als Aneinanderreihung von Grausamkeiten erscheinenden Inhalten wird diese als geteilte, geradezu leibliche Erfahrbarkeit geschildert, wenngleich die Äußerung durch die sprachliche Abschwächung („irgendwie auf=ne Art miterlebt") relativiert wird.

In dem nun folgenden Anschluss artikuliert sich aber ein Kontrast zu diesem Miterleben, der das eigene und gegenwärtige Leben in den Blick nimmt. Mit dem Ende des Films endet für einen Moment das Miterleben des Grausamen, und eine alltägliche Handlung, das Laufen zum Bus, das bereits auch eine räumliche Entfernung andeutet, tritt an dessen Stelle. Der Bus erhält damit fast die Qualität einer Zuflucht, eines Endes des Miterlebens, das allerdings, auch das scheint darin auf, nur ein vorübergehendes ist. So wie der Bus für die Entfernung von den Grausamkeiten erscheint, so sicher scheint auch die Rückkehr an den Ort zu sein, die ja mit der aktuellen Anwesenheit der Teilnehmerinnen bereits wieder Realität geworden ist. Schon die Abfahrt am Vortag beinhaltet aber in Lisas Schilderung diese Rückkehr, nach der sie „nicht das große Bedürfnis" hatte. Der Bekundung des Bedürfnisses, dem Ort oder Thema fernbleiben zu wollen, folgt die unmittelbare Versicherung, dass es sich dabei um eine momentane Abwehr gehandelt habe, der gegenwärtig keine Bedeutung mehr beigemessen werden soll („also in dem Moment").

Lisas Beitrag setzt sich im Folgenden noch fort, schildert einzelne für sie eindrückliche Szenen des Films, aber auch andere thematische Aspekte des Vortags. Auch ihr Beitrag bleibt aber wie die vorigen Äußerungen als Glied der Reflexionskette stehen. Nach dem Beitrag einer weiteren Schülerin kommt die Reihe an eine der begleitenden Lehrkräfte, eine Lehrerin, die erst am Vortag ihre Kollegin abgelöst hatte:

Lw	Ich hab von dem gestrigen [Tag]
PMw	[Ja]
Lw	ja nicht allzu viel mitgekriegt, aber was mich äh, oder was mir gestern sehr zu denken gegeben hat (-), war die Reaktion der Schüler gestern Abend. Also dieser, dieser Wunsch, jetzt erstmal (-) ein bisschen Distanz zu kriegen, Abstand zu haben, dass der doch recht (-) heftig war, also man hat gemerkt, da ist=ne Grenze erreicht, die man (vielleicht nicht viel weiter) überschreiten
PMw	Mh
Lw	sollte (-) denk ich
PMw	Ja (2.0)[16]

Die Lehrerin wechselt die Perspektive von den bislang ich-bezogenen Aussagen zum vorigen Tag hin zu einem anderen Beobachtungsfokus. Im Zentrum ihres Beitrags stehen nicht der vergangene Veranstaltungstag und dessen Programmpunkte selbst, sondern deren Auswirkungen auf „die Schüler gestern Abend“. Ihr Adressat ist die Pädagogin, indem sie in der dritten Person über ihre Beobachtung der anwesenden Teilnehmerinnen spricht. Deutlich wird hier erneut die spezifische soziale Konstellation, die bereits formal unterscheidet, wer für die inhaltliche Leitung des Programms und wer tendenziell für Begleitung und Aufsicht, damit aber auch die Fürsorge für das leibliche, geistige und psychische Wohl der minderjährigen Teilnehmer jenseits des offiziellen Veranstaltungsprogramms zuständig ist.

Die Lehrerin spricht aus der Position der fürsorglichen Begleitung der Jugendlichen, die kraft ihrer Autorität die Einschätzung einer eingetretenen Überforderung der Jugendlichen zu Gehör bringt. Sie verweist auf jenen Zeitraum nach der Veranstaltung, der nicht offiziell zum Programm gehörte, aber offenbar von dessen Auswirkungen betroffen war. Hier haben die Lehrkräfte die Verantwortung für die Jugendlichen, die Pädagogin ist für diesen Zeitraum nicht unmittelbar zuständig. Die Lehrerin fasst die Reaktionen der Schülerinnen als Bedürfnis nach „ein bisschen Distanz zusammen“, das in den Beiträgen der Schülerinnen so eindeutig nicht geäußert worden ist und kaum die Form der Bitte um Abstand angenommen hat. Stellvertretend für die Teilnehmer leitet sie diesen zumindest so gedeuteten Wunsch nach Abstand, dessen Bezugspunkt aber ungenannt bleibt, angesichts der Anwesenheit vor Ort vermutlich aber keinen räumlichen Abstand meint, an die Pädagogin weiter.

16 T-J-4.1, 243–251.

Mit dem impersonalen Pronomen „man" verallgemeinert sie ihre Beobachtung („man hat gemerkt, da ist=ne Grenze erreicht") zu einer Art objektiven Tatbestand. Aber nicht nur sie als Beobachtersubjekt, sondern auch die Pädagogin als Adressatin ist nur indirekt und unbestimmt personalisiert, obwohl die Konklusion ihrer Beobachtung in einem vage formulierten Ratschlag mündet („die man vielleicht nicht viel weiter überschreiten sollte (-) denk ich"). Die indirekte Form der Äußerung verweist auf das konfliktäre Potenzial ihrer Äußerung, die in Anwesenheit der Schülerinnen sehr vage die Programmverantwortung der Pädagogin kritisiert bzw. an deren Verantwortung für ein den Teilnehmern angemessenes weiteres Vorgehen appelliert. Die Pädagogin ihrerseits nimmt den Beitrag der Lehrerin zunächst in gewohnt minimaler Form zur Kenntnis und beschließt diesen vernehmlich mit Zustimmung. Die Einschätzung der Lehrerin wird so gemäß dem Ablauf der Runde dieser Methode des Nichtkommentierens angepasst und erzeugt insofern keinen Konflikt.

Im Anschluss folgen drei weitere Beiträge, einer des anderen Lehrers und die zweier männlicher Schüler. Der letzte fällt mit seiner Äußerung insofern aus dem Rahmen der Reflexionsmethode, als er nach einem baulichen Detail im Krematorium fragt, was die Pädagogin entgegen ihrer sonstigen Enthaltsamkeit des Kommentierens recht ausführlich beantwortet. Nach kurzer Pause fährt sie fort:

PMw	Ja (-) äm, mehrere von Ihnen haben geäußert, dass irgendwie so=ne, so=ne Grenze (-) erreicht [war].
Xw	[Hm]
PMw	Jetzt ist die Frage, wie geh=n wir damit um (2.0). Weil wenn// also, es kommen ja nun noch mal anderthalb Tage, der (-) Tag morgen ist ja (-) äm eher nicht mehr aufnehmen, nicht mehr neu, sondern (-) äh, ja, eher abgeben, deshalb denk ich, müssen wir uns um morgen weniger Gedanken machen (-), aber heute. Heute ist noch mal ein Tag, (-) an dem, (-) da wir ja chronologisch vorgehen, das Ende (-) dieses Lagers, äm ja (-) dran ist. Und das Ende (-) äm, ist dann nicht weniger (3.0) intensiv, anstrengend, emotional nah und so weiter und so fort. Und es kommen, also sozusagen nach dem, was ich mir vorgenommen habe, schon auch noch einmal (-) sehr (-) heftige (-) Bilder und Schilderungen. Und das ist meine Frage an Sie, was machen wir jetzt damit.[17]

17 T-J-4.1, Z. 360–372.

Die Pädagogin setzt nach Beendigung der Runde, nachdem also alle Gelegenheit hatten, ihre Eindrücke des vergangenen Tages zu schildern, eine Zäsur, indem sie einen Aspekt der Beiträge herausgreift. Auffällig ist, dass sie dafür die von der Lehrerin genutzte Formulierung der erreichten Grenze aufnimmt, die sie damit als Metaperspektive hinsichtlich der Einschätzung verschiedener Aussagen der Teilnehmerinnen anerkennt. Offenbar kann nach dieser Reflexionsrunde nicht einfach mit dem Programm wie geplant weiter verfahren werden. Einerseits wird damit das Konfliktpotenzial zwischen Lehrerin und Pädagogin entschärft, indem die Einschätzung der Begleitperson nicht übergangen, sondern tendenziell anerkannt wird. Andererseits wird diese zusammenfassende Einschätzung aus der Lehrerinnenperspektive in der direkten Ansprache der Teilnehmer auch geprüft. Der von der Lehrerin noch eindeutig als „Grenze“ beschriebene Zustand der Schüler, wird in der Äußerung der Pädagogin allerdings abgeschwächt als „irgendwie so=ne, so=ne Grenze“, und auch die Zeitform erfährt eine Veränderung von einer aktuellen Zustandsbeschreibung („da ist ne Grenze erreicht) zu einem zurückliegenden Ereignis („so=ne Grenze (-) erreicht war).

Dass die Einschätzung der Lehrerin bei den Teilnehmerinnen Resonanz findet, diese sich also zumindest bis zu einem gewissen Grad von ihr repräsentiert fühlen, zeigt sich an dem Zustimmungssignal einer weiblichen Sprecherin („Hm“). Nachdem nun also eine Problemdefinition festgehalten ist, schließt sich im Folgenden die Frage nach der Lösung an. Die Pädagogin präsentiert dafür kein fertiges Modell, sondern formuliert eine akute („jetzt ist die Frage“) und gemeinsame Aufgabe („wie geh=n wir damit um“). Obwohl als Frage formuliert, schließt sich im Folgenden keine Antwort an, sondern eine Begründung der Notwendigkeit einer Lösungsfindung. Das Problem, das hier gelöst werden muss, besteht offensichtlich nicht allein darin, dass einige Teilnehmer an eine bislang vage gebliebene Grenze gestoßen sind, sondern, dass diese Grenze in einem Konflikt steht mit der noch bevorstehenden Zeit als unveränderlich erscheinendem Fakt („es kommen ja nun noch mal anderthalb Tage“). Diese werden unterschieden in „Aufnehmen“ und „Abgeben“, was begründet, dass der folgende Tag weniger Anlass zu Problemlösungen bietet als der aktuelle. Das von der Pädagogin diagnostizierte Problem steht also vor allem im Zusammenhang mit dem „Aufnehmen“ von Neuem, während das „Abgeben“ als eher unkompliziert eingeschätzt wird.

Der Dual von „Aufnehmen“ und „Abgeben“ konstruiert die Teilnehmerinnen als Behälter mit einer Kapazitätsgrenze. Diese stellte dann ein Problem dar, wenn sie erreicht wäre, bevor alles Aufzunehmende aufgenommen ist. Dieser Plan, das Konzept, das als einerseits selbstverständliche, fast zwangsläufige Ordnung dargestellt wird und andererseits ein von den Beteiligten gemeinschaftlich getragenes

Vorgehen suggeriert („da wir ja chronologisch vorgehen") wird dabei eng an den Gegenstand gebunden und bleibt damit vollkommen frei von Entscheidungsspielräumen und Konzeptplanungen durch die Pädagogin. Der beginnende Tag steht unter Zeitdruck, da nach chronologischer Reihenfolge „das Ende (-) dieses Lagers" noch erreicht werden soll. Die Formulierung, die ihr dabei unterläuft und offenbar beim Sprechen selbst als nicht vollkommen angemessen realisiert wird („äm ja (-) dran ist"), lässt das didaktische Arrangement der Veranstaltung aufscheinen: Das Ende der Veranstaltung ist noch nicht erreicht, weil das „Ende des Lagers" noch nicht thematisiert worden ist. Der Programmspielraum ist somit relativ gering, wenn das Ziel der Veranstaltung ist, die gesamte Lagerzeit von Beginn bis Ende chronologisch durchzuarbeiten.

Die Quantität dessen, was noch „dran ist" wird aber im Folgenden nicht problematisiert, vielmehr wird auf die Qualität des Bevorstehenden Bezug genommen. Die inhaltliche Beschäftigung mit diesem Ende sieht keine nachlassende Intensität vor. Die emotional-psychische Belastung durch die Auseinandersetzung verbleibt potenziell auf dem Niveau des Vortags und kann aus quasi objektiven Gründen nicht minimiert werden. Zwar scheint erstmals die Verantwortung der Pädagogin für das Programm auf („nach dem, was ich mir vorgenommen habe). Damit besteht prinzipiell die Möglichkeit, das Ende des Lagers in anderer Weise zu thematisieren als von der Pädagogin geplant. Die Formulierung legt aber auch ein Eigeninteresse nahe („ich mir vorgenommen), das Programm in geplanter Form durchzusetzen und nicht etwa vor dem Ende des Lagers gewissermaßen aufzugeben. Folgerichtig werden mögliche Änderungen nicht expliziert oder angeboten. Stattdessen legt die Formulierung nah, dass die „sehr (-) heftige(n) (-) Bilder und Schilderungen") eben dem tatsächlichen Geschehen angemessen seien und deswegen die eigentlich wahre Form der Auseinandersetzung mit der Lagergeschichte darstellten.

Während die Teilnehmerinnen hinsichtlich der Qualität dessen, was zu erwarten ist, mit äußerster Transparenz konfrontiert werden, erfolgt hinsichtlich des Tagesablaufs keinerlei Konkretion. Die abschließende nur scheinbare Wiederholung der eingangs gestellten Frage („wie geh=n wir damit um") in der Formulierung „was machen wir jetzt damit" wird dieses Mal direkt an die Teilnehmer gerichtet. Sie bezieht sich nun aber nicht mehr auf das Problem des Umgangs mit der Belastung und erreichten Grenzen der Teilnehmer, sondern auf das Problem, was aus dem vorgesehenen Programm werden soll. Im Mittelpunkt steht der Programmplan, der als dem Gegenstand KZ-Geschichte angemessene Auseinandersetzung präsentiert worden ist.

Welche Möglichkeiten gäbe es für die Teilnehmerinnen, an dieser Stelle anzuschließen? Denkbar wäre, dass sie sich der Argumentation der Pädagogin fügten und Kooperationsbereitschaft zeigten, dem von ihr geplanten Programm zu folgen. Denkbar wäre, dass die Teilnehmer selbst oder die Lehrerin in Stellvertretung darauf drängen, das Programm zu ihren Gunsten abzuwandeln. Dies setzte allerdings das Zugeständnis voraus, dass die „psychische Belastung“ als derart hoch eingeschätzt würde, dass ein weiterer Tag unter ähnlichen Bedingungen nicht weiter erträglich wäre. Möglich wäre außerdem ein Konflikt zwischen den Interessen der Teilnehmerinnen und einer Gegenstandsbezogenheit, der aufgrund der Formulierungen der Pädagogin, die eine Orientierung an den Bedürfnissen der Teilnehmer und ein Mitspracherecht suggeriert, eher unwahrscheinlich ist. Dies vor allem auch, als bislang lediglich die Lehrerin überhaupt ein Konfliktpotenzial expliziert hat und gerade ihre Einschätzung von der Pädagogin zum Anlass genommen wurde, das weitere Vorgehen zur Disposition zu stellen. Tatsächlich setzt nach einer unverständlichen Schüleräußerung Natalie ein:

Sm	( )
Natalie	Mir wär=s lieb, wenn wir heute vielleicht äm (-) so jeweils dazwischen immer (-) längere Pausen machen könnten
PMw	[Mh]
Natalie	[damit] wir auch ein bisschen Abstand dazu kriegen (-) vielleicht auch mal rausgeh=n und einfach für uns [sein] können
PMw	[ja]
PM	ja
Natalie	weil (-) bei mir ist jetzt wirklich ne absolute Grenze erreicht.[18]

Natalie formuliert einen persönlichen Wunsch. Sie spricht einen Aspekt an, der in der Ausführung der Pädagogin offen geblieben ist: die Quantität des Programms und die Festlegung der Pausen. Die Pausen „dazwischen“, vermutlich zwischen den einzelnen Veranstaltungsteilen, sind ihrer Einschätzung nach bislang zu kurz ausgefallen. Sie kritisiert damit die Dichte des Programms und die fehlende Zeit der Regeneration. Interessanterweise tut sie dies jedoch nicht, ohne ihren Wunsch zu begründen. Die Pausen erscheinen darin als notwendige Maßnahme, um „Abstand dazu“ zu bekommen, werden also gerade im Zusammenhang mit den Inhalten der Auseinandersetzung gebracht, nicht allein mit ihrer Fülle. Die von der Pädagogin als gegenstandsbedingte Darstellungsform („sehr (-) heftige (-) Bilder und Schilderungen) wird von Natalie grundsätzlich akzeptiert, gerade aber deswegen aber auf die Notwendigkeit von Pausen und Abstand hingewiesen.

18 T-J-4.1, Z. 373–381.

Weiterhin fällt auf, dass Natalie hier zwar einen persönlichen Wunsch artikuliert, der aber Auswirkungen auf die gesamte Gruppe haben soll. Die Pausen sollen in Form einer für alle gültige Verabredung eingehalten werden und damit eine Änderung in der Verteilung von organisierter zu unorganisierter Zeit, also letztlich eine Neuorganisation des Programmablaufs erzielen. Neben dem Abstand vom Thema („dazu") geht es Natalie auch um einen räumlichen Abstand („rausgeh=n") und die Auflösung der sozialen Situation, die in der Formulierung „einfach für uns sein" allerdings nur angedeutet wird. Wen dieses „Wir" hier beinhaltet, bleibt unklar. Deutlich wird jedoch, dass eine soziale Situation wahrgenommen wird, die vorwiegend von mehr als „uns" bestimmt ist, also kein Unter-sich-Sein erlaubt, sondern tendenziell durch die Anwesenheit anderer zu einer anstrengenden Situation wird.

Die Pädagogin kommentiert die Äußerung Natalies mehrfach mit knapper Zustimmung, unterbricht damit aber nicht Natalies Redefluss, der erst zum Ende kommt, nachdem sie die von der Pädagogin eingangs als zurückliegendes Erreichen „irgendwie so=ner, so=ner Grenze" aufgegriffene Formulierung nicht nur aktualisiert („erreicht ist"), sondern dieser abgeschwächten Formulierung eine drastische „absolute Grenze" entgegengestellt wird. Eine absolute Grenze ist nun nicht mehr verhandelbar. Sie kann nur noch akzeptiert oder überschritten werden. Natalie macht damit deutlich, dass die von der Lehrerin vorgebrachte Beobachtung des Vorabends keineswegs an Brisanz verloren hat und dass ihr Bedürfnis nach Pausen hier nicht als eigentlich bereits überholte situative Befindlichkeit abgetan werden darf, sondern Anerkennung verlangt.

An nächster Sequenzstelle ergreift wieder die Pädagogin das Rederecht. Natalies Anliegen wird also vor allem auf sie ausgerichtet verstanden, obwohl durchaus denkbar wäre, dass sich an Natalie weitere Teilnehmerinnen mit ähnlicher (oder anderer) Sichtweise anschließen könnten. Immerhin ist sie die erste, die ausdrücklich Teilnehmerinteressen artikuliert, die nach der Einschätzung der Lehrerin auch den anderen zugutekommen könnten.

PMw	Ja, okay (-) mh. (3.0) Was sagen die anderen? Haben Sie für sich, wenn Sie jetzt über sich nachdenken, was würde Ihnen heute gut tun? (2.0)[19]

Die Pädagogin geht in ihrer Reaktion nicht auf den ausdrücklichen Wunsch Natalies ein. Sie nimmt ihn anerkennend zur Kenntnis (okay), klassifiziert ihn aber zunächst als eine Stimme unter anderen und gibt die Frage nach dem

19 T-J-4.1, Z. 382–383.

weiteren Vorgehen an die Gruppe zurück. Darin zeigt sich nicht nur ihre professionelle Rolle, die sie auf die Berücksichtigung der Bedürfnisse vieler verpflichtet, es ermöglicht auch Zeitgewinn für eine Entscheidung. Gleichzeitig macht ihre Aussage klar, dass das von Natalie in dringlicher Form vorgebrachte Anliegen nicht unmittelbar gelöst werden wird. Die Doppelfrage präzisiert im zweiten Teil, wozu die anderen etwas sagen sollen. Die gewählte Formulierung ist dabei bemerkenswert: Während der eröffnende Beitrag der Pädagogin deutlich das noch geplante Programm in den Vordergrund gerückt hat, werden nun die Bedürfnisse der Teilnehmer zentral.

Genau diese Wendung hatte Natalie mit ihrem Vorschlag bereits vollzogen, ohne dabei jedoch das Programm grundsätzlich infrage zu stellen. Die nun geäußerte Frage der Pädagogin ist aber viel weitreichender: Mögliche Antworten könnten sich erheblich vom Programm entfernen. Die Frage „was würde Ihnen heute gut tun?“ überschreitet jeglichen pädagogischen Rahmen: Im Mittelpunkt steht keine (bildungs-)programmatische oder erzieherische Absicht mehr, sondern ausschließlich das Wohlbefinden der Teilnehmerinnen.

Diese klienten- oder kundenorientierte Rhetorik wäre eher zu erwarten in Kontexten, in denen es vorrangig darum geht, dem Wohlbefinden der Angesprochenen zu dienen oder – in pädagogischen Kontexten – dort, wo die Befindlichkeit der Teilnehmer und Selbsterfahrung wesentlicher Gegenstand der Veranstaltung ist. Dass die Teilnehmerinnen allerdings erst ausdrücklich dazu aufgefordert werden, „jetzt“ darüber nachzudenken, was ihnen gut tun könnte, weist aber vor allem darauf hin, dass die oben rekonstruierte Gegenstandsorientierung bislang die Teilnehmerorientierung deutlich dominiert hat, und nun genau dieser Konflikt zwischen Thema und Teilnehmern gelöst werden muss. Die Lösung scheint dabei nicht in der Verpflichtung auf das Programm zu liegen, sondern muss unter Berücksichtigung der Interessen und Bedürfnisse der Beteiligten möglichst einvernehmlich gefunden werden. Während nun die sehr offene Frage der Pädagogin prinzipiell alle denkbaren Bedürfnisse anschlussfähig machen würde, schränken Kontext und Dynamik der Veranstaltung die Anschlüsse deutlich ein. Zu erwarten wäre insofern kaum, dass die Teilnehmerinnen nun – außer ironisch – den Wunsch nach einer entspannenden Massage oder einem Einkaufsbummel äußern würden. Vorausgesetzt werden kann vielmehr, dass die Kontextbedingungen in die Äußerungen einfließen, so wie bei Natalies Vorschlag bereits geschehen. Der nachfolgende Beitrag wird von Lisa hervorgebracht und weist in eine andere Richtung:

Lisa	Äm, also ich möchte mich da jetzt auch nicht schonen (-) auf der ander=n Seite. Also ich möchte schon (-) äh jetzt keine verschleierten Informationen oder so
PMw	Mh
Lisa	Äm (-) ich glaube, dass (-) das ertragbar ist, auch wenn=s (-) unangenehm und schwierig oder
PMw	Mh
Lisa	Unschön ist (-) aber (-) ich glaub ( ), also [mir]
PMw	[Mh]
Lisa	geht=s so, ich könnte das (-) ertragen
PMw	Ja. (4.0)[20]

Lisas Einwand weist die Aufforderung, darüber nachzudenken, was ihr „gut tun" könnte, deutlich zurück. In der eigentümlichen Gleichsetzung von „schonen" und „verschleierten Informationen" wird vielmehr ein grundsätzlicher Widerspruch deutlich: Sich gleichzeitig gut zu tun und dem Gegenstand gerecht zu werden, wird als unmöglich konstruiert, ein Wohlbefinden nur bei Verschleierung von Informationen als möglich erachtet. Trotz „der ander=n Seite", die sich vermutlich auf ihre in der Reflexionsphase geäußerten Eindrücke zum Vortag bezieht, plädiert sie bewusst für die schonungslose Informierung. Die drastischen Schilderungen und Bilder, die die Pädagogin weiterhin in Aussicht gestellt hat, werden als „unangenehme" und „unschöne" Notwendigkeit anerkannt, das eigene Befinden wird dieser als angemessen akzeptierten Thematisierung des Gegenstands untergeordnet. Ausdrücklicher als Natalie folgt Lisa der unausweichlichen Dramatik des Ortes, wie sie von der Pädagogin dargestellt worden ist, indem sie sich einer Selbstverpflichtung, „das" zu „ertragen", unterzieht. Gleichwohl hat auch Natalie keine andere Darstellungsform des Geschehens gefordert, und Lisas Aussage steht nicht im Gegensatz zu Natalies Wunsch, längere Pausen zu machen. Dennoch schaltet sich mit dem nächsten Anschluss erneut die Lehrerin mit einem Vermittlungsversuch ein:

Lw	Vielleicht wär die Variante, dass wir sagen (-), also, wir ma// machen das (-) Programm so, wie das eigentlich gedacht ist, und wer meint, er muss sich an der oder der Stelle
PMw	Mh
Lw	ausklinken, der klinkt sich halt einfach (-) für=ne halbe Stunde, dreiviertel, weiß ich nicht, wie lange er braucht (-) aus.

20 T-J-4.1, Z. 384–394.

PMw	Mh
Lw	Das wär vielleicht die (1.0) geeignetste (-) Lösung. (3.0)
Sw	((sehr leise)) hm
PMw	Was sagen Sie? (2.0)
Sw	((leise)) genehmigt
Mehrere	((Lachen))
Lw	Naja, [ich mein],
Lm	[Jaja]
Lw	((auflachend)) ich (-) bin ja auch [nicht]
Lm	[Ja]. Ich denke ja, ((leise)) ich denke//
Lw	so lange hier, dass ich das so (-) intensiv vielleicht empfinde, wie ihr das empfindet, deswegen (das) kann das nur ein Vorschlag sein.[21]

Während Natalie für eine Veränderung des Programmablaufs plädiert und Lisa für die Beibehaltung der Programmqualität, ist in der von der Lehrerin vorgeschlagenen Alternative zum bisherigen Vorgehen („Variante“) ein Gegensatz unterstellt, der weniger zwischen den Äußerungen der Schülerinnen vermittelt als vielmehr zwischen einem Beibehalten des Programms und möglichen abweichenden Bedürfnissen. Wäre die Kompromissfindung zwischen unterschiedlichen Schüleräußerungen Sache der Teilnehmerinnen selbst oder aber die der Pädagogin, die die Programmverantwortung hat, so nimmt die Lehrerin hier erneut eine Metaposition ein, die zwischen dem Programm (der Pädagogin) und den Bedürfnissen der Teilnehmer vermittelt. Natalies Wunsch, das Programm zugunsten längerer Pausen für alle zu ändern, wird nicht aufgegriffen. Die Formulierung zielt dennoch auf eine einvernehmliche Lösung und anerkennt auch die von der Pädagogin dargestellte Zwangsläufigkeit des Programms. Die Pädagogin bleibt als über die Programmgestaltung maßgeblich Entscheidende auch im Beitrag der Lehrerin unsichtbar („wie das eigentlich gedacht ist“; nicht etwa: „wie Sie das ursprünglich vorgesehen hatten“).

Das Programm soll wie geplant beibehalten werden, die Variante besteht folglich darin, dass die Teilnehmer davon individuell Abstand nehmen könnten. Die Formulierung „und wer meint, er muss“ zieht die Notwendigkeit des „Ausklinkens“ allerdings in einen gewissen Zweifel. Trotzdem schließt sie ihren Vorschlag als „die vielleicht […] geeignetste Lösung“ ab. Dem sehr leise hervorgebrachten Kommentar einer Schülerin folgt die Frage der Pädagogin nach

21 T-J-4.1, Z. 395–412.

ihrer oder aller Einschätzung. Statt eines weiteren Vorschlags oder einer sich anschließenden Diskussion wird von der Schülerin dem Vorschlag der Lehrerin stattgegeben. Ironisiert wird damit nicht nur das scheinbar gemeinsame Entscheidungsverfahren, sondern auch die der Teilnehmerseite suggerierte Entscheidungsgewalt.

Die Äußerung, mit der hier die Genehmigung für die zwischen Lehrerin und Pädagogin erzielte Einigung erteilt ist, erzeugt Erheiterung, die die Lehrerin zum Anlass nimmt, ihre zuvor eingenommene Position als Vermittlerin dahingehend einzuschränken, dass sie als quasi noch Außenstehende in dieser Sache ja lediglich einen Vorschlag unterbreiten könne. Bestärkt wird ihr Vorschlag nun aber auch vom zweiten Lehrer. Erneut öffnet die Pädagogin anschließend das Gespräch für weitere Vorschläge. So wird deutlich, dass sie den Kompromissvorschlag nicht unmittelbar als geeignetste Lösung anerkennt, also nicht über die Köpfe der Teilnehmerinnen hinweg entschieden werden soll und nach wie vor sie diejenige ist, der das Moderationsrecht zukommt. Anstatt den unterbreiteten Vorschlag der Lehrerin pragmatisch anzunehmen, geht sie im Folgenden noch einmal einen Entscheidungsschritt zurück und fordert die Teilnehmer zu weiteren Ideen und Wünschen auf.

PMw	Mh (3.0) Haben Sie Ideen? (-)
x	((Husten))
PMw	Wünsche für sich? (4.0)
Natalie	Kriegen wir eigentlich heute auch noch mal Zeit, alleine durchs Gelände (-) zu (schauen)?
Sw	((sehr leise)) Genau.[22]

Nach kurzer Pause schaltet sich erneut Natalie ein. Ihr einziger bislang geäußerter Wunsch, nämlich eine gemeinsame Pausenregelung zu finden, ist nicht berücksichtigt worden. Interessant an ihrer nun in den Raum gestellten Frage ist deren Abwandlung. Zum einen enthält Natalies Nachfrage nach einem konkreten Programmpunkt die Frage nach der Strukturierung des Tagesablaufs, die in der gesamten Klärungsphase offengeblieben ist. Zum anderen kleidet sie ihr bereits zuvor geäußertes Bedürfnis nach „rausgeh=n und einfach für uns sein können" in eine legitime Forderung: Sie bezieht sich auf eine von der Pädagogin ursprünglich als feststehender Programmteil angekündigte Erkundungsphase, die in den vergangenen drei Veranstaltungstagen noch nicht stattgefunden hat. Natalies Frage, in der sich erneut auch die Abhängigkeit von der Pädagogin spiegelt („kriegen

22 T-J-4.1, Z. 413–418.

wir ...?“), zielt auf das Ermöglichen ihres Wunsches, der damit zugleich eng an den Gegenstand gebunden bleibt und insofern ohne weitere Rechtfertigungen des „Ausklinkens“ eingefordert werden kann.

PMw	Hm. (3.0) Also mir fallen (-) nicht grundsätzlich neue Dinge ein, aber zwei (-) vielleicht grundsätzliche Dinge. Äm, wir haben uns bisher ja immer als Gruppe bewegt (-), wir haben gemeinsam was angeschaut und gemeinsam (-) Themenarbeit und so weiter gemacht (-) äm (-), insofern würde ich gerne (-) Sie bitten, das immer auch zu hinterfragen. Das ist jetzt nichts anderes als das Aufgreifen der Idee (-), äm wer, wem=s jetzt zu viel wird, der kann sich auch mal rausziehen. Das würd ich ganz unbedingt unterstützen. Und das Angebot (1.0) von mir ist immer da (-), aber die, wenn Sie je// das unbedingte Gefühl haben, das ist jetzt zu viel oder auch (-), mir rennt was anderes weg (-), dann wäre das immer auch die Möglichkeit, sich außerhalb der Gruppe zu bewegen. Sie sind jetzt auch schon (-) lange genug am Ort (-), um sich möglicherweise auch (-) sicheren Schrittes hier zu bewegen, es ist nicht der erste Tag, Sie kennen die Gegebenheiten (-) so ungefähr, ja? Das würde, also ein dauerndes Angebot an Sie sein (-), sich da raus zu ziehen, sowohl während der (-) ja, dieses Führungsteiles als auch während der Themenarbeit. (2.0) Das zweite war (-) die Frage der Pausen (-) da längere zu geben (-), das denke ich ist mühelos machbar, (4.0) schließt allerdings auch nahtlos an das andere an, ja? Also wenn das dann nicht reicht, dann (-) kann man das auch selbst verlängern. Und ich möchte Sie wirklich (-), äm, bitten, sich zu hinterfragen, also a=aushalten wollen, ja (2.0), äm (-) aber nicht über die Gebühr. Nicht über irgend=ne Grenze hinaus, äm, wo Sie dann (-) äm, ja letzten Endes auch nicht mehr aufnahmefähig sind. (7.0) Gibt es zu (-) dieser Problematik, wie gehen wir damit um heute, gibt es zu gestern noch etwas hinzuzufügen? (9.0) ((leise)) Nein? ((3.0)) Dann würde ich gern noch mal den Film aufgreifen (-) doch auch.[23]

23 T-J-4.1, Z. 419–442.

Auch an dieser Stelle antwortet die Pädagogin nicht unmittelbar auf Natalies Frage nach dem noch ausstehenden Programmpunkt. Es bleiben aber auch Nachfragen nach weiteren Wünschen aus. Stattdessen setzt die Antwort mit grundsätzlichen, wenn auch „nicht grundsätzlich neue(n) Dinge(n)" ein. Betont wird die bisher im Programm überwiegende Sozialform „Gruppe". Vor dem Hintergrund des Veranstaltungskontexts verweisen die aufgeführten Beispiele („gemeinsam was angeschaut und gemeinsam Themenarbeit und so weiter gemacht") allerdings stärker auf den für alle Beteiligten bindenden Charakter als auf Gruppenarbeit im engeren Sinne. Zwar umschreibt die Formulierung „gemeinsam als Gruppe bewegt" die Sozialform der Führungsteile während der Veranstaltung, dies gilt aber nicht in gleichem Sinne für die angesprochenen Themenarbeit, die in Kleingruppen und hier nicht unwesentlich im Selbststudium erfolgt ist. Für beide genannten Programmteile trifft aber zu, dass sie für die gesamte Gruppe verpflichtend gewesen sind. Der nachfolgende, fast konklusionsartige Anschluss („insofern würde ich gerne (-) Sie bitten, das immer auch zu hinterfragen") beinhaltet eine Einschränkung des Vorangegangenen und verweist bereits auf eine Alternative. Diese lautet hier allerdings nicht, dass die bislang geltende Verpflichtung im Weiteren nicht mehr aufrechterhalten werden müsse, sondern mündet in der Bitte, diese Verpflichtung „zu hinterfragen", also in Zweifel zu ziehen, sie kritisch zu betrachten.

Die Teilnehmer werden so aufgefordert, dem für alle gültigen Veranstaltungstakt nicht unkritisch zu folgen. Damit markiert die Pädagogin einen anderen Punkt in der eigentlich bereits von der Lehrerin vorgeschlagenen „Variante" des individuellen Ausklinkens aus dem Programm. Zwar wird dieser Vorschlag von der Pädagogin anerkannt („das würd ich ganz unbedingt unterstützen). Die Pädagogin stimmt dabei allerdings nicht lediglich einem pragmatischen Entschluss zu, sowohl das Programm einhalten zu können, als auch die Bedürfnisse der einzelnen nicht völlig zu übergehen. Es kommt darüber hinaus gewissermaßen als weiteres zumindest rhetorisch das Vermittlungs- und Lernziel Nichtkonformität zum Vorschein: Das, was für alle gilt, soll nicht einfach hingenommen werden, vielmehr sollen gewissermaßen gegen die Gruppe auch eigene Interessen verfolgt werden. Dass dieser Anspruch aber in pädagogischen, gruppenförmigen Vermittlungsprozessen im Allgemeinen und in der konkreten Veranstaltung im Besonderen einen deutlichen und programmatisch kaum zu lösenden Widerspruch erzeugt, zeigt sich auch an den sprachlichen Verstrickungen in der Folge.

Ihr „Angebot" ist nämlich durchaus ambivalent: Bereits die Tatsache, dass sie diejenige ist, die das Angebot macht, „sich auch mal rauszuziehen", verweist auf die Abhängigkeit der Teilnehmerinnen von ihr und auch die normative Erwartung nach Teilnahme am Programm. Das Rausziehen wird darüber hinaus an hohe Hürden geknüpft, an das „unbedingte Gefühl", dass etwas zu viel wird oder das drängende Interesse an etwas, was im Programm nicht berücksichtigt worden ist („mir rennt was anderes weg“). Darüber hinaus wird der Ort als so bedrohlich geschildert, als stellte es tatsächlich eine körperliche Gefahr dar, sich hier alleine zu bewegen. Nur weil es sich nun nicht mehr um den ersten Tag des Aufenthalts handelt, und die Teilnehmer „die Gegebenheiten“ in etwa kennen, wird ihnen – auch dies nur unter Einschränkungen – zugetraut, sich hier „möglicherweise sicheren Schrittes zu bewegen“. Hier werden verschiedene Botschaften gleichermaßen vermittelt, die nicht zur Klarheit beitragen, und auf der Ebene der Semantik den Teilnehmerinnen größtmögliche Autonomie zugestehen und sie gleichzeitig so stark beschränken, dass die Entscheidungsfreiheit, „sich rauszuziehen“ deutlich eingeschränkt wird.

In ihrer langen Rede folgt anschließend noch die Beantwortung der Frage nach den Pausen. Zum einen bestätigt die Antwort die soziale Asymmetrie zwischen denjenigen, die Pausen „kriegen“ und derjenigen, die Pausen gibt, ohne dass die Pädagogin hier von sich sprechen muss. Inhaltlich wird aber keine neue Lösung für dieses aufgeworfene Problem angeboten. Zwar wird behauptet, längere Pausen seien „mühelos machbar“ – konkrete Ankündigungen und damit eine nachvollziehbare Planung und Transparenz des formalen Ablaufs werden aber nicht gemacht. Stattdessen wird die Frage nach den „längeren“ Pausen erneut mit dem bereits mehrfach unterbreiteten „Angebot“ verknüpft, die Pausen individuell zu verlängern; was nicht die Frage Natalies war. Bemerkenswert ist wiederum die Aufforderung an die Teilnehmer, sich „zu hinterfragen“. Während sie als Programmverantwortliche unsichtbar bleibt und das durch den Ort gewissermaßen als vorgegeben dargestellte Programm lediglich zur Sprache zu bringen scheint, muss das Programm offenbar nicht hinterfragt werden.

Der Aufwand des Abwägens zwischen Aushalten-können und nicht mehr Aushalten-können wird allein den Teilnehmerinnen überantwortet. Diese sollen alleine entscheiden, wie viel sie auszuhalten bereit sind, also Anstrengungen auf sich zu nehmen, zu erleiden, zu ertragen – was durchaus positiv sanktioniert wird („a=aushalten wollen, ja (2.0)“). Gleichzeitig sollen sie sich aber auch arbeitsfähig halten und sich nicht so weit strapazieren, „dass Sie letzten Endes auch nicht mehr aufnahmefähig sind“. Die Beteiligten werden vor die Herausforderung gestellt, gleichzeitig am Programm teilzunehmen (ohne das weder die Lagergeschichte erfasst, noch die Themenarbeiten bewältigt werden können, die nicht nur Grundlage für eine Ergebnispräsentation am letzten Veranstaltungstag sein sollen, sondern auch Teil der für die Finanzierung der Fahrt notwendige Veranstaltungsdokumentation), als auch eigene, vom Programm abweichende Interessen vor Ort zu entwickeln und zu verfolgen und dabei die eigenen Bedürfnisse und Kapazitätsgrenzen zu beachten.

Das Fallbeispiel zeigt, wie die Gruppe im Aufscheinen der Krise unter Anleitung und Moderation der Pädagogin in den Modus der Selbstverpflichtung übergeht, weiter am Programm teilzunehmen. Die Pädagogin erinnert immer wieder an Erfordernisse, die gewissermaßen vom Ort selbst ausgehen, sodass das Programm, für dessen Planung sie immerhin weitgehend alleine verantwortlich ist, als notwendige Hervorbringung des Ortes und der in ihm eingeschrieben Themen und Geschichten erscheint. Der Ort ist zu einer Disziplinierungsinstanz geworden, die von den Beteiligten verinnerlicht ist, sodass die Dichte des Programms, die fehlenden Pausen, die Bedürfnisse nach Rückzug nur unter deutlicher Unterstreichung der besonderen Bedeutung des Ortes angemeldet werden. Eine besondere Autorität erhält der Ort auch dadurch, dass er von der Pädagogin so umschrieben wird, als berge er ein aktuelles Sicherheitsrisiko, das nur von denjenigen eingegangen werden könne, die sich schon recht gut am Ort auskennten. In der Konstruktion des Ortes als bedrohlich und gefährlich tritt seine historische Bedeutung vor seine gegenwärtige Funktion.

Resümee

In allen drei Beispielen zeigt sich, dass auf die moralische Bedeutung des Ortes durch die dort stattgefundene Geschichte Bezug genommen wird, um zur Fortsetzung von Seminarprogramm oder Führung zu motivieren oder gar sich zu einer Selbstverpflichtung zu disziplinieren. Dabei zeigt sich, dass die Disziplinierungen durch das In-Erinnerung-Rufen historischer Ereignisse von allen Beteiligten initiiert werden können. Die an den Veranstaltungen beteiligten Personen machen in ihren unterschiedlichen Rollen davon Gebrauch und modellieren die Disziplinierung, die notwendige Voraussetzung für einen gruppenförmigen Lehr-Lernprozess ist, in ganz unterschiedlicher Weise.

Im ersten Fall ist es die Gedenkstättenpädagogin, die den Ort unterschiedslos als Ort höchster Alarmstufe einführt, die von den Teilnehmerinnen maximale Aufmerksamkeit und Bedürfniseinschränkung erwartet. Wie gezeigt wurde, kann sie sich damit gleichzeitig als erklärende Pädagogin gegenüber der lediglich auf formale Ordnung pochende Lehrerin positionieren und profilieren (vgl. dazu auch Kapitel V). Im zweiten Fall durchkreuzen die Schülerinnen und in der Folge der Lehrer den Versuch der pädagogischen Mitarbeiterin, eine Orientierung an den Bedürfnissen der Teilnehmer zur Grundlage der Entscheidung über das weitere Vorgehen zu machen. Sie fordern, eher pragmatisch begründet, ein frageloses Weitergehen, während der Lehrer den Ortsbezug aufgreift und damit der Diskussion ein promptes Ende setzt. Er relativiert die möglichen Befindlichkeiten der

Teilnehmerinnen an dem, was den KZ-Häftlingen bei den schikanierenden Maßnahmen massiver Disziplinierung während des Appellstehens abverlangt wurde. Im dritten Beispiel schließlich zeigt sich eine komplexe gemeinsame Entscheidungsfindung, die zu keinem geringen Teil von den Schülerinnen getragen wird. Die Verpflichtung zum Weitermachen ohne Abstriche erlegen sie sich als gute Schülerinnen auf. Sie folgen damit der Planung der Pädagogin und der diese Planung legitimierenden Argumentation, die sich ihrerseits fast vollständig hinter den angeblichen Erfordernissen des Ortes verschanzt und keine Alternativen zur Fortsetzung des Programms in der bisherigen Weise einbringt. Auch hier ist es also der Ort und die ihm unterstellte Notwendigkeit, die gesamte Ortsgeschichte mitzuteilen.

Der Bezug auf den historischen Ort ermöglicht eine Fremd- und Selbstdisziplinierung der Teilnehmerinnen, die es den pädagogischen Mitarbeitern gleichzeitig erlaubt, als (programmverantwortliche) Person in den Hintergrund zu treten und von offenen Zurechtweisungen bis hin zu Moralisierungen Abstand zu nehmen. Die didaktischen Interessen und Entscheidungen der Pädagoginnen werden kommunikativ unsichtbar gemacht und verschwinden gewissermaßen hinter angeblichen Erfordernissen des Ortes.[24] Die zurückgenommene Selbstpositionierung der Gedenkstättenpädagogen im Verhältnis zum wirkmächtigen, weil wirkmöglichen Ort trägt zu einer „auratischen" Aufladung der historischen Orte bei, die Wirkungserwartungen ihrerseits unterfüttert anstatt sie zur Diskussion zu stellen.

24 Diese vordergründige Objektivierung wird in dem Fortbildungsangebot für Gedenkstättenmitarbeiterinnen „Verunsichernde Orte" neuerdings infrage gestellt: Das Angebot reflektiert besonders die impliziten und subjektiven Haltungen zum Gegenstand der Vermittlung in Gedenkstätten und befragt die pädagogischen Akteure nach ihrer persönlichen Motivation, nach ihrem Selbstbild, ihrer pädagogischen Mission etc., vgl. Thimm/Kößler/Ulrich, Verunsichernde Orte.

VIII. Die pädagogische Struktur des Gedenkens

Additives oder integriertes Gedenken

In den Selbstbeschreibungen von Gedenkstätten wird erwartungsgemäß Gedenken als wichtige Aufgabe genannt. Gedenkstätten gelten als Orte des Bewahrens, Forschens, Gedenkens und Lernens.[1] Betrachtete man diese Aufzählung als Beschreibung der Aufgabenbereiche, also als funktionale Arbeitsteilung innerhalb von Gedenkstätten, dann könnte angenommen werden, Gedenkstätten*pädagogik* sei vor allem für den Bereich des Lernens zuständig. Gedenken wäre dann eine Funktion, die der Gedenkstätte insgesamt und qua Existenz zukommt: Jegliche Aktivität der Gedenkstätte (Forschen, Bewahren, Lehren/Lernen, aber auch das Abhalten öffentlicher Gedenkakte und die Ermöglichung privaten Gedenkens) diente dann dem Gedenken an die Opfer der nationalsozialistischen Verfolgung am konkreten historischen Ort. Tatsächlich wird „Gedenken" aber auch als gedenkstättenpädagogische Aufgabe angesehen (vgl. Kapitel II).

Die Schwierigkeit, Gedenken empirisch zu identifizieren, liegt nun darin, dass bereits in der theoretischen und programmatischen Beschreibung ungenau ist, was gedenkstättenpädagogisch unter Gedenken verstanden werden soll: Ist es die empathische Hinwendung zu den Opfern, die über die Einbeziehung autobiografischer Literatur oder anderen Selbstzeugnissen der Lagerhaft ermöglicht werden soll? Ist es die persönliche, stille Auseinandersetzung mit den Eindrücken vom Gedenkstättenbesuch? Zeigt sich Gedenken als Betroffenheit und emotionale Überforderung oder darin, welche Relevanz den Schicksalen der Opfer für die eigene politische Haltung zugeschrieben wird? Ist Gedenken das zeremonielle Ablegen von Blumen, die Rezitation eines Erinnerungsberichts oder die gemeinsame Vorbereitung und Durchführung einer Gedenkfeier? Oder ist es die Auseinandersetzung mit Gedenkformen und -ritualen, die an Gedenktagen in Gedenkstätten zu erleben sind?

Gedenken wird, wenn darauf in pädagogischen Konzepten Bezug genommen wird, als mögliche Folge oder als Ziel von Vermittlung und Aneignung historischen Wissens in der Auseinandersetzung mit den NS-Verbrechen angesehen –

1 Vgl. Arbeitsgemeinschaft der KZ-Gedenkstätten in der Bundesrepublik Deutschland, KZ-Gedenkstätten in der Bundesrepublik Deutschland – Selbstverständnis, Leitlinien, Organisationsprofil, in: GedenkstättenRundbrief Nr. 80 (1997), S. 18–20.

als wesentliche didaktische Grundlage gelten dafür Biografien: „Immer da, wo mindestens ein Name bekannt ist und/oder persönliche Dokumente vorhanden sind, sollten einzelne oder kleine Gruppen in die Lage versetzt werden, zu dieser Person zu arbeiten – und es werden erstaunliche, oft sehr persönliche Texte und Bilder entstehen."[2] Gedenken im Rahmen pädagogischer Arrangements wäre demnach vor allem als Bezugnahme auf und die Auseinandersetzung mit Opferperspektiven zu bestimmen. Nur in einer der beobachteten Veranstaltungen wurde das Thema Gedenken – wenngleich vage – als eine Art eigenständige Aktivität im Programm ausdrücklich thematisiert:

PM Ich hab im Programm (-) nicht fest installiert, eine Form des Gedenkens. Das möcht ich Ihnen mitgeben. Das werden Sie heute überhaupt noch gar nicht entscheiden können (1.0), ob Sie denn (-) im (-) Verlaufe der Woche (-) oder auch am Ende (-) äm (1.0) gedenken wollen. In welcher Form auch immer.[3]

Nicht nur wird den Teilnehmern hier die Entscheidung überantwortet, ob und wie sie „gedenken wollen"; es wird auch unterstellt, dass Gedenken ohne das Seminar gar nicht möglich sei. Als Voraussetzung von Gedenken wird hier, wenn nicht die bevorstehende Wissensvermittlung, so doch der mehrtägige Aufenthalt am Ort konstruiert. Was letztlich dazu führt, dass die Gruppe im Verlauf der Woche entscheidet, nach dem Ende der offiziellen Veranstaltung am fünften Tag Blumen im Gedenkstättengelände abzulegen, bleibt offen. Die Entscheidung findet außerhalb der offiziellen Veranstaltung und ohne direkte Beteiligung der Pädagogin statt, die Pädagogin (und auch die anwesenden Forscherinnen) nehmen an dem „Gedenkakt" der Gruppe nicht teil. Das Gedenken wird als separater Akt in durchaus traditioneller Form vollzogen und aus dem offiziellen Seminar und damit auch aus dem pädagogischen Arbeitszusammenhang als etwas Un-Pädagogisches ausgelagert. Entgegen einer daraus möglichen Annahme, dass Lernen und Gedenken in gedenkstättenpädagogischen Veranstaltungen additiv nebeneinander stehen könnten, lässt sich nicht nur in dieser Veranstaltung zeigen, dass Gedenken durchaus integraler Bestandteil der Seminare ist.

2 Angela Genger, Überlegungen zur Gedenkstättenarbeit, in: Räume – Medien – Pädagogik. Kolloquium zur Neugestaltung der KZ-Gedenkstätte Dachau. Mit einen Beitrag von Stanislav Zámečník, hrsg. vom Haus der Bayerischen Geschichte, Augsburg 1999, S. 18–23.

3 T-J-1.1, Z. 471–475.

Die Schwierigkeit liegt allerdings darin, Gedenken zu konzeptualisieren und zu rekonstruieren. Was Gedenken im Rahmen der Veranstaltungen ist, bleibt insofern abhängig von der Beobachtung und kann der Selbstbeschreibung durchaus zuwiderlaufen. Dieses Problems bewusst, werden hier dennoch zwei Fälle als Operationalisierung des Gedenkens gefasst und dargestellt. Während auch die in den vorangegangenen Kapiteln interpretierten Passagen, in denen es um die Einstimmung der Gruppe am „besonderen" Ort ging, als Hinführung oder – in Micha Brumliks Worten – als „Unterweisen ins Eingedenken" betrachtet werden können, stehen in diesem Kapitel die widersprüchlichen Anforderungen an Gedenken und Lernen im Zentrum. Im ersten Fallbeispiel geht es um den arrangierten Nachvollzug der Perspektive und des Leids der Opfer. Im zweiten Fall geht es um die beharrliche Aushandlung und Durchsetzung eines „Innehaltens". In beiden Fällen wird im pädagogischen Programm eine Variante der persönlichen Bezugnahme auf die Vermittlungsinhalte organisiert. In beiden Fällen zeigt sich die Spannung zwischen pädagogischer Kommunikation und der Aufforderung, diese zu verlassen. Deutlich wird, dass auch Gedenkstätten – zumindest auf der Ebene von pädagogischen Veranstaltungen und Formationen – die Spannung zwischen Lernen und Gedenken nicht aufheben können.

„Wie sehr ich im KZ gefroren hätte" – Übernahme der Opferperspektive als aktives Gedenken

Eine Möglichkeit, Lernen und Gedenken konzeptionell zu verbinden, ist die Einbeziehung der Opferperspektive in die Auseinandersetzung mit der NS-Geschichte. Dies wird in allen beobachteten Veranstaltungen durch verschiedene Medien (Führungserzählung, Zeitzeugenvideos, Erinnerungsberichte, Häftlingszeichnungen etc.) bewerkstelligt. In der Veranstaltung J.1–5 wird bereits am ersten Tag die kontinuierliche „Illustration" bestimmter Situationen und aufgesuchter Orte durch den Erinnerungsbericht eines ehemaligen Häftlings angekündigt. Die Pädagogin verwendet dafür folgende Formulierung: „Ja, und schließlich und letztlich dazu (-), äm so begleiten (-) alle Tage (-) entlang, wird uns ein äh (-) ja, ein ehemaliger Häftling (-)".[4] Die Einbeziehung eines Erinnerungsberichts, der – wie die Pädagogin in der Folge ankündigt – an thematisch passenden Stellen oder Orten im Gelände genutzt werden soll, wird sprachlich in eine persönliche Begleitung durch eine reale Person transformiert. Der Erinnerungsbericht ist nicht das einzige „Zeugnis" ehemaliger Häftlinge, das in dem Seminar genutzt wird.

4 T-J-1.1, Z. 518–520.

Den dritten Veranstaltungstag beginnt die Pädagogin folgendermaßen:

PMw	Ich hatte es gestern angekündigt (-), dass ich (-) äh (-) diesmal mit Tagebuch(-)auszügen daher komme. (-) Hm (-) Tagebuchauszüge, die nicht hier (-) entstanden sind (-) (die sind jetzt) alle aus diesem Buch (-) entnommen (-) ich lass das dann nachher auch wieder hier im Raum (-) äm in verschiedenen KZs (-) sicher auch hier, aber hier ist keins erhalten geblieben (-) äh haben Häftlinge (-) Männer und Frauen (-) äh einfach ihre (-) Erlebnisse (-) niedergeschrieben, also so in in dem Moment niedergeschrieben (-) gar nicht erst (-) äm (-) reflektiert danach, sondern das ist also ne Momentaufnahme, und das macht sie so sehr wertvoll (-) in diesem Buch sind die (-) äh Tagebücher nicht (-) nach=nander einfach nur veröffentlicht (-), sondern sie sind (-) nach bestimmten Themen geordnet, so was wie (-) Krankheiten, Jagd nach Essen, Tod ohne Würde und so weiter (-) äm Passagen aus diesen (-) Tagebüchern zugeordnet, und es ist dann (-) immer vermerkt (-) äh welcher Tagebuchschreiber das geschrieben hat und hinten drin (-) äh im Buch ist dann eine (-) Vorstellung. (-) (Ja/Äh) der (-) (des) Schreibenden. (-) Kann man dann also genau zuordnen (-) wer=s geschrieben hat und auch in welchem Lager derjenige (-) oder diejenige (-) gewesen ist. (-) Ich hab aus diesem (-) äh Buch (-) also n=paar Zitate rausgenommen, also (-) manchmal nur so kurz und manchmal etwas länger (-) weil (-) sie genau die Dinge ansprechen, die uns vielleicht auch immer so=n bisschen schwierig sind vorzustellen, also wie (-) jemand in diesem (-) Lager (-) in jedem Lager (-) mit der Situation auch (-) umgegangen (-) also psychisch umgegangen ist, wie reagiert jemand darauf (-) äh wie empfindet (-) man oder Frau (-) äh diese (-) für uns un(-)vorstellbare Situation. Ich denke, dass es noch mal für alle [(-)] n=ganz anderer
Lm	[((Räuspern))]
PMw	((Räuspern)) Zugang zu dieser Thematik ist (-) (über/eben) ein sehr persönlicher (-) über (-) Menschen, die=s aufgeschrieben haben. (2.0) Ja. Ich seh grad, ich hab die (-) Lager auch jeweils drunter geschrieben ((leise)) so dass es deutlich wird. (3.0) Ja ich würde die (-) Auszüge (-) die sind jeweils

doppelt (-) also alles ist zweimal da (-) jetzt auch wieder hier verteilen (-) (und) ich bitte Sie mal, so rumzuschieben, dass da (-) jeder (-) äh jedes gelesen hat, also nicht die doppelten, sondern nur die (-) Einmalexemplare (-) und wieder (-) eins raussuchen. Das was am meisten anspricht. (-) Welches Thema ist es denn (dann eben/bei Ihnen) auch (-) ( )

X [((Schnäuzen))]

PMw ist es die Monotonie oder ist es (-) der Hunger oder ist es die Einsamkeit oder was auch (immer). Das sind alles Themen, die hier angesprochen werden. (3.0) Ich verteil=s wieder (-) auf dem Tisch.[5]

Die Pädagogin kommentiert die mitgebrachten Tagebuchauszüge in Bezug auf eine Ankündigung am Vortag. Betont wird, dass diese Auszüge zwar nicht in einem lokalen Zusammenhang mit dem Ort der Gedenkstätte, wohl aber in einem engen thematischen Bezug stehen. In Ermangelung einer lokal gebundenen Überlieferung tritt hier eine Universalisierung der Erfahrungen von KZ-Häftlingen in Erscheinung, die nicht an bestimmten individuellen oder ortsbezogenen Merkmalen festgemacht werden, sondern an strukturellen Übereinstimmungen von KZ-Haft im Allgemeinen. So wie in den Schilderungen der persönlichen Erlebnisse aus anderen Lagern hätte es auch hier sein können. Die Texte erhalten eine Als-Ob-Authentizität. Ihre Originalität wird nicht am Ort festgemacht, sondern am Zeitpunkt ihrer Niederschrift. Ihre Glaubwürdigkeit beziehen sie daraus, dass sie gewissermaßen direkt aus dem KZ stammten und insofern keine (verzerrten) Erinnerungen, sondern „Momentaufnahmen“ darstellten. Sie transportierten ein Moment von Echtzeit in die Gegenwart, das sie, so die Pädagogin, „so sehr wertvoll“ mache.

Die skizzierte Authentizität unterliegt nun aber ihrer Didaktisierung: Die Textauszüge sind bereits in zweifacher Weise vorausgewählt. Zum einen durch den Herausgeber, der sie nach Themen systematisiert hat (auffällig auch der Hinweis auf die Wissenschaftlichkeit der Anthologie: Betont wird die mehrfach verbürgte Echtheit durch Nachvollziehbarkeit von Personen und Orten der Entstehung der Texte); zum anderen durch die pädagogische Mitarbeiterin. Sie hat für ihre Veranstaltung eine Auswahl der Auswahl getroffen und diese auf bestimmte Themen fokussiert, die den Arbeitsauftrag implizit bestimmen. Drei Themen, die die Aufzeichnungen ordnen, werden zitiert (Krankheit, Jagd auf Essen, Tod ohne Würde). Erläutert wird auch der pädagogische Nutzen der Tagebuchauszüge: Mit

5 T-J-3.2, Z. 15–52.

den Texten sollen den Teilnehmern jene Aspekte nähergebracht werden, die „uns vielleicht auch immer so=n bisschen schwierig sind vorzustellen". Methodisch ist dafür vorgesehen, dass alle Teilnehmerinnen die Texte, von denen jeder in doppelter Ausführung vorliegt, lesen und sich anschließend für einen entscheiden, der sie besonders anspricht. Erwartet wird insofern eine persönliche Resonanz auf bestimmte dargestellte Aspekte. Es wird nicht ein Text gemeinsam besprochen, sondern unterschiedliche Texte zur Verfügung gestellt, die eine Verbindung zwischen den Teilnehmern und dem jeweiligen Text resp. der Autoren-Person schaffen soll. Nach einer knapp zwanzig Minuten dauernden Lese- und Auswahlphase setzt die Pädagogin folgendermaßen wieder ein:

PMw	Ja, hat jeder so=n Blatt (-) sich nehmen können?
Sn	((6.0 Gemurmel))
PMw	Ja, ich würde (-) auch wenn jetzt alle (-) alles gelesen haben (-) bitten, dass wir (-) dass jeder (-) seinen (-) äh, Auszug, Zitat noch mal vorträgt. Ich hab jetzt keins genommen, aber ich b//beginne trotzdem mal die Runde (-) ganz einfach äm weil (-) mir an dieser Stelle immer einfällt (-) aus all der Literatur, die ich (-) gelesen hab, hab ich immer eine (-) Textstelle unheimlich in Erinnerung (-) äm, die (-) eigentlich ne totale Randerscheinung ist, aber mich schon sehr berührt hat (-), da schreibt ein äm Überlebender (-), der jahrelange KZ-Erfahrung hatte, also durch verschiedene Lager (-) gehen musste (-) wie er dann, äh in den letzten Kriegsmonaten in einem (-) Rüstungsbetrieb, äm wie fast alle halt, (-) äm, eingesetzt war und (-) dort (-) äm haben die Häftlinge die Möglichkeit bekommen (-), äm auf die, ja wie nennt man das, Mitarbeitertoilette zu gehen. (-) Und diese Möglichkeit nach (-) vier oder fünf Jahren KZ (-) äm dann einfach so eine normale (-) Porzellantoilette (-) mit allem dazu, hinterher Hände waschen und so weiter, zu benutzen (-) das hat ihn (-) so weinen gemacht. Also,
Sw	((leise)) hmm (-) [(kann ich gut verstehen)]
PMw	[das war dann halt] (-) in seinem (-) KZ- (-) -Alltag (-) so das große Ding, dass er das (-) konnte. (1.0) ja. (2.0) Und ansonsten würde ich mir glaub ich hier eine Textstelle rausgesucht haben, die sich, äh, um frieren dreht (-), der eine mit der Nähmaschine dabei (-), weil (-) naturgemäß ich äm (-) also unter Winter sehr leide und

immer sehr friere und (-) mir das immer auch als erst//, als allererstes vorstelle. (-) Wie sehr ich im KZ (-) gefroren hätte. (2.0) Ja, möchte jemand anfangen? Mit Vortragen. (2.0)[6]

Die Pädagogin eröffnet die Präsentationsphase mit der Nachfrage, ob jede und jeder sich einen Text habe aussuchen können. Da ausreichend Textblätter ausgelegt worden sind, bezieht sich diese Frage eher auf ihr Konzept, ob alle einen Text hätten finden können, der sie angesprochen habe. Die Frage bleibt in dem einsetzenden Gemurmel unbeantwortet, trotzdem schließt die Pädagogin mit der Erläuterung des weiteren Vorgehens an. Es sieht vor, dass alle ihren ausgewählten Text „vortragen“ – sie weist dabei ausdrücklich auf die Redundanz des Vorgehens hin, da die Beteiligten zuvor aufgefordert wurden, alle Texte zu lesen und anschließend einen auszuwählen. Der Begriff des Vortragens beinhaltet eine andere Qualität als der des Vorlesens. Im Vortragen wird ein Text in einer szenischen Darstellung verkörpert und dadurch eine enge Verbindung zwischen Text und Person gebracht.

Im Zusammenhang mit dem zuvor erläuterten Arbeitsauftrag, dass alle Beteiligten denjenigen Text auswählen soll, der sie „am meisten anspricht“, erhält die Aufforderung zum „Vortragen“ den Charakter der Verkörperung der in den Texten kondensierten Erfahrung einer konkreten (historischen) Person durch eine andere konkrete Person, nämlich die des jeweiligen Teilnehmers oder Teilnehmerin. Das als zeitlich authentische und lokal so gut wie authentisch gekennzeichnete persönliche Dokument soll inszeniert werden. Möglich wäre, an diese Stelle die Teilnehmerinnen aufzufordern, ihrer Bitte nachzukommen und mit der „Vorstellung“ zu beginnen. Tatsächlich aber beansprucht sie das Rederecht weiter und beginnt ohne Unterbrechung „die Runde“, obwohl sie sich „keins“ der Zitate genommen habe. Sie begründet diesen Schritt damit, dass ihr „an dieser Stelle immer“ eine ganz bestimmte Textstelle einfiele. Daran sind zwei Dinge bemerkenswert:

Zum einen verweist ihre Äußerung auf ein seriell stattfindendes Programm. Immer fällt ihr an dieser Stelle etwas bestimmtes ein. Das heißt: Sie war an dieser Stelle schon mehrmals, und der Einfall ist schon eine institutionalisierte Idee, die immer an genau diese Stelle geknüpft ist. Der Einfall ist also nicht spontan, sondern sehr zuverlässig. Zum anderen greift die Pädagogin hier auch auf ein Wissen zurück, das die Teilnehmer nicht haben. Sie bezieht sich nämlich auf einen Text, der ihr aus der Literatur, also aus der Lektüre unzähliger Texte („aus all der Literatur“) bekannt ist, den Teilnehmern aber gar nicht vorliegt. Demonstriert

6 T-J-3.2, Z. 58–82.

wird hier die besondere Kompetenz der Pädagogin einerseits, andererseits wird aber auch eine Aneignungserwartung mitgeführt: Dass ihr an dieser Stelle immer etwas einfällt, das ihr „unheimlich in Erinnerung" geblieben ist, fokussiert die besondere Intensität und Einprägsamkeit genau dieser Geschichte, die ihr eben aus der Fülle ihres Wissens immer wieder einfällt und so gewissermaßen etwas Paradigmatisches und vor allem Exemplarisches hat. Die Aneignungserwartung besteht darin, dass sich die vorgelegten Textauszüge in ähnlicher Form bei den Teilnehmerinnen einprägen sollen.

Die Geschichte, die die Pädagogin in Anschluss erzählt, handelt von einem KZ-Häftling, der gegen Ende des Krieges in einem Rüstungsbetrieb eingesetzt war und dort die Möglichkeit bekam, eine gewöhnliche Toilette zu benutzen. Der Erzählung wird vorangestellt, dass es sich um einen durchaus erfahrenen, also gewissermaßen kompetenten und deswegen glaubwürdigen „Überlebenden" handelte, der also erwartbar durchaus Schlimmeres erleiden musste als den Verzicht auf eine Toilette. Als konkrete Person ist der Autor dieser Erinnerung unsichtbar; er bleibt in seiner spezifischen Rolle, als Experte, als Bürge seiner Erfahrung.

Die Pädagogin zitiert mit der erzählten Episode zum einen die erhaltene Menschlichkeit, die Werte, den „Anschluss", die Sehnsucht nach einem normalen Leben und der Verlust eines solchen. Es ist die Normalität der Verrichtung eines menschlichen Bedürfnisses in einer würdigen Form, die als Rührung und Trauer an die Teilnehmerinnen weitergegeben wird. Die Erinnerung einer Erinnerung, die die Pädagogin in einer Art sekundären Zeugenschaft vorträgt, entfaltet ihre Bedeutung gerade dadurch, dass sie nichts Monströses, Plakatives beinhaltet, dass sie die Grausamkeit des Verlusts jeglicher zivilisatorischer Errungenschaften wie auch jeglicher Intimsphäre nur indirekt andeutet, indem vom Gegenteil, deren plötzlichen Anwesenheit, berichtet wird. Sie stellt eine besondere Perspektive, eine menschlich nachvollziehbare Dimension der KZ-Haft dar, ein Detail, das die Pädagogin als „Randerscheinung" qualifiziert. Dass sie dennoch einen so prominenten Platz in ihrer eigenen Erinnerung erhalten hat, scheint begründungspflichtig, wenn sie als Erinnerung, die sie „schon sehr berührt" habe, gekennzeichnet wird.

Betrachtet man diese Erzählung der Pädagogin im Kontext ihres Hinweises auf die Präsentation der ausgewählten Zitate, so kann zweierlei festgestellt werden. Zum einen wird die bereits für die Auswahl der Auszüge nahegelegte persönliche Verbindung zwischen Text und Person unterstrichen: Es geht darum, einen Text zu zitieren, der einen emotional berührt. Zum anderen wird darauf hingewiesen, dass es nicht immer große Ereignisse sind, die zu Berührung des Rezipienten führen können; was dadurch noch unterstrichen wird, dass die Pädagogin sich als ausgesprochen belesen darstellt. Sie führt damit in gewisser Weise vor, was innerhalb der im Anschluss geplanten Runde im Bereich des Sag- und Erwartbaren liegt. Die geschilderte Erinnerung wird von der Pädagogin in dem Gefühl der Rührung („so weinen gemacht hat") pointiert und von einer Schülerin mit Verständnis überlappend kommentiert. Die Pädagogin schließt die Geschichte, indem sie sie im Kern zusammenfasst als einen Höhepunkt seiner Erinnerung („das war dann halt (-) in seinem KZ (-) Alltag (-) so das große Ding, dass er das (-) konnte"), die zu einem Höhepunkt ihrer Erinnerung an diese Erinnerung verschmilzt. Betont wird die Individualität der Erfahrung des Überlebenden, die gerade nicht die zuvor als Generalerfahrung von KZ-Häftlingen gekennzeichneten Erinnerungen umfasst. Die Formulierung „dass er das (-) konnte" lässt allerdings offen, was von der Pädagogin als „das große Ding" eigentlich bezeichnet wird.

Dass „können" hier als Vollverb erscheint, macht es zumindest möglich, dass auch von einer besonderen, persönlichen Fähigkeit gesprochen wird im Gegensatz zu einer bloßen Gelegenheit, die sich dem ehemaligen Häftling geboten hat. Die Geschichte selbst enthält insofern neben der Alltäglichkeit und einer damit für persönliche Vorstellungen anschlussfähige Situation auch die Hoffnung, dass ein KZ-Häftling nach vielen Jahren schlimmster Hafterfahrung noch immer in der Lage war, sich durch eine solche „Randerscheinung" emotional berühren zu lassen. Erzählt wird hier gerade keine existenzielle Notlage, keine Frage von Leben und Tod oder grausamer Folter, sondern die Geschichte enthält den Hoffnungsschimmer einer Frage von Würde und Würdelosigkeit, die sich zum Guten hin auflöst und darüber hinaus von den Teilnehmern nachvollzogen werden kann.

Auch nach Abschluss dieser initiierenden Erzählung leitet die Pädagogin nicht zur bereits angekündigten Präsentationsphase über, sondern setzt nach einer kurzen Pause zu einer zweiten Erzählung an. Sie fokussiert damit auf die vorgelegten Textauszüge, mimt aber durch eine umständliche konjunktivische Formulierung eine Als-Ob-Haltung, die deutlich macht, wie gut sie das von ihre ausgegebene Textmaterial kennt. So gut nämlich, dass sie auf einen Auszug zurückgreifen kann, ohne ihn haptisch herauszugreifen und „vorzutragen". Erneut kommt hier die Serialität des Programms, der deutliche Wissensvorsprung gegenüber den Teilnehmerinnen und die Vorerfahrung der Pädagogin zum Ausdruck. Die vage Formulierung „glaub ich" gibt jedoch eine gewisse Spontaneität innerhalb der konkreten Situation vor; inhaltlich geht es dabei um einen nun deutlich allgemeineren und verallgemeinerbaren Aspekt von KZ-Haft. Er ist überhaupt nicht an eine bestimmte Person gebunden, zentral ist hier das bezeichnete Phänomen und nicht die im ersten Beispiel erzählerisch hervorgehobene biografische Besonderheit.

Lediglich über eine bildliche Assoziation zu dem von ihr angedeuteten Zitat („Nähmaschine") ruft die Pädagogin den angedeuteten Text in Erinnerung. Ihre fiktive Auswahl begründet sie aber wie im ersten Beispiel mit einer direkten

Beziehung zwischen ihr und dem Text bzw. dem im Text aufgegriffenen Phänomen. Diese Beziehung besteht in der körperlichen Nachvollziehbarkeit des auch für die KZ-Häftlinge bedeutsamen Phänomens des Frierens aufgrund einer bei ihr als gegebenen bezeichneten („naturgemäß") physischen Empfindlichkeit gegen Kälte. Dazu zieht sie eine Alltagserfahrung von Frieren heran („also unter Winter sehr leide und immer sehr friere") und konstruiert damit eine Situation, die den Bereich des Vorstellbaren erneut nicht übersteigt.

Die Pädagogin entwirft zu Beginn der Runde, in der die Textauszüge im Anschluss präsentiert werden sollen, eine Vorlage für deren Rezeption und Darstellungsmöglichkeiten. Damit wird ein Rahmen geschaffen, persönliche Verbindung zu den Texten oder den darin beschriebenen Situationen herzustellen – etwa durch die Vorstellung einer körperlichen Erinnerung, eines Gefühls o. Ä. Die Äußerung der Pädagogin stellt insofern eine Operationalisierung der Absicht dar, eine Vorstellbarkeit zu erreichen für „genau die Dinge [...], die uns vielleicht auch immer so=n bisschen schwierig sind vorzustellen". Es soll ein „Zugang", „ein sehr persönlicher (-) über Menschen, die=s aufgeschrieben haben" geschaffen werden. Nahegelegt wird hier eine Nachvollziehbarkeit historischer Erfahrung auf der Grundlage eigener Alltagserfahrungen. Die Pädagogin führt den Teilnehmerinnen mit ihrem Beginn der Runde die Vorstellung von Erinnerungen der Überlebenden als verinnerlichte Geschichten und Erfahrungen, die mit ihr in enger Verbindung stehen, vor. Dabei hält sie sich bemerkenswerter Weise nicht an die Präsentationsmethode, die die Rezitation der ausgewählten Texte vorsieht, also den O-Ton der Tagebuchaufzeichnungen. Im Gegensatz zu den Teilnehmern, die die Texte verinnerlichen und verkörpern sollen, er-innert sie die Texte bereits. Den Jugendlichen wird insofern nicht das Prozedere der anschließenden Textvorstellungen vorexerziert, wohl aber eine durch diese und ähnliche Texte geprägte Haltung.

Die ablauforganisatorische Frage „möchte jemand anfangen?" beendet den Prolog der Pädagogin. Sie kehrt zurück in eine Rolle der Moderatorin. Sie suggeriert eine Freiwilligkeit hinsichtlich des Beginns und beschränkt den „Arbeitsauftrag" auf das bereits genannte „Vortragen".

Sw	((leise)) ( )
PMw	Hm
Natalie	Also ich hab zwei Textstellen ausge[wählt]
PMw	[Ja]
Natalie	und zwar ist die eine von Floris Bakels, der in Natzweiler und Dachau war, und (-) da geht es äh um seine (-) Veränderung, die an seinem Körper stattfindet durch die Unter-

	ernährung. Also er beschreibt, dass er absolut (-) dürr geworden ist, [dass er]
Christiane	((leise)) [du sollst das] vorlesen
Natalie	Ah? Soll ich das wirklich ganz vorlesen?
PMw	Ja, schon. (-) Aber (-) wenn (-) Sie eigene Gedanken dazu haben, dann [( )]
Natalie	[Na das kann ich ja dann]( )
PMw	Mh.[7]

Natalie teilt zunächst mit, dass sie zwei Textauszüge ausgewählt hat, also keine eindeutige Entscheidung darüber getroffen hat, was „am meisten anspricht“. Die Pädagogin signalisiert die Äußerung Natalies überlappend Einverständnis für diese erweiterte Ausführung des „Auftrags“. Während Natalie sich in ihrer Darstellungsweise eher nachahmend auf die Präsentation der Pädagogin bezieht, mahnt Christiane, den expliziten Auftrag einzuhalten. Natalie reagiert mit einer Nachfrage, die sich der Regel vergewissert. Offenbar besteht eine Unklarheit über den genauen Auftrag, nicht aber darüber, dass es sich um einen Auftrag handelt. Klar wird, dass es sich nicht um eine freie, sondern eine (pädagogisch) angeleitete Assoziationsübung geht, die bestimmten vorgegebenen Regeln folgt, für die, das zeigt der nächste Anschluss, die Pädagogin die entscheidende Person ist. Natalies Frage („soll ich das wirklich ganz vorlesen“) beinhaltet eine gewisse Ungläubigkeit ob des Auftrags, den Text in seiner vollen Länge wörtlich wiederzugeben, anstatt wie begonnen, ihn inhaltlich zusammenzufassen.

In erster Linie geht es um die Inszenierung des Originaltextes: Zu Wort kommen sollen die Häftlinge durch die Stimmen und Körper der Teilnehmerinnen. Was die Pädagogin selbst in ihrem Prolog vorgeführt hat, das Öffentlich-Machen der eigenen, persönlichen Beziehung zum Text, scheint freigestellt zu sein und wird nicht zwingend abgefragt, sondern in den Entscheidungsbereich der Teilnehmer verlegt. Für den „Vortrag“ zentral ist die Originalität des Textes, also das Werk, das zur Wirkung gebracht werden und nicht durch Deskription und Interpretation bereits in seine Reflexion überführt werden soll. Die genaue Ausführung der Pädagogin bleibt im Folgenden unverständlich und auch Natalies Reaktion darauf ist nicht im Wortlaut zu erfassen. Deutlich wird aber dennoch, dass sie sich in der Lage zeigt, den korrigierten Auftrag in erwünschter Weise umzusetzen („Na das kann ich ja dann ( )“). Die Pädagogin bestätigt Natalies Aussage mit einem kurzen Signal („mh“), und Natalie beginnt, den von ihr gewählten ersten Text zu lesen.

7 T-J-3.2, Z. 83–96.

Natalie	Also. (-) Wie ist es, wenn man einen großen kräftigen Körper hat (-) jede Veränderung lässt einem die Tränen in die Augen treten. (-) Inzwischen bin ich spindeldürr und entsetzlich, wirklich entsetzlich schlapp. Halte mich kaum auf den wackligen Beinen. Mir schwindelt dauernd, ist, mir ist fast immer eiskalt. (-) Sehr schmutzig, besonders die Füße. (-) Habe mindestens 30 Kilogramm Untergewicht. Die Muskeln an Armen und Beinen sind schlapp wie Lappen. (-) Mein Kopf ist kahl. (-) Mein Gesicht mit den riesigen Augen und den abstehenden Ohren ähnelt dem einer alten grauen Eule. (-) Ich stinke nach Eiter und Urin. Die Haut meiner Beine ist vollkommen schuppig. (-) An Schenkeln und Gesäß hängt die Haut in Falten herunter. (-) Meine Lunge ist nicht in Ordnung, ich huste. Meine Finger eitern. (-) An meinem rechten Fuß zwei Narben aus Amersfoort und zwei ( ). (-) Mein linker (-) Oberschenkel ist mit Furunkeln übersät. Außerdem vier eiternde Schnittwunden. Es ist gut, meine Liebste, dass du mich nicht so sehen kannst. Du würdest erschrecken und weinen. (2.0) So (-) ((räuspern)), eben dieser menschliche Verfall. (-) Der (-) absolut (-) stattfindet, und ich kann das auch so (-) vor allem diesen letzten Satz kann ich so nachvollziehen (-) so die An// dass die Angehörigen (-) äm (-) mich jetzt, wen ich so verfalle (-) eben ja nicht sehen sollen
PMw	Mh
Natalie	Das ist eben (-) dass man Angst vor sich selber bekommt mehr oder weniger. (-) Äm (1.0) In so=nem KZ.[8]

Nach der Rezitation des Textes[9] entsteht eine Pause. Sie wird von Natalie mit einer Zusammenfassung des Vorgetragenen beendet. Der Text bleibt also nicht einfach im Raum stehen, er klingt nicht als „Werk" nach, er wird vielmehr zum „Stoff" und als solcher kommentiert. Natalie fasst die gelesene Aussage nach einem Räuspern zusammen in dem knappen objektivierenden Satz „eben dieser

8 T-J-3.2, Z. 97–118.

9 Der zitierte Text entstammt einem umfangreichen Erinnerungsbericht, der auf zahlreiche Tagebucheinträge Bezug nimmt, vgl. Floris B. Bakels, Nacht und Nebel. Der Bericht eines holländischen Christen aus deutschen Gefängnissen und Konzentrationslagern, Frankfurt a. M. 1979.

menschliche Verfall", der als vollkommen und umfassend beschrieben wird. Bemerkenswert ist die anschließende persönliche Bezugnahme, die zunächst auf den genannten Verfall anspielt („und ich kann das auch so (-)"), dann aber auf einen bestimmten Aspekt hin korrigiert wird („vor allem diesen letzten Satz kann ich so nachvollziehen (-)"). Sie paraphrasiert ihn in einer verallgemeinernden Form. Adressiert der Text selbst eine konkrete, geliebte Person („meine Liebste"), der der Anblick des zuvor detailliert beschriebenen körperlichen Elends erspart bleiben soll, so wird dies von Natalie in eine Vorstellung transformiert, in der es, allgemeiner, „die Angehörigen" sind, die nicht Zeugen dieses Zustands Verfall werden sollen.

Bemerkenswert ist dabei die Perspektivübernahme, durch die sie sich sprachlich an die Stelle des Autors setzt und zum Ich des Textes macht („mich jetzt, wenn ich so verfalle (-) eben ja nicht sehen sollen"), und abstrahiert dabei die konkrete Erfahrung in eine für sie persönlich anschlussfähige und damit vorstellbare Situation. Als vorstellbar wird insofern nicht das beschriebene Selbstbild übernommen, sondern die Beziehungsdimension des Gesehenwerdens in einem als unzumutbar empfunden Zustand. Die Pädagogin akzeptiert Natalies Beitrag, der die Vorstellung des ersten von ihr ausgewählten Textes abschließend und generalisierend kommentiert. Die Verallgemeinerung beinhaltet sowohl das erlebende Subjekt („das man Angst vor sich selber bekommt mehr oder weniger") als auch den konkreten historischen Ort. Die Erfahrung des körperlichen Verfalls wird von dem detaillierten und damit auch persönlichen Bericht (die genaue Beschreibung eines Körpers, nicht die Abstrahierung des Verfalls von KZ-Häftlingen im Allgemeinen) abgelöst und zu einer universellen Erfahrung „in so=nem KZ" erklärt. Auch das diesem Verfall als entsprechend zugeordnete Gefühl („Angst vor sich selber") erfährt darin eine Verallgemeinerung und liefert insofern eine Deutung des ausgewählten Textes als nicht biografisch-einzigartige, sondern als allgemeine KZ-Erfahrung. Diese Deutung entspricht der von der Pädagogin zu Beginn der Einheit vorgeführten Art und Weise, persönliche Verbindung zwischen historischen Erfahrungen und den Rezipienten der Texte zu schaffen und gleichzeitig Erfahrung zu generalisieren.

Der zweite von Natalie gewählte Textauszug stammt von Primo Levi. Sie trägt ihn ebenfalls vor und fasst den Inhalt anschließend thesenartig zusammen. Als bedeutsam wird die Erfahrung der KZ-Häftlinge geschildert, ihre Erlebnisse nicht in Sprache fassen und damit nicht kommunizierbar machen zu können. Sie kommentiert den Textauszug folgendermaßen:

Natalie	Und äh Primo Levi, Levi (-) ist ja heutzutage ein relativ bekannter Schriftsteller, also der hat es im Prinzip geschafft (-) dass (-) noch etwas von ihm bleibt, wenn er irgendwann mal stirbt, sterben wird. Deswegen (3.0)
PMw	Hm, ich m//, ich muss (-) zu Primo Levi ergänzen, er gehört zu denen, die ich gestern erwähnt habe, er hat (1.0), ah ich weiß nicht genau wann (-), siebziger, achtziger Jahre (-) sich selbst getötet.
Natalie	Also er ist schon gestorben
PMw	Er hat sich selbst getötet.
Natalie	Hm
PM	((leise)) ja? (5.0) Danke. (1.0)[10]

Natalie bringt zunächst ein über den gelesenen Text hinausgehendes Wissen über die Person des Autors ein („ist ja heutzutage ein relativ bekannter Schriftsteller"). Damit ist nicht nur sein Überleben benannt, sondern eine kulturelle Präsenz gegenüber seiner vagen Endlichkeit („wenn er irgendwann mal stirbt"). Kern ist die Permanenz, mit der der individuelle Tod bewältigt und transzendiert wird. Natalie stellt den Aspekt des kulturellen Überlebens ins Zentrum; dass ein Auschwitz-Überlebender, der die Sprach- und Vermittlungsfähigkeit dieser Erfahrungen radikal anzweifelt, „es geschafft" habe, über sein schriftstellerisches Schaffen einen über seinen Tod hinaus bleibenden Platz im kulturellen Gedächtnis zu behalten. Für diesen Aspekt ist es „im Prinzip" unerheblich, ob der Autor noch oder nicht mehr lebt. Sein Werk überlebt ihn, legt Zeugnis ab und sorgt dafür, dass „etwas von ihm bleibt". Hier setzt nun die Pädagogin zu einer Intervention an („Hm ich m// ich muss"). In Natalies Darstellung fehlt offenbar etwas, was so nicht stehen gelassen werden kann.

An dieser Stelle wird erneut deutlich, dass es in der Runde nicht um die persönlichen Interpretationen oder Gedanken der Teilnehmerinnen geht, dass sie aber, wenn sie denn geäußert werden, unmittelbar die Struktur der vorherrschenden Kommunikationsform des Seminars reproduzieren: Sie werden zu Wissensäußerungen, die von der Expertin beobachtet, kommentiert und korrigiert werden. Der Autor wird von der Pädagogin kategorisierend einer bestimmten Gruppe zugeordnet („er gehört zu denjenigen"). Sie schließt den Teilsatz „er hat" an, setzt dann ab, um eine zeitliche Einordnung für sein noch unbenanntes Tun anzufügen. Damit wird die Spannung gesteigert, was er denn getan hat und welcher Kategorie er als zugehörig gelten muss. Sein Tun wird zusammen-

10 T-J-3.2, Z. 143–153.

gefasst in einem schmalen, nüchternen aber dennoch scharfen Satz „sich selbst getötet“. Im Gegensatz zu der umgangssprachlicheren Umschreibung „er hat sich umgebracht“, die die selbstzerstörerische Gewaltanwendung nur indirekt andeutet, beinhaltet der Satz der Pädagogin die Gewalt, die sich der Betroffene selbst zugefügt hat. Die ausdrückliche Benennung der Todesart, die deutlich abgesetzt wird von einem natürlichen Tod, zielt auf einen bestimmten Effekt, der dadurch gesteigert ist, dass die Rede über Todesarten und insbesondere Selbstmord noch immer tendenziell tabuisiert ist.

In diesem Fall beinhaltet die Aussage der Pädagogin eine bestimmte Information, die aber eigentümlich indirekt bleibt. Diese in der Äußerung der Pädagogin enthaltene Botschaft, dass es sich also keinesfalls um einen natürlichen Tod gehandelt hat, wird von Natalie nur insofern aufgegriffen, als sie ihre vorhergehende Aussage hinsichtlich des bereits eingetretenen Todes korrigiert. Für den von ihr hervorgehobenen Aspekt des Weiterlebens seiner Werke spielt der Sterbezeitpunkt und sogar die Art und Weise des Sterbens eine tatsächlich untergeordnete Rolle. Natalie akzeptiert aber die Korrektur. Die Pädagogin jedoch wiederholt ihren letzten Satz ostentativ, wortgleich und schmucklos. Die darin transportierte Strenge fordert von den Teilnehmerinnen die Deutungsanstrengung ab, dieser Aussage den Gehalt zu geben, der offenbar damit verbunden sein soll. Natalie antwortet mit einem hinnehmenden „Hm“, in dem offen bleibt, wie die Aussage der Pädagogin verstanden worden ist. Die Aussage selbst wird von der Pädagogin nicht erläutert oder assoziativ-inhaltlich noch einmal an die Erwähnung des Vortags angebunden (etwa: „ich habe ja gestern erzählt, dass etliche ehemalige Häftlinge auch noch lange nach der KZ-Haft an den Folgen gestorben sind. Zu diesen Folgen gehören auch psychische Belastungen, die einige Überlebende in den Selbstmord getrieben haben“).

Die Kommentierung des gewählten Zitats durch Natalie wird von der Pädagogin als dringend korrekturbedürftig markiert. Der von Natalie betonte Erfolg des kulturellen Überlebens wird von der Pädagogin durch die Intervention gebrochen, dass Levi selbst nicht „überlebt“ habe. Der von Natalie eingebrachte gute Ausgang der Geschichte wird von der Pädagogin deutlich zurückgewiesen. Ob damit auch ein Zurückführen in die Rezitation verstörender Tagebuchaufzeichnungen erreicht werden soll, also die Fokussierung schlimmster körperlicher und seelischer Erfahrungen, kann nicht beurteilt werden. Festzustellen ist allerdings, dass der „Gedenkraum“, der durch die Methode erzeugt werden soll, von der Pädagogin selbst mit einem Korrekturreflex durchbrochen wird.

Das Transkript weist den regelmäßigen Wechsel von fast zeremonieller Repetition und pädagogischer Intervention auf. Der Arbeitsauftrag, den die Pädagogin in diesem Segment erteilt, ist diffus und wird von den Teilnehmerinnen durchaus unterschiedlich verstanden und aufgegriffen. Während ihn Natalie zunächst dahingehend interpretiert, dass sie die Einführung der Pädagogin formal imitiert, die wörtliche Rezitation auslässt und mit einer Zusammenfassung des Auszugs beginnt, wird sie von Christiane auf das von ihr so verstandene Verfahren hingewiesen. Die Seminarphase weist eine deutliche Spannung zwischen Verfahrensregeln, Aneignungserwartungen, organisatorischen Fragen und ergänzenden Anmerkungen auf der einen Seite und dem inszenierten Rezitationsdrama unter Herstellung persönlicher Bezüge auf der anderen Seite auf. Die Teilnehmer bedienen sich dieser Doppelstruktur, indem sie die drastischen Schilderungen der KZ-Haft – deren Authentizität verbürgt worden ist und die gerade aufgrund dieser Echtheit eine besondere Dramatik erzeugen (sollen) – ihrerseits als Lerngegenstand rahmen und sich dadurch von der zugemuteten Emotionalität distanzieren.

Auffällig ist die immer wieder wechselnde Kommunikationsebene. Fände der Dialog auf einer Bühne statt, so ließe sich annehmen, es handele sich um eine Stückprobe. Immer wieder treten die Beteiligten aus ihren „Verkörperungen" heraus, entweder indem sie selbst sich in eine sprachliche Distanz zu den Texten bringen oder indem sie auf die pädagogische Rahmung verwiesen werden. Damit kehren sie zurück in die pädagogische Kommunikation der Veranstaltung, die auf die Rückversicherung und Erfüllung des so verstandenen Arbeitsauftrags der Pädagogin angewiesen ist: Verfahrensregelung des pragmatischen Vorgehens, inhaltliche Kommentierung, Zusammenfassung und gegebenenfalls Korrektur der von den Teilnehmerinnen gegebenen Kommentare.

Betrachtet man die Äußerungen der Teilnehmer, so wird deutlich, dass diese persönlichen Kommentare in aller Regel darin bestehen, den zitierten Text noch einmal in einer Kernaussage zusammenzufassen und damit die die Auswahl genau dieses Texts zu begründen. Außer Natalies erstem Beitrag strebt kein weiterer eine sprachliche Identifikation an; die Kommentare verbleiben vielmehr in einer klaren Distanz zu den vorgetragenen Texten. Die Schülerinnen bemühen sich vor allem, den (durchaus diffusen) Arbeitsauftrag der Pädagogin richtig zu erfüllen und werden, wenn es die Pädagogin für gegeben hält, auch korrigiert. Die Erwartung „authentischer" Äußerungen der Teilnehmer kollidiert immer wieder mit der pädagogischen (An-)Ordnung des Settings. Es entsteht die bleibende Spannung eines Arrangements, das die assoziativ-emotionale Verbindung zwischen den Teilnehmerinnen und den zur Verfügung gestellten Texten (und die dadurch verwiesenen historischen Personen) ermöglichen soll, die aber das Sprechen der Teilnehmer immer wieder in ganz bestimmte Bahnen lenkt.

Das Sprechen wird zugerichtet, sodass ein „authentisches" Gespräch gerade nicht entsteht, sondern vielmehr ein Einüben in eine Zeremonie, deren liturgischer Anteil jedoch immer wieder durch Erläuterungen, Anweisungen und

Richtigstellungen gebrochen wird. Es zeigt sich die aufrechterhaltene Hierarchie zwischen Teilnehmerinnen und Pädagogin hinsichtlich des Zugangs zu Wissen, Rederecht, Steuerungsfunktion für das Gespräch und den Verlauf, Entscheidung über das Vorgehen und Bestimmung des Verfahrens, Bewertungsoptionen. Es treffen hier in zugespitzter Form gewissermaßen zwei Sozialformen aus unterschiedlichen gesellschaftlichen Segmenten zusammen, indem Pädagogik in zeremonieller Form in Erscheinung tritt. Die Zeremonie besteht darin, dass in einer bestimmten Reihenfolge Texte ehemaliger KZ-Häftlinge vorgetragen werden sollen.

„Angebote, das n=bisschen zu verdauen" – Gedenken als Innehalten

Das zweite ausgewählte Fallbeispiel stellt anders als das erste nicht das Nachvollziehen einer Opferperspektive in den Mittelpunkt. Es geht vielmehr vor allem um ein beharrliches Festhalten an der Idee veranstaltungsimmanenter Kontemplation. Es geht um die innere, psychische Verarbeitung vermittelter Inhalte. Im Mittelpunkt steht also die betonte, hohe Bedeutung der Verarbeitung oder Wirkungsentfaltung von Thema, Ort oder Geschichte. Der interpretierte Gesprächsausschnitt dokumentiert die Seminareinheit nach dem Abendessen in der Veranstaltung K.1–2. Die Teilnehmer kommen wieder im Seminarraum zusammen und setzen sich in den vorbereiteten Stuhlkreis. Es beginnen lautstarke Gespräche untereinander, die einige Minuten anhalten, bis einzelne Teilnehmerinnen mit Zischlauten zur Ruhe mahnen. Die Pädagogin erkundigt sich nach dem Befinden der Anwesenden und danach, ob sie sich ein bisschen hätten erholen können. Nach verschiedenen Äußerungen zum Befinden stellt die Pädagogin die Seminarplanung für die Abendeinheit vor. Dabei betont sie – wie schon in dem bereits betrachteten Ausschnitt aus der Geländeführung am Appellplatz (vgl. den Abschnitt „Denkt mal an die achtzehn Stunden Stehen!" in Kapitel VII) – das Mitspracherecht der Teilnehmerinnen.

PM	Ich sag euch mal, was ich noch äm (-) mir überlegt hatte, und ihr sagt mir dann (-) ob das für euch vorstellbar ist. Ob das so geht. (-) Äm, also gedacht hatt=ich mir, dass wir noch diesen Einführungsfilm sehen, der dauert dreißig Minuten (-), der steigt noch mal sozusagen in die Geschichte ein (-) und äm, danach aber (-) keine (-) inhaltliche Einheit mehr, sondern danach (-) sondern danach hatte ich mir überlegt, äh so=n paar Angebote zu machen, um (-) ((schluckt)) wie

	ich geschrieben habe (-), das äh n=bisschen verdauen zu können, das heißt (-) äm (-) verschiedene Angebote, sich alleine (-) zurückzuziehen für zwanzig Minuten bis zu=ner halben Stulle, äh ((lachend)) Stulle
Sn	((Lachen))
Sw	[Sie sind nicht erholt!]
Lm	[Abendessen ist nicht so weit gewesen jetzt]
Sw	[Sie sind nicht erholt.]
PM	[((lautes Lachen))]
Sn	[((Lachen))]
PM	((lachend)) super
Sw	( )
PM	(halbe Stulle)
Sn	((10.0 Lachen und Gemurmel))
PM	((Räuspern)) bis zu=ner halben Stunde (1.0) und äm (-) danach würden wir die Ergebnisse hier in=ner offenen Galerie einfach auslegen und äm uns die Ergebnisse angucken, aber nicht noch mal groß darüber reden, das heißt, das wäre so=ne Art Abschluss.
Sw	((lacht)) [( )]
PM	[Würde also] insgesamt äh noch ungefähr ne Stunde dauern. (-) Das war das, was äm (-) ((Räuspern))
Sw	( ) [( )]
PM	[ich mir jetzt noch] überlegt hatte. Sagt mir bitte (-) was ihr davon haltet, ob das geht, ob das zu viel ist.[11]

Der Vorschlag der Pädagogin umfasst zwei Teile: Zunächst soll ein „Einführungsfilm" gezeigt werden, den anschließenden zweiten Teil bezeichnet sie ausdrücklich als „keine (-) inhaltliche Einheit (-) mehr". Es sollen vielmehr „Angebote" gemacht werden, „das äh n=bisschen zu verdauen". Diese sehen den individuellen Rückzug vor einer kreativen Verarbeitungsphase vor und sollen in kreativen Produkten münden, die abschließend in einer „offenen Galerie" ausgestellt werden. Vorgesehen ist dafür eine erneute Zusammenkunft im Plenum. Skizziert wird auch der insgesamt anvisierte Zeitrahmen von einer Stunde.

Der Vorschlag zielt auf die individuelle Reflexion des bisherigen Programms. Er besteht aus drei Komponenten: einer Vermittlungsphase (Film), einer Verarbeitungsphase (Verdauen) und einer Phase der Ergebnispräsentation (offene

11 T-K-1.5, Z. 1–29.

Galerie). Die „Angebote [...] das n=bisschen zu verdauen" sind also von Gruppenphasen gerahmt und zeitlich begrenzt. Sie haben in der Seminareinheit zentralen Stellenwert: Sie werden angeregt von einem inhaltlichen Impuls und sichergestellt durch eine Ergebnispräsentation. Worum aber geht es bei diesen Angeboten? Der Begriff des Verdauens wird in seinem Sinn dann verwendet, wenn emotionale Belastungen zu verkraften sind. Verdaut werden müssen schockierende Nachrichten oder Bilder, verstörende Erlebnisse oder ein Übermaß an sinnlichen Eindrücken. Geht es dabei um die Quantität, so spricht man eher von „verarbeiten", während die Rede vom „Verdauen" immer auf den qualitativen Gehalt etwa von Informationen verweist.

Wenn wie hier bereits konzeptionell eine Seminarphase eingeräumt wird, die helfen soll, das „Gesehene und Gehörte zu verdauen", dann besteht die feste Annahme (Erwartung), dass die Teilnehmer den Tag über einer Vielzahl belastender, sinnlicher Eindrücke ausgesetzt waren, auf die programmatisch reagiert werden muss. Den Teilnehmerinnen soll ein persönlicher Raum zu einer kreativen Auseinandersetzung gegeben werden. Da ihnen dieser Raum aber nicht freigestellt wird, besteht nicht nur die Möglichkeit der psychischen Regeneration, sondern die Unterstellung ihrer Notwendigkeit. Zwar bleibt den Teilnehmer überlassen, welche Angebote sie wählen und in welcher Intensität sie sich dem Gehörten und Gesehenen noch einmal zuwenden. Nicht zur Debatte steht aber die Verarbeitungsphase als Teil des Seminarprogramms, das sich an alle richtet.

Die vorgesehene Ergebnispräsentation entspricht formal einer schulisch anmutenden Aneignungsüberprüfung. Da sie nicht die Funktion der Erörterung, Diskussion oder Bewertung zugesprochen bekommt, liegt es nah, dass sie einen anderen Zweck erfüllen soll. Nur durch die Rückbindung der Einzelarbeitsphase an einen Abschluss im Plenum kann – soweit überhaupt möglich – sichergestellt werden, dass in der Phase des Zurückziehens eine themenbezogene Auseinandersetzung geführt wird. Ohne auf die Reflexionsergebnisse zurückzukommen, ließe sich kein Unterschied zwischen Programm und Freizeit erkennen, sodass die Angebote nicht nur als Ende der „inhaltlichen Einheit", sondern gleich als Ende der Veranstaltung verstanden werden könnten. Die geplante Ergebnispräsentation ermöglicht Aneignungskontrolle auf zwei Ebenen.

Zum einen schafft sie die Möglichkeit, eine Reflexionsphase zu initiieren, indem sie die Teilnehmerinnen zu einer möglichst persönlichen Auseinandersetzung mit den Vermittlungsinhalten anhält – auch wenn bei ernsthafter Einhaltung des Konzepts nicht überprüft werden kann, ob die Rückzugsmöglichkeit anders als inhaltsgebunden genutzt wird. Andererseits schafft sie für den Fall tatsächlich eingetretener Überforderung der Teilnehmer eine Gelegenheit des kreativen Ausdrucks für schwer Artikulierbares in einem geschützten Raum. Die

Ergebnispräsentation diente dann auch der Sichtbarmachung eventueller emotionalen Krisensituationen, die die Voraussetzung einer weiteren (pädagogischen) Intervention wären. Die Rückbindung der „Reflexionsprodukte" in das Seminar stellt – soweit überhaupt möglich – sicher, dass überhaupt eine Beschäftigung mit dem Gegenstand stattgefunden hat.

Die dreiphasige Struktur der abendlichen Arbeitseinheit entspricht den schulischen Gewohnheiten von Vermittlung-Aneignung-Präsentation, auch wenn qualitative Unterschiede festzustellen sind: Der Film wird als Zusammenfassung der im Laufe des Tages behandelten Themen und Informationen eingesetzt, als Aneignung wird deren Verarbeitung auf einer emotionalen Ebene angestrebt, die dann in eine Phase der (Ergebnis-)Präsentation münden soll. Während aber die Wissensebene, also die Inhalte des Films und die thematischen Schwerpunkte des Tages nicht eigens abgefragt oder überprüft werden, wird die Aufmerksamkeit auf die persönliche Bezugnahme und Betroffenheit als Inhalte gelenkt.

Dies erstaunt aus zwei Gründen, die mit der gedenkstättenpädagogischen Programmatik und ihrem Selbstverständnis zu tun haben. Die Wissensvermittlung steht nicht nur theoretisch an erster Stelle des gedenkstättenpädagogischen Aufgabenkatalogs steht, sondern beansprucht auch in der Praxis dieser Veranstaltung die meiste Zeit. Dennoch wird hier, am Ende des ersten Seminartages, vor allem auf die Betroffenheit der Beteiligten fokussiert. Während eine Überprüfung der Wissensinhalte kaum stattfindet, wird Wert auf die Erfassung des emotionalen Zustands der Teilnehmerinnen gelegt. Dabei steht nicht infrage, dass Pädagogik die Aufgabe hat, das Befinden der Adressaten und Adressatinnen im Blick zu behalten. Auch wenn hinter dieser Überlegung ein professionelles Erfahrungswissen liegen mag – dass also der Programmpunkt „Verdauen" auf ein in den Gruppen regelmäßig zu beobachtendes Phänomen emotionaler Überlastung reagiert – so wird aus diesem Angebot, wenn es seriell eingesetzt wird, durchaus eine Verhaltenserwartung an die Teilnehmer bzw. aus der Überforderung/Betroffenheit ein Lernziel. Dies wird noch dadurch verstärkt, dass der Programmpunkt „Verdauen" trotz eines zeitlich bereits in Verzug geratenen Programmablaufs von der Pädagogin argumentativ versucht wird, auf jeden Fall und gegen widersprechende Schüleraussagen aufrechtzuerhalten, wie im Folgenden zu sehen sein wird.

Wie verhalten sich die Teilnehmerinnen nun kommunikativ zum Angebot der Pädagogin („Sagt mir bitte (-) was ihr davon haltet, ob das geht, ob das zu viel ist.")? Da die Adressierung einer Gruppe als ganze, ohne einzelne Personen direkt und persönlich anzusprechen, immer Gefahr läuft, unbeantwortet zu bleiben, ist die Frage kommunikativ riskant: Die von den Teilnehmern sollen nach innen gerichtet prüfen, ob der Vorschlag der Pädagogin zu umfangreich oder machbar ist. Eine derart gebundene Entscheidung über das weitere Vorgehen, kann aber streng genommen nur individuell getroffen werden. Eine Einigung, die allen persönlich gerecht würde, ist insofern praktisch unmöglich, zumindest ausgesprochen unwahrscheinlich. Die Frage richtet sich zwar inhaltlich an die einzelnen, kann aber pragmatisch nur „Für-Sprecher" produzieren. Wie setzt sich die Kommunikation fort?

Jasmin	Nein, wir zieh=n das durch.
Sw	( )
PMw	((lautloses Auflachen))
Sw	Ja ich [wollte (noch was) fragen ( )]
Sw	[( )]
Jasmin	[Nein, das habe ich jetzt nicht so negativ gemeint! Das war halt ne lange Fahrt]
Sw	[( )]
Jasmin	aber (-) wir sind hier, und das soll sich lohnen, das ist
PMw	Hm
Jasmin	ich denk [( )]
Sw	[( )]
PMw	[Ja, ich will] euch auch nicht (-) das Gefühl geben, Trichter oben drauf und dann [rein]
Jasmin	[Quatsch!]
PMw	Also das soll=s auch [nicht sein.][12]

Die erste Stellungnahme auf die vorangegangene Frage der Pädagogin kommt prompt. Sie hat die Form einer Zurückweisung (Negation), die sich einerseits auf die letzte Teilfrage der Pädagogin („ob das zu viel ist") oder auf die gesamte Aufforderung zur Mitentscheidung beziehen kann. Die Äußerung beinhaltet keine Einschätzung des Programmvorschlags oder eine abwägende Einschätzung persönlicher oder kollektiver (emotionaler, kognitiver, zeitlicher etc.) Kapazitäten. Dennoch spricht sie für alle („wir"). Sie weist die Aufforderung nach einer innerlichen Befragung zurück und setzt der Öffnung des Diskussionsraums durch die Aufforderung der Pädagogin ein schnelles Ende. Zwar kommt sie der Aufforderung nach Stellungnahmen nach, drängt aber auf ein Vorwärtskommen („wir zieh=n das durch"). Durchgezogen werden können alle Tätigkeiten, die keine innere Beteiligung erfordern oder gerade davor schützen sollen. Wer etwas durchzieht, versucht, Zweifel über die gegenwärtige Handlung zu verbannen und

12 T-K-1.5, Z. 30–44.

Gefühlen wenig Raum zu geben. Der Begriff ist mit Stringenz, Disziplin, Selbstverpflichtung und Ehrgeiz besetzt und verweist auf ein Tun gegen innere oder äußere Widerstände.

Vor dem Hintergrund der Aufforderung der Pädagogin, ihren Vorschlag kritisch an der eigenen Vorstellungsfähigkeit zu prüfen, stellt sie eine jähe Zurückweisung dar, obwohl sie auf einer formalen Ebene als fraglose Anerkennung des Programms und damit der Kompetenz und Entscheidungsbefugnis der Pädagogin verstanden werden könnte. Dass die Formulierung erläuterungsbedürftig ist, zeigt sich an Jasmins Korrekturversuch, mit dem die negative Konnotation der Äußerung zurückgenommen und durch den äußeren Umstand der langen Fahrt erläutert wird (und zwar so vehement, dass die Frage einer weiteren Schülerin darin untergeht). Mit dem Verweis auf die lange Fahrt werden mögliche Widerstände angedeutet, gegen die etwas „durchgezogen" werden muss, die aber nicht als Entschuldigung angeführt werden sollen. Der Aufenthalt „hier" solle sich vielmehr lohnen. Damit er sich lohne, so ließe sich Jasmins Argument paraphrasieren, solle der Vorschlag der Pädagogin angenommen werden, die Programmverantwortung also der Pädagogin überlassen bleiben. Deren Anschluss („ich will euch auch nicht das Gefühl geben, Trichter oben drauf und dann rein") spielt auf eine ein naives, mechanisches Erziehungsverständnis illustrierende Metapher an. Allerdings lässt sich der von ihr unterbreitete Vorschlag nicht einer sogenannten Trichterpädagogik zuordnen, sondern betont gerade die Eigenaktivität der Teilnehmer und stellt den Vorschlag sogar soweit zur Diskussion, dass er gänzlich zurückgewiesen werden könnte.

Dass sie dennoch dieses Bild wählt, um sich abzugrenzen („also, das soll=s auch nicht sein"), lässt zwei unterschiedliche Lesarten zu. Im einen Fall handelte es sich um eine selbstkritische Darstellung ihres Vorschlags den Teilnehmerinnen gegenüber: Diese sollen nicht fraglos und fast brutal („Trichter oben drauf und dann rein") mit einem von ihr geplanten Programm zugeschüttet werden. Im andern Fall handelte es sich um eine subtile Kritik an der so verstandenen Vorstellung, ein Durchziehen des Programms könnte die angesprochenen Ergebnisse wie von selbst produzieren und Reflexionsprozesse bei den Beteiligten quasi von selbst in Gang setzen. Die Anknüpfung der Metapher „Trichterpädagogik" an den Begriff des „Durchziehens" würde so die passive Konsumhaltung der Teilnehmerinnen zurückweisen, mit der nicht die Pädagogin diejenige wäre, die die Teilnehmer aktiv und intentional zuschüttete, sondern diese sich in passiver Weise zuschütten ließen.

Die deutliche Zurückweisung dieser Einschätzung durch Jasmin („Quatsch") kann insofern zweierlei bedeuten: Entweder Jasmin beschwichtigt die Pädagogin in deren Befürchtung, ihr Programmvorschlag könne als Versuch des

Eintrichterns verstanden worden sein, oder aber sie weist die Unterstellung einer passiven Haltung zurück. Die Pädagogin bekräftigt ihre Aussage noch einmal, indem sie ein zweites Mal mit der Konstruktion „auch nicht“ darauf verweist, was nicht in ihrem Interesse liegt. Sie wird dabei von einem Schüler überlappt, der sich in das Gespräch einschaltet:

Timo	[Ja, aber vielleicht, dass ((lauter)) wir uns]
Sn	[( )]
Timo	jetzt nicht wegen der, wegen der Zeit oder so was, aber uns überlegen, ob=s überhaupt äm, sinnvoll ist, die el// äh zwanzig Minuten beziehungsweise die halbe Stunde zu nutzen (-), das heißt ob überhaupt Leute das Bedürfnis haben äm
Steffi	sich zurückzuziehen
Timo	sich zurückzuziehen
Kristin	ja
Timo	oder ob äm [(weil jetzt sowieso) mein Eindruck]
Steffi	[(oder vielleicht auch zu zweit)]
Timo	war jetzt, mein Eindruck war jetzt von dem, von den Gesprächen (-), dass es jetzt äm (-) keinen, keinen gab, den es so mitgenommen hat und so, weil wir uns natürlich alle schon Vorstellungen gemacht ha=m (-) und wenn=s jetzt keinen gäbe, dass wir dann vielleicht entweder das ausfallen lassen oder uns halt dann äm in der Gruppe irgendwie (-) darüber
Sw	((leise)) ja
Timo	unterhalten, was uns das jetzt gebracht hat oder so. Aber es bringt jetzt nix, wenn jeder ne halbe Stunde einzeln irgendwo hingeht, wenn (-) sowieso jeder im Endeffekt (-) das so in der Gruppe bespricht und (-) ja.[13]

Timo fordert mit einem Einwurf und einer Widerrede („ja, aber vielleicht“) lautstark das Rederecht ein und behauptet es. Als erstes bringt er den Aspekt der Zeit ein, um die es ihm nicht gehen solle. Darin wird deutlich, dass er die Auseinandersetzung um die Frage des „Durchziehens“ auch auf den Faktor Zeit hin verstanden hat. Dabei kann „Zeit“ sowohl die von der Pädagogin mehrfach benannte Dauer meinen, als auch die faktische Uhrzeit (immerhin geht es um eine für schulische Kontexte unübliche Arbeitszeit nach dem Abendessen). „Zeit“ wird als Teil

13 T-K-1.5, Z. 45–64.

seines Arguments von vornherein aus- bzw. sprachlich eingeklammert. Mit der Voranstellung dieses Aspekts, um den es im Folgenden gerade nicht gehen soll, wird einem Missverständnis vorgebeugt. Timo will seine Ausführungen nicht als Zeitschinderei verstanden wissen. Die von der Pädagogin eingeräumte Möglichkeit der Mitentscheidung wird von ihm grundsätzlich ergriffen: Er regt mit einer neuen Überlegung („uns überlegen, ob") einen Gegenentwurf zum Vorschlag der Pädagogin („überlegt hatte") an, der durch die Nutzung desselben Begriffs eine dazu gleichberechtigte Idee zu sein beansprucht.

Diese andere Überlegung wird mit der Infragestellung der Sinnhaftigkeit des Programmvorschlags begründet. Herausgegriffen wird aus dem dreischrittigen Plan der Pädagogin im Wesentlichen der Mittelteil, die sogenannten Verdauungsangebote. Sinnvoll wären diese Angebote, so lässt sich Timos Äußerung zusammenfassen, dann, wenn „Leute das Bedürfnis haben", sich zurückzuziehen. Dies wird nicht nur von ihm selbst infrage gestellt („ob überhaupt"), sondern von Steffi synchron ausgesprochen. Die von ihm behauptete Sprecherposition erfährt durch dieses vorweggenommene Echo eine kommunikative Verstärkung: Er spricht offenbar nicht nur für sich allein. Er begründet seinen Einwand gegen den Vorschlag der Pädagogin mit einer Art empirischem Befund, der seine Sprecherrolle gewissermaßen legitimiert. Er erweckt den Eindruck, mit einer Vielzahl von Mitschülerinnen gesprochen zu haben und deswegen eine Mehrheitseinschätzung zu vertreten. Das Bedürfnis sich zurückzuziehen, wird an ein intensives emotionales Verhältnis geknüpft, das aber ausgeblieben sei („dass es jetzt äm (-) keinen, keinen gab, den es so mitgenommen hat und so"), weswegen der zweite Teil des Programmvorschlags der Pädagogin hinfällig sei.

Vor dem Hintergrund der Einführung in den Abend durch die Pädagogin, die nahegelegt hat, dass es sich um einen schwer verdaulichen Gegenstand der Beschäftigung gehandelt habe, erfährt nun Timos Begründung einer ausgebliebenen emotionalen Beteiligung eine besondere Bedeutung. Sie weist nicht grundsätzlich die Möglichkeit einer Betroffenheit zurück und spricht Gegenstand und Ort eine solche mögliche Wirkung nicht ab. Er begründet die Nüchternheit im Umgang mit dem Thema vielmehr damit, dass die Teilnehmer („wir") weder naiv und unwissend seien („weil wir uns natürlich alle schon Vorstellungen gemacht ha=m"). Auffallend ist der anschließende Wechsel in den Konjunktiv, mit dem er seine Behauptung „keiner" sei „mitgenommen" relativiert. Für den Fall aber, dass seine Vermutung zuträfe, schlägt er zwei alternative Vorgehensweisen vor: Entweder könnte auf den Programmpunkt des Sich-Zurückziehens ganz verzichtet werden, oder es könnte ein Gruppengespräch geführt werden, das nach seinem Verständnis offensichtlich eine ganz bestimmte Frage und damit eine spezifische Aneignungserwartung verfolgen würde („was uns das jetzt gebracht hat oder so").

Hier scheint der öffentliche Diskurs über ein Lernen aus der Geschichte des Nationalsozialismus auf, der die pädagogische Beschäftigung mit dem Thema immer auf die Lehren für das eigene Leben zurückführt und einen Mehrwert für das persönliche Leben impliziert. Es ist diese Frage oder Aufgabe, die Timo in den Angeboten der Pädagogin identifiziert, ohne dass die inhaltliche Stoßrichtung der Angebote ausdrücklich genannt gewesen wären. Er weist diese angenommene Aneignungserwartung nicht zurück, sondern erklärt sich mit dem dritten Programmpunkt des Zusammenkommens einverstanden, während er die Verarbeitungsphase als überflüssigen Zwischenschritt darstellt. Dass Timos reflexiv gewendete Aneignungserwartung keineswegs von allen Anwesenden selbstverständlich geteilt wird, zeigt sich im Folgenden:

Sw	((leise)) (was sollen wir denn besprechen?)
Lw	Was sollte denn in der halben Stunde Zurückziehen gemacht werden?
Jasmin	((leise)) (rauchen)
PM	Entweder
Sw	((lacht))
PM	äm=n Tagebucheintrag machen (-) über das (1.0) was g=rade (-) vordergründig oder hintergründig sozusagen gedacht, gefühlt, was auch immer wird (-) äm, in Bezug auf den heutigen Tag (-) oder ein Bild selber malen, komplett neu oder (-) ein Bild von äh den Bildern heute Mittag, die hab ich klein kopiert (-) äm, und die weiter malen, das heißt äh, zu dem, was äh einem (einfährt) äh einfällt, äm, das zu kommentier=n, zu beschriften oder eben farblich zu gestalten. (1.0) Oder einen Brief an eine (-) vertraute Person zu verfassen. (2.0)
Sx	((Niesen))
Sn	Gesundheit!
Sx	((Niesen))
Sn	Gesundheit!
Timo	((laut)) Nach Knigge sagt man nicht Gesundheit!
Sw	Jaaa
Sw	Was sagt man nicht?
Sw	[( )]
Sw	[( ) das sagt man nicht]
PM	[Ich kann das]
Sn	[( )]
PM	Ich kann, äh, ich kann das Bedürfnis verstehen äm

Sm	( )
PM	[etwas in der Gruppe zu besprechen, an dieser Stelle allerdings] (-)
Sn	[( )]
PM	würde ich äm euch bitten (-) das wirklich individuell alleine zu tun (-) äm (-) sozusagen in euch hinein zu horchen und äh da wie auch immer, das entscheidet ihr ja selber, inwieweit ihr, wie weit ihr da nachforscht, um das (-) zu verarbeiten. (-) Wenn=s danach=n Gesprächsbedarf gibt, kein Problem (1.0) die andere, der andere Grund ist äh (-) euch ist mit Sicherheit aufgefallen, und das ist in jeder Gruppe so, es gibt in jeder Gruppe Dynamiken (-) äh, es gibt äh Menschen, die reden, andere (-) äm die eher still sind und es soll (ne Methode) sein, in der jede und jeder gleichberechtigt sozusagen die Chance hat, etwas (-) (zu tun.) Also, nicht alles macht Sinn im Plenum, in so=ner großen Gruppe sozusagen zu verbalisieren und (5.0)[14]

Eine Schülerin und die Lehrerin schließen an Timos Mutmaßungen an, stellen sie aber infrage. Angenommen wird gleichwohl, dass etwas Bestimmtes besprochen oder gemacht werden solle, der Pädagogin wird also eine spezifische Erwartung unterstellt. Der Anschluss Jasmins („rauchen") kann als ironischer Kommentar zur Offenheit des Angebots gedeutet werden, wodurch die Grenzen zwischen Veranstaltungsprogramm und Freizeit verwischt wird, da in institutionellen Kontexten – pädagogischen zumal – wenn überhaupt, so nur außerhalb des Programms geraucht werden darf. Rauchen hat zudem aber auch die Funktion des Stressabbaus in emotional aufwühlenden Situationen. Die Pädagogin übergeht diesen Kommentar, auf dessen Hörbarkeit jedoch das Lachen einer Schülerin verweist, indem sie direkt an die Frage der Lehrerin anschließt. Die Äußerung der Pädagogin verweist darauf, dass nichts besprochen, sondern etwas gemacht werden solle. Die verschiedenen Angebote werden auf der Ebene der Form oder Methode benannt, bleiben inhaltlich aber naturgemäß eher unbestimmt, da es sich nicht um klar umrissene Aufgabenstellungen handelt, die zum eigenreflektierten Nachdenken und Auseinandersetzen anregen sollen und deren Intensität nicht festgelegt werden kann.

Klar wird daran jedoch, dass eine intime Situation hergestellt werden soll, die keine kommunikative, sondern eine selbstbezügliche, innerliche Beschäftigung

14 T-K-1.5, Z. 65–101.

initiieren soll. An die Stelle eines kommunikativen Anschlusses tritt zunächst die non-verbale Äußerung des Niesens, die eine gewisse Aufmerksamkeit der Teilnehmerinnen erlangt und zu einem Nebengespräch führt, das die Pädagogin beendet, indem sie das Rederecht mit der wiederholten Markierung („ich kann das// ich kann, äh, ich kann das Bedürfnis verstehen") wieder ergreift. Ihre Äußerung bezieht sich auf für den von Timo geäußerten Alternativvorschlag, direkt in ein Gruppengespräch einzutreten. Dieser wird als „Bedürfnis" bezeichnet und damit als starker persönlicher Wunsch und nicht etwa als pragmatischer Lösungsvorschlag für das weitere, gemeinsame Vorgehen. Seinen ersten Vorschlag, auf die gesamte Einheit zu verzichten („dass wir dann vielleicht entweder das ausfallen lassen") greift die Pädagogin nicht auf. Sie hält stattdessen an ihrer ursprünglichen Überlegung des individuellen Zurückziehens fest, verteidigt sie als wohlüberlegt und argumentiert damit gegen die Infragestellung deren Sinnhaftigkeit durch Timo. Es soll gerade nicht um verbalen Austausch gehen, sondern darum, der eigenen Resonanz des Gewesenen nachzugehen. Dabei betont sie die individuelle Entscheidungsfreiheit der Beschäftigung, setzt aber erneut die Verarbeitungsnotwendigkeit des Gegenstands („das") voraus. Erst in einem zweiten Schritt soll die Möglichkeit zum Gespräch bestehen („wenn=s danach=n Gesprächsbedarf gibt, kein Problem").

Der zweite Teil ihrer Begründung für die von ihr vorgeschlagene Arbeitsweise betont die Unterschiedlichkeit der Teilnehmer, die in den bisherigen Wortbeiträgen zum weiteren Vorgehen als nicht repräsentiert angesehen wird. Damit werden zum einen die Sprecherrollen zurückgewiesen, die Jasmin, Timo und Steffi für sich reklamiert hatten. Zum anderen zeigt sich darin eine Strategie, die Teilnehmerinnen taktvoll zur Zustimmung zu bewegen, indem gerade auf diejenigen fokussiert wird, die in der Kommunikation nicht sichtbar geworden sind. Dadurch, ermöglicht durch die Ausgangsfrage, mit der ein Kollektiv adressiert, aber Einzelmeinungen erfragt werden, kann sowohl Mitsprache eingeräumt als auch der ursprüngliche Vorschlag verfolgt werden. Die Konstruktion des Gegenstands als verarbeitungsbedürftig bleibt dadurch unangefochten, auch wenn eingeräumt wird, dass seine Wirkungen nicht für alle Beteiligten gleich sind. Da die Möglichkeit der Wirkung aber nicht ausgeschlossen werden zu können scheint, sollen alle die Möglichkeit erhalten, sich mit ihren je persönlichen Bezugnahmen auseinanderzusetzen. Die Pädagogin begründet ihren Vorschlag anschließend noch einmal ausdrücklich mit „Sinn" und weist die Sinnhaftigkeit von Timos Alternative ihrerseits ab („nicht alles macht Sinn im Plenum") und entzieht ihre Überlegung damit seinen Anfechtungen („ob=s überhaupt äm sinnvoll ist"). Nach einer Sprechpause von mehreren Sekunden meldet sich Kristin zu Wort:

Sw	((Räuspern))
PMw	Hm?
Kristin	Ja, ich denk dadurch äm
PMw	Halt mal, (dein/deinen) Namen (sschild) (-) Kristin (-) genau.
Kristin	Ähm, es war ja eigentlich jetzt nicht mehr so viel da, also jedenfalls im Original, wir konnten uns das ja nicht (-) so richtig vorstellen, also deswegen, ich persönlich (-) jetzt nicht irgendwie (-) total mitgerissen. Also ich hatte das, ja was heißt mitgerissen, ich hab jetzt (-) gedacht, dass ich vielleicht bestürzt bin oder so
PMw	Hm
Kristin	Aber das bin ich eigentlich nicht, deswegen (-) hätte ich jetzt (-) ich persönlich (-) nicht unbedingt das Bedürfnis jetzt irgendwie (-)
PMw	Mh
Kristin	( ) halbe Stunde
Sw	[( )]
Sw	[( )]
PMw	[Ich würde vorschlagen], wir klären [an erster Stelle]
Sw5	[Ja, deswegen sag ich ja ich]
Sw	( )[15]

Kristin nimmt die Begründung der Pädagogin nicht an und äußert einen weiteren Einwand, der die Nicht-Notwendigkeit der Rückzugsphase zu erklären versucht. Sie argumentiert mit einem Defizit des Ortes, einem Mangel an Originalen („es war ja eigentlich jetzt nicht mehr so viel da, also jedenfalls im Original"), der die Vorstellung davon erschwert habe. Diese Vorstellungsmöglichkeit aber wird als Bedingung für ein intensives emotionales Erlebnis angeführt, das erwartet, aber enttäuscht worden ist. Auffällig ist dabei Kristins Selbstkorrektur bei der Verwendung des Begriffs „mitgerissen", der offenbar als inadäquat bemerkt, zurückgenommen und durch den des Bestürztseins ersetzt wird. Die Formulierung „nicht mitgerissen" zu sein, bezeichnet zwar genau den Zustand eines nicht eingetretenen emotionalen Ergriffenseins, das aufgrund einer Eigen- oder Fremdzuschreibungen eigentlich hätte erwartet werden können, weist aber in der Tendenz einen positiven Erlebnischarakter auf. Der Ausdruck „bestürzt", der zur

15 T-K-1.5, Z. 102–119.

Korrektur herangezogen wird, bezeichnet hingegen eine emotionale Reaktion auf erschreckende, beschämende oder schockierende Nachrichten oder Taten und entstammt einem Vokabular, das für öffentliche Ereignisse der Erwachsenenwelt üblich ist und etwa auch zum öffentlichen Diskurs über die NS-Verbrechen gehört.

Kristins Erwartung einer starken emotionalen Beteiligung, der man sich nicht entziehen kann, ist durch das Gewahr-Werden des Ortes enttäuscht worden. Erwartet wurde irgendein Mehr, das sich an ein Vorhandensein von Originalen knüpft, erfahren wurde ein Weniger („nicht mehr so viel“). Der Mangel an Originalen, eine materielle Leerstelle wird zum Abbild der Leere an erwarteter Emotion („nicht (-) so richtig vorstellen“), und führt dazu, dass die Innerlichkeit des Zurückziehens und Nachspürens nicht als notwendig erachtet wird. Im Gegensatz zu Timo, der gerade das vorhandene Vorwissen der Gruppe und bereits gemachte Vorstellungen als Grund für den Verzicht auf die Phase der Selbstreflexion anführt, argumentiert Kristin mit fehlender Vorstellbarkeit aufgrund des faktischen Zustands der Gedenkstätte. Hier spiegelt sich die im Diskurs über Gedenkstätten immer mitlaufende Verknüpfung von „authentischem“ Ort und dessen besonderer Qualität der Anschaulichkeit von Geschichte wie des emotionalen Berührtseins. Dabei versichert und anerkennt auch Kristin die grundsätzliche Schwere des Gegenstands, der zu einer Beschäftigung mit den persönlichen Resonanzen prinzipiell berechtige, bestreitet aber seine Wirkung im konkreten Fall. Sie beansprucht, anders als Timo, nicht, eine Mehrheitsmeinung zu vertreten, sondern betont mehrfach ihre subjektive Einschätzung und ist sogar gezwungen, ihre Einschätzung der Situation noch einmal als ihre persönliche zu markieren („ja, deswegen sag ich ja ich“). Eine einhellige Meinung zum weiteren Vorgehen ist damit nicht erreicht.

Die drei Schülerinnenbeiträge unterscheiden sich inhaltlich und präferieren unterschiedliche Konsequenzen. Die Pädagogin reagiert mit einem Vorschlag:

PMw	Ich würde vorschlagen, dass wir an erster Stelle klären, ob äm (-) der Film jetzt, ihr euch vorstellen könnt, [den zu sehen]
Sw1	[ja]
PMw	und danach können wir dann auch noch mal (-)
Sw2	ja
PMw	äm, [das (-) klären]
Sw	[( )]
Sw2	Okay.
Sn	( )
Sw	( )

Timo Ja, soll ich mich [jetzt irgendwie ( )]
Sn [((Lachen))]
Lm Ach was! Bleib so sitzen.
Timo Okay!
((1 Min. Stühlerücken, Stimmen; Stühle werden für Film umgestellt))[16]

Die Pädagogin wählt eine Strategie, die die Diskussion auf eine organisatorische Ebene verlagert. Sie greift strukturierend ein, indem sie das Verfahren der Klärung abwandelt. Anstatt eine Einigung über das Gesamtprogramm für den Abend zu erzielen oder die Frage der Sinnhaftigkeit und Notwendigkeit der Rückzugsphase zu beschließen, soll die Entscheidung in zwei Klärungsphasen untergliedert werden. Der in den Diskussionen bislang nicht thematisierte erste Programmteil „Einführungsfilm" wird nun in den Fokus gerückt. Die Frage, „ob ihr euch vorstellen könnt, den zu sehen", wird dabei nicht zum Gegenstand einer Auseinandersetzung, und das Verfahren der zeitlichen und inhaltlichen Entzerrung der Entscheidungsfindung wird angenommen. Die kurze Zustimmung einer Schülerin („okay") scheint das Stimmungsbild in der Gruppe zu erfassen, denn ohne weitere Einwände werden die Rahmenbedingungen geschaffen (Stühle rücken), um den Film ansehen zu können.

Die Pädagogin thematisiert den Zeitpunkt des Filmeinsatzes, der nach dem gemeinsamen Rundgang über das Gelände liegt und weist auf eine Differenz zum standardisierten Einsatz während der üblichen Führungen hin, bei denen der Film seiner Bezeichnung gemäß als Einführungsfilm an den Anfang gestellt wird. Sie weist darüber hinaus auch auf die Schwierigkeit hin, die Geschichte des Konzentrationslagers in einer halben Stunde zu erzählen, sowie auf die Veränderung der Erzählweisen dieser Geschichten, die sich etwa darin verdeutlichten, dass der zu zeigende Film nicht der erste seiner Art sei. Der Film wird gestartet und nach einer kleinen technischen Panne erneut von vorne gezeigt. Er dokumentiert die Geschichte des Konzentrationslagers anhand historischer Foto- und Filmaufnahmen sowie thematischer Zeitzeugenerzählungen ehemaliger Häftlinge. Während des Abspanns setzt langsam wieder Gemurmel ein, aus dem erneut ein Sprecherbeitrag Timos heraussticht:

Timo (sollen/können) (wir uns) dann wieder in Kreis setzen hier?
((25.0 Stühlerücken, Gemurmel)) (6.0)
PMw Ja.
Cora Also, ich fänd=s ehrlich gesagt besser, wenn Sie den Film

16 T-K-1.5, Z. 118–135.

	am Anfang gezeigt hätten, weil man sich das besser vorstellen kann, wenn man da (-) über das Gelände läuft (-) was da eigentlich war, weil wir haben vor (-) Ruinen oder noch nicht mal Ruinen, sondern vor Umrissen gestanden und konnten uns darunter einfach überhaupt nichts vorstellen. Deswegen hat das wahrscheinlich auch keinen (-) wirklich belastet oder so. Aber wenn man jetzt den Film gesehen hat, konnt man sich darunter was vorstellen, da is// sind die Eindrücke ganz anders (-) umzusetzen. (1.0) [Deswegen.]
Sw2	[( )] mit ganz anderen Augen [( )]
Cora	[Ja, man, man hat das alles ganz] anders gesehen. (1.0) (Deswegen fänd//hatt) ich, hätt ich=s besser empfunden, wenn wir den Film zuerst gesehen hätten.
Jasmin	((leise)) ich würd am liebsten noch mal runtergehen ( )
Sm	((leise)) ( ) (3.0)
Steffi	Ja ich (1.0), dadurch dass wir vorher die Karte hatten da, konnt ich=s mir eigentlich schon ganz gut vorstellen.
Sw	Mh.
Sw	( )
Sw5	( ) was?
Steffi	Dadurch dass wir vorher diese Karte [angeguckt] haben
Sw5	[(ach so)]
Timo	Ich denke auch, es kommt im Endeffekt auf=s gleiche drauf raus. Also (2.0)
Sw6	Also ich fand=s schon besser, dass wir jetzt erstmal (1.0) so runter gegangen sind (-) wir konnten unsere eigenen Vorstellungen (also vorstellen) vor Ort dort. Und wie es ist. Und jetzt haben wir=s halt (-) geseh=n, wie=s wirklich war. (-) Also (2.0) (das) ( ), ich fand=s auf jeden Fall besser, dass ( ). (5.0)[17]

Timo beendet die Situation des Filmschauens mit der fragenden Aufforderung, eine bereits bekannte räumliche Ordnung wiederherzustellen. Ohne weitere kommunikative Resonanz auf Timos Äußerung richtet sich die Gruppe mit Gemurmel wieder im Stuhlkreis ein und verstummt anschließend für mehrere Sekunden. Die Stille wird von der Pädagogin mit einem leise gesprochenen „ja"

17 T-K-1.5, Z. 162–191.

beendet. Es stellt ein nur minimales und neutrales Übergangssignal dar, wird von einer Sprecherin aber unmittelbar als Auftakt zu einer Äußerung genutzt. Ein unspezifisches Signal der Pädagogin reicht also aus, um ein spezifisches Thema in den Vordergrund zu rücken. Anstatt, was ebenso gut möglich wäre, Bezug auf den Inhalt des gesehenen Films zu nehmen, schließt Cora auf einer Metaebene an und kritisiert die Dramaturgie des faktischen Programmablaufs. Die Kritik zielt, wenn auch konjunktivisch abgeschwächt, auf die Pädagogin persönlich, die für ihre didaktische Entscheidung verantwortlich gemacht wird, den Film erst nach der Begegnung mit dem realen Ort zu zeigen. Cora deutet die Pädagogin als steuernd Handelnde und sich selbst damit als jemand, die sich erst nachträglich zum Ablauf der Veranstaltung äußern könne. Die zu Beginn der Abendeinheit von der Pädagogin eröffnete Mitsprache- und Mitentscheidungsmöglichkeit der Teilnehmerinnen bei der Programmgestaltung wird damit infrage gestellt und der faktische Ablauf als defizitär markiert.

Auffällig ist an der komparativen Feststellung „ich fänd=s ehrlich gesagt besser", dass Cora im Nachhinein einen aus ihrer Sicht besseren Gegenentwurf zur tatsächlichen Programmabfolge präsentiert. Dieser enthält eine implizite und reflexiv gewendete Aneignungserwartung und damit ein unterstelltes Lernziel: Cora scheint davon auszugehen, dass mit der Veranstaltung emotionale Belastungserfahrungen erreicht werden sollen, dass also Ziel des Aufenthalts in der Gedenkstätte sei, persönlich betroffen zu sein. Als Voraussetzung dafür gehört in ihrer Argumentation, sich „das" vorzustellen. Zwar bleibt der Gegenstand des Vorstellens implizit und ohne Definition. Dass durch die sinnliche Begegnung mit dem Ort aber nichts Vorstellbares entstanden sei, macht sie drastisch deutlich („einfach überhaupt nichts vorstellen"). Der tatsächliche Besuch des Geländes erscheint als Begegnung mit schwindenden räumlichen Elementen, die sich im Sprechen von „Ruinen" über „nicht mal Ruinen" zu bloßen „Umrissen" verflüchtigen und nicht gefüllt werden können mit eigenen Vorstellungen. Cora beschreibt hier den Zustand der Gedenkstätte als Gelände, das lediglich schemenhafte Umrisse aufweist, die nur dem etwas zeigen, der sie mit Kontextwissen füllen kann, der in ihnen etwas sieht, was im Bereich der Vorstellung zu liegen scheint.

Der Film nun erscheint in Coras Äußerung als Möglichkeit, in einem imaginären Akt das Konzentrationslager auf die Gedenkstätte zu projizieren und quasi virtuell zu simulieren. Diese konstruktive Leistung der innerlichen Herstellung des historischen Ortes aber erscheint dabei lediglich als Zwischenschritt für ein vermutetes (Lern-)Ziel. Erst der Film habe, so Cora, den Zwischenschritt der Vorstellbarkeit ermöglicht und alles „ganz anders" gemacht. Die reale Begegnung mit dem Ort wird erst durch das visuelle Erlebnis des Films inhaltlich deutbar, erst dadurch gelingt es, „die Eindrücke ganz anders (-) umzusetzen." Während vor dem Film Eindrücke entstanden sind, können sie nun in etwas anderes transformiert werden, in innere Bilder etwa, die als Voraussetzung der emotionalen Betroffenheit angesehen werden, die Cora als eigentliches Ziel der Pädagogin und dem von ihr entschiedenen Programm unterstellt. Sie weist damit nicht mehr, wie noch vor dem Film die anderen Teilnehmerinnen, eine innere Beteiligung zurück, sondern begründet, warum diese bislang ausgeblieben sei. Damit wird nicht allein die Programmfolge der Pädagogin kritisiert, sondern die Gruppe („wir") auch in legitimierender Weise in Schutz genommen: Die Gruppe konnte das von Cora unterstellte Ziel gar nicht erreichen, weil die Dramaturgie, und also die (didaktische) Entscheidung der Pädagogin es gar nicht zugelassen habe.

Cora wird von einer weiteren Schülerin unterstützt, die das Argument der besseren Vorstellbarkeit durch Visualität bestärkt („mit ganz anderen Augen"), und fasst daraufhin noch einmal ihren Gegenentwurf zum Programm zusammen. Jasmin äußert, eher nach innen gerichtet, den Wunsch, „nochmal runter" zu gehen und damit eigentlich das Konzept der Pädagogin tatsächlich zu korrigieren, nämlich mit dem visuellen Wissen die Realbegegnung nun ausfüllen zu können. Nach einer unverständlichen Äußerung und einer Pause, tritt nun Steffi in das Gespräch ein. Sie äußert eine andere Erfahrung und bringt mit der „Karte" ein Visualisierungs-Medium in Erinnerung, das bereits vor dem Besuch des Geländes eingesetzt worden ist. Steffi beruft sich auf eine abstrakte Form der Abbildung, die in der Regel der besseren Vorstellbarkeit dient. Eine Karte als zweidimensionale schematische Darstellung einer topografischen Einheit, dient der Orientierung an einem bestimmten Ort. Die Vorstellungen, die durch eine Karte ermöglicht werden, beziehen sich auf die räumliche Anordnung, während ein Film in der Regel Lebensbedingungen und soziale Zusammenhänge in einer narrativen Form verdeutlichen kann. Dass aufgrund der Kenntnis einer Karte solcherart Vorstellungen möglich sind, setzt ein enormes Vorwissen voraus, welches bereits aufgrund räumlicher Strukturen Schlüsse zulässt, die über die Erkenntnis formaler Zusammenhänge hinausweist.

Offenbar kreisen in der Gruppe ganz unterschiedliche Auffassungen vom Gegenstand und insofern auch von seiner inneren Repräsentationen. Steffi muss den Grund für ihre Fähigkeit des Sich-Vorstellens noch einmal wiederholen und wird anschließend von Timo abgelöst. Er schließt sich ihr scheinbar an („ja, ich denk auch"), führt dann aber ein gleichgültiges Argument an. Er vertritt die Auffassung, es käme „aufs gleiche drauf raus", wobei undeutlich bleibt, ob das Gleiche das visuelle Medium (Film und Karte) ist, oder ob die Reihenfolge von Geländebesichtigung und Film gleichgültig sei. Er endet mit einem Konklusionssignal, das aber erst nach kurzer Pause von einer weiteren Sprecherin aufgriffen wird, allerdings nicht in einer Timos Äußerung vervollständigenden Form, sondern mit einem weiteren Argument. Sw6 vertritt die Meinung, es sei besser gewesen, zunächst das Gelände zu begehen und unterscheidet dafür den gegenwärtigen („wie es ist") vom historischen Ort. Der gegenwärtige Ort, die Gedenkstätte, fungiert demnach als Projektionsfläche für eigene Vorstellungen, die anschließend durch die Filmaufnahmen quasi korrigiert worden sind („Und jetzt haben wir=s halt geseh=n, wie=s wirklich war"). Der Beitrag schließt mit einer abschließenden positiven Komparation ab. Es schließt sich weder Zustimmung noch Widerrede an, die Auseinandersetzung über die Frage der Vorstellbarkeit und der Wege, diese zu erreichen, scheint sich erschöpft zu haben. Die Beiträge der Teilnehmer haben dabei keinen Konsens erreicht, sondern weisen vielmehr unterschiedliche Einschätzungen über die Entscheidung der Pädagogin zum Programmaufbau und -ablauf auf.

Auffällig ist, dass die inhaltliche Dimension sowohl in Bezug auf die Geländebegehung als auch auf den Film vollkommen unausgesprochen bleibt. Der Gegenstand des Vorstellbaren bleibt rein imaginär und offenbar individuell sehr unterschiedlich und präzisiert sich in der Kommunikation nicht. Die Pädagogin greift in dieses Gespräch unter den Teilnehmerinnen nicht ein, sie steuert es nicht inhaltlich, fragt nicht nach und rechtfertigt sich auch nicht gegen die geäußerte Kritik. Sie kommt stattdessen auf das ungelöste Thema der vorgesehenen Angebote zur individuellen Reflexion zurück:

PMw	((leise)) Okay. (2.0) Hm, wie sieht=s aus mit den (-) Angeboten, von denen ich vorhin gesprochen habe? (3.0)
Gülcan	(Hm, ich würd so) ( ) Diskussion ( ).
PMw	Bitte?
Gülcan	Ich würd so [eine Diskussion gerne ( )]
Sw	[( )]
Sw	Also ich fänd=s schöner [( )]
Sw	[( )]
Kristin	Also mir is=es egal.
Sw	( ) diskutieren.
Timo	Ja wir können=s doch eigentlich im ((Räuspern)) im Prinzip gemischt machen.
Sw1	Hm.
Sw2	Wer alleine sein möchte (-) oder
Timo	Wer jetzt irgendwie dazu was (2.0) machen möchte (2.0)
PMw	Mh. [Okay.]

Timo	[Aber] halt auch das (-) Argument, dass dann irgendwie, wegen dem, dass=s es stille Leute und laute Leute gibt, das würde man damit halt dann auch=n bisschen (1.0) beseitigen.
X	((Schnauben)) (2.0)
Gülcan	(Ich würd am besten sagen), dass wir uns in Kleingruppen so zusammen tun, unsere (-) eigene Meinung, unsere eigene Vorstellung ( ) vom Film, was wir uns jetzt (an)gesehen haben, weil das so (-) (beeindruckend) und so weiter war, und erstmal austauschen, was man von der hält, wie jemand von dem anderen (-) und anschließend dann nach=ner (-) Zeit, zehn bis fünfzehn Minuten, zwanzig Minuten später (-) dass wir uns dann wieder so nach äh, in so=n Kreis dann setzen und unsere Meinung [( )]
Sw	[Das können wir] aber auch gleich machen. [( )]
Sm2	[Können wir auch] gleich
Sw3	[( )]
Kristin	Können wir auch gleich alle zusammen, was ist denn da für=n Problem, es hat doch keiner Hemmungen vor (hm), vor (-) vor den andern, oder?
Sm	Hm.
Steffi	(Na), das würd ich so nich sagen. Es gibt bestimmt welche.
Sw2	[(Na, ich mein, es gibt Leute)], die wollen vielleicht nicht drüber reden
Sw3	[( )]
Sw2	(und es gibt) [Leute (-),]
Sm	[na ja, die müssen ( )]
Sw2	[die wollen darüber reden]
Sw	[( )]
Sw	[( )][18]

Die Pädagogin schließt die Diskussion der Teilnehmerinnen ab und setzt an der Frage an, die vor der Entscheidung für den Film vertagt worden ist. Der Film selbst wird nicht zum Thema gemacht, sondern bleibt als unbesprochene „inhaltliche Einheit" stehen. Die „Angebote" müssen an dieser Stelle nicht noch einmal

18 T-K-1.5, Z. 192–232.

erläutert werden, vielmehr scheint die Bezugnahme auf ihre vorherige Thematisierung auszureichen, um als thematische Schleife und Anknüpfung an eine bereits stattgefundene Diskussion verstanden zu werden. Es fällt jedoch auf, dass diese Diskussion der Angebote nicht als eine gemeinsame Thematisierung erinnert wird, sondern die Pädagogin sie sich selbst zuschreibt („von denen ich vorhin gesprochen habe"). In der Folge reagieren verschiedene Teilnehmerinnen mit Stellungnahmen und beziehen sich dabei wie in der vorangegangenen Diskussion aufeinander. Die Einschätzungen hinsichtlich der Art und Weise der Durchführung des noch ausstehenden Programmpunkts sind dabei wiederum sehr unterschiedlich. Sie reichen von der Präferenz für eine Diskussion über einen inhaltlich nicht definierbaren Gegenvorschlag („Also ich fänd=s schöner") bis hin zur Gleichgültigkeit gegenüber dem Vorgehen („Also mir is=es egal").

Es ist Timo, der einen Lösungsvorschlag unterbreitet, mit dem verschiedene Möglichkeiten zu vereinen versucht. Er vertritt dabei nicht mehr, wie noch während der ersten Diskussion, die Forderung, auf den Programmpunkt gänzlich zu verzichten, sondern stützt nun dessen Durchführbarkeit, indem er einen Kompromiss nahelegt. Sein Vorschlag plädiert für eine gemischte Vorgehensweise und wendet sich insofern gegen eine Durchführung des Programmpunkts in der von der Pädagogin ursprünglich vorgeschlagenen und auch verteidigten „Reinform". Dafür erfährt er zunächst von einer Schülerin zustimmende Unterstützung, die darüber hinaus von einer weiteren Schülerin ergänzt wird. Sie thematisiert die Option des Alleinseins, wird dann aber wieder von Timo ergänzt, der weniger die Sozialform der Einzelarbeit oder des Zurückziehens im Blick hat, als auf die themenbezogenen Handlungsmöglichkeit fokussiert („dazu was (2.0) machen möchte"). In beiden Äußerungen bleibt offen, was die jeweils andere Option wäre, was also diejenigen machten, die weder „alleine sein" noch „dazu was (2.0) machen" wollten. Trotzdem stimmt die Pädagogin zu und signalisiert damit Bereitschaft, von ihrer ursprünglichen Idee des strikt individuellen Zurückziehens abzuweichen.

Timo greift anschließend noch einmal auf die Auseinandersetzung über die gleichberechtigte Möglichkeit individuell unterschiedlicher Bedürfnisse zurück. Mit der Konjunktion „aber" deutet er eine der vorhergehenden Äußerung widersprechende oder einschränkende Aussage an. Sie schließt sich allerdings nicht sinnvoll daran an, sondern führt einen weiteren Aspekt ein, der von seinem Kompromissvorschlag abgedeckt werden könnte. Seine Äußerung bezieht sich auf die zurückliegende Auseinandersetzung zwischen ihm und der Pädagogin über das weitere Vorgehen, in der er eine Sprecherrolle für die gesamte Gruppe reklamiert hatte, die von der Pädagogin zurückgewiesen worden ist. Sein Kompromissvorschlag kann an dieser Stelle insofern als Versuch gelesen werden, diesen Konflikt wieder auszuräumen („Argument […] beseitigen") und einen konstruktiven Beitrag dazu zu leisten, dass alle Beteiligten, egal ob es sich um „stille" oder „laute Leute" handelt, zu dem von der Pädagogin verteidigten Recht auf individuelle Beschäftigungsmöglichkeiten kommen.

Einem lauten Ausatmen folgt nach kurzer Pause ein weiterer Beitrag inhaltlicher Art, der anzeigt, dass der Kompromissvorschlag Timos in der Gruppe nicht ratifiziert ist, sondern mit einem Gegenvorschlag konfrontiert wird. Gülcan plädiert für eine andere Möglichkeit, die sie als optimale bezeichnet („ich würd am besten sagen") und die eine zeitliche Zweiteilung in Kleingruppen und Plenum vorsieht. Die von der Pädagogin vorgesehene individuelle Arbeitsphase fällt in ihrem Vorschlag weg. Dennoch sollen die „eigene Meinung, unsere eigene Vorstellung" zur Sprache kommen, die sich auf den eben gesehenen Film beziehen. Die Kleingruppenphase wird von Gülcan mit den besonderen Eindrücken begründet, über die zunächst ein Austausch stattfinden solle. Erst anschließend soll ein Sitzkreis zustande kommen, in dem dann „unsere Meinung" Platz finden soll. Worin sich die beiden Phasen inhaltlich unterscheiden, bleibt in Gülcans Ausführungen undeutlich, und sie wird noch während ihrer Rede von einer Schülerin unterbrochen, die ihr widerspricht.

Sie plädiert für eine effektivere Vorgehensweise, die eine Kleingruppenphase überspringt und „gleich" ins Plenum übergeht. Ein Schüler unterstützt sie in diesem Vorstoß mit einem Echo, das auch Kristin noch einmal aufnimmt. Sie ergänzt diese von mehreren geteilte Einschätzung darüber hinaus um einen ungeduldigen Vorwurf an diejenigen, die nicht für diese zeiteffektivere Methode votieren und mit dem unterstellt wird, es gäbe kein Problem, direkt im Plenum („gleich alle zusammen") zu bleiben. Sie schließt mit einem weiteren Aussagesatz an, der mit Nachdruck beansprucht, eine einheitliche Bestimmung der Vertrauensverhältnisse innerhalb der Gruppe liefern zu können, die sich dadurch auszeichneten, dass „keiner Hemmungen vor (hm), vor, vor den anderen" habe. Ihr Stocken weist allerdings darauf hin, dass es sich um keine ganz gesicherte Annahme handelt, die Formulierung „andere" verweist auf ein durchaus uneinheitliches Kollektiv, in dem es „die anderen" gibt. Der Anschluss „oder?" stellt ihre Aussage zwar formal infrage, unterstreicht aber gleichzeitig den Anspruch auf deren Gültigkeit. Zumindest ist im Anschluss nicht zu erwarten, dass sich gerade die zu Wort meldeten, die sich zu der Gruppe zählen, die „Hemmungen vor […] den andern" haben könnten.

Nach einer unartikulierten Äußerung widerspricht Steffi der Aussage Kristins. Sie nimmt dabei ebenfalls für sich in Anspruch, für andere reden zu können. Während Kristin ein Vertrauensverhältnis innerhalb der Gruppe annimmt bzw. einfordert, schätzt Steffi die Situation anders ein. Beide sprechen aber über

„andere", und insbesondere über die, die sich bislang nicht geäußert haben, nicht über sich selbst. Steffi unterstützt allerdings mit ihrer einschränkenden Äußerung den Kompromissvorschlag Timos und damit den von der Pädagogin weit früher argumentativ gestützten Vorschlag des individuellen Tuns. Steffi wird von einer weiteren Schülerin ergänzt und bringt damit eine andere Nuance in das Gespräch. Es könnte nämlich, so lässt sich ihre Aussage paraphrasieren, sein, dass es „Leute" gäbe, die nicht „drüber reden" wollten, während es andere gäbe, die eben dies gerne täten. Sie greift einen Aspekt auf, der in der ursprünglichen Anlage des Programmpunktes vorgesehen war.

Laut dem Vorschlag der Pädagogin ging es zunächst gar nicht um einen kommunikativen Austausch in der Gruppe, sondern um eine inwendige Beschäftigung mit dem „Gesehenen und Gehörten". Inzwischen ist die Diskussion jedoch so weit vorangeschritten, dass deutlich ist, dass die Bereitschaft zu einer Vereinzelungsphase nicht bei allen vorausgesetzt werden kann, sondern die Bereitschaft, den Programmpunkt einer Tagesreflexion überhaupt noch durchzuführen, sehr stark von einer Kompromissfindung abhängig scheint. Der Widerstand gegen die Einzelarbeit hat sich im Laufe des Gesprächs nicht aufgelöst, stärker hervorgetreten sind aber differenzierte Einschätzungen über die Gruppe und mögliche unterschiedliche Bedürfnisse.

PM	Wie wär=s denn, wenn wir, wie ist// sag mir bitte noch mal deinen Namen?
Sm	Timo.
Sm2	((leise)) (Steffen).
PM	Timo, äh deinen Vorschlag aufgreifen (-), ich lege das in die Mitte (-) und die, die gerne was (1.0) alleine für sich (-) machen möchten, können das gerne tun (-) wer gerne sich mit anderen direkt austauschen möchte, bleibt dann einfach kurz hier (1.0). Und wir verabreden ne Zeit, also in=ner halben Stunde (-) treffen wir uns hier wieder (1.0). Ja?
Sw	([ )]
PM	[Wie wär] das? (-) Wär das=n äh (-) gangbarer [Kompromiss?]
Sw	[(Murmeln)]

((16.0 Gemurmel, das in Aufbruchsgeräusche übergeht))[19]

19 T-K-1.5, Z. 233–244.

Nach weiteren unverständlichen Beiträgen zweier Schülerinnen übernimmt wieder die Pädagogin das Rederecht. Sie eröffnet ihren Beitrag mit einer konjunktivischen Frage, die erneut die Vorstellungskraft der Teilnehmerinnen anspricht („wie wär=s denn“). Anstatt die Frage direkt auszuformulieren, wendet sie sich an Timo, um ihn nach seinem Namen zu fragen, und nimmt dann anschließend direkt Bezug auf seinen weiter oben gemachten Kompromissvorschlag. Die Lösung des Problems schreibt sie insofern nicht sich zu, sondern steuert auf eine Einigung zu, die aus der Gruppe heraus von einem Teilnehmer entstanden ist. Die Autorenschaft des Vorschlags verbleibt damit zunächst bei ihm. Der Vorschlag selbst, den sie im Folgenden unterbreitet, zeichnet sich allerdings durch mehr Konkretion als die Andeutungen Timos aus. Sie operationalisiert seine Idee, die Arbeitsformen „gemischt“ zu machen, indem sie zwei mögliche Alternativen aufzeigt. Ihre Aktivität beschränkt sich dabei auf eine Angebotshandlung („ich leg das in die Mitte“). Den Teilnehmern obliegt dann die Entscheidung, ob sie sich alleine mit dem Material beschäftigen oder sich „mit anderen direkt austauschen möchten“.

Die Pädagogin betont dabei noch einmal die Option des Alleinseins, die im Gespräch unter den Teilnehmerinnen überhaupt keine Resonanz gefunden hat. Sie besteht nicht weiter auf der von ihr zu Beginn der Auseinandersetzung deutlich favorisierten Durchführungsweise, benennt sie aber noch einmal ausdrücklich und positiv verstärkend („können das gerne tun“). Die anderen werden aufgefordert, „einfach kurz hier“ zu bleiben, um eine Zeit zu verabreden, die sie dann aber ohne Verabredung kurzerhand festlegt. Auf ihre kurze Nachfrage („ja?“), die einerseits anzeigt, dass ihr Angebot ausformuliert ist, andererseits um Kommentare bittet, folgt eine unverständliche Äußerung, in die hinein die Pädagogin noch einmal zwei Fragen nachlegt, die die Zustimmung der Gruppe eruieren sollen. Die Frage „Wie wär das?“, die eine Reihe unterschiedlicher Antworten zuließe, wird verfeinert in eine Frage, die eine einfacher strukturierte Antwort (ja oder nein) nahelegt.

Auffällig ist, dass auch diese Frage unbeantwortet bleibt und direkt in eine kollektive Handlung umgesetzt wird. Ähnlich wie die Entscheidung für den Film zuvor nicht ausdiskutiert, sondern ausgeführt wurde, bleibt auch die Entscheidung zur Durchführung des Programmpunktes „Verdauen“ an dem Punkt offen, an dem die Pädagogin die möglichen Handlungsweisen deutlich gemacht hat, wird aber gemeinsam angenommen und zur Durchführung gebracht. Erreicht ist die Kooperationsbereitschaft der Teilnehmer, den Programmpunkt überhaupt durchzuführen und dies in einer vom ursprünglichen Skript der Pädagogin abweichenden Form: Ihre erste Überlegung bleibt als eine von zwei Möglichkeiten bestehen, d. h. sie wird weder in Reinform aufrechterhalten noch verworfen.

Resümee

Dass es sich bei den hier betrachteten Seminarphasen um Versuche handelt, Gedenken innerhalb von pädagogischen Settings zu operationalisieren, ist eine Zuschreibung der Beobachterin. Die Bestimmung als angeleitetes Gedenken beruht im ersten Fall auf der Parallelisierung von Vergangenheit und Gegenwart über den Bezug bzw. den körperlichen Nachvollzug historischer und gegenwärtiger Personen. Wenngleich hier nicht von einer Identifikation im Sinne einer ungebrochenen Deckungsgleichheit gesprochen werden kann, wird doch zur Übernahme zumindest einer Rolle aufgefordert, die die „authentischen" Stimmen der ehemaligen Häftlinge (auch wenn sie in diesem Fall keinen unmittelbaren Bezug zum konkreten historischen Ort haben) zu Gehör zu bringen, sie aufzuführen, die Authentizität des Vergangenen höchst gegenwärtig zu inszenieren. Entscheidend ist dabei die körperlich-sinnliche Qualität des partiellen Nacherlebens der Leidensgeschichte, die durch das „Vortragen" kommunikativ hergestellt wird.[20] Diese zeremonielle Anordnung unterläuft und durchbricht allerdings die in diesem Seminar typische pädagogische Kommunikation, die von der Pädagogin zur Korrektur von Äußerungen, von den Teilnehmerinnen auch dazu genutzt werden kann, der emotionalen Zumutung zu entkommen.

Im zweiten Beispiel begründet bereits das (unterstellte) Wirkungspotenzial von Ort und Vermittlungsinhalten sowie die zu Beginn erfragten Befürchtungen der Teilnehmer den Programmpunkt, den die Pädagogin als Phase des „Verdauens" bezeichnet (vgl. Kapitel II). Es werden damit Erfahrungen vorausgesetzt, die einer gesonderten Verarbeitung zu bedürfen scheinen. Die Ablehnung dieses Programmpunktes, die sich in den Beiträgen der Teilnehmer artikuliert, verneint nicht grundsätzlich mögliche Wirkungen, sondern lediglich eine eingetretene Wirkung im konkreten Fall. Es lassen sich zwei kommunikative Strategien identifizieren, mit denen die Bedeutung des Ortes und seiner möglichen Auswirkungen konsensuell wieder eingeholt werden: Die erste ist die Verzeitlichung der Entscheidung, indem zunächst der erste Teil des Abends, die Filmvorführung, durchgeführt wird.

In der anschließenden Diskussion wird die Bebilderung der Beschäftigung mit dem Ort dafür angeführt, dass die Teilnehmerinnen andere Eindrücke und Auswirkungen formulieren als vor dem Film. Eine andere Strategie, die Notwendigkeit des individuellen Rückzugs argumentativ zu begründen, zeigt sich darin, dass sich die Pädagogin auf die Individualität und Unterschiedlichkeit der Eindrücke

20 Vgl. auch Aleida Assmann, Der lange Schatten der Vergangenheit. Erinnerungskultur und Geschichtspolitik, München 2006, S. 208 f.

und die unterschiedlichen Bedürfnissen, mögliche Eindrücke zu verkraften, beruft. In der entscheidenden Diskussion wird dieses Argument mehrfach angeführt, allerdings naturgemäß gerade nicht von denjenigen, über die gesprochen wird. Vielmehr wird in stellvertretender Deutung Raum geschaffen für mögliche individuelle Bedürfnisse, die unartikuliert geblieben sind. Der Kompromiss, der abschließend gefunden und anerkannt wird, ermöglicht das Programm der Pädagogin in modifizierter Form und bietet somit Raum für einerseits einen kommunikativen Austausch als auch eine innerliche und vereinzelte Beschäftigung mit eigenen Eindrücken. Die gesamte Szene zeigt einerseits eine hohe Bereitschaft von Teilnehmerinnen und Pädagogin, Programm und Interessen miteinander auszuhandeln und wie die Zusammenarbeit trotz widerstrebender Bedürfnisse der Teilnehmer in der Situation organisiert und bewerkstelligt wird.

In der Aushandlung erhalten und behalten Ort und Thema andererseits ein besonderes Gewicht. Das beharrliche Bestehen der Pädagogin auf dem Programmpunkt der kreativen Verarbeitung der Eindrücke des Tages führt dazu, dass die Notwendigkeit der Verarbeitung von den Beteiligten schließlich selbst dann anerkannt wird, wenn sie sich individuell nicht gezeigt hat. Für den Fall allerdings, dass emotionale Belastungen und Überforderungen sicht- oder zumindest spürbar werden, wird hier von der Pädagogin eine Verarbeitungsstrategie entwickelt und angeboten, die auch und gerade dann nicht fallen gelassen wird, wenn sich niemand zu der Notwendigkeit einer inwendigen Beschäftigung mit den Erfahrungen vor Ort bekennt. Damit werden einerseits diejenigen geschützt, die in besonderer Weise von den Inhalten des Tages oder einzelnen Aspekten berührt worden sind; auf einer kommunikativen Ebene wird damit allerdings vor allem das emotionale „Gefährdungspotenzial" des Ortes festgestellt und transportiert.

IX. Schließungen

Pädagogische Kommunikation unter Anwesenden weist nicht nur die Seite des Erziehens oder Vermittelns, sondern auch die des Lernens oder Aneignens und deren Rückmeldung auf. Der Schritt der Rückmeldung, des Lobes, der Einordnung von Wissen, der Bewertung des Gelernten hat nicht allein die Funktion der Leistungsselektion. In der von Prange beschriebenen „Zeigestruktur der Erziehung" wird der Bewertungsschritt als „reaktives Zeigen" gefasst. Damit ist gemeint, dass das Angeeignete gespiegelt, eingeordnet und diskutiert wird, dass also den Lernenden eine Orientierung im Lernprozess gegeben wird. Die Rückversicherung der Kommunikation, die Klärung dessen, was wie verstanden worden ist, ist nicht auf den formalen Abschluss von Seminaren oder Führungen beschränkt. Gleichwohl stellt das Ende einer Veranstaltung denjenigen Ort dar, an dem eine Art Zusammenfassung des Vorangegangenen zu erwarten ist, an dem Bilanz gezogen wird oder ein Rückblick mit einem Ausblick auf das Kommende verbunden wird. Da das Ende der Veranstaltungen in Gedenkstätten auch das Ende der spezifischen sozialen Konstellation darstellt, ist zu erwarten, dass Schließungen nicht nur auf der sachlich-inhaltlichen, sondern auch auf der sozialen Ebene sichtbar werden. Die Frage dieses Kapitels ist daher, wie die Seminare, Workshops oder Führungen zu Ende gebracht, ob und inwiefern die Veranstaltungen pädagogisch beendet werden. Was kommt am Ende als Angeeignetes noch einmal zur Sprache und wie ist der Abschluss kommunikativ gestaltet.

„Dass man teilweise schon mit da drinne lebt" – Persönliche Bezüge

Im Zentrum der ersten Interpretation dieses Kapitels steht die Abschlussrunde, mit der die Veranstaltung J.1–5 an einem Freitagmittag beendet wird. Sie stellt nicht das einzige Schlusselement des Seminars dar. Vorangegangen ist die Ergebnispräsentation der drei Kleingruppen zu den Themen „Alltag im KZ", „Häftlingsgruppen" und „SS". Für die Vorstellung dieser Arbeitsergebnisse war ursprünglich insgesamt eine Dreiviertelstunde eingeplant, also 15 Minuten pro Gruppe. Für die sich daran anschließende Seminarreflexion waren im Vergleich dazu eineinhalb Stunden vorgesehen. Geplant war diese als individuelle Collage auf der Grundlage des über den Zeitraum des Seminars zu führenden Tagebuchs mit anschließendem „Blitzlicht". Tatsächlich begannen die Ergebnispräsentationen der Arbeitsgruppen später als geplant und dauerten dann insgesamt mehr als eineinhalb Stunden, weil die Schülerinnen mehrfach aufeinander Bezug nahmen und die Pädagogin mit Korrekturen und inhaltlichen Ergänzungen interveniert. Dem dadurch entstandenen Zeitdruck begegnet die Pädagogische Mitarbeiterin nun mit dem Vorschlag, statt individueller Collagen eine gemeinsame, schriftliche Seminarreflexion auf einem großen Papierbogen vorzunehmen. Die Teilnehmer erbitten den Verzicht auf diesen Auswertungsschritt und sprechen sich mehrheitlich für eine rein mündliche „Runde“ aus.

Im Folgenden werden zunächst die Rückmeldungen der Teilnehmerinnen und anschließend die Rückmeldung der Pädagogin auf die Rückmeldungen aus der Gruppe rekonstruiert. Dafür soll eingangs gezeigt werden, wie die Pädagogin die Abschlussrunde initiiert. Sie wählt ein Verfahren, das von der ursprünglich vorgesehenen Idee einer Collage nicht ganz abweicht. Die Teilnehmer werden mit einer paradoxen Erzählaufforderung ermuntert, unsystematisch ihre Eindrücke zu schildern, die, so die Pädagogin, „ohne Abstand“ ohnehin nicht möglich seien. Für die Gesprächseröffnung gibt die Pädagogin Hilfestellungen. Zum einen wird nahegelegt, die Teilnehmerinnen sollten sich einen vertrauten Personenkreis (Familie, Freunde) vorstellen und ihnen von dem Seminar erzählen. Zum anderen werden ihnen bestimmte strukturierende Erzählmöglichkeiten vorgestellt:

PM	(1.0) äm (-) ja [was]
Xm	[oh]
PMw	ist an Gefühl [grad in Ihnen]
Xw	[((Lachen))]
Xm	(okay)
PMw	äm, von, von Leere bis Euphorie kann das ja alles sein, äm, oder eben auch (-), was hat sich ä=absolut festgesetzt. Also, hat sich was verändert für Sie (1.0), ja, wie sind Sie mit der Woche klargekommen, das sind alles so Möglichkeiten (-) äm, die einfach mal anzusprechen. (1.0) Ja.[1]

Zunächst spannt sie den Begriff „Gefühl“ zwischen zwei entgegengesetzten Polen von „Leere“ und „Euphorie“. Zwar erscheinen dazwischen („von ... bis“) alle Gefühlsabstufungen denk- und sagbar. Die Nennung gerade der äußersten Punkte rahmt die Erwartung aber in besonderer Weise, weil jene Gefühlszustände tendenziell ausgeblendet werden, die nicht als außergewöhnlich zu bezeichnen wären. Davon abgesetzt und ergänzend („oder eben auch“) werden drei weitere Anschlussmöglichkeiten skizziert, die den Teilnehmer auf die Sprünge helfen

1 T-J-5.4, Z. 9–17.

sollen. Die darin angesprochenen, potenziellen Erfahrungen werden als Resultate von Aneignungs- und Lernprozessen vermutet („absolut festgesetzt"; „verändert"). Mit einer dritten Assoziations- und Anschlussmöglichkeit wird den Teilnehmerinnen nahegelegt, über die Frage nach der persönlichen Bewältigung der zurückliegenden Zeit zu sprechen („wie sind Sie mit der Woche klargekommen"). Diese diversen Sprechaufforderungen erlauben es, die Schwelle des Sprechens über vermutete Erfahrungen zu senken. Sie sollen das Sprechen also selbst unter den Bedingungen seiner Unwahrscheinlichkeit ermöglichen und ein Gespräch initiieren, das nicht auf eine konkrete Frage hin fokussiert ist, sondern ein Sammelsurium an Stimmungen, Meinungen und Evaluationen zusammentragen soll („das sind alles so Möglichkeiten"). Die einzelnen Aspekte sollen dabei nicht intensiv besprochen, sondern eher gestreift werden („einfach mal anzusprechen").

Die Gesprächseröffnung der Pädagogin stellt eine deutlich inhaltliche Vorstrukturierung der erwarteten Beiträge dar. Angestrebt wird keine systematische Auswertung nach einem vorgegebenen Schema, sondern die Sichtbarmachung unterschiedlichster, auch diffuser Eindrücke, Befindensbekundungen und momentaner, individuell-persönlicher Einschätzungen zu der Veranstaltung. Die paradoxale Aufforderung ermöglicht einen Reflexionsraum, der keine einheitlichen, sondern verschiedene Antworten zulässt. Die Anschlussmöglichkeiten sind insofern zwar vielfältig und nicht durch eindeutige Fragekriterien von vornherein thematisch eng geführt oder auf eine bestimmte Antwortstruktur festgelegt. Dennoch sind sie keineswegs beliebig: Sie sind weniger auf die rationale Verarbeitung des Gewesenen als vielmehr auf einen emotionalen Ausdruck und damit auf die Veräußerlichung von Innerlichkeit hin orientiert. Die besondere emotional-psychische Betroffenheit, die innere Repräsentation von Erfahrungen und auch ein besonderes Verhältnis zu der erlebten zurückliegenden Zeit werden von der Pädagogin bei den Teilnehmerinnen vorausgesetzt. Nach einer kurzen Sprechpause schließt die Pädagogin die Aufforderung offiziell ab („Ja.").

PMw	Mh. (2.0) Ich suche einen (-) Beginner, eine Beginnerin (2.0) ((leise)) ( ) mh.
Natalie	Mh. (1.0) Äm (-) fang ich mal an. (1.0) Also äh (-) was sich bei mir im Kopf festgesetzt hat, äm (1.0) ist (-) zum einem, dass ich noch mehr mit der Pr// äh Problematik äh der Gräueltaten, also (-) was wirklich hier passiert ist (-) äh, in Kontakt gekommen bin, und ich muss sagen, äm (1.0), wir haben das ja auch schon im Geschichtsunterricht behandelt, es gibt auch viele (-) Filme darüber und so weiter und so weiter, aber wenn man sich wirklich damit eine Woche intensiv

	beschäftigt, da wird einem erstmal klar (-), was (-), also wirklich was hier passiert ist, was auch in anderen Lagern passiert ist (-), wie Menschen gelitten haben, wie sehr Menschen leiden mussten (-) und (-) äm, auch was Menschen aushalten können.
PMw	Mh.
Natalie	das auch auf jeden Fall. Und was sich auch ganz festgesetzt hat, ist dieses, absolute Auflösung von Gut und Böse. ((leise)) Also dieses (-) äm (-) das Verwischen der Grenzen, dass auch (-) Häftlinge andere Häftlinge geschlagen und misshandelt haben (-) und es wirklich nur noch ums nackte Überleben ging.
Xm	Mh
Natalie	Also das fand ich wirklich (-) äm das (-) war mir vorher (zum Beispiel) nicht so klar. (2.0) Und (-) äm, das was Hanna immer wieder erwähnt hatte, (da) diese Frage nach dem Warum (1.0)
PMw	Mh.
Natalie	die stellt sich jetzt für mich noch sehr viel stärker (1.0), die Frage nach dem Warum, und warum ist es passiert (2.0), und auch warum wurden die Täter (-) so wenig bestraft.[2]

Die Pädagogin kennzeichnet mit ihrer Aufforderung zur Übernahme des Rederechts („ich suche einen (-) Beginner, eine Beginnerin") nicht nur ihre vorangegangene Rede als initiierenden Prolog eines nun beginnenden Hauptteils. Sie lässt auch keinen Zweifel darüber aufkommen, dass von den Teilnehmern Beiträge erwartet werden. Zwar wird keine konkrete Person bestimmt, die den Anfang macht; die Formulierung „ich suche" appelliert aber an die Kooperationsbereitschaft der Teilnehmerinnen und nimmt sie in die Pflicht, die sie vor allem ihr gegenüber zu haben scheinen. Dem „Beginner" kommt dabei vor allem die Verantwortung und Aufgabe zu, das Gespräch in Gang zu bringen. Natalie übernimmt diese Rolle ohne Zögern. Sie kommentiert den Schritt als Entgegenkommen und unterstreicht gleichzeitig die Beliebigkeit der erwarteten Beitragsreihenfolge („fang ich mal an").

Durch den Rückgriff auf zwei Formulierungen der Pädagogin bindet sie ihren nachfolgenden Beitrag eng an deren (vermeintliche) Erwartungen. Vor allem die spezifische kombinatorische Verwendung der Begriffe „Kopf" und „festgesetzt"

2 T-J-5.4, Z. 19–44.

lässt vermuten, dass Natalie sich der Erwartung des Schilderns von emotionalen Eindrücken stückweise entzieht, indem sie auf kognitive Aneignung abhebt. Die anschließende Äußerung erfolgt zwar nicht nur zögerlich („äm (1.0) ist (-)"), sondern auch sprachlich und inhaltlich sperrig, verbleibt aber im Modus einer intellektuellen, distanzierten Betrachtung des Zurückliegenden. Beschrieben werden nicht die „Gräueltaten" selbst, sondern die „Problematik der Gräueltaten", mit der sie „noch mehr", also keineswegs erstmalig, „in Kontakt gekommen" sei. Diese Formulierung beschreibt sachlich den formal-technischen Aspekt einer Berührung und nicht etwa ihre emotionale Wirkung. Die reflektierende Distanz zwischen Person und Thema bleibt wie die zeitliche Differenz von Gegenwart und Vergangenheit aufrechterhalten. Dennoch unterscheidet Natalie die Auseinandersetzung „hier" von ihren bisherigen Begegnungen mit dem Thema.

In der nachfolgenden Phrase „und ich muss sagen" deutet sich bereits eine positive Beurteilung dieser als intensiver bezeichneten Konfrontation an, wird aber zunächst durch einen Einschub zurückgestellt. Dieser Einschub soll ihrer angekündigten Äußerung besonderes Gewicht verleihen: Zunächst führt sie ihre in ein „Wir" eingeschlossene, inhaltliche Kompetenz und Erfahrung mit dem Gegenstand („das") aufgrund der Behandlung im Geschichtsunterricht an. Anschließend verweist sie auf die Existenz vieler Filme zum Thema und deutet dessen Präsenz und Verbreitung an („und so weiter und so weiter"). Sie zitiert also kognitive und affektive Verarbeitungsformen der NS-Geschichte, und grenzt diese als verbreitet charakterisierten Repräsentationen von einer anderen, exklusiveren Erkenntnis(möglichkeit) ab. Diese ist an die Bedingung einer (zeit-) intensiven Auseinandersetzung gebunden („wenn man sich wirklich damit eine Woche intensiv beschäftigt, da wird einem erstmal klar"). Die Aussage beansprucht durch den Wechsel vom Kollektivsubjekt „wir" zu dem generalisierenden und impersonalen Subjekt „man" Allgemeingültigkeit, kann aber sowohl konditional als temporal verstanden werden.

Im einen Fall bestätigte Natalie die grundsätzliche Effektivität eines Wochenseminars in einer KZ-Gedenkstätte. Im anderen Fall beinhaltete ihre Aussage eine subtil moralische Botschaft, mit der infrage gestellt wird, ob eine intensive Auseinandersetzung (bei den anderen) tatsächlich stattgefunden habe. Die emphatisch vorgetragene neue Erkenntnis über das, „(-) also wirklich was hier passiert ist" erstreckt sich inhaltlich jedoch in Andeutungen. Ohne eigentlich zu benennen, „was" ihr nun anders bewusst ist als zuvor, kann Natalie vor den anderen darauf anspielen, indem es als geteiltes Wissen vorausgesetzt wird. Während mit der wortgleichen Formulierung („was wirklich hier passiert ist") weiter oben „Gräueltaten" in Verbindung gebracht worden sind, wechselt Natalie hier die Perspektive auf deren Auswirkung auf „Menschen".

Der artikellose Gebrauch des Subjekts „Menschen" führt zu einer Generalisierung, die konkrete Personen und deren Leid, aber auch Täter und konkrete Geschehnisse, ausblendet und lediglich eine Phrase über die prinzipielle Leidensfähigkeit von Menschen hinterlässt. Die dreigliedrige Reihe mit bezeichnendem Tempuswechsel („wie Menschen gelitten haben, wie sehr Menschen leiden mussten (-) und (-) äm, auch was Menschen aushalten können") bildet eine Allgemeingültigkeit beanspruchende Erkenntnis über die menschliche Existenz am Beispiel der Geschichte, die als Konklusion aus der Beschäftigung mit der „Problematik" erscheint. Die konkreten Erkenntnisse bleiben dabei unbestimmbar. Zusammengefasst reproduziert Natalie in einer Abschlussrunde, die dem Ausdruck individueller Eindrücke dienen soll, den öffentlichen Diskurs nicht nur zur besonderen Erkenntnisqualität von Gedenkstättenbesuchen und dem empathischen Nachvollzug der Leidenserfahrung der Opfer.

Die Pädagogin bestätigt den Beitrag mit dem üblichen Minimalsignal („mh") und Natalie schließt einen zweiten Punkt an. Auch dafür greift sie auf die von der Pädagogin genutzte Formulierung „festgesetzt" zurück, beschreibt aber im Gegenteil einen stattgefundenen Um-Lernprozess, der das bisher Gültige in eine bedingungslose „Auflösung von Gut und Böse" verwandelt und die bislang geltende Grenzlinie dazwischen verwischt habe. Die Grenze dazwischen ist, so lässt sich aus der Aussage rekonstruieren, in Natalies Vorstellung bislang jenseits der „Häftlinge" verlaufen, die sich als eine homogene Gruppe der Guten von einer Gruppe der Bösen unterschieden haben. Diese markante Grenze, die eindeutige Zuordnung moralischer Kategorien zu eindeutig bestimmbaren Personengruppen scheint aufgrund der Erkenntnis, dass auch „Gute" Böses im Sinne intentionaler, gewalttätiger Handlungen getan haben, gar nicht mehr („absolute Auflösung") oder zumindest nicht mehr klar („Verwischen") erkennbar. Wer allerdings jenseits der bislang als gut Geltenden gestanden hat oder steht, bleibt unerwähnt: sie tauchen lediglich indirekt auf, in dem Hinweis, dass „auch" Häftlinge „andere Häftlinge geschlagen und misshandelt haben". Weil „gut" und „böse" ein Gegensatzpaar moralischer Kategorien darstellt, geht mit deren Auflösung nicht nur ihre Unterscheidbarkeit, sondern grundsätzlicher die Kategorien selbst und damit Bewertungsmaßstäbe verloren. Natalie argumentiert nicht historisch, sondern moralisch, auch wenn sie auf historische Fakten anspielt.

Die vollständige Ausblendung der tatsächlichen Machtverhältnisse innerhalb der Konzentrationslager, verunmöglicht ein Werturteil über Täter und Opfer, weil Täter nicht benannt werden und Häftlinge als moralisch verurteilenswert erscheinen. Wo es keine Entsprechung mehr zu geben scheint zwischen Akteuren und den ihnen zugedachten Handlungsmaximen, die Handlungen der Häftlinge aber bewertbar bleiben, löst sich in Natalies nachfolgender Äußerung tatsächlich jegliches moralische Kategoriensystem als gültiger Maßstab auf, indem ein Zustand beschrieben wird, der sich durch die Abwesenheit sämtlicher zivilisatorischer Errungenschaft als einem instinktiven oder tierischen Existenzkampf jenseits jeglicher Moral auszeichnet („und es wirklich nur noch ums nackte Überleben ging“). Hier scheint eine latente Enttäuschung über den Häftlingsalltag auf, der nicht mehr mit positiven Attributen ausgestattet werden kann. Dies beinhaltet zwei mögliche Erkenntnisse: zum einen, dass die Häftlinge keine moralisch besseren Menschen waren als andere; zum anderen, dass unter den Bedingungen von Lager moralische Kategorien hinfällig geworden sind und insofern kein mögliches Bewertungsgerüst für tatsächliches Handeln mehr bieten. Als Lerneffekt zeigt sich vor allem eine Entidealisierung der Opfer und des Lageralltags. Die Pädagogin signalisiert mit einem weiteren „hm“, Natalies Aussage zur Kenntnis genommen zu haben, worauf Natalie noch einmal ausdrücklich einen Lernzuwachs hervorhebt und sich dabei noch einmal als durchaus einschlägig bewandert ausweist („das (-) war mir vorher (zum Beispiel) nicht so klar“).

In einem dritten Aspekt nimmt Natalie direkt Bezug auf Hanna, die mehrfach „diese Frage nach dem Warum“ „erwähnt“ habe. Eine Warum-Frage zu erwähnen, also eher anzusprechen als zu erörtern, deutet bereits darauf hin, dass die Frage bislang weder beantwortet noch auf ihre Beantwortung gedrängt worden ist. Ein „Warum“ kann, außer Aufforderung zu sein, Erklärungen zu finden, auch auf eine tatsächliche oder scheinbare Unerklärlichkeit verweisen. Es steht dann als Chiffre für etwas, das nicht in bisher gemachte Erfahrungen integrierbar ist. Das Warum taucht hier als solche, nicht zu beantwortende Frage auf, die bereits vor der Auseinandersetzung mit der Geschichte vor Ort vorhanden war. Sie konnte auch durch die intensive Beschäftigung nicht geklärt werden, sondern hat sich im Gegenteil sogar noch gesteigert („die stellt sich für mich jetzt noch viel stärker“).

Auch die betonte Intensität der Veranstaltung und neues Faktenwissen haben offenbar nicht dazu beigetragen, Antworten auf dieses große und unbestimmte Warum zu finden. Natalie wiederholt „die Frage nach dem Warum“, und schließt zwei weitere an. Die eine verbleibt mit dem pronominalen Subjekt „es“ im Unkonkreten und muss voraussetzen, von den anderen verstanden zu werden. Unterstellt man, dass mit der Umschreibung „es“ die NS-Verbrechen und der Holocaust gemeint sind, wird allerdings fraglich, worauf eigentlich das Warum der vorangehenden Frage zielte. Die dritte Warum-Frage stellt dagegen die Ursache für die Praxis der Bestrafung der Täter ins Zentrum und bietet damit die Möglichkeit einer konkreteren Antwort. Natalies Fragen lassen aber nicht erwarten, dass sie im Folgenden beantwortet oder auch nur diskutiert werden. Den Abschluss ihres dreiteiligen Redebeitrags bildet eine Empörung, die ihr vor allem ermöglicht, eine eindeutige moralische Haltung gegenüber den ungenannten Verbrechen auszudrücken und sich damit öffentlich zu positionieren. Natalie fertigt mit ihrem Beitrag die erwünschte verbale Collage aus mehreren Aspekten an. Sie böten eine Vielzahl von Anschlussmöglichkeiten für inhaltliche Nachfragen oder Erläuterungen. Der tatsächliche Anschluss sieht dagegen folgendermaßen aus:

PMw	Mh. (6.0) Wir können das gerne auflösen, wenn=s um das Rum( )Laufen geht (ich weiß nicht), vielleicht gibt=s ja (-) jemanden, der im Anschluss sprechen will (2.0) Hm.[3]

Die Pädagogin kommentiert den umfangreichen Beitrag Natalies nicht. Dies entspricht zwar den Gepflogenheiten der Runde, deren Zeitrahmen noch dazu begrenzt ist. Es soll aber Erwähnung finden, weil die Pädagogin an anderen Stellen durchaus auch in der „Runde" von ihrem Recht Gebrauch macht, auf Fragen einzugehen oder Aussagen richtig zu stellen. Das von ihr gegebene Minimalsignal („Mh") reicht an dieser Stelle aber offenbar nicht aus, um die Runde fortzusetzen. Mehrere Sekunden schließt niemand an Natalies Beitrag an. Die Pädagogin ergreift erneut das Wort und thematisiert die Gesprächsorganisation. Sie bietet den Teilnehmerinnen an, die über das gesamte Seminar hinweg etablierte Sprecherreihenfolge nach der Sitzordnung („das Rum(-)Laufen") aufzulösen. Das Schweigen wird nicht als Schweigen-Wollen gedeutet, sondern die etablierte, pragmatische Regelung der Runde infrage gestellt („vielleicht gibt=s ja (-) jemanden, der im Anschluss sprechen will"). Tatsächlich setzt daraufhin aber Natalies Nebensitzerin ein und aktualisiert damit die Reihenfolge nach Sitzordnung-Regel, die anschließend eingehalten wird.

Die nachfolgenden Beiträge, die hier nicht alle dargestellt sind, bilden ein Sammelsurium unterschiedlicher Bezugnahmen auf die vergangenen Seminartage, die aneinandergereiht werden und unkommentiert stehen bleiben. Ausnahmslos alle Teilnehmer versichern sich nicht nur erneut der besonderen Valenz von Gegenstand und Ort, sondern stellen auch durchweg einen Lernzuwachs fest. Dies soll hier lediglich illustrativ zitiert werden: „mir ist auch zum ersten Mal bewusst geworden, wie viele Menschen eigentlich (-) in, in dieser Zeit gestorben sind und (-) äm, das auf die Außenlager verteilt, ist die Zahl ja (2.0) der reine Wahnsinn" (Christiane)[4]; „Äh (-), ja und dann diese Vielzahl von Informationen, das Wissen, was wirklich vermittelt wurde" (Lisa)[5]; „bevor ich hergekommen bin, war das für mich zwar auch alles schon schlimm, aber (-) so detailliert und

3 T-J-5.4, Z. 45–47.
4 T-J-5.4, Z. 51–54.
5 T-J-5.4, Z. 88–89.

(-) so (2.0) öfter (-) herzzerreißend äm, hab ich das noch nie wahrgenommen" (Conny)[6]; „ich dachte, ich weiß (-) eigentlich genug über KZs [...] aber (-) dem war auf keinen Fall so (1.0). Also (-), eine Woche lang hier zu verbringen (3.0), sehr aufschlussreich war das. (2.0) Also, ich hab etwas mitgenommen" (Nicolaj)[7].

Mehrfach wird, insbesondere von den Teilnehmerinnen, konstatiert, dass entgegen der ursprünglichen Erwartungen die Auseinandersetzung mit der Geschichte vor Ort zu einer persönlichen, zum Teil hochemotionalen Angelegenheit geworden sei. So äußert Lisa unter anderem: „Und dann hätt ich auch nie vorher gedacht, äm (-) also ich hab mich eingeschrieben, ohne dem (-) in diese Studienfahrt ohne das Bewusstsein, dass das wirklich ne psychische Belastung (-) werden kann und (-) teilweise auch (-) war. Also (1.0) da war ich sehr überrascht. Mh.[8] Dagmar erklärt: „Und (-) die ersten zwei Tage kam=s ja nicht an mich ran, wie ich ja schon gesagt hatte (-) (nur) jetzt Mittwoch mit dem Krematorium und gestern noch der Film, der hat mir wirklich den Rest gegeben".[9] Karsten sagt: „Also (2.0) ich hätt nicht gedacht, dass das doch so nah an einen rankommt".[10] Auch Sina beginnt ihren Beitrag damit, dass ein persönliches Involviertsein eingetreten sei, die sie nicht erwartet hatte. Ihre Äußerung wird im Folgenden noch einmal detailliert betrachtet, weil sich daran eine Diskussion unter den Teilnehmerinnen anschließt:

Sina	Dass so=ne psychische Belastung mit dabei ist, hab ich (-) überhaupt nicht (-) auch nur ansatzweise geahnt, ich hab nicht gedacht, dass es überhaupt irgendwie sonderlich an mich rankommt, sondern dass ich einfach nur das Wissen aufnehme
PMw	Mh
Sina	Aber (-) ich war dann doch beeindruckt, dass wir eigentlich schon am ersten Tag, wo wir noch keine zwei Stunden hier waren (-), war=s eigentlich schon so, dass schon alleine durch (-) Bilder und nur so einfache Sachen, dass das trotzdem schon doch an mich rankam. (-) Und das hat sich dann von Tag zu Tag immer weiter aufgebaut. Und irgendwie ist es inzwischen schon so, wie Dagmar das halt schon gesagt hat,
Xw	Mh

6 T-J-5.4, Z. 118–120.
7 T-J-5.4, Z. 195–200.
8 T-J-5.4, Z. 81–86.
9 T-J-5.4, Z. 297–300.
10 T-J-5.4, Z. 424–425.

Sina	dass man teilweise schon mit da drinne lebt, man, man leidet mit den Leuten mit, man (-) fühlt mit den Leuten mit, wenn die befreit werden und (-) lauter solche Sachen. Man ist halt irgendwie schon immer dabei. (-) Und (-) mir ging=s auch so, dass ich jetzt auch in den Pausen oder irgendwas, nicht wirklich (-) aufhören wollte, [mich//nicht]
PMw	[Mh]
Sina	(durch) zu lesen, überall und so ((lacht auf))
PMw	Mh.[11]

Sina stellt die eingetretene Wirkung des Gedenkstättenaufenthalts ins Zentrum ihres Beitrags und bezeichnet sie als deutlich unterschieden von ihrer Vorerwartung. Ähnlich wie Lisa bezieht sie die „psychische Belastung" nicht auf die gesamte Veranstaltung; diese bildet vielmehr einen Teilaspekt, auf den sie im Vorfeld nicht vorbereitet war. Vorbereitet war sie hingegen darauf, dass es sich um eine Lehrveranstaltung handeln würde, in der ihre Aufgabe ohne Zweifel darin bestünde, „das Wissen" aufzunehmen. In dieser Formulierung steckt nicht nur eine eigentümlich passive Aktivität, sondern auch die Annahme, „das Wissen" sei ohne Auswirkung auf das Befinden. Ob hier mit schulischer Erfahrung argumentiert wird, lässt sich nicht belegen; klar wird aber, dass der Aufenthalt am Ort („wo noch keine zwei Stunden hier waren") als entscheidende Ursache dafür angesehen wird, dass „es" doch an sie „rankommt". Interessanterweise spielt die tatsächliche Begegnung mit dem Ort dabei gar nicht die maßgebliche Rolle. Vielmehr scheint der Ort die Hintergrundfolie zu liefern, auf der „Bilder und nur so einfache Sachen", also keine aufwendigen Inszenierungen, ihre Wirkung zeigten. Dieser bereits zu Beginn einsetzende Effekt wird als kontinuierlich sich steigernd beschrieben, sodass „inzwischen" ein unmittelbares Miterleben („da drinne") von Leidenserfahrungen bezeugt wird. Die Identifikation mit den Opfern, die lediglich als „Leute" bezeichnet werden, drückt sich deutlich in der Nutzung des Präsens aus.

Sina bestätigt hier eine Art prompt wirkender Behandlung, deren Ziel aus ihrer Sicht offenbar die identifikatorische Annäherung an die historische Erfahrung des Lebens im Konzentrationslager ist. Aus ihrer Sicht scheint dies nicht nur erfolgreich hinsichtlich emotionaler Betroffenheit, sondern als Motivation oder innerer Verpflichtung, sich in besonders intensiver Weise, weit über das geforderte Maß hinaus mit verfügbarem Wissen einzudecken. Die Identifikation mit den Opfern als Lerneffekt und -anreiz bleibt von anderen Teilnehmerinnen oder der Pädagogin unkommentiert, während sich an einem weiteren Gedankengang

11 T-J-5.4, Z. 335–355.

Sinas eine offene Kontroverse entspinnt. Dabei steht eine kritische Beobachtung im Vordergrund, die das Verhalten der Gruppe historisch analogisiert. Diese bringt Sina in Verbindung mit der wiederholt virulent gewordenen Frage nach dem moralischen „Warum“:

Sina	ich mein (-) sicherlich alle fragen sich immer, warum ist das passiert und (-) wie hat man diese Leute beeinflusst, warum war das für die in Ordnung und (-) wie müssen die gedacht haben (-) und (-) ich find=s total absurd jetzt mir vorzustellen, dass jetzt so ein SS-Mann da (-) paar Leute (-) was weiß ich, irgendwie (-) (in den Tod//tot) quält, also (-) sie zum Arbeiten so weit zwingt, bis sie eben (-) dahin sterben und dann eben nach Hause zu seiner Familie geht.[12]

Sina verallgemeinert die Warum-Frage zu einer nicht nur im Seminarkontext auftauchenden, sondern einer von allen und immer gestellten Frage. Sie wird anschließend aufgefächert in vier Einzelfragen, die sich vage auf die Grausamkeiten in einem KZ („das“) und die Täter, die ebenfalls als „diese Leute“ bezeichnet werden, beziehen. Während zunächst nur von einem vagen Geschehen die Rede ist („warum ist das passiert“), treten in der Folge mehr oder weniger Tatverantwortliche in das Sprechen ein. Als unverständlich wird hier vor allem die psychische Disposition der Täter skizziert. Dies setzt sich im Folgenden fort, wenn Sina formuliert, dass sie selbst es ebenfalls „absurd“ fände, sich die Doppelgesichtigkeit eines SS-Mannes vorzustellen. Die Warum-Fragen enden insofern aus ihrer persönlichen wie verallgemeinerten Sichtweise in ihrer Unbeantwortbarkeit. Im Folgenden formuliert sie nun eine Entgegnung:

Sina	Aber wenn ich mir dann irgendwie angucke, dass wir (-) jeden Tag, wenn wir hier hoch gekommen sind, war halt gleich diese bedrückende Stimmung (-) aber wenn wir wieder gegangen sind, und wir waren abends in unser, in unserer Unterkunft, hat man davon wieder nichts mehr gemerkt.
PMw	Mh
Xw	Mh
Sina	Also irgendwie ist das schon (-) erschreckend (-) dass auch hier diese Teilung irgendwie schon da war.[13]

12 T-J-5.4, Z. 362–368.

13 T-J-5.4, Z. 368–376.

Nachdem das nicht Nachvollziehbare zitiert ist, entgegnet Sina eine kritische Selbstbeobachtung des Gruppenverhaltens während der Seminarwoche. Während eine bedrückte Stimmung an die Anwesenheit vor Ort geknüpft wird, wird die Abwesenheit dieser Stimmung mit der physischen Abwesenheit vom Ort gleichgesetzt. Auf zwei minimale Signale (die eine zumindest schwache Bestätigung sein können), fasst Sina ihre Beobachtung als „erschreckend" zusammen und entwirft eine Art Analogie zwischen dem Gruppenverhalten und der vorher angesprochenen Doppelmoral der Lager-SS („dass auch hier diese Teilung irgendwie schon da war"). Die Beobachtung eines regelmäßigen ortsgebundenen Stimmungswechsels leitet Sina als Widerspruch zu der scheinbar unbeantwortbaren Warum-Frage ein. Ihre Gruppenbeobachtung kann insofern als zumindest vorsichtige Antwort verstanden werden, die dann in der Lage ist, die von „allen" „immer" gestellte Frage als Ausdruck lediglich einer Empörung (im Gegensatz zu einer Frage, die den kausalen Zusammenhängen auf den Grund gehen will) zu entlarven. Sina bietet hier eine Verhaltensanalogie zum Täterhandeln insofern an, als sie auf eine kontext- und ortsabhängige Spaltung („Teilung") des Verhaltens und Handelns hinweist. Hier regt sich Widerspruch in der Gruppe:

Lw	((leise)) ( )
PMw	(na, ist ja klar) [( )]
X	[((Husten))]
X	[( )]
Sina	((lauter)) [na ja, das muss man auch, das ist klar]
Sn	[( )]
Sina	aber, ich, im Prinzip, wenn man=s wirklich (drastisch// plastisch) sieht, ist es (-) eigentlich irgendwo (-) fast dasselbe (3.0)
Xw	Dasselbe?
Xw	((leise)) mhmh
Sina	na, im übertragenen Sinne (-) weil irgendwie, [ich weiß nicht
Natalie	[(na, aber das braucht)(
Sina	aber es ist ein komisches Gefühl]
Natalie	)]
Natalie	Ja (-) ja (wir haben nie aufgehört, darüber nachzudenken)
Lw	Man braucht es auch ( )
Xw	[( )]
Conny	[( ) kein Mensch ( )

Sina	Ja, aber deswegen hast du trotzdem abends dagesessen und hast eher mal (-) gelacht und über völlig andere Dinge gesprochen, als [(wenn das hier)] nicht
Xm	[((Husten))]
Sina	gewesen wäre, und sobald du hier hochkamst (-) sind alle wieder mit dieser bedrückenden Stimmung rum gelaufen, das war ganz anders, das kannst du gar nicht vergleichen die Stimmung, die untereinander [war]
Natalie	[Ja] das stimmt schon, aber ich glaub schon auch, dass man=s braucht (so einen gewissen [Abstand)]
Lw	[(Wenn du] ihn nicht hast, gehst du [(wahrscheinlich kaputt)]
Natalie	[Ja, das glaube ich auch]
Sina	[Na, das ist ja, das ist ja auch klar], ich mein nur, wenn man das so ins [Verhältnis stellt, find ich das irgendwie erschreckend]
Xw	[( )]
Xw	Hm?
Xw	Hm
Xw	Hm (2.0)[14]

Auf diese Analogie zu der im Verlauf des Seminars mehrfach und vom Lehrer auch in der Abschlussrunde zur Sprache gebrachten Spaltung im Täterhandeln zwischen SS-Scherge und Familienvater („dass auch hier diese Teilung schon da war") reagiert als Erstes die Lehrerin mit einem akustisch unverständlichen Beitrag. Die Pädagogin setzt zu einer beschwichtigenden Erklärung an („na, ist ja klar"), die gemeinsam mit einem weiteren Beitrag in einem Husten untergeht. Sina selbst formuliert einen an den Kommentar der Pädagogin angelehnten Satz und charakterisiert die von ihr genannte Teilung als zwingend notwendig, bestärkt aber ihre These, dass sich zugespitzt („wenn man=s wirklich (drastisch// plastisch)) sieht") das eigene Gruppenverhalten mit dem historischen Täterverhalten im Grundsatz decke. Natalie kontert mit einem die Gruppe verteidigenden Argument. Sinas Analogiebildung wird tatsächlich nicht als Erklärungsversuch psychologischer Abwehrmechanismen verstanden, sondern als (Selbst-)Anklage. Auch die Lehrerin greift erneut ein, indem sie den von Sina kritisch betrachteten Stimmungswechsel notwendig nennt („man braucht es auch").

14 T-J-5.4, Z. 377–411.

Sina entkräftet noch einmal Natalies selbstentlastendes Argument, indem sie ihr persönlich vorhält, dass sie, obwohl sie behauptet, niemals aufgehört zu haben, darüber nachzudenken, am Abend doch gelacht und über andere Dinge gesprochen habe. Natalie kontert mit dem von der Lehrerin bereits eingeführten Argument, das die Lehrerin kooperierend zu Ende führt: Wer keinen Abstand zu Thema und Ort habe, gehe daran wahrscheinlich kaputt. Sina pflichtet dem bei, wiederholt aber trotzdem die für sie erschreckende (Selbst-)Erkenntnis, die daraus entsteht, die Gruppendynamik zum Verhalten der Täter ins Verhältnis zu setzen. Es folgen ein weiterer unverständlicher Beitrag und einige wortlose Zustimmungssignale und eine kurze Pause. Anschließend setzt ein weiterer Teilnehmer die Runde unbeirrt fort.

Was hier in kommunikativer Verdichtung aufscheint, ist nicht nur eine kritische und moralische Infragestellung der gruppendynamischen Strukturen beim Umgang mit den NS-Verbrechen in einer Gedenkstätte. Sie ist vor allem auch die gemeinschaftliche Bestätigung der ernsthaften und intensiven Auseinandersetzung mit der Geschichte, die gerade erlaubt, ja, sogar erfordert, dass man zeitweilig emotionalen Abstand einhält. Dass gerade die begleitende Lehrerin und die Pädagogin eine ausgelassene Stimmung am Abend als legitim und erforderlich einschätzen, bestätigt den Teilnehmerinnen ein besonders hohes Maß an Bereitschaft und Initiative, sich mit der „Thematik" zu befassen. Insgesamt bekunden die Beteiligten in der Abschlussrunde des Seminars Empathie mit den Opfern und persönliche Betroffenheit, Involviertheit in die Seminarinhalte und Ergriffensein von einzelnen Aspekten. Sie bestätigen noch in der Kontroverse vor allem einen gemeinschaftlich geteilten moralischen Konsens über die verurteilungswürdige Geschichte, immer gepaart mit einer überaus hohen Lernmotivation. Alle an der Diskussion Beteiligten bestätigen die nahezu grenzenlose Bereitschaft („wir haben nie aufgehört, darüber nachzudenken"), das Thema sowohl kognitiv („lesen") als auch emotional („erschreckend") zu erfassen, und bestätigen mit der von Sina angesprochenen „Teilung" von Stimmungen erst recht ihr außergewöhnliches Engagement.

Betrachtet man die „Abschlussrunde" als konstitutives Element der pädagogischen Veranstaltung und als Ergebnissicherung, dann sind die Selbstbekundungen, die Hinweise auf die persönlich-affektiven Verbindungen zur Geschichte und die Versicherung tiefer Betroffenheit als Ergebnisse dieser Veranstaltung zu verstehen. Gleichzeitig sagen sie etwas über die pädagogischen Ziele aus. Denn obgleich sie als persönliche Einschätzungen oder Meinungsbekundungen gelesen werden können, werden sie mehr oder weniger direkt als angemessen beurteilt. Das zeigt sich vor allem dort, wo die scheinbar methodische Strenge an kontrovers betrachteten Äußerungen durchbrochen wird: interveniert in den Fluss der

Äußerungen wird immer dann, wenn etwas korrigiert werden soll. Das heißt, dass in den Fällen fehlender Intervention (durch Kommentar oder Korrektur) von der Akzeptanz oder gar Bestätigung der Äußerungen auszugehen ist. Die Runde erlaubt insofern zwar die Aneinanderreihung unterschiedlicher Reflexionen auf die zurückliegende Woche, sie erfragt aber gleichwohl erwünschte Antworten – die bereits durch die Einleitung der Pädagogin deutlich vorstrukturiert worden sind. Da die Abschlussrunde in einem pädagogischen Zusammenhang steht, lässt sich außerdem nicht annehmen, die Regeln des Pädagogischen seien hier außer Kraft gesetzt. Die Äußerungen der Schüler zielen deswegen erwartbar darauf, Richtiges, im Sinne des pädagogisch Gewollten zu sagen.

Zu diesem Gewünschten zählt auch der Transfer historischen Wissens in die Gegenwart. Im Anschluss an die Runde räumt die Pädagogin den Teilnehmerinnen die Möglichkeit gegenseitiger Bezugnahmen ein („Möchten Sie zueinander (-) noch was sagen?“). Dabei kommt es, erneut ausgelöst durch Natalie, zu einer Diskussion darüber, welche Handlungsmöglichkeiten angemessen seien, um Wiederholungen zu verhindern („Also, ich würd gern noch was sagen, weil das jetzt schon öfter aufgetaucht is, dass man, äm, sich persönlich dafür einsetzen soll, dass das nicht wieder passiert“). Ohne explizite Aufforderung durch die Pädagogin wird von einer Teilnehmerin ein zentrales Lernziel der Gedenkstättenpädagogik zur Sprache gebracht. Die sich anschließende Diskussion, in die weder die Pädagogin noch der Lehrer oder die Lehrerin eingreifen, zeigt, dass alles gelernt worden ist, was die Gedenkstättenpädagogik postuliert: zum Abschluss des Seminars referieren die Jugendlichen nicht nur historische Fakten und Zusammenhänge, sie bekunden auch ihre empathische Haltung gegenüber den Opfern und ihre persönliche Betroffenheit sowie die diskutable Frage des Umgangs mit diesem Wissen und der historisch orientierten Empathie in der Gegenwart. Den Abschluss der Diskussion der Schülerinnen bildet ein weiterer moralischer Appell Natalies, der von der Pädagogin als gehört, ansonsten aber nicht weiter kommentiert wird („Es passiert jeden Tag, dass Menschen umgebracht werden, aufgrund ihrer Religion (-) aufgrund ihrer Anschauung (-) und das sollte man nie vergessen (-) also (-) das ist das Tragische, trotz Zweiter Weltkrieg und trotz KZ“).

„Sehr froh, wie viel ich bei Ihnen […] vermitteln konnte“ – Die Rückmeldung der Pädagogin

Dass die Teilnehmerinnen gelernt haben, was das gedenkstättenpädagogische Programm beinhaltet, bestätigt im Anschluss die Pädagogin. Sie, die sich als Organisatorin und Moderatorin der Abschlussrunde nicht mit einem eigenen

Beitrag beteiligt hat, setzt nun selbst mit ihrer „Reflexion auch auf diese Woche" ein. Sie beginnt damit, dass sie in Voraussicht ihres nächsten Arbeitstages in der folgenden Woche, die von einer „normale[n] Führung" geprägt sei, „ganz große Motivationsprobleme" auf sich zukommen sehe. Sie begründet diesen Einstieg folgendermaßen:

PMw	Weil man einfach merkt, wie wenig auszurichten ist in der Zeit und (-) auf der anderen Seite bin ich jetzt einfach (-) sehr froh, wie viel ich äh bei Ihnen jetzt sozusagen (-) vermitteln konnte, obwohl ich (2.0) Mittwoch, wie schon gesagt (hab ich) das Gefühl (gehabt), ich hab=s jetzt überdreht oder so, ja, ich hatte dann irgendwie auch ein bisschen Befürchtungen, das war jetzt (1.0) echt zu viel, Sie haben mich da auch nicht gestoppt oder so, ja? Es gibt Gruppen, die (-) geben mir deutliche Zeichen, ja? Also jetzt reicht=s ein bisschen (-) da dachte ich nur, um Himmels Willen (-), was wollen wir noch? Und dann hatte ich aber auch gleichzeitig (-) Mittwoch den Eindruck (-) äm, es ist jetzt zwar auch fast egal, was wir hinten drauf noch machen, ich hatte das Gefühl, dass das (-) bei Ihnen jetzt so (-) angekommen ist, so dass Sie, nicht in allen Facetten oder so, aber wenigstens so (-) ansatzweise so diese (-) Tragweite (1.0) begreifen. (-) Und dann war=s auch wiederum (-) nich schlimm (-) zu reduzieren. Hinten drauf. Und das ist das, was ich als (-) Hoffnung (-) äm (-) habe (-), wenn ich Sie jetzt wieder entlasse, dass es irgendwie (1.0) (bei einer/eine) möglicherweise vorhandenen Meinung in Ihnen stärkt, Ihnen auch Argumente mitgibt, in denen Sie sich, äm, in möglichen Gesprächen auch besser fühlen können. (1.0)[15]

Die Pädagogin begründet ihre genannten Motivationsprobleme für die Rückkehr in berufliche Routinen mit einer quasi objektiv feststellbaren, geringen Wirkungslosigkeit oder Einflussmöglichkeit während oder durch Führungen. Diese zum Ausdruck gebrachte Frustration des pädagogischen Alltags verbindet sie mit dem Ausdruck eines kontrastierenden Gefühls von Freude und Erleichterung bezüglich der aktuellen Situation. Aufmerksamkeit verdient dabei die gewählte Formulierung („wie viel ich äh bei Ihnen jetzt sozusagen (-) vermitteln

15 T-J-5.4, Z. 530–547.

konnte“). Sie deutet nämlich nicht nur auf einen Vermittlungserfolg im Sinne einer gelungenen Aneignung hin, sondern auch auf die besseren Bedingungen ihrer Arbeit.

Die geäußerte Freude lässt sich deswegen auch als Zufriedenheit darüber lesen, dass in die zurückliegende Veranstaltung viel mehr zu Vermittelndes als sonst üblich einfließen konnte. Dies bleibt auch im Folgesatz so, in dem die Pädagogin rückblickend den offenbar schmalen Grat zwischen viel und zu viel auslotet. Auch hierbei beruft sie sich aber auf ihr Gefühl, „es“ überdreht zu haben, und nicht etwa auf zum Ausdruck gebrachte Reaktionen der Teilnehmerinnen (die es, wie gezeigt werden konnte, gegeben hat, vgl. den Abschnitt „Also ich möchte mich da jetzt auch nicht schonen“ in Kapitel VII). Die beschriebene Dynamik des Seminarverlaufs erscheint als Strudel des für die Pädagogin möglich Gewordenen, in dem sie von der Gruppe nicht „gestoppt“ wurde. Während die Pädagogin bislang immer wieder die Besonderheit des Ortes als Begründung für das Programm herangezogen hat, bringt sie sich am Ende der Veranstaltung als maßgeblich verantwortlich für deren Aufbau und Gesamtkonzeption ein.

Ihr bekundetes Erschrecken („um Himmels Willen (-) was wollen wir noch?“) über die Dynamik des Seminarverlaufs erscheint gleichzeitig als Beruhigung, zentrale Ziele der Veranstaltung bereits weit vor deren Ende erreicht zu haben („ich hatte das Gefühl, dass das (-) bei Ihnen jetzt so (-) angekommen ist“), was sogar eine Kürzung des Programms möglich gemacht hätte („Und dann war=s auch wiederum (-) nich schlimm (-) zu reduzieren. Hinten drauf“). Gleichwohl bleibt die Zusammenfassung und die Rückmeldung des Lernerfolgs der Pädagogin zurückhaltend: zwar kann sie einschätzen, wie viel sie vermittelt hat, sie kann aber nur hoffen, dass es in der beabsichtigten Weise angekommen ist und nutzbar wird. Die Vermittlung von Wissen gilt insofern als Zwischenetappe auf dem Weg zu dem pädagogischen Ziel verantwortungsvoller und argumentativ gestärkter Personen. Was also „ausgerichtet“ wurde, wie anfangs artikuliert, ist und bleibt auch nach der fünftägigen Veranstaltung und allen Bekundungen eines Lernzuwachses zum Trotz offen. Die Abschlussrunde endet insofern als Sicherung von Zwischenergebnissen. Sie bestätigt den Teilnehmern ein außergewöhnliches Engagement und eine herausragende Lernbereitschaft; die Überprüfung eines umfassenderen Lernerfolgs muss sie den Teilnehmerinnen überlassen.

Ergebnissicherung unter den Bedingungen von Kurzzeitpädagogik und doppelter pädagogischer Rahmung

In der gedenkstättenpädagogisch-programmatischen Diskussion wird der Vermittlung historischen Wissens eine zentrale Bedeutung, wenn nicht gar die Schlüsselrolle zugewiesen.[16] Wissen gilt als Grundlage für alle weiteren pädagogischen Ziele: die empathische Hinwendung zu den Opfern der NS-Massenverbrechen und das Gedenken ebenso wie für eine moralische Handlungsorientierung in der Gegenwart. Tatsächlich können alle beobachteten Veranstaltungen als im Wesentlichen durch die Vermittlung von Wissen geprägt beschrieben werden. Ausgedehnte Führungen, Dokumentar- und Spielfilme, historische Ausstellungen, Bibliotheken und Archive bilden einen enormen Korpus an relevantem Wissen über die jeweils ortsbezogene Geschichte der KZ-Gedenkstätten. Bislang wurden Abschlusssituationen/Ergebnissicherungen betrachtet, in denen die sachlichen Inhalte der Veranstaltungen nicht zentral waren, sondern eher durch den Filter der persönlichen Bedeutungszuschreibung reflektiert worden sind. Dass sie so umfangreich untersucht wurden, bedeutet nicht, dass inhaltliche Auswertungen in den Veranstaltungen grundsätzlich fehlten.

Gerade in Führungsteilen aber, die davon geprägt sind, dass enorme Mengen an Wissen über den jeweiligen historischen Ort in einer relativ kurzen Zeit von einer Person an die Gruppen weitergegeben wird, bleibt die inhaltliche Aneignung meist vollständig im Dunkeln. Neues Wissen wird aller Beobachtung nach kaum geprüft oder der Korrektur unterzogen. Die Schülerinnen scheinen dies von einer gedenkstättenpädagogischen Veranstaltung auch nicht zu erwarten. In der Veranstaltung G.1, einer wechselseitigen Führung, melden einige Schüler in der Auswertungsrunde gerade die korrigierenden Ergänzungen durch den pädagogischen Mitarbeiter als Zumutung zurück:

Swl	nur ich fand, man hat sich immer n=bisschen (1.0) blöd gefühlt, wenn man dann was erzählt (1.0) und so und dann danach (1.0) wird aber noch viel mehr (-) und dann fühlt man sich so, als wenn man irgendwie (-) was falsch sagt, und wenn dann da auch immer noch so viel kommt, also wenn (2.0) [dass]
PMm	[( )]

16 Ulrike Schneider, Gedenkstättenpädagogik in Deutschland – Ergebnisse einer Umfrage, in: GedenkstättenRundbrief Nr. 132 (2006), S. 21–28.

Swl	als wenn das nichts gebracht hat, was wir da gemacht haben. (1.0)
PMm	Wenn nachgelabert wird.
Swl	Ja.
PMm	Mh.[17]

Ob zum Abschluss auch konkrete Lerninhalte und neu Gelerntes zur Sprache kommen, hängt von zwei Faktoren ab. Zum einen davon, ob im didaktischen Aufbau der Veranstaltungen Phasen zur arbeitsteiligen Beschäftigung mit verschiedenen Themen vorgesehen sind. Zum anderen davon, ob den Gruppen während ihres Aufenthalts in der Gedenkstätte ein (Seminar-)Raum zur Verfügung steht. Beides tritt eher bei Tages- und Mehrtagesveranstaltungen auf; Veranstaltungen von eineinhalb bis drei Stunden sind auch in räumlicher Hinsicht eher flüchtig. Sicher lässt sich nicht behaupten, dass „Aneignung" von Wissen in Führungen nicht stattfindet – gerade der Ablauf von Führungen, die Abwechslung von Vortrag und informellem Gespräch beim Gehen von Station zu Station schafft ja durchaus günstige Voraussetzungen, sich mit dem Gehörten und zu Sehenden zu beschäftigen.

Entscheidend ist, dass vor allem in Führungen, aber auch in nahezu allen anderen Veranstaltungsformaten die einordnende Rückmeldung für das Gelernte fehlt. Zwar werden in längeren Seminaren regelmäßig auch Phasen eigenständigen Arbeitens realisiert. Dies waren in den beobachteten Veranstaltungen durchweg Kleingruppenarbeiten.[18] Was in ihnen genau passiert, verschließt sich nach außen weitgehend. Während Plenarphasen mitlaufend beobachtet werden können und Führungen, durch die monologische Wissensrepräsentation als stellvertretende Aneignung geprägt sind, müssen die Ergebnisse aus Kleingruppenphasen ins Plenum zurückgeholt werden.[19] Insgesamt lässt sich aber konstatieren, dass für das

17 T-G-1.1, Z. 16–23.

18 In der Gedenkstätte K sind dafür etwa zwei Stunden eingeplant. In der „Vertiefungsphase" sollen mithilfe thematisch strukturierter Arbeitsblätter Themenbereiche der Dauerausstellung zur Lagergeschichte erschlossen werden. In der Veranstaltung J.1-5 arbeiten die Kleingruppen an drei Seminartagen jeweils etwa eineinhalb Stunden an ihren Themen. Sie nutzen dafür vielfältige Medien: Themenordner, Erinnerungsberichte und Literatur aus der Bibliothek der Gedenkstätte, die Ausstellung und auch die pädagogische Mitarbeiterin als „Wissenscontainer".

19 Allerdings endete die mehrstündige, als „Projekt" betitelte Veranstaltung G.2 nach einer Phase der Kleingruppenarbeit ohne erneute Zusammenkunft in der Gesamtgruppe. Ein inhaltlicher Abschluss wird nicht markiert, die Gruppe diffundiert in Richtung Fluchtpunkt „Busabfahrt", sodass sogar eine gegenseitige Verabschiedung der Beteiligten fehlt.

Gespräch über das Gelernte in nahezu allen beobachteten Veranstaltungen sehr wenig Zeit blieb.[20]

Die Rückkehr des Schulischen I: Delegation

Eine Strategie der Gedenkstättenpädagogik für den Umgang mit Unerledigtem stellt die Definition des Seminarendes als Übergang dar: das Ende der Veranstaltung bildet dann keinen inhaltlichen Schlusspunkt, sondern lediglich eine Zäsur. Die Aufforderung zur Beschäftigung mit dem gewonnenen neuen Wissen und der Erfahrung des Gedenkstättenbesuchs kann dann sowohl als über den Gedenkstättenbesuch hinausgehende, individuelle Aufgabe formuliert werden oder als pädagogisch-institutionelle Aufgabe an die Schule weiter- bzw. zurückgegeben werden. Die Schule tritt nicht nur als relevante Institution auf, wenn es um die Einschätzung und Abfrage des Vorwissens geht. Die Schule ist auch der tatsächliche oder projizierte Ort der Fortführung des pädagogischen Angebots der Gedenkstätten. Dies zeigt sich etwa an dem folgenden Transkriptausschnitt aus der zweitägigen Veranstaltung in der KZ-Gedenkstätte K:

PMw	Gut. (1.0) Dann schließen wir (-) damit sozusagen (-) den inhaltlichen Teil ab (3.0) und (2.0). Ihr werdet das noch aufgreifen im (-) Schulzusammenhang
Sm	((Husten))
PMw	((leise)) kannst du (irgendwie) schnell mal kurz was (-)
Lm	Ja, ich denke, dass wir den Freitag nutzen, um (-) die Stunde, die wir am Freitag haben, noch mal (-) gegebenenfalls (-) zu

20 Die Zeit für die Ergebnispräsentationen ist in den mehrtägigen der beobachteten Veranstaltungen im Verhältnis zur gesamten Aufenthaltsdauer knapp bemessenen, der Veranstaltung K.1–2 ist für alle Arbeitsgruppen insgesamt eine halbe Stunde eingeräumt. In der Veranstaltung J.1–5 sieht der ursprüngliche Plan des letzten Veranstaltungstages für die Präsentation eine Dreiviertelstunde vor; tatsächlich dauert diese Phase dann mehr als doppelt so lang. Ausnahmen hinsichtlich der inhaltlichen Auswertung bilden der Studientag I.1 und die wechselseitige Führung G.1. Die Veranstaltung I.1 war als Wechsel von eigenständiger Beschäftigung mit unterschiedlichen Themen und Plenarphasen gestaltet, sodass die Ergebnisse beider Kleingruppenphasen jeweils im direkten Anschluss in der Gesamtgruppe vorgestellt und besprochen wurden. Die Veranstaltung G.1 war als Erprobungsdurchlauf für ein mögliches Angebot der wechselseitigen Führung in der KZ-Gedenkstätte G angelegt. Die Schülerinnen hatten hier den Status der Probanden, die als Experten der Schülerperspektive angesprochen wurden. Nach einer Einarbeitungsphase in die jeweiligen „Stationen" der sich anschließenden wechselseitigen Führung fand eine umfangreiche Reflexion der Arbeitsschritte und der persönlichen Einschätzung statt.

	arbeiten (-) wenn die Materialien (-) in Form (-) ja ( ) oder so (-) äh, wenn (-) es//die Notwendigkeit besteht, dann (-) // Montag, denk ich, sollten wir noch mal an der einen oder anderen Stelle in die Tiefe gehen (-)
Sx	[((Räuspern))]
S	(mehrere) [((Gemurmel))]
Lm	Denn ihr habt ja, so wie Peter hab ich gesehen, hat ja mehr auf=m Zettel, als er natürlich jetzt gesagt hat (-) [und (-) das fänd ich ganz schön, wenn wir da noch
Sw	[(
Lm	mal zu=ner Abrundung kämen] (1.0)
Sw	)]
PMw	((leise)) m=hm. (1.0) Gut.[21]

Die Pädagogin erklärt das Vorangegangene zum Abschluss des „inhaltlichen Teils". Deutlich wird daran, dass die Veranstaltung nicht nur einen inhaltlichen, sondern auch (mindestens) einen anderen Teil hat (der hier nicht Thema ist). In unseren Zusammenhang ist entscheidend, dass es sich nicht um einen endgültigen, sondern vorläufig abgeschlossenen Teil handelt. Was hier endet, ist die soziale Konstellation des Wir, in das sich Pädagogin einbezieht. Festzustehen scheint, dass der inhaltliche Teil eine Wiederaufnahme erfahren wird, allerdings in der sozialen Zusammensetzung „Ihr", das heißt ohne die Pädagogin, und in einem anderen, nämlich dem Schulzusammenhang. Für diese zweifelsfreie Ankündigung eines zukünftigen und jenseits ihrer Zuständigkeit liegenden Ereignisses sucht sich die Pädagogin Rückendeckung durch die entscheidende Person. Das zustimmende „Ja" des Lehrers signalisiert zweierlei: Zum einen kommt er der Bitte der Pädagogin nach einer kooperierenden Übernahme des Wortes in einem fließenden Sprecherwechsel nach. Zum anderen unterstreicht er die sachlich-fachliche Kooperation.

Zwischen den beiden pädagogisch Verantwortlichen gibt es eine Übereinkunft, wenn nicht gar Absprache darüber, die Inhalte des Seminars auch jenseits des Veranstaltungszusammenhangs weiterzuverfolgen. Die Verantwortung für die Weiterbeschäftigung wird dabei nicht den einzelnen Teilnehmerinnen übertragen, sondern bleibt an einen pädagogischen Zusammenhang gebunden. Dieser liegt außerhalb des Zuständigkeitsbereichs der Pädagogin. Die Zuständigkeit wird an den Lehrer delegiert und von diesem selbstverständlich – gewissermaßen Hand in Hand – aufgenommen. Der Lehrer entwirft ein Stegreifkonzept,

21 T-K-4.1, Z.579–595.

das sowohl eine Weiterarbeit an „Materialien" vorsieht als auch eine Vertiefung einzelner Aspekte. Er begründet dies mit Verweis auf Peters „Zettel", der mehr Notiertes als Gesagtes beinhalte: die Beteiligten haben offenbar einen Überschuss an Ertrag produziert, der im Rahmen des Seminars vor Ort nicht berücksichtigt werden konnte. Dennoch wird die erfolgte Ergebnissicherung innerhalb der Veranstaltung vom Lehrer als inhaltlich ausreichend anerkannt („wenn (-) es//die Notwendigkeit besteht"). Die kommenden Schulstunden werden stärker als Möglichkeit der Rückschau, der Wiederholung und als Raum für Übriggebliebenes skizziert („noch mal in die Tiefe gehen", „wenn wir noch mal zu=ner Abrundung kämen") und an ein ästhetisches Empfinden des Lehrers hinsichtlich eines runden Abschlusses geknüpft („und das fänd ich ganz schön").

Wesentliche Aspekte (in die Tiefe gehen, Abrundung) werden vom Lehrer als bereits geleistet anerkannt. Dies legt nahe, dass die beiden kommenden Schulstunden vor allem dazu genutzt werden sollen, die Veranstaltung in den schulischen Rahmen zurückzuführen, sie also nicht isoliert vom Unterricht stehen zu lassen. Die schulische Formierung der Gruppe ermöglicht den Anschluss an die institutionelle Weiterbearbeitung der in der Veranstaltung verhandelten Themen.

Die Rückkehr des Schulischen II: Übernahme

Neben der kooperativen Übergabe der inhaltlichen Verantwortung an den Lehrer durch die Pädagogin zeigt sich auch die Variante, dass sich die begleitenden Lehrer am Ende der Veranstaltungen das Wort selbst erteilten und sich Raum verschafften, die Veranstaltung als in den Unterricht eingebettet zu markieren. Im Folgenden handelt es sich um das Abschluss-Statement des begleitenden Lehrers in der Veranstaltung I.1, einem Studientag zu Thema „Kinder und Jugendliche im Nationalsozialismus". Der Lehrer nutzt sein Schlusswort hier auch dazu, die schulische Ordnung wiederherzustellen und die Veranstaltung als in den unterrichtlichen Zusammenhang eingebettet zu verdeutlichen:

Lm	[Zweitens (-) bitte ich (-) und jetzt gut hinhören]
S (mehrere)	[((Gemurmel))]
Lm	(2.0) diesen Tag. (-) In//für das Portfolio
Sm1	ahh
Lm	nicht zu vergessen.
Sm1	( )
Lm	Das heißt erstens (-) ich will nur glückliche Gesichter sehen!
Sw	Ahhh!
S (mehrere)	((Gemurmel))

Lm	Das heißt erstens (-) den Teil, der am Anfang war, Einführung in das Haus (-) mit dem, was ihr gemacht habt, ganz kurz, den wa//wa// wie ihr gearbeitet habt, was ihr gemacht habt, auch (-) nicht in Einzelheiten, aber (-) das Resumee, das [Ergebnis (-) und von mir aus, ganz kurz (-) aber nicht übers Essen (-)]
S (mehrere)	[((Gemurmel))]
Lm	äh (-) etwas zu dem Tag. Ich denke an zwei Seiten (-). Handgeschrieben.
Sw	Aber [( )]
S (mehrere)	[((lautes Stimmengewirr))]
Sw	Jaja.
Lm	( )
Sm	[Herr Mühlheim!]
S (mehrere)	[((lautes Stimmengewirr))]
Lm	Nein, nicht zu morgen (-) ich will das nur langfristig sagen, falls einer heute Lust hat [zu schreiben]
Sw	[zwei Seiten!]
S (mehere)	[((Stimmengewirr))]
Sw	[(wie sollen wir) denn zwei Seiten schreiben?]
S (mehrere)	((8.0 Stimmengewirr))
X	[Pschhhht]
Lm	[So, wenn Sie jetzt nicht noch was sagen wollen. Doch, ne? Wollen Sie?]
S (mehrere)	[((Gemurmel))][22]

Der Lehrer adressiert die Schülerinnen mit der Ermahnung, jetzt gut zuzuhören. Das ausbrechende Gemurmel wartet er durch Unterbrechung seiner Rede ab und erinnert dann an das „Portfolio", das die Kontinuität des Unterrichts am außerschulischen Ort symbolisiert. Das Portfolio ist eine Institution des Unterrichts, in das die vergangene Tagesveranstaltung in der Gedenkstätte I eingegliedert werden soll. Das folgende Gemurmel und vermutlich die Gesichter der Schüler veranlasst den Lehrer, seine Rede abermals zu unterbrechen und in Form eines ich-bezogenen Imperativs die Schülerinnen zum Einverständnis zu mahnen („ich will nur glückliche Gesichter sehen"). Darauf folgend erläutert der Lehrer seine Erwartung hinsichtlich der Einträge: sie sollen festhalten, wo gearbeitet wurde („Einführung in das Haus"), was Inhalt der Beschäftigung war, welche Arbeits-

22 T-I-1.5, Z. 80–109.

formen gewählt wurden. Außerdem sollen kurze Ergebniszusammenfassungen aufgeschrieben werden. Freigestellt wird den Schülern, „ganz kurz" auch allgemeine Eindrücke zum Tag zu formulieren, wobei das Thema Essen kategorisch ausgespart wird.

Das einsetzende Gemurmel übergeht der Lehrer kommentarlos und schließt seine Ausführung mit dem erwarteten Umfang der Einträge ab. Der im allgemeinen Aufruhr deutlich werdende Widerstand der Schüler wird vom Lehrer nur hinsichtlich des Termins beschwichtigt, bis zu dem die Aufgabe zu erledigen ist. Da es sich nicht um den Folgetag handelt, scheint die Erwähnung des Portfolio am Ende der Seminarveranstaltung nicht nur die Funktion zu haben, eine Hausaufgabe zu erteilen. Das Rekurrieren darauf ermöglicht zum einen die Einbettung des Seminartags in den Unterrichtskontext und -verlauf. Zum anderen kann sich der Lehrer mit dem Wiedereintritt des Schulischen seine grundsätzliche und „langfristige" Zuständigkeit sichern und seinen Autoritätsverlust gegenüber dem über die Dauer des Seminars verantwortlichen Pädagogen ausgleichen. Dafür spricht auch der Abschluss seines Redebeitrags, in dem sich der Lehrer dem Pädagogen zuwendet und dabei in der Rolle des Wort erteilenden Sprechers verweilt („So, wenn Sie jetzt nicht noch was sagen wollen. Doch ne? Wollen Sie?").

Die Rückkehr des Schulischen III: Reaktives Zeigen der begleitenden Lehrerinnen und Lehrer

Während die Gedenkstättenpädagoginnen auf ausdrückliche Bewertungen von Lernleistungen verzichten – nicht selten mit einer zur Sprache gebrachten Hoffnung auf Fortwirken des Erlebten und Erfahrenen oder mit dem Hinweis auf eine nachbereitende Thematisierung in der Schule, geben Lehrer am Ende Rückmeldung über den Erfolg der Veranstaltungen. Dazu kommt aber eine weitere Rückmeldung, die den pädagogischen Mitarbeiterinnen der Einrichtungen gilt. Im letzten Fallbeispiel dieser Arbeit kann gezeigt werden, wie die Wiederherstellung oder Aufrechterhaltung einer schulischen Ordnung im außerschulischen setting verhandelt bzw. der Übergang zwischen Gedenkstättenbesuch und Schulunterricht am Ende der zweitägigen Veranstaltung (K.1–2) kommunikativ organisiert wird.

Dokumentiert sind Sprecherbeiträge, die um das letzte Wort der Veranstaltung ringen. Dies ist insofern bemerkenswert, als die vorangegangene Abschlusseinheit aufgrund von Verzögerungen im Programm und der früher als geplanten Abreisezeit der Gruppe unter spürbarem Zeitdruck stattfindet und Schüler wie der Lehrer zu Beginn dieser letzten Plenareinheit mehrfach ihr Interesse an einem möglichst vorzeitigen Abschluss bekundet haben. Nach einer gemeinschaftlichen, schriftlichen Seminarauswertung gibt die Pädagogin die Gelegenheit für „letzte

Worte“. Einige Schülerinnen und auch die Lehrerin nutzen dies für Dankesbekundungen an die Pädagogin und den Hinweis auf die Notwendigkeit, Lehren aus der Geschichte zu ziehen. Ein diesbezüglicher Schülerbeitrag wird von einer Mitschülerin mit den Worten „schönes Schlusswort“ kommentiert und von der Pädagogin ihrerseits mit einem Kommentar und einem wiederholten Dank abgeschlossen.

PMw	Ja, noch mal ganz vielen Dank (1.0)
Gruppe	((6.0Applaus))[23]

Dem Dank der Pädagogin an die Gruppe folgt nach kurzer Pause ein mehrere Sekunden anhaltender Applaus, mit dem der Dank in gestischer Form kollektiv zurückgegeben wird. Als Zeichen der Billigung und Anerkennung einer vollbrachten Darbietung und Leistung markiert Applaus in der Regel das Ende einer Veranstaltung. Zu erwarten wären im Anschluss der Übergang in ein inoffizielles Stimmengewirr, Aufbruchgeräusche oder Ähnliches. Stattdessen erhebt der Lehrer das Wort:

Lm	So zwei Worte möchte ich schon noch (hinzufügen). Ich hab jetzt bewusst
Sw	[Guten Appetit!]
Lm	[(nicht den Ball)] aufgenommen, weil ich dachte, das ist super, dass ihr das macht (-). Äm (-) Gisela ((Lw)) hat vorhin (-) ich hab das zufällig gesehen, geschrieben (-) äh ein sehr einfühlsamer (-) äh schonender Zugang zu dieser schrecklichen (-) äh Thematik (-) äm, das ist mir sofort ins Auge gefallen, das möcht ich auch aufgreifen mit deiner ((lacht)) Erlaubnis (-). Äh (-) sehr schonend, sehr einfühlsam (-) für mich manchmal fast zu schonend (-) äm (1.0)
Sw	((leise)) ja
Lm	aber (-) ich find es toll! Es war ein ganz anderer Ansatz, ich bin das (1.0) vierte Mal, glaub ich, jetzt hier, habe andere Führungen erlebt (-) äh, und insofern äh, ein Kompliment (1.0) verbunden auch (-) mit der Bitte (-) äh drüber nachzudenken, aber ich find das toll, dass eben auch so=n Zugang gewählt werden kann, war mir vollkommen (-) neu.
PMw	((leise)) Hm

23 T-K-2.4, Z. 669-670.

Lm	Ja. Und ich habe auch gemerkt so an den Reaktionen, es gab andere (-) Gruppen, in denen (-) äh wesentlich vehementere Reaktionen kamen (-) äh es hing aber mit Sicherheit mit äh (-) einem anderen Zugang (-) äh zusammen. Also ich bedanke mich auf jeden Fall für diese äh auch teilweise total (-) neue Information, trotz (-) dreier Besuche schon hier (-) und äh, man hat Ihnen schon auch diese (-) äh Kompetenz angemerkt, auch (historische) und das äh fand ich sehr toll (muss ich sagen). Dankeschön.
PMw	Vielen Dank.
Gruppe	((4.0 Applaus))[24]

Der Lehrer schaltet sich mit den Worten „So zwei Worte möchte ich schon noch hinzufügen" fließend in das Abebben des Beifalls ein, noch bevor ein Aufmerksamkeitsverlust zu verzeichnen ist. Einzig der simultan gesprochene Beitrag „Guten Appetit" weist darauf hin, dass zumindest die damit adressierte Person bereits zum inoffiziellen Teil übergegangen ist. Der Lehrer erhebt deutlich Anspruch auf ein als ihm zustehend markiertes Rederecht („schon noch"), das ihm bislang offenbar nicht eingeräumt worden ist und das er sich mit seinem Einspruch nun selbst verschafft. Er aberkennt damit zum einen die Offizialität des letzten Beitrags der Pädagogin und setzt sich zum anderen über die Regelung des Abschlusses hinweg, indem er die von ihr eingeräumte Gelegenheit für „letzte Worte" nicht wahrnimmt. Er positioniert seinen Redebeitrag dagegen als letztes Wort außerhalb dieses Formats und beansprucht im Wortsinn Exklusivität. Diese Grenzüberschreitung scheint zwar begründungspflichtig, qua sozialen Status aber leicht begründbar zu sein. Er verortet sich außerhalb der Gruppe als Prozessbeobachter in exponierter Stellung, dem das Recht zuzustehen scheint, die anderen abschließend lobend zu bewerten („das ist super, dass ihr das macht") und weist seinen angekündigten Beitrag damit als einzigen über-persönlichen aus.

Für diesen greift er auf eine Äußerung seiner Kollegin aus der schriftlichen Seminarkritik zurück. Damit überschreitet er ein zweites Mal die Grenzen einer von der Pädagogin eingeführten Methode, die vorsah, sich bei Bedarf schriftlich zu den Beiträgen zu äußern. Stattdessen holt er seinen Kommentar nicht nur zeitlich später, sondern auch mündlich nach; er soll offenbar eindeutig ihm zuzurechnen sein und vor allen Beteiligten, Pädagogin und Gruppe, geäußert werden. Der Lehrer übertritt damit aber auch die Grenzen des taktvollen Umgangs mit

24 T-K-2.2, Z. 671–694.

einer schriftlichen Äußerung, worauf die mit einem Lachen verbundene rhetorische Frage nach dem Einverständnis der Lehrerin verweist, nachdem er sie bereits öffentlich zitiert hat.

Diese Äußerung, auf die er sich beruft („sehr einfühlsamer (-) schonender Zugang zu dieser schrecklichen (-) Thematik"), verweist zunächst auf eine auf einer Metaebene angesiedelten Kritik. Sie beinhaltet eine Einschätzung der Art und Weise der Beschäftigung mit „dieser schrecklichen Thematik". Auffallend sind daran die Gegensätze der beschreibenden Adjektive, die den Zugang, also die Heranführung der Adressaten an die Sache, und die Sache selbst in einen deutlichen Kontrast bringen. Während sich die Beschreibung „einfühlsam" auch auf die Art des Umgangs mit der Thematik beziehen kann, etwa auf eine sensible, würdevolle Darstellung von Opfern nationalsozialistischer Verbrechen, deutet der Begriff „schonend" klar auf den Umgang mit den Adressaten hin. Die ausdrückliche Charakterisierung dieses Zugangs als „schonend" beschreibt ihn als aktiv geschaffene Verbindung zwischen Adressaten und dem Gegenstand. Sie bringt zur Sprache, dass diese Verbindung auch anders hätte beschaffen sein können und der jeweils gewählte Zugang auf (pädagogischen) Entscheidungen beruht. Nur indirekt und implizit gerät hier die Pädagogin in den Fokus der Seminarkritik, der diese Entscheidung zugeschrieben werden muss, die aus der Sicht beider Lehrer in besonderer Weise die Erhaltung der körperlichen und seelischen Ressourcen der Teilnehmerinnen berücksichtigt habe.

Die zitierte Äußerung der Lehrerin ist zunächst deskriptiv und enthält sich jeder Wertung. Sie wird erst in der Wiederholung des Lehrers, der beide Adjektive durch den Gradpartikel „sehr" verstärkt und den Aspekt des „Schonens" als übersteigert charakterisiert („zu schonend"), zu einer eigentlichen Kritik an der Herangehensweise. Er formuliert diese Kritik als eingeschränkt gültig („für mich", „manchmal", „fast"), was die Lesart zulässt, dass er den Zugang für sich persönlich als „zu schonend" empfunden hat. Seine Positionierung außerhalb der Gruppe und die eingenommene Bewertungshaltung machen es allerdings plausibler, dass er auch hier nicht als Teilnehmer spricht, sondern als pädagogisch kompetenter Beobachter, der die Herangehensweise im Hinblick auf ein zu erreichendes, implizit bleibendes Lernziel kritisiert. Weil „schonen" nicht nur die Adressatenseite betont, sondern auch gewisse Einschränkungen hinsichtlich Effektivität und Leistung beinhaltet, hätte seiner Meinung nach mehr erreicht werden können, wenn die Spannung zwischen „dieser schrecklichen Thematik" und einer dadurch möglichen emotionalen Überforderung der Teilnehmerinnen nicht zu ihrer Seite hin aufgelöst, sondern stärker an der Widrigkeit des Gegenstand orientiert gewesen wäre. Die Kritik ist insofern als pädagogische zu lesen, die sich in erster Linie an die Pädagogin richtet, im selben Atemzug aber auch den Schülern signalisiert, dass ein seiner Ansicht nach wesentliches Ziel nicht erreicht worden ist. Die Schülerin Sw bestätigt diese Einschätzung durch ein beipflichtendes, wenn auch leises „Ja“ und gibt damit zu verstehen, dass sie selbst, als Teilnehmerin, diese Perspektive teilt.

Der Lehrer schwächt seine Kritik daran anschließend durch eine grundsätzliche Billigung der Herangehensweise der Pädagogin ab, die er in seiner Folgeäußerung durch einen Erfahrungswert sättigt. Er wechselt hier aus der Rolle des pädagogischen Experten in die eines erfahrenen Gedenkstättenbesuchers, indem er sein Urteil mit der Wahrnehmung eines Kontrastes legitimiert, der seine Verankerung weniger in der Schule findet, als vielmehr im Vergleich mit früher erlebten „Führungen“. Dieser Vergleich ist Anlass für ein „Kompliment“ an die Pädagogin, das aber noch einmal mit seiner Kritik „verbunden“ wird. Dafür schlüpft er wieder in die Rolle des Lehrers, die er in diesem Fall ihr gegenüber einnimmt, indem er seine Bewertung in mäßig taktvoller Form pädagogisch, auf einen späteren Zeitpunkt hin formuliert, zu dem ein möglicherweise besseres Ziel erreicht werden könnte („mit der Bitte (-) äh, drüber nachzudenken“). Noch einmal wiederholt er dann die Abschwächung seines Einwands, die aber den Tonfall einer pädagogischen Aufmunterung beibehält. Anschließend changiert er wieder in die Rolle des Gedenkstättenbesuchers, der bei diesem Aufenthalt etwas „vollkommen (-) neu(es)“ erfahren habe, nämlich dass ein solcher wie von der Pädagogin gewählter Zugang überhaupt möglich ist. Dass die Art der Vermittlung nicht gewissermaßen selbstverständlich vom Gegenstand vorgegeben ist, sondern dahingehend verändert werden kann, weniger die „schreckliche Thematik“ zu betonen, als die Teilnehmerinnen behutsam im Blick zu behalten, erscheint als Quelle der Überraschung. Die Vorerwartung, die sich dahinter verbirgt, speist sich dabei aus den Vorerfahrungen, die aus seiner Sicht offenbar stärker von der „schrecklichen Thematik“ geprägt waren, als von einer „schonenden“ Vermittlung.

Die Herangehensweise der Pädagogin erscheint in der Äußerung des Lehrers jedoch wie eine Art avantgardistisches Experiment, das eben auch scheitern kann. Ein Scheitern wird hier zwar nicht bezeugt, allerdings auch nicht sein Gelingen. Sein Kompliment bleibt zweideutig, zumal es der sozialen Situation in keiner Weise angemessen ist. Die Einschätzung ihrer professionellen Tätigkeit und didaktischen Entscheidungen ist von der Pädagogin nicht erbeten worden, wird aber vom Lehrer so selbstverständlich vorgetragen, als wäre dies nicht nur sein Recht, sondern seine Pflicht. Die Pädagogin reagiert darauf ohne Worte („Hm“), und der Lehrer führt seine Rede fort. Dass dieser aus seiner Sicht experimentelle, „vollkommen neu(e)“ Zugang als zwar gut gemeint, aber eben nicht gelungen bewertet wird, bemisst sich offenbar an einer anderen als der erwarteten

Wirkung. Die Reaktionen in der Gruppe waren seiner Wahrnehmung nach deutlich weniger drastisch als in anderen Gruppen („es gab andere Gruppen, in denen (-) äh wesentlich vehementere Reaktionen kamen“).

Während sowohl deren Auslöser als auch die Reaktionen selbst unbestimmt bleiben, wird ihre erwartete Qualität und sichtbare Ausprägung bemängelt. Dieser so wahrgenommene Mangel an „vehementen“ Reaktionen führt hier eine Enttäuschung mit sich oder zumindest eine Verunsicherung darüber, ob der Gedenkstättenbesuch nun als gelungen oder gescheitert einzuschätzen sei. Die Ursachendeutung für die erwarteten, aber ausgebliebenen sichtbaren Reaktionen zielt interessanterweise recht eindeutig auf die Art der Vermittlung und damit auf die Pädagogin, wenn die bei anderen Gruppen beobachtete stärkere emotionale Beteiligung eindeutig („mit Sicherheit“) einem „anderen Zugang“ zugeschrieben werden. Andere Ursachen scheinen nicht in Betracht zu kommen. Dass die Schüler an dieser Stelle entlastet werden, indem er ihnen nicht etwa ihnen mangelndes Interesse, moralische Unzulänglichkeit oder fehlende Bereitschaft zur ernsthaften Auseinandersetzung unterstellt, lässt nun auch eine Vermutung darüber zu, warum der Lehrer seine Kritik in ihrer Anwesenheit und nicht etwa nach Beendigung der Veranstaltung im persönlichen Austausch mit der Pädagogin äußert.

Die Enttäuschung über ein Ausbleiben „vehementer“ Reaktionen, so ist anzunehmen, ist dem Lehrer nicht alleine eigen, was zumindest die Zustimmung einer Schülerin nahelegt. Er stellt sich mit seiner öffentlichen und herausgehobenen Kritik an der pädagogischen Entscheidung der verantwortlichen Pädagogin auf die Seite der Schülerinnen, denen er zugesteht, dass bei dieser Art des Zugangs gar keine heftigen Reaktionen möglich seien, sie also zumindest nicht enttäuscht über sich selbst sein müssten. Er signalisiert ihnen damit außerdem, dass er den Grad der geäußerten Emotionalität nicht als Indiz für eine positiv oder negativ zu bewertende Beschäftigung mit Ort und Thema heranziehen würde.

Mit der Ankündigung einer abschließenden Zusammenfassung („also“) leitet der Lehrer seine Abschlussrede in eine Danksagung und damit in eine formalstandardisierte Beendigung einer sozialen Situation über, für die er sich hier organisatorisch verantwortlich zeigt, die aber in dieser Form offenbar gar nicht vorgesehen war. Er rahmt seinen Beitrag als einen im eigentlichen Sinne dazugehörenden Teil des Abschlusses und macht damit deutlich, dass die Veranstaltung nicht allein in der Verantwortung der Pädagogin gelegen hat.

Der Dank zerfällt dabei in zwei Teile: zum einen weist er auf einen persönlichen Bildungsgewinn hin, wobei er in auffälliger Weise lediglich von Information, also einer sachlichen Wissensvermittlung im Gegensatz zu der zuvor kritisierten fehlenden emotionale Reaktionen evozierenden Komponente, spricht. Dies belegt, dass er in der vorangegangenen Kritik vor allen Dingen pädagogisch, also im Hinblick auf die Lernerfahrungen der „Gruppe“ argumentiert hat. Der zweite Teil des Dankes offenbart eine erleichterte Überraschung angesichts der offenbar nicht erwarteten Kompetenzen der Pädagogin. Erwartet wurde von ihr, so lässt sich zusammenfassen, eine stärkere emotionale Konfrontation der Jugendlichen mit „dieser schrecklichen Thematik“ und weniger historisch genaue und schon gar keine neue Information. Der Gedenkstättenbesuch war, so lässt sich rekonstruieren, seinerseits nicht als eigentlich historische Bildungsexkursion angelegt, sondern als ein vor allem emotionales Erlebnis. Dieses zu inszenieren wird der Pädagogin vor Ort zugeschrieben, wofür er aber offenbar keine besonderen Kompetenzen für nötig hält. Die Überraschung führt zu einem Eingeständnis, dass zumindest hinsichtlich des persönlichen Bildungsgewinns der Gedenkstättenbesuch nicht überflüssig war. Mit Blick auf seine Schülerinnen scheint er sich dessen noch nicht gewiss zu sein.

Die hier erneut nur mäßig taktvoll formulierten Einschätzungen der Pädagogin können durchaus auch als Affront auf die Professionalität der Gedenkstättenpädagogik allgemein gelesen werden. Diese scheint als deutlich unterhalb der eigenen professionellen Kompetenz (und damit der der Lehrer/innen allgemein) eingeschätzt zu werden, wenn sie wie in diesem Fall zu solcherlei Überraschungen führen kann. Die herablassende Kritik ist jedoch in die standardisierte Form einer Abschlussrede verpackt, die es der Pädagogin im Anschluss erlaubt, lediglich deren Hülle mit einem schlichten „Vielen Dank“ entgegenzunehmen und auf eine inhaltliche Replik zu verzichten, die an dieser Stelle kaum möglich erscheint. Nach ihrer erneuten Dankesbekundung setzt ein zweiter Applaus der Gruppe ein, der die Veranstaltung erneut zum Ende zu bringen scheint. Auch dieses Mal führt das rituelle Ende aber nicht zum Aufbruch, weil sich eine Schülerin folgendermaßen zu Wort meldet:

Steffi:	Ich würd da gerne noch mal was grad dazu sagen. Grad weil (-) äh, als ich aus dem Krematorium raus gelaufen bin, sind wir auf diese andere Gruppe gestoßen (-)
PMw:	Hm
Steffi:	Und äh, Sie haben ja auch immer sehr (-) leise ge// also nicht leise, aber eben so in=nem, wie der Herr ((Lm)) schon gesagt hat, in sehr einfühlsamen Ton geredet (-) und ich hab dann eben nur diese zwei Sätze von ihm gehört und war irgendwie (-) auch von seinem Tonfall sehr schockiert. Deswegen bin ich dann auch weggegangen, weil (1.0) das nicht gepasst hat (-) für mich

Sw:	((leise)) Mh
PMw:	[Mh]
Steffi:	[Und] das find ich schon, dass Sie das (-) sehr gut gemacht haben. (1.0)
PMw:	Dankeschön.
Sw:	leise ((Lachen))
PMw:	Schön das zu hören ((lacht)).
S(mehrere):	((Lachen))
PMw:	Aber es hat mir auch (-) (mit euch) auch viel Spaß gemacht. [Also]
Sw:	[Ja]
S (mehrere)	((Lachen, Gemurmel, Unruhe, Aufbruchgeräusche))[25]

Trotz des erneuten Applauses meldet Steffi eine Ergänzung an und führt sie als direkte Replik auf den Beitrag des Lehrers ein. Im Gegensatz zu ihm, dessen Kritik sich auf den „Zugang“ bezieht und damit sachlicher formuliert ist, bezieht sich Steffi ausdrücklich auf eine persönliche Eigenheit oder personenbezogene Performanz der Pädagogin („Sie haben ja auch immer sehr leise ge// also nicht leise, aber eben so in=nem […] in sehr einfühlsamen Ton geredet“). In der Korrektur der Beschreibung „leise“ greift sie erneut direkt auf die Einschätzung des Lehrers zurück und nimmt die von ihm kritisierte Charakterisierung eines „einfühlsamen Zugangs“ auf. Jedoch stellt sie den Begriff des Einfühlsamen in einen anderen Kontext: Bei ihr ist er nicht auf den Umgang mit der Gruppe, sondern auf das Thema bezogen und betont den angemessenen Umgang damit. Gerade die bei der „anderen Gruppe“ wahrgenommene Differenz des Tonfalls habe sie dazu bewogen, sich abzuwenden. Die Vermittlungsform hat sie dabei so stark abgeschreckt („schockiert“), dass sie „nur diese zwei Sätze“ hören musste, um sich so zu entscheiden. Der Inhalt des Gehörten erscheint aufgrund seiner vorgebrachten Form und Ausdrucksweise als hinfällig. Als entscheidend gilt vielmehr der Kontrast zwischen den beiden erlebten Darstellungsvarianten, die sie im Fall der anderen Gruppe als gänzlich unstimmig wahrgenommen hat („weil (1.0) das nicht gepasst hat (-) für mich“).

Eine Schülerin bestätigt diesen Eindruck, und Steffi fasst ihre Rede abschließend und von der vorhergehenden Kritik deutlich abgegrenzt („und das find ich schon“) in einem Kompliment an die Pädagogin zusammen, die sich zweifach bedankt und das Kompliment an die Gruppe zurückgibt. Steffi verweigert dem Lehrer mit ihrem Einwand auf formaler Ebene das letzte Wort und sorgt so dafür,

25 T-K-2.2, Z. 695–714.

dass sein Kommentar die Veranstaltung nicht beschließt und unkommentiert stehen bleibt. Inhaltlich grenzt sie sich von seiner Kritik an der Pädagogin ab, indem sie sie kurz danach rehabilitiert, und zeigt damit an, dass sie sich durch ihn nicht vertreten fühlt. Sie äußert sich als Teilnehmerin des Seminars, die in diesem Rahmen eine dem Lehrer gleichberechtigte Stimme hat, und nicht als Schülerin, die die Organisation der Veranstaltung als letztlich doch schulische anerkennt.

Resümee

Die schulische Rahmung der Gedenkstättenveranstaltung erlaubt es, bestimmte Inhalte zur Überprüfung in eine Nachbereitung zu verschieben, die außerhalb der Zuständigkeit der pädagogischen Mitarbeiter liegt. Nicht vertagt werden in den beobachteten Veranstaltungen die Rückmeldung über Befindlichkeiten am Ende der Veranstaltungen sowie die Aufgabe, die Schülerinnen ins Verhältnis zur Geschichte zu setzen. Dies kann durch Appelle am Ende geschehen, die die Hoffnung auf eine nachhaltige Wirkung des Gedenkstättenbesuchs transportieren. Oder sie zeigt sich in der Aufforderung, persönliche Stellungnahmen und Haltungen zu bekunden. Dabei geht es im Wesentlichen darum zu erfahren, was der Aufenthalt in der Gedenkstätte mit den Beteiligten „gemacht" habe. Letztlich soll eine Einschätzung darüber möglich werden, ob Lernen stattgefunden hat. Die Analysen haben aber gezeigt, dass oft bereits zu Beginn der Veranstaltungen eine gemeinschaftlich geteilte Wertgrundlage formuliert wird. Die Lernerfolge der Veranstaltungen liegen daher eher in der Bestärkung bereits vorhandener Einstellungen und Haltungen. Was die Beteiligten in den Abschlussrunden als Lernerfolg bewerten, ist ein Unterstreichen vorhandenen Wissens – ihr Wortlaut und die Gesprächsverläufe erlauben keine Aussage darüber, ob hier tiefste Überzeugungen bekundet oder sozial erwünschte Antworten gegeben werden.

X. Zusammenfassung der Ergebnisse und Ausblick

Die vorliegende Arbeit steht im Kontext umfangreicherer Forschungen zu der Frage, wie mit dem strukturellen Problem der Diskontinuität und Differenz von Erziehen und Lernen, Vermitteln und Aneignen umgegangen wird. Diese Frage gliedert sich für das bislang wenig untersuchte Feld der Gedenkstättenpädagogik aber kleinteiliger auf. Obwohl Gedenkstättenpädagogik, so wie sie hier untersucht worden ist, in mancherlei Hinsicht mit schulischen Bedingungen verknüpft ist, stellt sie doch eine eigene pädagogische Praxis und ein eigenes Interaktionssystem dar. Wie in den einleitenden Kapiteln gezeigt, ist Gedenkstättenpädagogik ein in unterschiedliche Widersprüche verstricktes pädagogisches Vorhaben, und es stellt sich die basale Frage, wie an Orten, die nicht nur in besonderer Weise moralisch und geschichtspolitisch aufgeladen, sondern vor allem keine genuine Bildungsinstitution sind, Erziehung organisiert und kommunikativ ermöglicht wird.

Die pädagogische Programmatik zum Thema Nationalsozialismus und Holocaust strebt die Verbindung kognitiver und affektiver Aspekte an, indem bei der Vermittlung historischen Wissens insbesondere auch die Auswirkungen der nationalsozialistischen Verfolgung auf die Opfer thematisiert werden. Den Gedenkstätten kommt dabei die spezifische Rolle zu, Geschichte zu verorten und anschaulich zu machen sowie die Erinnerungen der ehemaligen Häftlinge lebendig zu halten. Die Gedenkstättenpädagogik will diese nicht zum „Stoff" machen, sondern mit eigenen, nicht-schulischen Vermittlungsformen eine persönliche Auseinandersetzung mit den NS-Verbrechen erreichen. Mit der Institutionalisierung pädagogischer Gedenkstättenarbeit haben sich aber nicht nur neue Vermittlungschancen ergeben. Die Überlagerung der Gedenkstätte durch die Funktion des Lernorts, ohne freilich ihre Gedenkfunktion aufzuheben, hat auch eine ganze Reihe widersprüchlicher Handlungsaufforderungen geschaffen. Gedenkstättenpädagogik hat es also

- mit einem Gegenstand zu tun, der kein „Gegenstand" sein soll,
- sie nutzt die mit Erlebniserwartungen verknüpften Orte und muss ein Erlebnis gleichzeitig herstellen und brechen,
- sie hat ein doppeltes Mandat, das in der gleichwertigen Fürsorge für Vermächtnis und Teilnehmer besteht. Sie ist dem Ort und den ehemaligen Häftlingen, ihrer Würde und einem angemessenen Umgang verpflichtet, gleichzeitig sollen die Interessen und Bedürfnisse der Teilnehmer berücksichtigt werden,
- will Betroffenheit erreichen, ohne Betroffenheitspädagogik sein zu dürfen,
- beansprucht nicht-schulisch zu sein, ist aber ganz wesentlich mit Schulklassen als Adressaten konfrontiert und auf diese angewiesen.

Doppelte pädagogische Rahmung

Ein konstitutives Element der untersuchten Veranstaltungen ist die gleichzeitige Anwesenheit von Schule und Nicht-Schule und eine dadurch geprägte, besondere soziale Konstellation aus Gedenkstättenmitarbeiterin, adressierten Teilnehmern (Schülerinnen) und den sie begleitenden Lehrern. Diese als doppelte pädagogische Rahmung bezeichnete Situation stellt an sich keinen überraschenden empirischen Befund dar: Sie wird auch in den pädagogischen Reflexionstexten der Gedenkstätten immer wieder thematisiert bzw. problematisiert. Empirisch zeigt sich nun allerdings, dass sie die pädagogische Kommunikation fortlaufend durchdringt und in spezifischer Weise steuert. Da gedenkstättenpädagogische Veranstaltungen kein Schulunterricht sind, die Gruppe sich aber nicht mit Beginn der Seminare gewissermaßen in eine Gruppe freiwilliger Teilnehmerinnen verwandelt, muss zunächst ein neues pädagogisches Setting hergestellt werden, in dem die „mitgebrachten" Regeln allerdings nicht gänzlich verloren gehen. Die schulische Formierung der Gruppen dient durchaus als Anker einer fehlenden organisatorisch-institutionellen Routine in unübersichtlichen sozialen Situationen und bietet der Kommunikation zugleich Halt: Der Rückgriff auf Schule und Unterricht kann – in Abgrenzung – sowohl zur Etablierung einer eigenen (außerschulischen) Ordnung dienen, als auch dazu genutzt werden, im Sinne einer Arbeitsteilung den schulischen Begleitpersonen die Aufgabe der Disziplinierung zu übertragen und die pädagogischen Mitarbeiterinnen vor Ort von dieser Aufgabe zu entlasten.[1]

In der Veranstaltung J.1–5 wird die gesamte Betreuung jenseits der Veranstaltungszeit dem begleitenden Lehrer und der Lehrerin überlassen. Die pädagogische Mitarbeiterin ist hier vornehmlich bis ausschließlich für die Inhalte der Veranstaltung zuständig und positioniert sich klar als Expertin für den Ort. Der gegenläufige Versuch, trotz der eingeschränkten Möglichkeiten, eine ganzheitliche Vertrauensbeziehung zwischen pädagogischer Mitarbeiterin und Teilnehmerinnen herzustellen, kann aber ebenfalls dazu genutzt werden, ein Expertenprofil in Abgrenzung zur Schule (in Form ihrer personalisierten Anwesenheit durch die Lehrkräfte) und die besonderen Wissens- und Erfahrungskapazitäten und -kompetenzen zu schärfen.

Die doppelte Rahmung der Veranstaltungen bzw. die Einbettung des Gedenkstättenbesuchs in einen weiteren pädagogischen Zusammenhang ermöglicht auch die situative Freigabe der Aneignung. Die Gedenkstätten sind nicht zwingend darauf angewiesen, Aneignungsleistungen zu überprüfen, zu korrigieren oder zu bewerten. Sie können, insbesondere unter Zeitdruck, die Frage, was mit dem „vermittelten" Wissen passiert, an die Schule abgeben. Wenn für den Unterricht

1 Vgl. Haug/Meseth, Schulklassen in Gedenkstätten.

gilt, dass „die Pädagogizität der Kommunikation [...] an der zwar aufschiebbaren, unter keinen Umständen aber aufgebbaren Bewertungen von Schüleraneignungen erkennbar“[2] ist, so kann für die gedenkstättenpädagogische Kommunikation oftmals eine offene „dritte Stelle“ konstatiert werden, die erst durch die (gelingende) Kooperation mit den anwesenden Lehrerinnen und vermutlich erst viel später im Unterricht besetzt wird.

Zwischen pädagogischer Programmatik und pragmatischen Erfordernissen

Bereits die schulische Kontextualisierung der Veranstaltungen trägt zu der pädagogischen Prägung des thematischen Gegenstands bei: Die Teilnehmerinnen wissen, dass sie zum Zwecke des Lernens hier sind. Die Veranstaltungen selbst stellen didaktisch durchdachte, geplante Programme dar, die pädagogische Ziele verfolgen, die im Einzelnen unterschiedlich sind, aber immer einen großen Anteil ortsbezogener Wissensvermittlung enthalten. Diese erfüllt durchaus den programmatischen Anspruch, persönlich-individuelle Zugänge sowohl zur Geschichte und Nachgeschichte des Nationalsozialismus im Allgemeinen als auch zu biografischen Einzelschicksalen ehemaliger Häftlinge zu ermöglichen. Die Gedenkstättenaufenthalte werden aber anders als Einzelbesuche nicht von den Teilnehmern nach ihren Interessen oder Bedürfnissen individuell gestaltet, sondern stellen vorab strukturierte Arrangements dar.

Der Anspruch der Gedenkstättenpädagogik, eine persönlich-individuelle Auseinandersetzung mit der Geschichte und den Geschichten des Ortes zu ermöglichen, kollidiert deshalb potenziell mit den organisatorischen Zwängen einer pädagogischen Veranstaltung und beinhaltet grundsätzliche Spannungen zwischen gedenkstättenpädagogischer Programmatik und den Erfordernissen der Programmplanung und -durchführung. Hier müssen die Bedingungen geschaffen werden, um das Vorhaben, das aus einzelnen inhaltlichen und methodischen Teilen besteht, bis zum Ende „am Laufen“ zu halten. Weder darf eine zu große Öffnung im Hinblick auf die thematische Vielfalt oder hinsichtlich der Bedürfnisse der Teilnehmerinnen vorgenommen werden, noch darf das Programm zu früh zum Ende kommen. Die Veranstaltungen sind als Gruppenprozesse angelegt, d. h. alle Teilnehmer sollen gleichermaßen daran teilnehmen (können). Ein Abbruch soll möglichst verhindert werden. Die prinzipielle Widersprüchlichkeit von individuellem Einlassen auf ein Thema und der gruppenförmigen Organisation eines pädagogischen Prozesses in einer vorab festgelegten Zeit zeigt sich in unterschiedlicher Weise:

2 Meseth/Proske/Radtke, Kommunikationstheoretische Modellierung, S. 238.

a) Gegenstands- und Teilnehmerorientierung

Das Austarieren von inhaltlichem Gegenstand und Teilnehmerinteressen erfährt in Gedenkstätten eine besondere Bedeutung und Qualität: Die pädagogischen Mitarbeiter übernehmen hier eine Art doppelter Anwaltschaft, die ihre Professionalität prägt: Zum einen sind sie dem Gegenstand, also dem Ort und seiner würdigen Darstellung sowie ganz wesentlich den ehemaligen Häftlingen, den Opfern und deren Nachkommen verpflichtet und müssen sich um die Angemessenheit der Vermittlung von Geschichte und Geschichten nicht nur in einem rein historiografischen Sinne kümmern. Zum anderen sind sie aber auch den Teilnehmerinnen mit ihren durchaus gegenwärtigen Bedürfnissen verpflichtet, die sie ernst zu nehmen haben, wenn sie die Programmatik einer Teilnehmerorientierung ernst nehmen. Gedenkstättenpädagogik erscheint so als kontinuierliches Austarieren zwischen der Nähe zum Gegenstand/Ort und der Wahrung der Autonomie und Intimsphäre der Teilnehmer. Auf der Seite der Schüler und Lehrerinnen zeigt sich die Erwartung nach einer besonderen Nähe zum Gegenstand am „authentischen" Ort – diese wird in den längeren Veranstaltungen oft zu Beginn in den Vorstellungsrunden geäußert, in denen die Echtheit im Gegensatz zum Schulunterricht herausgestellt wird, und entspricht den Ergebnissen von Untersuchungen zu Besuchsmotiven für Gedenkstätten insgesamt.[3] Die Gedenkstättenpädagogik steht damit vor der Herausforderung, die Geschichte der Orte so zu erzählen oder zu vermitteln, dass sie „wahr" bleibt (historiografisch wie aus der Wahrnehmung einzelner historischer Personen), die Teilnehmerinnen sich persönlich darauf einlassen können und dabei weder zu viel noch zu wenig emotionale Beteiligung entsteht. Die persönliche Anteilnahme darf nicht in eine emotionale Überforderung kippen: Während Teilnehmer der Veranstaltung J am vierten Veranstaltungstag deutlich machen, dass die „Grenze" des Aushaltbaren, also eine maximal erträgliche Nähe zum Gegenstand zumindest von Einzelnen in der Gruppe erreicht ist, kritisieren die Teilnehmerinnen in der Veranstaltung K.1–2 die didaktische Choreografie der Pädagogin für den Veranstaltungsablauf und monieren, dass sie weniger betroffen seien als erwartet.

b) Programmerfordernisse und Eigenzeiten

Organisatorische wie inhaltliche Regelungen für die Veranstaltungen (Anfangs- und Pausenzeiten, Dauer der Arbeitseinheiten, inhaltliche Schwerpunkte) folgen nur in wenigen Fällen institutionellen Vorgaben der Gedenkstätten, etwa dann, wenn zu den Gedenkstätten auch Jugendbegegnungsstätten gehören und von diesen zum Beispiel Essens- oder Ruhezeiten vorgegeben sind, oder wenn Aus-

3 Vgl. Pampel, Mit eigenen Augen, inbes. S. 220 ff.

stellungs- und Geländebereiche nur zu bestimmten Zeiten zugänglich sind. Die weitgehend fehlenden institutionellen Vorgaben für die Ablauforganisation der Veranstaltungen machen die Aushandlung und situative Festlegung von Zeitpunkten und Zeiträumen erforderlich, an und in denen die jeweiligen pädagogischen Arbeitseinheiten stattfinden. Auch ohne curriculare Vorgaben lassen sich an den einzelnen Veranstaltungen aber pädagogische Idee und didaktischer Aufbau rekonstruieren, der eine Hinführung, einen zentralen inhaltlichen Teil und einen Abschluss enthält, tendenziell zielgerichtet ist und nicht an jeder beliebigen Stelle abgebrochen werden kann. Bedeutsam ist in diesem Zusammenhang der Umgang mit Pausen: durch die weichere Organisationsstruktur können und müssen pädagogische Sinneinheiten definiert werden. Zwar weist gerade die Aushandlung von Pausen auch auf das Austarieren von Teilnehmerinteressen und Gegenstandsorientierung. Die Verknüpfung von Pausen mit der Bedeutsamkeit des Themas muss aber vor allem als Ressource von Erziehung verstanden werden: neben den im Programmablauf relativ festgelegten Pausen werden zusätzliche an die besondere Belastung durch das Thema gebunden. Bei eher führungsorientierten Veranstaltungen zeigt sich etwa an der Auswahl der „Stationen", welche Teilorte welche inhaltlichen Schwerpunkte repräsentieren, und welche gar nicht erwähnt werden.

Bei Programmverzögerungen müssen inhaltliche Prioritätensetzungen vorgenommen werden, die darauf hinweisen, welche Programmteile als wichtiger und welche als weniger wichtig angesehen werden. Inhalte und Zeitvorgaben müssen wie in anderen pädagogischen Kontexten synchronisiert werden. Dabei zeigt sich in den untersuchten Veranstaltungen aber wiederum eine Besonderheit, die dem Gegenstand im (Selbst-)Verständnis der Gedenkstätten geschuldet ist: der Gegenstand soll gerade nicht zum „Stoff" werden, sondern seine Bedeutung entfalten können. Den Teilnehmerinnen sollen je eigene Auseinandersetzungszeiten mit den inhaltlichen wie räumlichen Gegenständen zugestanden werden. Ihre je besonderen Interessen sollen berücksichtigt werden, Nachfragen sollen Raum haben und eine Auseinandersetzung mit dem Ort und der Geschichte soll individuell gestaltet werden. Unter den Bedingungen der gruppenförmigen Organisation der Veranstaltungen müssen aber immer wieder Kompromisse gefunden werden, wie den Bedürfnissen der Einzelnen nach mehr Detailwissen oder einem weniger dichten Programm Rechnung getragen werden kann. Weil die pädagogischen Mitarbeiterinnen die Teilnehmer nicht kennen und sie über keinerlei konkrete Vorerfahrungen verfügen, können sie nur auf Erfahrungen mit anderen Gruppen zurückgreifen. Dies aber verweist auf die Serialität der Veranstaltungen und stellt den Anspruch auf Individualität und Flexibilität der Seminare vor enorme Herausforderungen.

Während in der Veranstaltung K.1–2 programmatisch besonderer Wert auf die Berücksichtigung der Teilnehmerbedürfnisse gelegt wird und eine kreative

Verarbeitungszeit für die am Tag gewonnenen Eindrücke vorgesehen ist, die von den Teilnehmerinnen aber zunächst zurückgewiesen wird, steht in der Veranstaltung J.1–5 der Ort mit einer ihm zugeschriebenen Eigenzeit im Vordergrund, an die sich die Teilnehmer anzupassen haben.

c) Die pädagogische Organisation des Gedenkens

Der programmatische Anspruch, mit der Gedenkstättenpädagogik nicht nur Lernen im Sinne der Wissenserweiterung zu ermöglichen, sondern die empathische Hinwendung zu den Opfern der NS-Verbrechen zu unterstützen, führt zu der Frage, wie dies in pädagogischen Veranstaltungen eigentlich umgesetzt werden soll und kann. Gedenken muss zwar grundsätzlich erlernt werden, lässt sich aber, wenn es sich nicht um Rituale wie kollektive Gedenktage oder -zeremonien handelt, nur wenig steuern. Pädagogische Prozesse hingegen dürfen nicht zu lange ins Stocken geraten und sind tendenziell zielgerichtet. Gedenken muss deswegen genau wie jeder andere Lerngegenstand handhabbar gemacht oder aus der offiziellen Veranstaltung ausgelagert werden.

Während die freiwillige, individuelle Auseinandersetzung mit Ort und Thema etwa bei Einzelbesucherinnen weder Zeitvorgaben noch die Aufrechterhaltung kognitiver Leistungsfähigkeit erfordert, muss in gedenkstättenpädagogischen Veranstaltungen sichergestellt werden, dass die emotionale Beschäftigung mit dem Gegenstand nicht dazu führt, dass die Teilnehmer nicht mehr „arbeitsfähig" sind. Dieses Problem scheint auf in der Aufforderung der Pädagogin (K.1–2), an diesem Ort auch zu lachen und die Stimmung zu wechseln, es zeigt sich in einer anderen Lösungs- und Umgangsvariante in der Veranstaltung J.1–5, in der die Pädagogin davor warnt, etwas „über die Gebühr" aushalten zu wollen. Wird den Teilnehmerinnen also im einen Fall eine Art Normalität (trotz eines andererseits als ungewöhnlich geschildertem Ort) nahegelegt, so werden die anderen vor einem Hineinsteigern gewarnt. In beiden Fällen kann dies als Versuch der Notwendigkeit gedeutet werden, neben der eigenen psychischen Stabilität auch den Programmablauf nicht zu gefährden.

Die pädagogische Heranführung an emotionale Themen stellt zwar eine Ermöglichung der persönlichen Auseinandersetzung dar, kann aber ebenso bei der Erfüllung eines pädagogischen Auftrages stehenbleiben. Dies zeigt sich vor allem an der Arbeitseinheit der Veranstaltung J.1–5, in der sich die Kommunikation sich immer wieder ihres „eigentlichen" Rahmens versichert: die Teilnehmerinnen halten sich an die methodischen Vorgaben und kommen diszipliniert ihrem Auftrag nach. Sowohl von der Pädagogin als auch durch die Teilnehmer wird die emotionale Auseinandersetzung mit den Tagebuchaufzeichnungen ehemaliger Häftlinge in das Programm eingetaktet und erhält den Charakter einer

Arbeitseinheit. Gedenken wird mit Arbeitsaufträgen verbunden. Darin zeigt sich einerseits die Stabilität der pädagogischen Struktur, die zu viel persönlichen Zugriff auf die Teilnehmerinnen verhindert, andererseits werden aber auch die Grenzen der Ermöglichung von Gedenken in pädagogischen Prozessen deutlich.

Herstellung von Konsens und der Verzicht auf ausdrückliche Bewertung

Eine zentrale Frage der Arbeit war, wie Vermitteln und Aneignen in der Gedenkstättenpädagogik relationiert werden, wie also Bindung und Freigabe von Aneignung bearbeitet werden und welche Formen der aneignungsbezogenen Vermittlung, der Sichtbarmachung von Aneignung sowie der aneignungsbezogenen Bewertung in der pädagogischen Kommunikation in Gedenkstätten aufscheinen.

Die Bewertungsfreiheit hinsichtlich der auf Leistungsbewertung und Selektion zielenden schulischen Notengebung entlastet die gedenkstättenpädagogische Praxis nicht von inhaltlichen Richtigstellungen oder aber von moralischen Bewertungen. Über die inhaltlichen Themen scheint Vorwissen immer schon vorausgesetzt werden zu können. Die häufig nur vage bezeichnete „Thematik" verweist auf ein geteiltes, wenngleich diffuses Wissen über das, was inhaltlich behandelt werden soll oder wird. Es ist insofern davon auszugehen, dass nicht nur das Thema an sich, sondern auch seine gesellschaftliche Bedeutung als bekannt vorauszusetzen sind, wenn eine Gedenkstätte als Exkursionsort oder Ausflugsziel aufgesucht wird.

Ausdrücklich bewertet und korrigiert wird lediglich dann, wenn der vorausgesetzte Konsens verlassen wird, beobachtbar als kommunikative Ahndungen offenbar als unangemessen wahrgenommener Wortverwendungen. Diese Korrekturen werden allerdings nicht nur von der pädagogischen Mitarbeiterin vorgenommen, sondern sie treten auch als Selbstkorrekturen (bei allen Beteiligten) und als gegenseitige Kommentierungen der Teilnehmerinnen auf. Abweichend vom Konzept „Erziehung als pädagogischer Kommunikation", das davon ausgeht, dass Erziehung die Überprüfung des Gelernten verfolgt, scheint die Struktur der pädagogischen Kommunikation in den beobachteten Veranstaltungen eine Fehl- oder Leerstelle aufzuweisen, weil hier häufig jene dritte Stelle unbesetzt bleibt, die diese Aneignungsüberprüfung anzeigen würde. Während in Führungen durch „ubiquitäre stellvertretende Aneignung"[4] die „richtigen" Bewertungen durch den oder die Rundgangsleiterin vorgenommen werden, läuft in längeren, stärker interaktiv ausgerichteten Veranstaltungen die Beobachtung der Teilnehmer-

4 Proske/Radtke, Umgang, S. 13.

bewertung von Anfang an mit. Zwar bleiben explizite Bewertungen von Teilnehmerbeiträgen im Sinne moralischer Bewertungen der Personen aus. Allerdings fehlen auch die Verletzungen des als angemessen geltenden Sprechens, die eine Korrektur normativ erst erforderlich machten. Es kann vielmehr eine Zurichtung des Sprechens beobachtet werden, die vor allem die Einübung und Konsolidierung des als angemessenen geltenden sprachlichen Umgangs mit den nationalsozialistischen Massenverbrechen zu gewährleisten scheint.

Wo normative Grenzen des moralisch Angemessenen überschritten werden, wird dies in Gedenkstätten hingegen durchaus sanktioniert, und zwar sowohl in Form der Fremdkorrektur durch die pädagogische Mitarbeiterin als auch durch eine Selbstkorrektur innerhalb der Teilnehmergruppe. Die Paradoxie wird insofern nicht einfach durch ein Ausbleiben von Bewertungen bearbeitet, sondern durch die Einengung kommunikativer Anschlussmöglichkeiten zur Vermeidung normativer Grenzüberschreitungen. Dabei „hilft" auch die besondere Gesprächsorganisation des sternförmigen Sprechens, bei dem die gedenkstättenpädagogischen Mitarbeiterinnen zu Experten des Ortes werden, die man wie ein wandelndes Geschichtsbuch befragen kann, bei dem aber ebenfalls unbeobachtet bleibt, welche Inhalte wie angeeignet werden. In einer solchen Experten-Laien-Kommunikation wird auch die Art des „angemessenen Sprechens" modelliert.[5]

Das heißt, auch in längeren Veranstaltungen sind stellvertretende Aneignungen zu beobachten. Allerdings fehlt die Bewertungsoperation nicht gänzlich: Die den gesamten Verlauf der Veranstaltungen durchziehende gemeinsame Herstellung eines Bewertungskonsenses über die zu verhandelnden Themen verschiebt die Bewertungsoperation gewissermaßen an die erste Stelle. Bevor der Gegenstand zum Vermittlungsgegenstand wird, wird er konsensuell eingeordnet und bewertet. Auf dieser Grundlage kann die Aneignung neuen Wissens dann tendenziell freigegeben werden. So kann sowohl dem programmatischen Pluralitätsanspruch Rechnung getragen und die Aneignungsautonomie der Teilnehmerinnen gewahrt als auch Redundanz vermieden werden, die durch eine wiederholte Zurechtweisung und ausdrückliche Bewertung der Teilnehmeräußerungen entstünde. Der vorab hergestellte Konsens über die (moralische) Beurteilung des Nationalsozialismus und der NS-Verbrechen, der die Veranstaltungen begleitet, macht aber auch deutlich, dass es hier auf der Ebene der Bewertung nichts Neues zu lernen gibt.

Neue Inhalte dagegen werden nur selten überprüft oder: weniger schulisch formuliert, zum Gegenstand eines Auswertungsgesprächs gemacht. Insgesamt bleibt die Aneignung und Einordnung neu erfahrenen Wissens in den Veranstaltungen

5 Vgl. Gudehus, Gedächtnis, S. 25 ff.

in den KZ-Gedenkstätten stark unterbelichtet, während der Teil der Wissensvermittlung einen enormen Anteil aller Veranstaltungen einnimmt und zwar unabhängig davon, ob „die Form Führung" in den jeweiligen Seminaren dominiert oder nicht. Kommt das „Gelernte" zur Sprache, etwa in Auswertungsrunden, bedeutet das nicht zwingend, dass darauf auch eine einordnende Kommentierung oder sachliche Korrektur durch die verantwortliche pädagogische Mitarbeiterin folgt. Was bedeutet das und wie ist es überhaupt möglich?

Die Freigabe von Aneignung entspricht dem Prinzip „Bildung", an dem sich die Gedenkstättenpädagogik programmatisch orientiert. Die offene „dritte Stelle" der pädagogischen Kommunikation, also das Fehlen von Bewertung, aber auch – wertfreier formuliert – der Rückmeldung könnte diesem Selbstverständnis geschuldet sein. Oftmals ist es aber vermutlich Ausdruck einer vermittlungsorientierten Programmplanung, die auch insofern aufrechterhalten werden kann, weil Gedenkstättenpädagogik zwar kurzzeitpädagogisch operiert, aber in der Regel auf einen Lernkontext vertraut. Neben der stellvertretenden Aneignung, die vor allem in führungsorientierten Veranstaltungen zu beobachten war, zeigt sich häufig am Schluss der Veranstaltungen noch einmal sehr deutlich der Rückgriff auf Schule und eine damit zusammenhängende Strategie sowohl der Verzeitlichung als auch der personell-institutionellen Verlagerung der Seminarauswertung. Darüber hinaus wird auf die Etablierung von kognitiven und moralischen Erwartungen bei der Wissensaushandlung und der Wissensvermittlung gesetzt.[6]

Autorität durch „Authentizität": Ort und Gegenstand als Ressource von Erziehung

Der „Authentizität" der historischen Tatorte wird nicht nur im öffentlichen Diskurs immer wieder ein besonderes erzieherisches Potenzial beigemessen. Dieses Postulat beinhaltet eine Wirkungshoffnung, die den Orten selbst eingeschrieben zu sein scheint und durch die die prinzipiellen Ungewissheiten der Wirkung pädagogischer Absichten stärker steuerbar erscheinen. Betrachtet man allerdings die untersuchten Veranstaltungen, so zeigt sich deutlich, dass diese Selbstwirksamkeit keinesfalls gegeben und nicht einmal der Ort aus sich heraus schon (Lern-) Gegenstand ist. Beides muss kommunikativ hervorgebracht werden. Die dem Ort unterstellte Wirksamkeit tritt aber kommunikativ tatsächlich in Erscheinung, sie wird von den Teilnehmern erwartet, aber auch von den pädagogischen Mitarbeiterinnen suggeriert. Dies ermöglicht zum einen, Aufmerksamkeit als

6 Vgl. Proske/Radtke, Umgang.

eine grundlegende Voraussetzung für den pädagogischen Prozess zu schaffen, zu bestimmtem Verhalten zu disziplinieren sowie zur Bereitschaft zur aktiven Teilnahme zu motivieren. Wie gezeigt werden konnte, ermöglicht dies im Falle der Veranstaltung J.1–5 der Gedenkstättenpädagogin als Programmverantwortliche einerseits gewissermaßen unsichtbar zu bleiben und damit andererseits die Teilnehmerinnen auf den Ort zu verpflichten; diese Verpflichtung kann sowohl von der pädagogischen Mitarbeiterin oder den Lehrkräften und sogar von den Teilnehmern im Sinne von Selbstverpflichtungen untereinander eingefordert werden, sich der Erfahrung „Gedenkstättenbesuch" zu stellen.

Die Gedenkstätte als Verweis auf einen historischen Tatort dient insofern nicht allein der Veranschaulichung von Geschichte. Zwar hilft der Ort, das Geschehen zu konkretisieren, die räumlichen Ausmaße der Lager oder die Nähe der Lager zu der benachbarten Bevölkerung zu erfassen. Geschichte ist aber, wie Gottfried Kößler schon vor Jahren zu bedenken gegeben hat, „nicht optisch strukturiert, sondern als Erzählung".[7] Geschichten müssen also erzählt werden, und diese Erzählungen liefern mehr als Inhalte. Sie bringen nicht lediglich Steine zum Sprechen, sondern sie interpretieren die Steine auch. Sie laden sie mit Bedeutungen auf, die nicht nur das historische Geschehen erläutern, sondern auch zu bestimmtem Verhalten bewegen, Aufmerksamkeit erzeugen oder zum Durchhalten motivieren können. Die Orte sind insofern mehr als der Anlass zur Geschichtsvermittlung. Sie sind auch eine Ressource für eine Pädagogik, die mit institutionellen Mitteln nicht sanktionieren will oder kann, und bilden ein funktionales Äquivalent zur Etablierung basaler Voraussetzungen für gruppenförmig organisierte Lehr-Lern-Prozesse.

Die pädagogische Kommunikation in Gedenkstätten zu beleuchten war das zentrale Anliegen dieser Arbeit. Auch wenn sie mehr ist als die Summe der Absichten der beteiligten Akteure, so wird doch deutlich, wie zentral es ist, Gedenkstättenpädagogik als Interaktion zu begreifen, anstatt der Fiktion zu folgen, die Orte an sich trügen ein erzieherisches Potenzial in sich.

7 Kößler, Friedhof oder Lernort, S. 33.

Dank

Das Buch ist endlich fertig! Es wäre nicht entstanden ohne vielfältigen Zuspruch, kritische Gespräche, produktive Interpretationssitzungen und finanzielle Unterstützung. Der Dank geht an viele, aber einige möchte ich hervorheben.

Das Buch ist die leicht überarbeitete Fassung meiner Dissertation, die ich im Mai 2013 in Frankfurt am Main verteidigt habe. Ich danke dem Evangelischen Studienwerk Villigst e. V. für das großzügige Stipendium, das mich drei Jahre lang gefördert und motiviert hat. Ich danke Prof. Dr. Frank-Olaf Radtke, der mir für dieses Vorhaben großes Vertrauen entgegengebracht und immer wieder Schneisen in meine Gedanken geschlagen hat, sowie Prof. Dr. Micha Brumlik, meinem Zweitgutachter. Ich danke der Forschungsgruppe des DFG-Projekts „Der Umgang mit den Paradoxien politisch-moralischer Erziehung", in dessen Zusammenhang diese Arbeit entstanden ist; ganz besonders aber danke ich Wolfgang Meseth, der mich schon vor Beginn und bis zum Schluss wissenschaftlich und freundschaftlich begleitet hat, sowie Juliane Hogrefe, meiner „Doktorschwester", für ihre unermessliche Unterstützung.

Ganz herzlich danke ich den Mitarbeiterinnen und Mitarbeitern der untersuchten Gedenkstätten, den Schülerinnen und Schülern, den Lehrerinnen und Lehrern, die die Tonaufzeichnungen erlaubt haben: Danke für die Bereitschaft und das Vertrauen, mich an den Veranstaltungen teilnehmen zu lassen!

Ich danke Meron Mendel für die Einladung zur Interpretationswerkstatt, in der wir mit unserem empirischen Material gerungen und es immer besser verstanden haben. Für viele klärende, inspirierende Gespräche, Anregungen und Ermunterungen danke ich außerdem Gottfried Kößler, Imke Scheurich, Christian Geißler, Cornelia Siebeck und Michael Elm. Besonders dankbar bin ich der ausgesprochen unterstützenden Bürogemeinschaft, in der meine Arbeit in Berlin zu einem guten Ende kommen konnte, Angela Martin für eine kritische Gesamtdurchsicht sowie dem Metropol Verlag für die Veröffentlichung. Für einen großzügigen Druckkostenzuschuss danke ich der Axel Springer Stiftung.

Für die Begleitung durch alle Tiefen und den Ansporn nicht aufzugeben danke ich besonders meinen Freundinnen Almut Eisenberg, Andrea Tober und Cornelia Meyer. Zuletzt danke ich Martin Schellenberg. Für seine Geduld mit diesem Projekt und dafür, dass wir ein größeres begonnen haben.

Literatur

Abram, Ido/Heyl, Matthias, Thema Holocaust. Ein Buch für die Schule, Reinbek bei Hamburg 1996.

Ackermann, Paul, Politisches Lernen vor Ort. Außerschulische Lernorte im Politikunterricht, Stuttgart 1988.

Adorno, Theodor W., Erziehung nach Auschwitz, in: ders., Erziehung zur Mündigkeit. Vorträge und Gespräche mit Hellmut Becker 1959–1969, hrsg. von Gerd Kadelbach, Frankfurt a. M. 1971, S. 88–104.

Ahlheim, Klaus (Hrsg.), Gedenkstättenfahrten Handreichung für Schule, Jugend- und Erwachsenenbildung in Nordrhein-Westfalen, Schwalbach/Ts. 2004.

Amann, Klaus/Hirschauer, Stefan, Die Befremdung der eigenen Kultur. Ein Programm, in: Dies. (Hrsg.), Die Befremdung der eigenen Kultur. Zur ethnographischen Herausforderung soziologischer Empirie, Frankfurt a. M. 1997, S. 7–52.

Arbeitsgemeinschaft der KZ-Gedenkstätten in der Bundesrepublik Deutschland, KZ-Gedenkstätten in der Bundesrepublik Deutschland – Selbstverständnis, Leitlinien, Organisationsprofil, in: GedenkstättenRundbrief Nr. 80 (1997), S. 18–20.

– Stellungnahme zur Fortschreibung der Gedenkstättenkonzeption durch den Beauftragten der Bundesregierung für Kultur und Medien vom 22. Juni 2007, in: GedenkstättenRundbrief Nr. 139 (2007), S. 32–37.

Asmuss, Burkhard/Hinz, Hans-Martin (Hrsg.), Zum Umgang mit historischen Stätten aus der Zeit des Nationalsozialismus. Orte des Erinnerns, des Gedenkens und der kulturellen Weiterbildung? Zum Umgang mit Gedenkorten von nationaler Bedeutung in der Bundesrepublik Deutschland. Symposium am 23. und 24. November 1998 im Deutschen Historischen Museum, Berlin 1999.

Assmann, Aleida, Zur Metaphorik der Erinnerung, in: dies./Dietrich Harth (Hrsg.), Mnemosyne. Formen und Funktionen der kulturellen Erinnerung, Frankfurt a. M. 1991, S. 13–35.

– Erinnerungsorte und Gedächtnislandschaften, in: Hanno Loewy/Bernhard Moltmann (Hrsg.), Erlebnis – Gedächtnis – Sinn. Authentische und konstruierte Erinnerung, Frankfurt a. M./New York 1996, S. 13–29.

– Erinnerungsräume. Formen und Wandlungen des kulturellen Gedächtnisses, München 1999.

– Das Gedächtnis der Orte, in: Ulrich Borsdorf/Heinrich-Theodor Grütter (Hrsg.), Orte der Erinnerung: Denkmal, Gedenkstätte, Museum, Frankfurt a. M./New York 1999, S. 59–77.

– Der lange Schatten der Vergangenheit. Erinnerungskultur und Geschichtspolitik, München 2006.
–/Ute Frevert, Geschichtsvergessenheit – Geschichtsversessenheit. Vom Umgang mit deutschen Vergangenheiten nach 1945, Stuttgart 1999.
Assmann, Jan, Das kulturelle Gedächtnis. Schrift, Erinnerung und politische Identität in frühen Hochkulturen, München1992.
Bakels, Floris B., Nacht und Nebel. Der Bericht eines holländischen Christen aus deutschen Gefängnissen und Konzentrationslagern, Frankfurt a. M. 1979.
Baltes, Gerhard/Eckert, Brigitta, Differente Bildungsorte in systemischer Vernetzung. Eine Antwort auf das Problem der funktionellen Differenzierung in der Kooperation zwischen Jugendarbeit und Schule, Frankfurt a. M. 1999.
Barlog-Scholz, Renata, Historisches Wissen über die nationalsozialistischen Konzentrationslager bei deutschen Jugendlichen. Empirische Grundlage einer Gedenkstättenpädagogik, Frankfurt a. M. u.a. 1994.
Becker, Helle, Politik & Partizipation in der Ganztagsschule. Erfahrungen des GEMINI-Projekts, in: Praxis Politische Bildung. Materialien, Analysen, Diskussionen 11 (2007) 2, S. 120–126.
Behr-Heintze, Andrea/Lipski, Jens, Schulkooperationen. Stand und Perspektiven der Zusammenarbeit zwischen Schulen und ihren Partnern. Ein Forschungsprojekt des DJI, Schwalbach/Ts. 2005.
Behrens-Cobet, Heidi (Hrsg.), Bilden und Gedenken. Erwachsenenbildung in Gedenkstätten und an Gedächtnisorten, Essen 1998.
Benz, Wolfgang, Braucht Deutschland ein Holocaust Museum?, in: Dachauer Hefte 11 (1995): Orte der Erinnerung, S. 3–10.
Bergmann, Jörg R., „Flüchtigkeit und methodische Fixierung sozialer Wirklichkeit: Aufzeichnungen als Daten der interpretativen Soziologie“, in: Wolfgang Bonß/Heinz Hartmann (Hrsg.), Entzauberte Wissenschaft: Zur Relativität und Geltung soziologischer Forschung, Göttingen 1985, S. 299–320.
Bergmann, Werner, Antisemitismus in öffentlichen Konflikten. Kollektives Lernen in der politischen Kultur der Bundesrepublik 1949–1989, Frankfurt a. M. 1997.
Bildungsverbund für die Internationale Jugendbegegnungsstätte Sachsenhausen e.V. (Hrsg.), Kunst – Raum – Erinnerung. Künstlerische und kulturpädagogische Strategien in KZ-Gedenkstätten, Potsdam 2010.
Bohnsack, Ralf, Rekonstruktive Sozialforschung. Einführung in qualitative Methoden, Opladen 2003.
Borries, Bodo von, „Wer sich des Vergangenen nicht erinnert, ist verurteilt, es noch einmal zu erleben“ (Schriftenreihe der Niedersächsischen Landeszentrale für politische Bildung, Aktuelles zum Nachdenken, Folge 11), Hannover 1994.

Brebeck, Wulff E., Die bewusste Musealisierung der Gedenkstätten als Zukunftsaufgabe. Ein Blick zurück, in: GedenkstättenRundbrief Nr. 100 (2001), S. 62–68.

– /Genger, Angela/Krause-Vilmar, Dietfried/Lutz, Thomas/Richter, Gunnar (Hrsg.), Zur Arbeit in Gedenkstätten für die Opfer des Nationalsozialismus. Ein internationaler Überblick, Berlin 1988.

Breidenstein, Georg, Interpretative Unterrichtsforschung – eine Zwischenbilanz und einige Zwischenfragen, in: ders./Combe, Arno (Hrsg.), Forum qualitative Schulforschung 2, Opladen 2002, S. 11–27.

– KlassenRäume – eine Analyse räumlicher Bedingungen und Effekte des Schülerhandelns, in: Zeitschrift für qualitative Bildungs-, Beratungs- und Sozialforschung 5 (2004) 1, S. 87–107.

– Teilnahme am Unterricht. Ethnographische Studien zum Schülerjob, Wiesbaden 2006.

Brenner, Gerd/Nörber, Martin (Hrsg.), Jugendarbeit und Schule. Kooperation statt Rivalität um die Freizeit, Weinheim/München 1992.

Bringmann, Fritz/Roder, Hartmut, Neuengamme. Verdrängt – Vergessen – Bewältigt? Die zweite Geschichte des Konzentrationslagers Neuengamme 1945–1985, Hamburg 1987.

Brink, Cornelia, Ikonen der Vernichtung. Öffentlicher Gebrauch von Fotografien aus nationalsozialistischen Konzentrationslagern nach 1945, Berlin 1998.

Brockhaus, Gudrun, „Bloß nicht moralisieren!“ Emotionale Prozesse in der pädagogischen Auseinandersetzung mit dem Nationalsozialismus, in: Einsichten und Perspektiven. Bayerische Zeitschrift für Politik und Geschichte, Themenheft 1 (2008): Holocaust Education. Wie Schüler und Lehrer den Unterricht zum Thema Nationalsozialismus und Holocaust erleben, hrsg. von der Bayerischen Landeszentrale für politische Bildungsarbeit, S. 28–33.

Brumlik, Micha, Trauer und Solidarität. Zu einer Theorie öffentlichen Gedenkens, in: ders./Kunik, Petra (Hrsg.), Reichspogromnacht. Vergangenheitsbewältigung aus jüdischer Sicht, Frankfurt a. M. 1988, S. 111–119.

Brumlik, Micha, Gerechtigkeit zwischen den Generationen, Berlin 1995.

– Ein ruhiges Anschauen des Grauens? Zur Unzulänglichkeit des reformpädagogischen Erfahrungsbegriffs, in: Wolfgang Meseth/Matthias Proske/Frank-Olaf Radtke (Hrsg.), Schule und Nationalsozialismus. Anspruch und Grenzen des Geschichtsunterrichts, Frankfurt a. M. 2004, S. 189–104.

– Aus Katastrophen lernen? Grundlagen zeitgeschichtlicher Bildung in menschenrechtlicher Absicht. Berlin 2004.

Bundesministerium für Unterricht und kulturelle Angelegenheiten, Erinnern in Gedenkstätten. Beiträge zum Thema anlässlich der Tagung der ZeitzeugInnen 1997, Wien 1998.

Burger, Waltraud/Ribarek, Rebecca, Besucherinnen- und Besucherstudie der KZ-Gedenkstätte Dachau 2012/2013, in: GedenkstättenRundbrief Nr. 177 (2015), S. 34–42.

Büro trafo K/Höllwart, Renate/Martinz-Turek, Charlotte/Sternfeld, Nora/Pollak, Alexander, In einer Wehrmachtsausstellung. Erfahrungen mit Geschichtsvermittlung, Wien 2003.

Cerny, Doreen, Entdeckendes Lernen an KZ-Gedenkstätten – Copei und das Konzept des entdeckenden Lernens im (außer-)schulischen Bildungsgeschehen, in: Diskurs Kindheits- und Jugendforschung (2010) 4, S. 445–449.

Coelen, Thomas, Kommunale Jugendbildung. Raumbezogene Identitätsbildung zwischen Schule und Jugendarbeit, Frankfurt a. M. 2002.

Cremer, Will, Schulische politische Bildung unter außerschulischen Bedingungen – Eine Modellreihe der Bundeszentrale für politische Bildung, in: Materialien zur politischen Bildung 2 (1983), S. 48–52.

Dammer, Ingo/vom Stein, Cornelia, Blinde Flecken beim Gedenken. Zur Notwendigkeit von Wirkungsforschung, in: Annegret Ehmann u.a. (Hrsg.), Praxis der Gedenkstättenpädagogik. Erfahrungen und Perspektiven, Opladen 1995, S. 323–333.

Danyel, Jürgen, Die Opfer- und Verfolgtenperspektive als Gründungskonsens? Zum Umgang mit der Widerstandstradition und der Schuldfrage in der DDR, in: ders. (Hrsg.), Die geteilte Vergangenheit, Berlin 1995, S. 31–46.

Deckert-Peaceman, Heike/George, Uta/Mumme, Petra, Konfrontationen. Bausteine für die pädagogische Annäherung an Geschichte und Wirkung des Holocaust. Heft 3: Ausschluss, hrsg. vom Fritz Bauer Institut, Frankfurt a. M. 2003.

Deppermann, Arnulf, Gespräche analysieren. Eine Einführung, Wiesbaden 2008.

Deutscher Bildungsrat, Zur Neuordnung der Sekundarstufe II. Konzept für eine Verbindung von allgemeinem und beruflichem Lernen (13./14. 2. 1974). Empfehlungen der Bildungskommission, Stuttgart 1974.

Detjen, Joachim, Erkundungen und Sozialstudien, in: Siegfried Ferch/Hans Werner Kuhn/Peter Massig (Hrsg.), Methodentraining für den Politikunterricht I. 3. Aufl., Schwalbach/Ts. 2006, S. 195–226.

Distel, Barbara, KZ-Gedenkstätte Dachau – eingerichtet von den Überlebenden, wer übernimmt das Erbe?, in: Detlef Garbe (Hrsg.), Die vergessenen KZs? Gedenkstätten für die Opfer des NS-Terrors in der Bundesrepublik, Bornheim-Merten 1983, S. 187–198.

– Gedenkstättenarbeit – Lernen für die Zukunft, in: Hanns-Fred Rathenow/Norbert H. Weber (Hrsg.), Erziehung nach Auschwitz, Pfaffenweiler 1988, S. 137–146.

Dorner, Birgit/Engelhardt, Kerstin, Arbeit an Bildern der Erinnerung. Ästhetische Praxis, außerschulische Jugendbildung und Gedenkstättenpädagogik, Stuttgart 2004.

Dudek, Peter, „Aufarbeitung der Vergangenheit“ im schulischen Unterricht?, in: Hanns-Fred Rathenow/Norbert H. Weber (Hrsg.), Erziehung nach Auschwitz, Pfaffenweiler 1988, S. 101–108.

Eberle, Annette, Pädagogik und Gedenkkultur. Bildungsarbeit an NS-Gedenkorten zwischen Wissensvermittlung, Opfergedenken und Menschenrechtserziehung. Praxisfelder, Konzepte und Methoden in Bayern, Würzburg 2008.

Ehmann, Annegret, Auseinandersetzung mit Nationalsozialismus und Holocaust in der historisch-politischen Bildung. Wo stehen wir – was bleibt – was ändert sich?, in: Bernd Fechler/Gottfried Kößler/Till Liebertz-Groß (Hrsg.), „Erziehung nach Auschwitz“ in der multikulturellen Gesellschaft. Pädagogische und soziologische Annäherungen, Weinheim 2000, S. 175–192.

– Aktuelle Fragestellungen in der historisch-politischen Bildung, in: Claudia Lenz/Jens Schmidt/Oliver von Wrochem (Hrsg.), Erinnerungskulturen im Dialog. Europäische Perspektiven auf die NS-Vergangenheit, Münster 2002, S. 91–102.

– /Kaiser, Wolf/Lutz, Thomas/Rathenow-Hanns-Fred/vom Stein, Cornelia/Weber, Norbert H. (Hrsg.), Praxis der Gedenkstättenpädagogik. Erfahrungen und Perspektiven, Opladen 1995.

– /Rathenow, Hanns-Fred, Nationalsozialismus und Holocaust in der historisch-politischen Bildung, in: Annette Brinkmann/Annegret Ehmann/Sybil Milton/Hanns-Fred Rathenow/Regina Wyrwoll (Hrsg.), Lernen aus der Geschichte. Projekte zu Nationalsozialismus und Holocaust in Schule und Jugendarbeit, Bonn 2000.

– /Rathenow, Hanns-Fred (2008), Besuch einer Gedenkstätte, in: Dossier Geschichte begreifen, http://www.bpb.de/lernen/unterrichten/geschichte-begreifen/42327/besuch-einer-gedenkstaette [6. 6. 2015].

Einsichten und Perspektiven, Bayerische Zeitschrift für Politik und Geschichte, Themenheft 1 (2008): Holocaust Education. Wie Schüler und Lehrer den Unterricht zum Thema Nationalsozialismus und Holocaust erleben, hrsg. von der Bayerischen Landeszentrale für politische Bildungsarbeit.

Endlich, Stefanie, Wege zur Erinnerung. Gedenkstätten und -orte für die Opfer des Nationalsozialismus in Berlin und Brandenburg, Berlin 2007.

– /Goldenbogen, Nora/Herlemann, Beatrix/Kahl, Monika/Scheer, Regina, Gedenkstätten für die Opfer des Nationalsozialismus. Eine Dokumentation. Band II: Bundesländer Berlin, Brandenburg, Mecklenburg-Vorpommern, Sachsen-Anhalt, Sachsen, Thüringen, Bonn 1999.

Erler, Hans (Hrsg.), Erinnern und Verstehen. Der Völkermord an den Juden im politischen Gedächtnis der Deutschen, Frankfurt a. M./New York 2003.

Eschebach, Insa, Zur Formensprache der Totenehrung. Ravensbrück in der frühen Nachkriegszeit, in: dies./Jacobeit, Sigrid/Lanwerd, Susanne, Die Sprache des Gedenkens. Zur Geschichte der Gedenkstätte Ravensbrück1945–1995, Berlin 1999, S. 13–38.

– Jahrestage. Zu den Formen und Funktionen von Gedenkveranstaltungen in Ravensbrück 1946–1995, in: dies./Jacobeit, Sigrid/Lanwerd, Susanne, Die Sprache des Gedenkens. Zur Geschichte der Gedenkstätte Ravensbrück1945–1995, Berlin 1999, S. 69–107.

– Öffentliches Gedenken. Deutsche Erinnerungskulturen seit der Weimarer Republik, Frankfurt a. M./New York 2005.

– /Ehresmann, Andreas, „Zeitschaften". Zum Umgang mit baulichen Relikten ehemaliger Konzentrationslager, in: Petra Fank/Stefan Hördler (Hrsg.), Der Nationalsozialismus im Spiegel des öffentlichen Gedächtnisses. Formen der Aufarbeitung und des Gedenkens, Berlin 2005, S. 111–120.

– /Jacobeit, Sigrid/Lanwerd, Susanne, Die Sprache des Gedenkens. Zur Geschichte der Gedenkstätte Ravensbrück 1945-1995 (Schriftenreihe der Stiftung Brandenburgische Gedenkstätten, Bd. 11), Berlin 1999.

Faulde, Joachim, Schule und Außerschulische Jugendbildung. Eine Untersuchung zu institutionellen Aspekten der Kooperation, Weinheim 1996.

– /Schillo, Johannes (Hrsg.), Schule und außerschulische Bildungsarbeit. Bausteine zur Kooperation in der politischen Bildung, Bad Heilbrunn 1993.

Faulenbach, Bernd, Die Gedenkstätten Sachsenhausen und Ravensbrück als pädagogische Räume, in: Franz-Josef Jelich/Heidemarie Kemnitz (Hrsg.), Die pädagogische Gestaltung des Raums. Geschichte und Modernität, Bad Heilbrunn 2003, S. 521–534.

Fava, Rosa, Die Neuausrichtung der Erziehung nach Auschwitz in der Einwanderungsgesellschaft. Eine rassismuskritische Diskursanalyse, Berlin 2015.

Fechler, Bernd/Kößler, Gottfried/Liebertz-Groß, Till (Hrsg.), „Erziehung nach Auschwitz" in der multikulturellen Gesellschaft. Pädagogische und soziologische Annäherungen, Weinheim 2000.

Feldman, Jackie, „Über den Gräbern mit gehisster Fahne Israels" – Die Struktur und Bedeutung israelischer Jugendreisen nach dem Polen der Schoah, in: Helmut Schreier/Matthias Heyl (Hrsg.), „Daß Auschwitz nicht noch einmal sei ...". Zur Erziehung nach Auschwitz, Hamburg 1995, S. 335–366.

– Israel als Enklave: Inszenierungen jüdisch-israelischer Identität in Polen, in: Margrit Frölich/Yariv Lapid/Christian Schneider (Hrsg.), Repräsentationen des Holocaust in Israel und Deutschland, Frankfurt a. M. 2004, S. 172–202.

– Above the death pits, beneath the flag: youth voyages to Poland and the performances of Israeli National identity, New York 2008.

Fingerle, Karlheinz, Schule, in: Dieter Lenzen/Klaus Mollenhauer (Hrsg.), Enzyklopädie Erziehungswissenschaft. Bd. 1, Theorien und Grundbegriffe der Erziehung und Bildung, Stuttgart 1983, S. 526–530.

Fischer, Cornelia/Anton, Hubert, Auswirkungen der Besuche von Gedenkstätten auf Schülerinnen und Schüler. Breitenau – Hadamar – Buchenwald. Bericht über 40 Explorationen in Hessen und Thüringen, o. O. 1992.

Fischer, Torben/Lorenz, Matthias N. (Hrsg.), Lexikon der „Vergangenheitsbewältigung" in Deutschland. Debatten- und Diskursgeschichte des Nationalsozialismus nach 1945, Bielefeld 2007.

FRA – Agentur der Europäischen Union für Grundrechte, Die Vergangenheit für die Zukunft entdecken. Die Rolle historischer Stätten und Museen in der Holocaust- und Menschenrechtsbildung in der EU, Wien 2010.

Frei, Norbert/Knigge, Volkhard (Hrsg.), Verbrechen erinnern. Die Auseinandersetzung mit Holocaust und Völkermord, München 2002.

Friedländer, Saul, Den Holocaust beschreiben. Auf dem Weg zu einer integrierten Geschichte, Göttingen 2007.

– Eine integrierte Geschichte des Holocaust, in: Aus Politik und Zeitgeschichte 14–15 (2007), S. 7–14.

Fuchs, Eduard/Pingel, Falk/Radkau, Verena (Hrsg.), Holocaust und Nationalsozialismus, Wien 2002.

Fuchs, Jochen, Auschwitz in den Augen seiner Besucher. Eine Untersuchung von Teilnehmerinnen und Teilnehmern an Exkursionen nach Auschwitz in den Jahren zwischen 1994 und 2002 und zum Beitrag von Gedenkstättenbesuchen zur politischen (Bewusstseins-)Bildung nebst Vorschlägen zur Optimierung solcher Veranstaltungen, Magdeburg 2003.

Fuchs, Max, Bildungspolitische Gedanken zum Neuen Lernen, in: Standbein-Spielbein. Museumspädagogik aktuell (2006) 75, S. 28–35.

Gabriel, Regine/Knapp, Gabriele/Maaß, Simone, Theaterarbeit und Musik in der Gedenkstättenpädagogik, in: Standbein-Spielbein. Museumspädagogik aktuell (2005) 72, S. 37–41.

Gaede, Daniel, Pädagogische Konzeption der Gedenkstätte Buchenwald, in: KZ Buchenwald 1937–1945. KZ Mittelbau-Dora 1943–1945. Materialien für die Vorbereitung von Besuchen in die Gedenkstätten, hrsg. vom Thüringer Institut für Lehrerfortbildung, Lehrplanentwicklung und Medien, Bad Berka 2000, S. 70–72.

– Besuchererwartungen in Gedenk- und Erinnerungsstätten, in: Stiftung Haus der Geschichte der Bundesrepublik Deutschland (Hrsg.), Gedenkstätten und Besucherforschung, Bonn 2004, S. 99–106.

Ganske, Katja, Menschenrechtsbildung in NS-Gedenkstätten. Neue pädagogische Überlegungen zum Lernen aus der Geschichte des Nationalsozialismus. Berlin 2014, http://opus4.kobv.de/opus4-tuberlin/frontdoor/index/index/docId/5183.

Garbe, Detlef (Hrsg.), Die vergessenen KZs? Gedenkstätten für die Opfer des NS-Terrors in der Bundesrepublik, Bornheim-Merten 1983.

– Einleitung, in: ders. (Hrsg.), Die vergessenen KZs? Gedenkstätten für die Opfer des NS-Terrors in der Bundesrepublik, Bornheim-Merten 1983, S. 23–35.

– Neuengamme – Musterbeispiel für Vergessen und Verdrängen, in: ders. (Hrsg.), Die vergessenen KZs? Gedenkstätten für die Opfer des NS-Terrors in der Bundesrepublik, Bornheim-Merten 1983, S. 37–68.

– Von der Peripherie in das Zentrum der Geschichtskultur. Tendenzen der Gedenkstättenentwicklung, in: Bernd Faulenbach/Franz-Josef Jelich (Hrsg.), „Asymmetrisch verflochtene Parallelgeschichte?“ Die Geschichte der Bundesrepublik und der DDR in Ausstellungen, Museen und Gedenkstätten, Essen 2005, S. 59–84.

Gareis, Sven, Didaktik der Begegnung. Zur Organisation historischer Lernprozesse im Lernort Dachau, Frankfurt a. M. 1989.

– /Vultejus, Malte von, Lernort Dachau? Eine empirische Einstellungsuntersuchung bei Besuchern der KZ-Gedenkstätte Dachau, Berlin 1987.

Garnitschnig, Ines, Wessen Opas Geschichte? Familiäre Tradierungen und Bezüge zur Shoah in der postnazistischen Gesellschaft, in: Till Hilmar (Hrsg.), Ort, Subjekt, Verbrechen. Koordinaten historisch-politischer Bildungsarbeit zum Nationalsozialismus, Wien 2010, S. 300–324.

GedenkstättenRundbrief Nr. 100 (2001), hrsg. von der Stiftung Topographie des Terrors. Berlin.

Geißler, Christian/Overwien, Bernd (Hrsg.), Elemente einer zeitgemäßen politischen Bildung. Festschrift für Prof. Hanns-Fred Rathenow zum 65. Geburtstag, Berlin 2010.

Geißler-Jagodzinski, Christian/Haug, Verena, Gedenkstättenpädagogik. Ziele, Grenzen und Widersprüche, in: Janne Mende/Stefan Müller (Hrsg.), Emanzipation in der politischen Bildung. Theorien – Konzepte – Möglichkeiten, Schwalbach/Ts., S. 299–329.

Genger, Angela, Lernen, Erinnern, Gedenken. Erfahrungen aus der Gedenkstättenarbeit, in: Annegret Ehmann/Wolf Kaiser/Thomas Lutz/Hanns-Fred Rathenow, Cornelia vom Stein/Norbert H. Weber (Hrsg.), Praxis der Gedenkstättenpädagogik. Erfahrungen und Perspektiven, Opladen 1995, S. 48–54.

– Methoden und Formen der Geschichtsarbeit in Gedenkstätten, in: Standbein-Spielbein. Museumspädagogik aktuell (2005) 72, S. 4–7.

Georgi, Viola B., Entliehene Erinnerung. Geschichtsbilder junger Migranten in Deutschland, Hamburg 2003.

Giere, Jaqueline/Kößler, Gottfried, Konfrontationen. Bausteine für die pädagogische Annäherung an Geschichte und Wirkung des Holocaust. Heft 2: Gruppe, hrsg. vom Fritz Bauer Institut, Frankfurt a. M. 2001.

Giere, Jaqueline/Schmidhofer, Tanja, Konfrontationen. Bausteine für die pädagogische Annäherung an Geschichte und Wirkung des Holocaust. Heft 6: Todesmärsche und Befreiung, hrsg. vom Fritz Bauer Institut, Frankfurt a. M. 2003.

Grammes, Tilmann/Schluß, Henning/Vogler, Hans-Joachim, Staatsbürgerkunde in der DDR. Ein Dokumentenband, Wiesbaden 2006.

Grillmeyer, Siegfried/Wirtz, Peter (Hrsg.), Ortstermine. Politisches Lernen an historischen Orten. 2 Bde., Schwalbach/Ts. 2006/2008.

Gryglewski, Elke, Kleingruppenarbeit in Gedenkstätten, in: Haus der Wannseekonferenz/Jugendgästehaus Dachau, Beiträge zur Fachtagung Pädagogik in Gedenkstätten, 12.–15. Oktober 2000, unveröff. Reader, Berlin 2000, S. 81–88.

– Gedenkstätten in der multiethnischen Gesellschaft, in: Stiftung Haus der Geschichte der Bundesrepublik Deutschland (Hrsg.), Gedenkstätten und Besucherforschung, Bonn 2004, S.123–131.

– Anerkennung und Erinnerung. Zugänge arabisch-palästinensischer und türkischer Berliner Jugendlicher zum Holocaust, Berlin 2013.

– /Kreutzmüller, Christoph, Fü(h)reinander. Pädagogisches Arbeitsmaterial und Kopiervorlagen für Klassenstufe 9–10 aller Schultypen, Unterrichtseinheit ca. 180 Minuten. Ein didaktisches Konzept zur arbeitsteiligen, wechselseitigen Führung durch die Ausstellung im Haus der Wannsee-Konferenz zum Thema Juden unter nationalsozialistischer Herrschaft – Entrechtung, Vertreibung und Vernichtung, Berlin 2000.

Gudehus, Christian, Dem Gedächtnis zuhören. Erzählungen über NS-Verbrechen und ihre Repräsentation in deutschen Gedenkstätten, Essen 2006.

Haase, Ulrich, Rede zur Eröffnung des Symposiums, in: Burkhard Asmuss/Hans-Martin Hinz (Hrsg.), Zum Umgang mit historischen Stätten aus der Zeit des Nationalsozialismus. Orte des Erinnerns, des Gedenkens und der kulturellen Weiterbildung? Zum Umgang mit Gedenkorten von nationaler Bedeutung in der Bundesrepublik Deutschland. Symposium am 23. und 24. November 1998 im Deutschen Historischen Museum, Berlin 1999, S. 13–20.

Hafenegger, Benno (Hrsg.), Handbuch politische Jugendbildung, Schwalbach/Ts. 1997.

Haug, Verena, Wie aus dem Denkmal ein Lernort wird. Pädagogische Aspekte der Debatte über das „Denkmal für die ermordeten Juden Europas" (1989-1999), unveröffentlichte Diplomarbeit, Frankfurt a. M. 2001.

– Gedenkstättenpädagogik. Kompensation schulischer Defizite oder neue Teildisziplin?, in: Wolfgang Meseth/Matthias Proske/Frank-Olaf Radtke (Hrsg.), Schule und Nationalsozialismus. Anspruch und Grenzen des Geschichtsunterrichts, Frankfurt a. M. 2004, S. 252–267.
– Erlebniserwartung und Erwartungsproduktion. Zur kommunikativen Herstellung des „authentischen Ortes" in gedenkstättenpädagogischen Veranstaltungen, in: Beiträge zur Geschichte der nationalsozialistischen Verfolgung in Norddeutschland Nr. 16 (2015), S. 90–99.
– /Hogrefe, Juliane/Hollstein, Oliver/Meseth, Wolfgang, Forschungsprojekt „Der Umgang mit den Paradoxien politisch-moralischer Erziehung", in: Newsletter zur Geschichte und Wirkung des Holocaust. Informationen des Fritz Bauer Instituts Nr. 29 (2006), 28–30.
– /Knolle-Tiesler, Uta/Kößler, Gottfried, Konfrontationen. Bausteine für die pädagogische Annäherung an Geschichte und Wirkung des Holocaust. Heft 5: Deportationen, hrsg. vom Fritz Bauer Institut, Frankfurt a. M. 2003.
– /Meseth, Wolfgang, Schulklassen in Gedenkstätten. Routinen des Unterrichts als Herausforderung der Gedenkstättenpädagogik – Empirische Erkundungen, in: Linda Erker/Klaus Kienesberger/Erich Vogl/Fritz Hausjell (Hrsg.), Gedächtnis-Verlust? Geschichtsvermittlung und -didaktik in der Mediengesellschaft, Köln 2013, S. 41–60.
– /Schellenberg, Martin, Gedenkstätten als Medien, in: Anja Besand/Wolfgang Sander (Hrsg.), Handbuch Medien in der politischen Bildung (Reihe Politik und Bildung, Bd. 57), Schwalbach/Ts. 2010, S. 213–222.
– /Thimm, Barbara, Projektdokumentation *Aus der Geschichte lernen?* Entwicklung zeitgemäßer Seminarkonzepte zur Vermittlung der NS-Geschichte insbesondere an Gedenkstätten im Kontext einer historisch-politischen Bildungsarbeit in Demokratie fördernder Perspektive, http://www.cap.lmu.de/download/2007/gedenkstaetten.pdf.

Haus der Wannseekonferenz/Jugendgästehaus Dachau, Beiträge zur Fachtagung Pädagogik in Gedenkstätten, 12.–15. 10. 2000, unveröff. Reader, Berlin. 2000.

Helsper, Werner, Pädagogisches Handeln in den Antinomien der Moderne, in: Heinz-Hermann Krüger/ders. (Hrsg.), Einführung in Grundbegriffe und Grundfragen der Erziehungswissenschaft, Opladen 1998, S. 15–34.
– /Merle Hummrich, Arbeitsbündnis, Schulkultur und Milieu. Reflexionen zu Grundlagen schulischer Bildungsprozesse, in: Georg Breidenstein/Fritz Schütze (Hrsg.), Paradoxien in der Reform der Schule. Ergebnisse qualitativer Sozialforschung, Wiesbaden 2008, S. 43–72.

Henke-Bockschatz, Gerhard, Der „Holocaust" als Thema im Geschichtsunterricht, Kritische Anmerkungen, in: Wolfgang Meseth/Matthias Proske/Frank-

Olaf Radtke (Hrsg.), Schule und Nationalsozialismus. Anspruch und Grenzen des Geschichtsunterrichts, Frankfurt a. M. 2004, S. 298–322.

Herzog, Roman, Interview in der Frankfurter Rundschau vom 17. 7. 1995, in: Ulrike Puvogel/Martin Stankowski, Gedenkstätten für die Opfer des Nationalsozialismus. Eine Dokumentation. Bd. 1, Bonn 1995, S. 8.

Hey, Bernd, Museen, Archive und historische Stätten als außerschulische Lernorte – Zum Begriff der historischen Exkursion, in: Geschichte in Wissenschaft und Unterricht 31 (1980) 1, S. 30–40.

Heyl, Matthias, „Erziehung nach Auschwitz" und „Holocaust Education" – Überlegungen und Konzepte, in: Ido Abram/ders., Thema Holocaust. Ein Buch für die Schule, Reinbek bei Hamburg 1996, S. 61–164.

– Materialien für den Unterricht, in: Ido Abram/ders., Thema Holocaust. Ein Buch für die Schule, Reinbek bei Hamburg 1996, S. 165–332.

– Was ist und zu welchem Ende studiert man die Geschichte des Holocaust? „Aufarbeitung der Vergangenheit" heute, in: Hans Erler (Hrsg.), Erinnern und Verstehen. Der Völkermord an den Juden im politischen Gedächtnis der Deutschen, Frankfurt a. M./New York 2003, S. 202–222.

– „Forensische Bildung" am historischen Tat- und Lernort – Ein Plädoyer gegen das Erspüren von Geschichte, in: Christian Geißler/Bernd Overwien (Hrsg.), Elemente einer zeitgemäßen politischen Bildung. Festschrift für Prof. Hanns-Fred Rathenow zum 65. Geburtstag, Berlin 2010, S. 189–202.

– Mit Überwältigendem überwältigen? Emotionen in KZ-Gedenkstätten, in: Juliane Brauer/Martin Lücke (Hrsg.), Emotionen, Geschichte und historisches Lernen. Geschichtsdidaktische und geschichtskulturelle Perspektiven, Göttingen 2013, S. 239–259.

– /Kunz, Thomas/Meyer, Angelika, Mehrtagesseminare in der Gedenkstätte Ravensbrück, in: Till Hilmar (Hrsg.), Ort, Subjekt, Verbrechen. Koordinaten historisch-politischer Bildungsarbeit zum Nationalsozialismus, Wien 2010, S. 174–184.

– /Redlich, Karin/Walz, Loretta/Gerwers, Knut (2005), Neue Formen jugendgerechter Aneignung der Geschichte. Die Gedenk- und Jugendbegegnungsstätte Ravensbrück, in: Standbein – Spielbein. Museumspädagogik aktuell (2005) 72, S. 32–36.

Hilmar, Till (Hrsg.), Ort, Subjekt, Verbrechen. Koordinaten historisch-politischer Bildungsarbeit zum Nationalsozialismus, Wien 2010.

Hötte, Herbert, Vergangenheitsbewältigung und Ausländerfeindlichkeit. Eine Befragung von Jugendlichen im Dokumentenhaus KZ Neuengamme (Museumspädagogischer Dienst Hamburg, Heft 4), Hamburg 1984.

Hoffmann, Detlef (Hrsg.), Das Gedächtnis der Dinge. KZ-Relikte und KZ-Denkmäler 1945–1995, Frankfurt a. M./New York 1998.

– Das Gedächtnis der Dinge, in: ders. (Hrsg.), Das Gedächtnis der Dinge. KZ-Relikte und KZ-Denkmäler 1945–1995, Frankfurt a. M./New York 1998, S. 6–35.
– Authentische Erinnerungsorte oder: Von der Sehnsucht nach Echtheit und Erlebnis, in: Hans-Rudolf Maier/Marion Wohlleben (Hrsg.), Bauten und Orte als Träger von Erinnerung. Die Erinnerungsdebatte und die Denkmalpflege, Zürich 2000, S. 31–45.
Hollstein, Oliver/Meseth, Wolfgang/Müller-Mahnkopp, Christine/Proske, Matthias/Radtke, Frank-Olaf, Nationalsozialismus im Geschichtsunterricht. Beobachtungen unterrichtlicher Kommunikation, Frankfurt a. M. (Fachbereich Erziehungswissenschaften, Institut für allgemeine Erziehungswissenschaften) 2002.
Holtappels, Heinz Günter, Schule und Sozialpädagogik. Chancen, Formen und Probleme der Kooperation, in: Werner Helsper/Jeanette Böhme (Hrsg.), Handbuch der Schulforschung, Wiesbaden 2004, S. 465–482.
Horn, Klaus-Peter, Authentizität und Symbolisierung, Gedenken und Lernen. Anmerkungen zu Gedenkstätten in Deutschland und ihren Pädagogiken, in: Jahrbuch für historische Bildungsforschung 7 (2001), S. 329–350.
Huhtasaari, Hanna, Die Bundeszentrale für politische Bildung. Selbstverständnis und Auftrag im Arbeitsfeld Gedenkstättenpädagogik, in: Elke Gryglewski/Verena Haug/Gottfried Kößler/Thomas Lutz/Christa Schikorra (Hrsg.), Gedenkstättenpädagogik. Kontext, Theorie und Praxis der Bildungsarbeit zu NS-Verbrechen, Berlin 2015, S. 82–97.
Jahrbuch für Pädagogik, Auschwitz und die Pädagogik, Frankfurt a. M. 1995.
Jelich, Franz-Josef/Kemnitz Heidemarie (Hrsg.), Die pädagogische Gestaltung des Raums. Geschichte und Modernität, Bad Heilbrunn 2003.
Jürgensen, Frank, Unter dem Teppich liegt der Standard. Wie kommt es, dass die Führung in Gedenkstätten so wenig beachtet wird?, in: Standbein-Spielbein. Museumspädagogik aktuell (2003) 65, S. 55–60.
Kade, Jochen, Vermittelbar/nicht-vermittelbar. Vermitteln: Aneignen im Prozeß der Systembildung des Pädagogischen, in: Dieter Lenzen/Niklas Luhmann (Hrsg.), Bildung und Weiterbildung im Erziehungssystem, Frankfurt a. M. 1997, S. 30–70.
– Irritationen. Zur Pädagogik der Talkshow, in: Ingrid Gogolin/Dieter Lenzen (Hrsg.), Medien-Generation. Beiträge zum 16. Kongreß der Deutschen Gesellschaft für Erziehungswissenschaft, Opladen 1999, S. 151–181.
– Zugemutete Angebote, angebotene Zumutungen. (Politische) Aufklärung unter den Bedingungen von Ungewissheit, in: Werner Helsper/Reinhard Hörster/ders. (Hrsg.), Ungewissheit. Pädagogische Felder im Modernisierungsprozess, Weilerswist 2003, S. 364–389.

– Erziehung als pädagogische Kommunikation, in: Dieter Lenzen (Hrsg.), Irritationen des Erziehungssystems. Pädagogische Resonanzen auf Niklas Luhmann, Frankfurt a. M. 2004, S. 199–232.
– /Seitter, Wolfgang, Wissensvermittlung – pädagogische Kommunikation – Selbstbeobachtung. Zur Institutionalisierung des Lernens im Erwachsenenalter, in: dies. (Hrsg.), Pädagogische Kommunikation im Strukturwandel. Beiträge zum Lernen Erwachsener, Bielefeld 2005, S. 47–61.
Kaiser, Wolf, Zur Pädagogik in Gedenkstätten für die Opfer des Nationalsozialismus 50 Jahre nach Kriegsende, in: Politisches Lernen (1995) 1–2, S. 111–125.
– Gedenkstätten als Lernorte. Ziele und Probleme, in: Haus der Wannsee-Konferenz/Jugendgästehaus Dachau, Beiträge zur Fachtagung Pädagogik in Gedenkstätten, 12.–15. Oktober 2000, unveröffentlichter Reader, Berlin 2000, S. 12–24.
– Bildungsarbeit in Gedenkstätten für die Opfer des Nationalsozialismus, in: GedenkstättenRundbrief Nr. 100 (2001), S. 105–111.
– Herausforderungen: Zur pädagogischen Arbeit in Gedenkstätten für die Opfer des Nationalsozialismus, in: Politisches Lernen (2003) 1–2, S. 13–20.
– Zeitzeugenberichte in der Geschichtspädagogik, in: GedenkstättenRundbrief Nr. 152 (2009), S. 11–15.
– Historisch-politische Bildung in Gedenkstätten, in: GedenkstättenRundbrief Nr. 159 (2011), S. 3–14.
Kalthoff, Herbert, Wohlerzogenheit: eine Ethnographie deutscher Internatsschulen, Frankfurt a. M./New York 1997.
– „Wunderbar, richtig". Zur Praxis mündlichen Bewertens im Unterricht, in: Zeitschrift für Erziehungswissenschaft 3 (2000) 3, S. 429–446.
– Einleitung: Zur Dialektik von qualitativer Forschung und soziologischer Theoriebildung, in: ders./Stefan Hirschauer/Gesa Lindemann (Hrsg.), Theoretische Empirie. Zur Relevanz qualitativer Forschung, Frankfurt a. M. 2008, S. 8–32.
– /Kelle, Helga, Pragmatik schulischer Ordnung. Zur Bedeutung von „Regeln" im Schulalltag, in: Zeitschrift für Pädagogik 5 (2000) 46, S. 691–710.
Kaminsky, Anne, Gedenkstätten für die Opfer des Stalinismus als „Stiefkinder" der deutschen Erinnerungskultur?, in: Bernd Faulenbach/Franz-Josef Jelich (Hrsg.), „Asymmetrisch verflochtene Parallelgeschichte?" Die Geschichte der Bundesrepublik und der DDR in Ausstellungen, Museen und Gedenkstätten, Essen 2005, S. 93–110.
Kammerer, Gabriele, Aktion Sühnezeichen Friedensdienste – Aber man kann es einfach tun, Göttingen 2008.
Karg, Hans Hartmut, Außerschulische Lernorte: Der Lehr-, Wander- und Studientag als Fahrt in die Geschichte, in: Pädagogisches Forum (1993) 1, S. 29–33.

Keller, Rolf/Marienfeld, Wolfgang/Obenaus, Herbert/Rahe, Thomas/Schmid, Hans-Dieter/Sommer, Wilhelm/Wiedemann, Wilfried und Gödecke, Monika (Red.), Konzentrationslager Bergen-Belsen. Berichte und Dokumente, hrsg. von der Niedersächsischen Landeszentrale für politische Bildung unter Mitwirkung des Wissenschaftlichen Beirates für Gedenkstättenarbeit, Hannover 1995.

Kieserling, André, Kommunikation unter Anwesenden. Studien über Interaktionssysteme, Frankfurt a. M. 1999.

Kirsch, Jan-Holger, Nationaler Mythos oder historische Trauer? Der Streit um ein zentrales „Holocaust-Mahnmal" für die Berliner Republik, Köln u. a. 2003.

– Das öffentliche Bild von Gedenkstätten, in: Stiftung Haus der Geschichte der Bundesrepublik Deutschland (Hrsg.), Gedenkstätten und Besucherforschung, Bonn 2004, S. 43–59.

Klein, Marion, Das Denkmal für die ermordeten Juden Europas in Berlin: Strategien der (Nicht-)Authentisierung von Schülerinnen und Schülern, in: Bert Pampel (Hrsg.), Erschrecken – Mitgefühl – Distanz. Empirische Befunde über Schülerinnen und Schüler in Gedenkstätten und zeitgeschichtlichen Ausstellungen, Leipzig 2011, S. 255–281.

Klein, Marion, Schülerinnen und Schüler am Denkmal für die ermordeten Juden Europas. Eine empirisch-rekonstruktive Studie, Wiesbaden 2012.

Knigge, Volkhard, Vom Reden und Schweigen der Steine. Zu Denkmalen auf dem Gelände ehemaliger nationalsozialistischer Konzentrations- und Vernichtungslager, in: Sigrid Weigel/Birgit R. Erdle (Hrsg.), Fünfzig Jahre danach. Zur Nachgeschichte des Nationalsozialismus, Zürich 1996, S. 193–234.

– „Opfer, Tat, Aufstieg". Vom Konzentrationslager Buchenwald zur Nationalen Mahn- und Gedenkstätte der DDR, in: ders. (Hrsg.), Versteinertes Gedenken. Das Buchenwalder Mahnmal von 1958. Bd. 1, Spröda 1997.

– Tatort – Leidensort – Friedhof – Gedenkstätte – Museum. Notizen für eine KZ-Gedenkstättenarbeit der Zukunft, in: Bundesministerium für Unterricht und kulturelle Angelegenheiten, Erinnern in Gedenkstätten. Beiträge zum Thema anlässlich der Tagung der ZeitzeugInnen 1997, Wien 1998, S. 53–64.

– Buchenwald, in: Detlef Hoffmann (Hrsg.), Das Gedächtnis der Dinge. KZ-Relikte und KZ-Denkmäler 1945–1995, Frankfurt a. M./New York 1998, S. 92–173.

– Statt eines Nachworts: Abschied der Erinnerung. Anmerkungen zum notwendigen Wandel der Gedenkkultur in Deutschland, in: Norbert Frei/ders. (Hrsg.), Verbrechen erinnern. Die Auseinandersetzung mit Holocaust und Völkermord, München 2002, S. 423–440.

– Gedenkstätten und Museen, in: Norbert Frei/ders. (Hrsg.), Verbrechen erinnern. Die Auseinandersetzung mit Holocaust und Völkermord, München 2002, S. 378–389.

– Erinnern oder auseinandersetzen? Kritische Anmerkungen zur Gedenkstättenpädagogik, in: Eduard Fuchs/Falk Pingel/Verena Radkau (Hrsg.), Holocaust und Nationalsozialismus, Wien 2002, S. 33–41.
– Museum oder Schädelstätte? Gedenkstätten als multiple Institutionen, in: Stiftung Haus der Geschichte der Bundesrepublik Deutschland (Hrsg.), Gedenkstätten und Besucherforschung, Bonn 2004, S. 17–33.

Knoll, Joachim H. (Hrsg.), Handbuch Außerschulische Jugendbildung. Dokumente, Materialien und Gesetzesauszüge, Grafenau/Württ. 1983.

Knolle-Tiesler, Uta/Kößler, Gottfried/Tauke, Oliver, Konfrontationen. Bausteine für die pädagogische Annäherung an Geschichte und Wirkung des Holocaust. Heft 4: Ghetto, hrsg. vom Fritz Bauer Institut, Frankfurt a. M. 2002.

Köpp, Ulrike, Das Gedenken wird zur nationalen Aufgabe erklärt. Das Kuratorium für den Aufbau nationaler Gedenkstätten und die Gedenkstätte Sachsenhausen, in: Günter Morsch (Hrsg.), Von der Erinnerung zum Monument. Die Entstehungsgeschichte der Nationalen Mahn- und Gedenkstätte Sachsenhausen, Berlin 1996, S. 133–147.
– „Eine Dunkelzelle ist nicht dunkel, wenn sie gezeigt wird …". Die Studien des Buchenwald-Kollektivs für die Gestaltung der Gedenkstätte Sachsenhausen 1956, in: Günter Morsch (Hrsg.), Von der Erinnerung zum Monument. Die Entstehungsgeschichte der Nationalen Mahn- und Gedenkstätte Sachsenhausen, Berlin 1996, S. 158–216.

Kößler, Gottfried, Auschwitz als Ziel von Bildungsreisen? Zur Funktion des authentischen Ortes in pädagogischen Prozessen, in: Fritz Bauer Institut (Hrsg.), Auschwitz. Geschichte, Rezeption, Wirkung, Frankfurt a. M./New York 1996, S. 299–318.
– Fotografien als Medium des Erinnerns und der Verständigung, in: Knut Dethlefsen/Thomas B. Hebler (Hrsg.), Bilder im Kopf. Auschwitz – einen Ort sehen, Berlin 1997, S. 32–43.
– Friedhof oder Lernort. Chancen und Grenzen der Gedenkstättenpädagogik, in: Bundesministerium für Unterricht und kulturelle Angelegenheiten, Erinnern in Gedenkstätten. Beiträge zum Thema anlässlich der Tagung der ZeitzeugInnen 1997, Wien 1998, S. 29–37.
– /Mumme, Petra, Konfrontationen. Bausteine für die pädagogische Annäherung an Geschichte und Wirkung des Holocaust. Heft 1: Identität, hrsg. vom Fritz Bauer Institut, Frankfurt a. M. 2000.
– Menschenrechtsbildung und historisches Lernen. Erfahrungen mit dem Projekt „Konfrontationen", in: Fritz Bauer Institut (Hrsg.), Völkermord und Kriegsverbrechen in der ersten Hälfte des 20. Jahrhunderts, Frankfurt a. M. 2004, S. 301–312.

– Der Gegenwartsbezug gedenkstättenpädagogischer Arbeit, in: Barbara Thimm/ders./Susanne Ulrich (Hrsg.), Verunsichernde Orte. Selbstverständnis und Weiterbildung in der Gedenkstättenpädagogik, Frankfurt a. M. 2010, S. 45–52.

Kolbe, Fritz-Ulrich/Reh, Sabine/Fritzsche, Bettina/Idel, Till/Rabenstein, Kerstin, Lernkultur. Überlegungen zu einer kulturwissenschaftlichen Grundlegung qualitativer Unterrichtsforschung, in: Zeitschrift für Erziehungswissenschaft 11 (2008) 1, S. 125–143.

Kranz, Tomasz, Anmerkungen zur Entwicklung pädagogischer Arbeit in Gedenkstätten, in: Jahrbuch für Pädagogik (2003): Erinnern – Bildung – Identität, S. 291–304.

Krause-Vilmar, Dietfried, Zum Umgang mit dem Nationalsozialismus an den Orten des Schreckens, in: Neue Sammlung. Vierteljahres-Zeitschrift für Erziehung und Gesellschaft (1987), S. 356–363.

– Informieren – Gedenken – Lernen. Eine Bemerkung zur Arbeit in Gedenkstätten, in: GedenkstättenRundbrief Nr. 48 (1992), S. 2–3.

– Überlegungen zum Verständnis des Lehrens und Lernens in den Gedenkstätten für die Opfer des Nationalsozialismus, in: GedenkstättenRundbrief Nr. 72 (1996), S. 3–6.

Kroh, Jens, Transnationale Erinnerung. Der Holocaust im Fokus geschichtspolitischer Initiativen, Frankfurt a. M. 2008.

Krüger, Heinz-Hermann/Helsper, Werner, Einführung in Grundbegriffe und Grundfragen der Erziehungswissenschaft, Opladen 1998.

Krummheuer, Götz/Naujok, Natalie, Grundlagen und Beispiele interpretativer Unterrichtsforschung, Opladen 1999.

Kuhls, Heike, Erinnern lernen? Pädagogische Arbeit in Gedenkstätten, Münster 1996.

Lange, Dirk (Hrsg.), Politische Bildung an historischen Orten. Materialien zur Didaktik des Erinnerns, Baltmannsweiler 2006.

Langmaak, Barbara/Braune-Krickau, Michael, Wie die Gruppe laufen lernt. Anregungen zum Planen und Leiten von Gruppen. Ein praktisches Lehrbuch. 8., vollständig überarbeitete Aufl., Weinheim/Basel 2010.

Lapid, Yariv/Angerer Christian/Ecker, „Was hat es mit mir zu tun?“, in: GedenkstättenRundbrief Nr. 162 (2011), S. 40–45.

Lautenbach von Ostrowski, Moritz, „Ich bin heute hier und ihr nicht mehr.“ Eine linguistische Fallanalyse. Zur Funktion einer Redewiedergabe in einer KZ-Gedenkstätten-Führung, in: Michael Becker/Dennis Bock/Henrike Illig (Hrsg.), Orte und Akteure im System der NS-Zwangslager. Ergebnisse des 18. Workshops zur Geschichte und Gedächtnisgeschichte nationalsozialistischer Konzentrationslager, Berlin 2015, S. 256–278.

Leggewie, Claus/Meyer, Erik, Ein Ort, an den man gerne hingeht: das Holocaust-Mahnmal und die deutsche Geschichtspolitik nach 1989, München 2005.

Lehrke, Gisela, Gedenkstätten für die Opfer des Nationalsozialismus. Historisch-politische Bildung an Orten des Widerstands, Frankfurt a. M./New York 1988.

Leo, Annette (Red.), Geschichte wird Erinnerung. Zum 50. Jahrestag der Befreiung im Land Brandenburg, hrsg. vom Ministerium für Wissenschaft, Forschung und Kultur des Landes Brandenburg und Brandenburgische Landeszentrale für politische Bildung, Potsdam 1995.

– Das kurze Leben der VVN, in: Günter Morsch (Hrsg.), Von der Erinnerung zum Monument. Die Entstehungsgeschichte der Nationalen Mahn- und Gedenkstätte Sachsenhausen, Berlin 1996, S. 93–100.

– Geschichtsbewußtsein „herstellen" – ein Rückblick auf die Gedenkstättenarbeit in der DDR, in: Heidi Behrens-Cobet (Hrsg.), Bilden und Gedenken. Erwachsenenbildung in Gedenkstätten und an Gedächtnisorten, Essen 1998, S. 35–50.

Lindquist, Sven, Grabe wo du stehst. Handbuch zur Erforschung der eigenen Geschichte, Bonn 1989.

Lösch, Bettina/Thimmel, Andreas (Hrsg.), Kritische politische Bildung. Ein Handbuch, Schwalbach/Ts. 2010.

Loewy, Hanno (Hrsg.), Holocaust: Die Grenzen des Verstehens. Eine Debatte über die Besetzung der Geschichte, Reinbek bei Hamburg 1992.

Löw, Martina, Raumsoziologie, Frankfurt a. M. 2001.

Lüders, Christian/Kade, Jochen/Hornstein, Walter, Entgrenzung des Pädagogischen, in: Heinz-Hermann Krüger/Werner Helsper, Einführung in Grundbegriffe und Grundfragen der Erziehungswissenschaft, Opladen 1998, S. 207–215.

Lüders, Manfred, Unterricht als Sprachspiel. Eine systematische und empirische Studie zum Unterrichtsbegriff und zur Unterrichtssprache, Bad Heilbrunn 2003.

– Die Sprachspieltheorie des Unterrichts, in: Wolfgang Meseth/Matthias Proske/Frank-Olaf Radtke (Hrsg.), Unterrichtstheorien in Forschung und Lehre, Bad Heilbrunn 2011, S. 175–188.

Luhmann, Niklas, Das Erziehungssystem der Gesellschaft, hrsg. von Dieter Lenzen, Frankfurt a. M. 2002.

– Sinn, Selbstreferenz und soziokulturelle Evolution, in: Günter Burkart/Gunter Runkel (Hrsg.), Luhmann und die Kulturtheorie, Frankfurt a. M. 2004, S. 241–289.

Lüttgenau, Rikola/Scheuer, Brita, Pädagogische Konzeption der KZ-Gedenkstätte Mittelbau-Dora, in: KZ Buchenwald 1937–1945. KZ Mittelbau-Dora

1943–1945. Materialien für die Vorbereitung von Besuchen in die Gedenkstätten, hrsg. vom Thüringer Institut für Lehrerfortbildung, Lehrplanentwicklung und Medien, Bad Berka 2000, S. 73–74.

Lutz, Thomas, Übersicht über die inhaltlichen Schwerpunkte und organisatorischen Entwicklungen in der Arbeit der Gedenkstätten für die Opfer des NS-Regimes im Jahr 1996, in: GedenkstättenRundbrief Nr. 73 (1996), S. 16–21.

– Zwischen Vermittlungsanspruch und emotionaler Wahrnehmung. Die Gestaltung neuer Dauerausstellungen in Gedenkstätten für die NS-Opfer in Deutschland und deren Bildungsanspruch (mit Anhang), Berlin 2009, http://opus.kobv.de/tuberlin/volltexte/2010/2500/.

– „Der historische Ort ist unverzichtbar“ – Ausstellungen in Gedenkstätten für Nazi-Opfer als außerschulische Lernangebote, in: Christian Geißler/Bernd Overwien (Hrsg.), Elemente einer zeitgemäßen politischen Bildung. Festschrift für Prof. Hanns-Fred Rathenow zum 65. Geburtstag, Berlin 2010, S. 203–217.

Maier, Hans-Rudolf/Wohlleben, Marion (2000), Bauten und Räume als Träger von Erinnerung. Gedanken zur Einführung, in: dies. (Hrsg.), Bauten und Orte als Träger von Erinnerung. Die Erinnerungsdebatte und die Denkmalpflege, Zürich 2000, S. 9–19.

Marcuse, Harold, Legacies of Dachau: the uses and abuses of a concentration camp, 1933–2001, Cambridge 2001.

Maul, Bärbel, Methoden der Gedenkstättenarbeit. Eine vernachlässigte Diskussion?, in: Landeswohlfahrtsverband Hessen (Hrsg.), Methoden der Gedenkstättenpädagogik. Ein Tagungsband der Gedenkstätte Hadamar, Kassel 1994, S. 9–14.

Mayer, Ulrich (2007), Historische Orte als Lernorte, in: ders./Hans-Jürgen Pandel/Gerhard Schneider (Hrsg.), Handbuch Methoden im Geschichtsunterricht, Schwalbach/Ts., S. 389–407.

Meseth, Wolfgang, Theodor W. Adornos „Erziehung nach Auschwitz“. Ein Programm und seine pädagogische Wirkung, in: Bernd Fechler/Gottfried Kößler/Till Liebertz-Groß (Hrsg.), „Erziehung nach Auschwitz“ in der multikulturellen Gesellschaft. Pädagogische und soziologische Annäherungen, Weinheim 2000, S. 19–30.

– Aus der Geschichte lernen. Über die Rolle der Erziehung in der bundesdeutschen Erinnerungskultur, Frankfurt a. M. 2005.

– Schulisches und außerschulisches Lernen im Vergleich. Eine empirische Untersuchung über die Vermittlung der Geschichte des Nationalsozialismus im Unterricht, in außerschulischen Bildungseinrichtungen und Gedenkstätten, in: Kursiv – Journal für politische Bildung (2008) 1, S. 74–83.

– /Proske, Matthias/Radtke, Frank-Olaf (Hrsg.), Schule und Nationalsozialismus. Anspruch und Grenzen des Geschichtsunterrichts, Frankfurt a. M. 2004.
– /Proske, Matthias/Radtke, Frank-Olaf (Hrsg.), Unterrichtstheorien in Forschung und Lehre, Bad Heilbrunn 2011.
– /Proske, Matthias/Radtke, Frank-Olaf, Was leistet eine kommunikationstheoretische Modellierung des Gegenstandes „Unterricht", in: dies. (Hrsg.), Unterrichtstheorien in Forschung und Lehre, Bad Heilbrunn 2011, S. 223–240.
– /Proske, Matthias/Radtke, Frank-Olaf, Kontrolliertes Laissez-faire. Auf dem Weg zu einer kontingenzgewärtigen Unterrichtstheorie, in: Zeitschrift für Pädagogik 58 (2012) 2, S. 223–241.
Messerschmidt, Astrid, Bildung als Kritik der Erinnerung. Lernprozesse in Geschlechterdiskursen zum Holocaust-Gedächtnis, Frankfurt a. M. 2003.
– Postkoloniale Bildungsprozesse in einer postnationalsozialistischen Gesellschaft – Politische Bildung in zeitgeschichtlichen Nachwirkungen, in: Bettina Lösch/Andreas Thimmel (Hrsg.), Kritische politische Bildung. Ein Handbuch, Schwalbach/Ts. 2010, S. 253–263.
– Involviertes Erinnern. Migrationsgesellschaftliche Bildungsprozesse in den Nachwirkungen des Nationalsozialismus, in: Till Hilmar (Hrsg.), Ort, Subjekt, Verbrechen. Koordinaten historisch-politischer Bildungsarbeit zum Nationalsozialismus, Wien 2010 S. 277–299.
Meyer, Erik, Die Gedenkstättenkonzeption des Bundes als Instrument geschichtspolitischer Steuerung, in: Jahrbuch für Kulturpolitik (2009): Erinnerungskulturen und Geschichtspolitik. Kulturstatistik, Chronik, Literatur, Adressen, S. 101–108.
Meznik, Michael, Parlamentarische Geschichtsaufarbeitung im Deutungskampf: Die DDR-Vergangenheit im Spiegel der Enquete-Kommission „Aufarbeitung von Geschichte und Folgen der SED-Diktatur in Deutschland", in: Heinz Fassmann/Wolfgang Müller-Funk/Heidemarie Uhl (Hrsg.), Kultur der Differenz – Transformationsprozesse in Zentraleuropa nach 1989. Transdisziplinäre Perspektiven, Wien 2009, S. 233–244.
Michel, Karl-Markus, Die Magie des Ortes. Über den Wunsch nach authentischen Gedenkstätten und die Liebe zu Ruinen, in: Die Zeit, 11. 9. 1987.
Michelsen, Jens, Von der Betroffenheit zum historischen Lernen – Anmerkungen zur pädagogischen Arbeit in der KZ-Gedenkstätte Neuengamme, in: Beiträge zur Geschichte der nationalsozialistischen Verfolgung in Norddeutschland 9: Schuldig. NS-Verbrechen vor deutschen Gerichten, Bremen 2005, S. 164–171.
Miller-Kipp, Gisela, Der Fahnenkreis – eine Raumfunktion zwischen Pädagogik und Politik, in: Franz-Josef Jelich/Heidemarie Kemnitz (Hrsg.), Die pädagogische Gestaltung des Raums. Geschichte und Modernität, Bad Heilbrunn 2003, S. 463–477.

Moller, Sabine, Vielfache Vergangenheit. Öffentliche Erinnerungskulturen und Familienerinnerungen an die NS-Zeit in Ostdeutschland, Tübingen 2003.

Morsch, Günter (Hrsg.), Von der Erinnerung zum Monument. Die Entstehungsgeschichte der Nationalen Mahn- und Gedenkstätte Sachsenhausen, Berlin 1996.

- Von der Erinnerung zum Monument. Eine Einführung, in: ders. (Hrsg.), Von der Erinnerung zum Monument. Die Entstehungsgeschichte der Nationalen Mahn- und Gedenkstätte Sachsenhausen, Berlin 1996, S. 12–25.
- Authentische Orte von KZ-Verbrechen. Chancen und Risiken aus der Sicht der Besucherforschung, in: Eduard Fuchs/Falk Pingel/Verena Radkau (Hrsg.), Holocaust und Nationalsozialismus, Wien 2002, S. 42–47.
- Zur Entwicklung der Pädagogik in der Gedenkstätte Sachsenhausen, in: Franz-Josef Jelich/Stefan Goch (Hrsg.), Geschichte als Last und als Chance. Festschrift für Bernd Faulenbach, Essen 2003, S. 55–67.
- Der Umgang mit dem Erbe der DDR in den früheren Mahn- und Gedenkstätten: Das Beispiel Sachsenhausen, in: Bernd Faulenbach/Franz-Josef Jelich (Hrsg.), „Asymmetrisch verflochtene Parallelgeschichte?" Die Geschichte der Bundesrepublik und der DDR in Ausstellungen, Museen und Gedenkstätten, Essen 2005, S. 123–144.

Mounajed, René, Außerschulisches Lernen an KZ-Gedenkstätten, in: Geschichte in Wissenschaft und Unterricht 58 (2007) 3, S. 187–194.

Müller, Sigrid, BesucherInnenforschung in Gedenkstätten – Ein Pilotprojekt in der Gedenkstätte Sachsenhausen, in: GedenkstättenRundbrief Nr. 74 (1996), S. 3–9.

Münch, Joachim (Hrsg.), Lernen – aber wo? Der Lernort als pädagogisches und lernorganisatorisches Problem, Trier 1977.

Münchenbach, Siegfried, Geschichte vor Ort – Exkursion und Museum, in: Harald Parigger (Hrsg.), Die Fundgrube für den Geschichtsunterricht. Das Nachschlagewerk für jeden Tag, Berlin 1996, S. 315–325.

Münderlein, Regina, Erfolgreiche Schulkooperation. Eine doppelperspektivische Studie zur Zusammenarbeit von Schule und Jugendarbeit, Wiesbaden 2014.

Museumspädagogisches Zentrum München (MPZ), Gedenkstättenpädagogik. Handbuch für Unterricht und Exkursion. MPZ-Themenhefte zur Museumspädagogik, Akademiebericht Nr. 306, München/Dillingen 1997.

Nationale Mahn- und Gedenkstätte Buchenwald (Hrsg.), Information, Heft 4. Weimar 1989.

Neidhardt, Heike, Orte der Lernermöglichung. Wie Kontextmerkmale Lernprozesse unterstützen, in: DIE-Zeitschrift für Erwachsenenbildung 13 (2006) 4, S. 39–41.

Nickolai, Werner, Für die Zukunft lernen, in: ders./Micha Brumlik (Hrsg.), Erinnern, Lernen, Gedenken. Perspektiven der Gedenkstättenpädagogik, Freiburg im Breisgau 2007, S. 45–55.

– /Brumlik, Micha (Hrsg.), Erinnern, Lernen, Gedenken. Perspektiven der Gedenkstättenpädagogik, Freiburg im Breisgau 2007.

Noack, Marleen, Der Schulraum als Pädagogikum. Zur Relevanz des Lernorts für das Lernen, Weinheim 1996.

Nonn, Ulrike, Pädagogik in der Gedenkstätte Buchenwald. Vergleich der pädagogischen Arbeit zwischen der DDR-Zeit und heute, Erfurt 2011.

Nuissl, Ekkehard, Der Omnibus muss Spur halten. Zur Aufgabe von Lernorten im lebenslangen Lernen, in: DIE – Zeitschrift für Erwachsenenbildung 13 (2006) 4, S. 29–31.

Oelkers, Jürgen, Reformpädagogik, in: Dietrich Benner/ders. (Hrsg.), Historisches Wörterbuch der Pädagogik, Darmstadt 2004, S. 783–806.

– Reformpädagogik. Eine kritische Dogmengeschichte (4. vollständig überarbeitete und erw. Ausgabe), Weinheim/München 2005.

Oevermann, Ulrich, Theoretische Skizze einer revidierten Theorie professionalisierten Handelns, in: Arno Combe/Werner Helsper (Hrsg.), Pädagogische Professionalität. Untersuchungen zum Typus pädagogischen Handelns, Frankfurt a. M. 1996, S. 70–182.

Otto, Gunter, Lernen und Lehren zwischen Didaktik und Ästhetik, Seelze-Velber 1998.

Pampel, Bert, „Mit eigenen Augen sehen, wozu der Mensch fähig ist“. Zur Wirkung von Gedenkstätten auf ihre Besucher, Frankfurt a. M./New York 2007.

– (Hrsg.), Erschrecken – Mitgefühl – Distanz. Empirische Befunde über Schülerinnen und Schüler in Gedenkstätten und zeitgeschichtlichen Ausstellungen, Leipzig 2011.

– Gedenkstätten als „außerschulische Lernorte“. Theoretische Aspekte – empirische Befunde – praktische Herausforderungen, in: ders. (Hrsg.), Erschrecken – Mitgefühl – Distanz. Empirische Befunde über Schülerinnen und Schüler in Gedenkstätten und zeitgeschichtlichen Ausstellungen, Leipzig 2011, S. 11–58.

– Was lernen Schülerinnen und Schüler durch Gedenkstättenbesuche? (Teil-) Antworten auf der Basis von Besucherforschung, in: GedenkstättenRundbrief Nr. 162 (2011), S. 16–29.

Pandel, Hans-Jürgen, Sozialformen, in: Bergmann, Klaus u. a. (Hrsg.), Handbuch der Geschichtsdidaktik, Seelze-Velber 1997, S. 389–399.

Parsons, Talcott/Shils, Edward A., Towards a General Theory of Action, Cambridge 1951.

Paschen, Harm, Pädagogiken. Zur Systematik pädagogischer Differenzen, Weinheim 1997.

Patel, Klaus Kiran, Die pädagogische Gestaltung des Raumes in Lagersystemen für „Volksgenossen“ während der NS-Herrschaft, in: Franz-Josef Jelich/Heidemarie Kemnitz (Hrsg.), Die pädagogische Gestaltung des Raums. Geschichte und Modernität, Bad Heilbrunn 2003, S. 447–462.

Paul, Gerhard/Schoßig, Bernhard (Hrsg.), Geschichte von unten. Spurensicherung, ökologische Geschichte, Geschichtswerkstätten, Köln 1986.

Pingel, Falk, „Sicher ist, dass...der Völkermord nicht mit Hitler begann und leider auch nicht mit ihm endet.“ Das Thema „Völkermord“ als Gegenstand von Unterricht und Schulbuch, in: Verena Radkau/Eduard Fuchs/Thomas Lutz (Hrsg.), Genozide und staatliche Gewaltverbrechen im 20. Jahrhundert, Innsbruck u. a. 2004, S. 98–112.

Politisches Lernen 2–4 (2012): Menschenrechtsbildung in Gedenkstätten.

Pollak, Alexander, Die Verknüpfung von historischem Wissen und Reflexion über Menschenrechte – Herausforderungen für Gedenkstätten und Schulen. Eine empirische Studie der EU-Grundrechteagentur (FRA), in: Bert Pampel (Hrsg.), Erschrecken – Mitgefühl – Distanz. Empirische Befunde über Schülerinnen und Schüler in Gedenkstätten und zeitgeschichtlichen Ausstellungen, Leipzig 2011, S. 237–254.

Popp, Susanne (2004), Der Gedenkstättenbesuch. Ein Beitrag zur historisch-politischen Bildung, http://www.sowi-online.de/praxis/methode/gedenkstaettenbesuch_ein_beitrag_zur_historisch_politischen_bildung.html [6. 6. 2015].

Prange, Klaus, Die Zeigestruktur der Erziehung. Grundriss der Operativen Pädagogik, Paderborn 2005.

– /Strobel-Eisele, Gabriele, Die Formen des pädagogischen Handelns. Eine Einführung, Stuttgart 2006.

Proske, Matthias, Pädagogik und Dritte Welt. Eine Fallstudie zur Pädagogisierung sozialer Probleme (Frankfurter Beiträge zur Erziehungswissenschaft, Reihe Monographien, Bd. 1), Frankfurt a. M. 2001.

– Pädagogische Kommunikation in der Form Unterricht, in: Dieter Nittel/Wolfgang Seitter (Hrsg.), Die Bildung des Erwachsenen. Erziehungs- und sozialwissenschaftliche Zugänge, Bielefeld 2003, S. 143–164.

– „Wieso müssen wir uns jedes Mal wieder dafür entschuldigen. Wir können doch gar nicht mehr dafür“. Geschichtsunterricht zwischen erinnerungspädagogischen Herausforderungen und Wirksamkeits-phantasien, in: Widerstreit – Sachunterricht 4 (2006) 7.

– /Radtke, Frank-Olaf, Der Umgang mit den Paradoxien politisch-moralischer Erziehung. Eine vergleichende Untersuchung in zwei Institutionalisierungsformen pädagogischer Kommunikation. Projektarbeitsbericht 2005–2007 an die Deutsche Forschungsgemeinschaft, 2007, http://www.uni-frankfurt.de/fb/fb04/forschung/DFG_Abschlussbericht_10-07.pdf [12. 1. 2013].

Puvogel, Ulrike/Stankowski, Martin (unter Mitarbeit von Ursula Graf), Gedenkstätten für die Opfer des Nationalsozialismus. Eine Dokumentation. Bd. 1, Bonn 1995.

Radtke, Frank-Olaf, Disziplinieren, in: Jochen Kade/Werner Helsper/Christian Lüders/Birte Egloff/ders./Werner Thole (Hrsg.), Pädagogisches Wissen. Erziehungswissenschaft in Grundbegriffen, Stuttgart 2011, S. 162–168.

Rahe, Thomas/Wiedemann, Wilfried, Gedenkstätten im Wandel. Entwicklungstendenzen am Beispiel Bergen-Belsen, in: Stiftung Haus der Geschichte der Bundesrepublik Deutschland (Hrsg.), Gedenkstätten und Besucherforschung, Bonn 2004, S. 34–42.

Rappenglück, Stefan, Außerschulische politische Bildung mit Jugendlichen. Bestandsaufnahme und Perspektiven, in: Politische Bildung in der Bundesrepublik Deutschland. Zum 30jährigen Bestehen der Deutschen Vereinigung für Politische Bildung. Im Auftrag der DVPB hrsg. von Dorothea Weidinger, Opladen 1996, S. 73–86.

Rathenow, Hanns-Fred, Didaktische Implikationen einer Erziehung nach Auschwitz, in: Hans Erler (Hrsg.), Erinnern und Verstehen. Der Völkermord an den Juden im politischen Gedächtnis der Deutschen, Frankfurt a. M./New York 2003, S. 223–229.

– /Weber, Norbert H. (Hrsg.), Erziehung nach Auschwitz, Pfaffenweiler 1988.

– /Weber, Norbert H., Auschwitz – eine Herausforderung für die Pädagogik, in: dies. (Hrsg.), Erziehung nach Auschwitz, Pfaffenweiler 1988, S. 7–23.

– /Weber, Norbert H., Gedenkstättenpädagogik – Versuch einer Bilanz, in: Jahrbuch für Pädagogik (1995): Auschwitz und die Pädagogik, S. 273–304.

Rauch, Stefanie, Verankerung von Gedenkstättenbesuchen im Unterricht gemäß der Rahmenlehrpläne der Länder (Teil 2), in: GedenkstättenRundbrief Nr. 135 (2007), S. 9–16.

Raupach-Rudnick, Wolfgang, Die Gründung des Gedenkstättenreferates der Aktion Sühnezeichen Friedensdienste e. V., in: GedenkstättenRundbrief Nr. 100 (2001), S. 9–12.

Reemtsma, Jan-Philipp, Wozu Gedenkstätten?, in: Mittelweg 36 (2004) 2, S. 49–63.

Reichel, Peter, Politik mit der Erinnerung. Gedächtnisorte im Streit um die nationalsozialistische Vergangenheit, Frankfurt a. M. 1999.

Rogoll, Yvonne, „An der Gesamtdarstellung soll nichts verändert werden …“ Zur Entwicklung der pädagogischen Abteilung der Nationalen Mahn- und Gedenkstätte Buchenwald von 1958–1989. Unveröffentlichte Wissenschaftliche Hausarbeit zur Ersten Staatsprüfung für das Lehramt an Gymnasien, Jena 2007.

Rohlfes, Joachim, Geschichte und ihre Didaktik. 3. erweiterte Aufl., Göttingen 2005.

Rook, Helmut, Der Ort allein wirkt nicht – Erfahrungen aus der Gedenkstättenpraxis, in: Klaus Ahlheim (Hrsg.), Gedenkstättenfahrten. Handreichung für Schule, Jugend- und Erwachsenenbildung in Nordrhein-Westfalen, Schwalbach/Ts. 2004, S. 110–114.

Rothmann, Ottomar, Die Nationale Mahn- und Gedenkstätte Buchenwald – Anmerkungen zur pädagogischen Arbeit, in: Wulff E. Brebeck/Angela Genger/Dietfried Krause-Vilmar/Thomas Lutz/Gunnar Richter (Hrsg.), Zur Arbeit in Gedenkstätten für die Opfer des Nationalsozialismus. Ein internationaler Überblick, Berlin 1988, S. 127–136.

Rürup, Reinhard (Hrsg.), Netzwerk der Erinnerung. 10 Jahre Gedenkstättenreferat der Stiftung Topographie des Terrors, Berlin 2003.

Scharnetzky, Julius, Führungen an Orten mit nationalsozialistischer Vergangenheit, in: Elke Gryglewski/Verena Haug/Gottfried Kößler/Thomas Lutz/Christa Schikorra (Hrsg.), Gedenkstättenpädagogik. Kontext, Theorie und Praxis der Bildungsarbeit zu NS-Verbrechen, Berlin 2015, S. 236–250.

Scharrer, Manfred (Hrsg.), Macht Geschichte von unten. Handbuch für gewerkschaftliche Geschichte vor Ort, Köln 1988.

Schatzker, Chaim, Der Holocaust im israelischen Geschichtsunterricht, in: Jahrbuch für Pädagogik (1995): Auschwitz und die Pädagogik, S. 159–166.

Schellenberg, Martin, Gedenken als pädagogische Aufgabe, in: Elke Gryglewski/Verena Haug, Gottfried Kößler, Thomas Lutz/Christa Schikorra (Hrsg.), Gedenkstättenpädagogik. Kontext, Theorie und Praxis der Bildungsarbeit zu NS-Verbrechen, Berlin 2015, S. 127–146.

Scherr, Alfred/Hormel, Ulrike, Evaluation des Förderprogramms „Geschichte und Menschenrechte", in Auftrag gegeben von der Stiftung „Erinnerung, Verantwortung und Zukunft", Berlin 2008.

Scheurich, Imke, Aktuelle Aufgaben, Möglichkeiten und Grenzen historisch-politischer Bildung in KZ-Gedenkstätten. Unveröffentlichte Diplomarbeit, Berlin 1998.

– Aktuelle Fragen der Gedenkstättenpädagogik, Berlin 2000, in: http://www.polsoz.fu-berlin.de/polwiss/forschung/sozialkunde/erwachsenenbildung/forschung/veroeffentlichungen/Vortrag_Scheurich_Gsp_02-2000.pdf [6. 6. 2015].

– Historisch-politische Bildung in KZ-Gedenkstätten. Ein Forschungsprojekt zur aktuellen Fachdebatte, in: Akim Jah/Christoph Kopke/Alexander Korb/Alexa Stiller (Hrsg.), Nationalsozialistische Lager. Neue Beiträge zur NS-Ver-

folgungs- und Vernichtungspolitik und zur Gedenkstättenpädagogik, Münster 2006, S. 187–201.
– Historisch-politische Bildung in NS-Gedenkstätten und (Gesellschafts-)Kritik, in: Bettina Lösch/Andreas Thimmel (Hrsg.), Kritische politische Bildung. Ein Handbuch, Schwalbach/Ts. 2010, S. 433–442.

Schiele, Siegfried/Schneider, Herbert (Hrsg.), Reicht der Beutelsbacher Konsens?, Schwalbach/Ts. 1996.

Schlichting, Julia, Exkursionen im Politikunterricht. Eine empirische Untersuchung didaktischer und methodischer Aspekte des außerschulischen Lernortes im gymnasialen Oberstufenunterricht, Hamburg 2006.

Schlögel, Karl, Im Raume lesen wir die Zeit. Über Zivilisationsgeschichte und Geopolitik, Frankfurt a. M. 2006.

Schmitt, Karl, Politische Erziehung in der DDR: Ziele, Methoden und Ergebnisse des politischen Unterrichts an den allgemeinbildenden Schulen der DDR, Paderborn/München/Wien/Zürich 1980.

Schneider, Ulrike, Gedenkstättenpädagogik in Deutschland – Ergebnisse einer Umfrage, in: GedenkstättenRundbrief Nr. 132 (2006), S. 21–28.

Schneider, Wolfgang Ludwig, Grundlagen der soziologischen Theorie. Bd. 3: Sinnverstehen und Intersubjektivität, funktionale Analyse, Konversationsanalyse und Systemtheorie, Wiesbaden 2004.
– Die Unwahrscheinlichkeit der Moral. Strukturen moralischer Kommunikation im Schulunterricht über Nationalsozialismus und Holocaust, in: Wolfgang Meseth/Matthias Proske/Frank-Olaf Radtke (Hrsg.), Schule und Nationalsozialismus. Anspruch und Grenzen des Geschichtsunterrichts, Frankfurt a. M. 2004, S. 205–234.

Schrader, Ulrike, Lästige Orte. Bedeutung und Zukunft von Gedenkstätten zur Erinnerung an die Opfer des Nationalsozialismus, in: Jens Birkmeyer/Cornelia Blasberg (Hrsg.), Erinnern des Holocaust. Eine neue Generation sucht Antworten, Bielefeld 2006, S. 95–117.

Schubarth, Wilfried, Wirkungen eines Gedenkstättenbesuches bei Jugendlichen, Zentralinstitut für Jugendforschung ZIJ 15 (1990), Leipzig 1990.
– Besuche in ehemaligen Konzentrationslagern – „Knochentourismus“ oder wirksame Form antifaschistischer Erziehung?, in: GedenkstättenRundbrief Nr. 38 (1990), S. 5–7.

Schütz, Alfred, Parsons' Theorie sozialen Handelns, in: ders./Talcott Parsons. Zur Theorie sozialen Handelns. Ein Briefwechsel, hrsg. von Walter M. Sprondel, Frankfurt a. M. 1977, S. 25–76.

Selting, Margret/Auer, Peter/Barden, Birgit/Bergmann, Jörg/Couper-Kuhlen, Elisabeth/Günthner, Susanne/Meier, Christoph/Quasthoff, Uta/Schlobinski,

Peter/Uhmann, Susanne, Gesprächsanalytisches Transkriptionssystem (GAT), in: Linguistische Berichte 173 (1998), S. 91–122.

Seitter, Wolfgang, Zwischen Proliferation und Klassifikation. Lernorte und Lernkontexte in pädagogischen Feldern, in: Zeitschrift für Erziehungswissenschaft 4 (2001) 2, S. 225–238.

Siebeck, Cornelia, Denkmale und Gedenkstätten, in: Christian Gudehus/Ariane Eichenberg/Harald Welzer (Hrsg.), Gedächtnis und Erinnerung: ein interdisziplinäres Handbuch, Stuttgart/Weimar 2010, S. 177–183.

– „Im Raume lesen wir die Zeit"? Zum komplexen Verhältnis von Geschichte, Ort und Gedächtnis (nicht nur) in KZ-Gedenkstätten, in: Alexandra Klei/Katrin Stoll/Annika Wienert (Hrsg.), Die Transformation der Lager. Annäherung an die Orte nationalsozialistischer Verfolgung, Bielefeld 2011, S. 69–97.

– 50 Jahre ‚arbeitende' NS-Gedenkstätten in der Bundesrepublik. Vom gegenkulturellen Projekt zur staatlichen ‚Gedenkstättenkonzeption' – und wie weiter?, in: Elke Gryglewski/Verena Haug/Gottfried Kößler/Thomas Lutz/Christa Schikorra (Hrsg.), Gedenkstättenpädagogik. Kontext, Theorie und Praxis der Bildungsarbeit zu NS-Verbrechen, Berlin 2015, S. 19–43.

Silbermann, Alphons/Stoffers, Manfred, Auschwitz: Nie davon gehört? Erinnern und Vergessen in Deutschland, Berlin 2000.

Skriebeleit, Jörg, Erinnerungsort Flossenbürg. Akteure, Zäsuren, Geschichtsbilder, hrsg. von der KZ-Gedenkstätte Flossenbürg, Stiftung Bayerische Gedenkstätten, Göttingen 2009.

Sternfeld, Nora, Was heißt selbstbestimmt? Anspruch und Wirklichkeit von Geschichtsvermittlung in zeithistorischen Ausstellungen, in: Büro trafo K/Renate Höllwart/Charlotte Martinz-Turek/dies./Alexander Pollak, In einer Wehrmachtsausstellung. Erfahrungen mit Geschichtsvermittlung, Wien 2003, S. 87–101.

– Strukturen analysieren, Räume öffnen, Position beziehen. Geschichtsvermittlung mit Lehrlingen in der postnazistischen Gesellschaft, in: Till Hilmar (Hrsg.), Ort, Subjekt, Verbrechen. Koordinaten historisch-politischer Bildungsarbeit zum Nationalsozialismus, Wien 2010, S. 325–345.

– Kontaktzonen der Vermittlung. Transnationales Lernen über den Holocaust in der postnazistischen Migrationsgesellschaft, Wien 2013.

Stiftung Haus der Geschichte der Bundesrepublik Deutschland (Hrsg.), Gedenkstätten und Besucherforschung, Bonn 2004.

Strobel-Eisele, Gabriele, Fehlformen des Erziehens, in: Handbuch der Erziehungswissenschaft Bd. 1. Grundlagen, Allgemeine Erziehungswissenschaft, im Auftrag der Görres-Gesellschaft zur Pflege der Wissenschaft hrsg. von Gerhard Mertens, bearbeitet von Ursula Frost, Paderborn 2008, S. 989–1008.

Sutor, Bernhard, Politische Bildung im Streit um die „intellektuelle Gründung" der Bundesrepublik Deutschland. Die Kontroversen der siebziger und achtziger Jahre, in: Aus Politik und Zeitgeschichte Nr. 45 (2002), S. 17–27.

Thimm, Barbara, Im Fokus: Die VermittlerInnen. Selbstverständnis und pädagogische Professionalität in der Arbeit an und mit Gedenkstätten, in: Till Hilmar (Hrsg.), Ort, Subjekt, Verbrechen. Koordinaten historisch-politischer Bildungsarbeit zum Nationalsozialismus, Wien 2010, S. 209–221.

– /Kößler, Gottfried/Ulrich, Susanne (Hrsg.), Verunsichernde Orte. Selbstverständnis und Weiterbildung in der Gedenkstättenpädagogik, Frankfurt a. M. 2010.

Treinen, Heiner, Zu Gast beim kollektiven Gedächtnis. Prozesse der Aneignung und ihre Grenzen, in: Stiftung Haus der Geschichte der Bundesrepublik Deutschland (Hrsg.), Gedenkstätten und Besucherforschung, Bonn 2004, S. 76–87.

Das Gedächtnis des Jahrhunderts, Transit 22 (2001/2002).

Uhl, Heidemarie, Orte und Lebenszeugnisse. „Authentizität" als Schlüsselkonzept in der Vermittlung der NS-Verfolgungs- und Vernichtungspolitik, in: Michael Rössner/dies. (Hrsg.), Renaissance der Authentizität. Über die neue Sehnsucht nach dem Ursprünglichen, Bielefeld 2012, S. 257–284.

Ulrich, Susanne, Mission impossible? Demokratielernen an NS-Gedenkstätten, in: Barbara Thimm/Gottfried Kößler/dies. (Hrsg.), Verunsichernde Orte. Selbstverständnis und Weiterbildung in der Gedenkstättenpädagogik, Frankfurt a. M. 2010, S. 53–58.

Unger, Andreas, Thesen zu Zielen und Wegen der Gedenkstättenpädagogik am Beispiel Bergen-Belsen, in: Annegret Ehmann/Wolf Kaiser/Thomas Lutz/Hanns-Fred Rathenow (Hrsg.), Praxis der Gedenkstättenpädagogik. Erfahrungen und Perspektiven, Opladen 1995, S. 294–295.

Vergin, Siegfried (unter Mitwirkung von Michael Reinhold), Wende durch die „Wende". Der lange kurze Weg zur Gedenkstättenkonzeption des Bundes, in: GedenkstättenRundbrief Nr. 100 (2001), S. 91–100.

Welzer, Harald, Das gemeinsame Verfertigen von Vergangenheit im Gespräch, in: Ders. (Hrsg.), Das soziale Gedächtnis. Geschichte, Erinnerung, Tradierung, Hamburg 2001, S. 160–178.

Welzer, Harald, Für eine Modernisierung der Erinnerungs- und Gedenkkultur, in: GedenkstättenRundbrief Nr. 162 (2011), S. 3–9.

– /Moller, Sabine/Tschugnall, Karoline, „Opa war kein Nazi". Nationalsozialismus und Holocaust im Familiengedächtnis, Frankfurt a. M. 2002.

Willems, Herbert/Eichholz, Daniela, Die Räumlichkeit des Sozialen und die Sozialität des Raumes: Schule zum Beispiel, in: Handbuch der Erziehungswissenschaft Bd. 1. Grundlagen, Allgemeine Erziehungswissenschaft, im Auftrag der Görres-Gesellschaft zur Pflege der Wissenschaft hrsg. von Gerhard Mertens, bearbeitet von Ursula Frost. Paderborn 2008, S. 865–907.

Wimmer, Michael, Dekonstruktion und Erziehung. Studien zum Paradoxieproblem in der Pädagogik, Bielefeld 2006.

Wolfrum, Edgar, Die beiden Deutschland, in: Norbert Frei/Volkhard Knigge (Hrsg.), Verbrechen erinnern. Die Auseinandersetzung mit Holocaust und Völkermord, München 2002, S. 133–149.

Young, James E., Formen der Erinnerung. Gedenkstätten des Holocaust, Wien 1997.

Zache, Dirk, Peenemünde – Bildung zwischen Aufklärung und Vermarktung, in: Burkhard Asmuss/Hans-Martin Hinz (Hrsg.), Zum Umgang mit historischen Stätten aus der Zeit des Nationalsozialismus. Orte des Erinnerns, des Gedenkens und der kulturellen Weiterbildung? Zum Umgang mit Gedenkorten von nationaler Bedeutung in der Bundesrepublik Deutschland. Symposium am 23. und 24. November 1998 im Deutschen Historischen Museum, Berlin 1999, S. 110–123.

Zernitschky, Claus, Kooperation von Schule und außerschulischen Einrichtungen – Harmonisierung von Lehrplänen und Seminarprojekten, in: Siegfried Grillmeyer/Zeno Ackermann (Hrsg.), Erinnern für die Zukunft: die nationalsozialistische Vergangenheit als Lernfeld der politischen Jugendbildung, Schwalbach/Ts. 2002, S. 40–59.

Zimmer, Hasko, Der Buchenwald-Konflikt. Zum Streit um Geschichte und Erinnerung im Kontext der deutschen Vereinigung, Münster 1999.

– Die Modellierung einer Landschaft zum pädagogischen Raum des Gedenkens. Buchenwald und der Ettersberg 1945–1989, in: Franz-Josef Jelich/Heidemarie Kemnitz (Hrsg.), Die pädagogische Gestaltung des Raums. Geschichte und Modernität, Bad Heilbrunn 2003, S. 535–554.

Zimmermann, Michael, Gedenkstätten für die Opfer des Nationalsozialismus in Westdeutschland. Geschichte – Probleme – aktuelle Aufgaben, in: Mitten in die Wirren. Zwei Reisen in die BRD/DDR. Antifaschismus-Geschichte(n), hrsg. vom Landesinstitut für Schule und Weiterbildung, Soest 1992, S. 146–162.

Zülsdorf-Kersting, Meik, Identitätsstiftung durch das Grauen? Jugendliche und das Thema „Holocaust“, in: Zeitschrift für Genozidforschung 7 (2006) 2, S. 67–90.

– Sechzig Jahre danach: Jugendliche und der Holocaust. Eine Studie zur geschichtskulturellen Sozialisation, Berlin 2007.

Zumpe, Helen, Tagesveranstaltungen der Gedenkstättenpädagogik – Konzeption, Zielsetzungen, Arbeitsformen und Nutzergruppen, in: Politisches Lernen 1–2 (2003) (Denk mal! Politische Bildung in Gedenkstätten), S. 35–82.
– Über die Vielfältigkeit und den Forschungsstand der Tagesprogramme an Gedenkstätten. Oder: time, shelter, support, respect & location, in: GedenkstättenRundbrief Nr. 119 (2004), S. 3–8.
– Menschenrechtsbildung in der Gedenkstätte: Eine empirische Studie zur Bildungsarbeit in NS-Gedenkstätten, Schwalbach/Ts. 2012.

Drucksachen

Bayerischer Landtag, 4. Legislaturperiode, Beilage 1491 vom 31. Mai 1960.
Schlussbericht der Enquete-Kommission „Überwindung der Folgen der SED-Diktatur im Prozeß der deutschen Einheit", Drucksache 13/11000, 10. 6. 1998.
Unterrichtung durch die Bundesregierung. Konzeption der künftigen Gedenkstättenförderung des Bundes und Bericht der Bundesregierung über die Beteiligung des Bundes an Gedenkstätten in der Bundesrepublik Deutschland, Drucksache 14/1569, 27. 7. 1999.
Unterrichtung durch den Beauftragten der Bundesregierung für Kultur und Medien, Fortschreibung der Gedenkstättenkonzeption des Bundes. Verantwortung wahrnehmen, Aufarbeitung verstärken, Gedenken vertiefen, Drucksache 16/9857, 19. 6. 2008.
Beschlussempfehlung und Bericht des Ausschusses für Kultur und Medien, 22. Ausschuss, Drucksache 16/10565, 13. 10. 2008.